Elektrokeramik
Werkstoffe · Herstellung · Prüfung · Anwendungen

Mit Unterstützung der Keramischen und der Elektroindustrie
herausgegeben von

Alfred Hecht

2. neubearbeitete und erweiterte Auflage

Bearbeitet von
E. Albers-Schönberg · A. Hecht · W. Rath
K. Schaudinn · W. Schlegel · W. Soyck

Springer-Verlag Berlin · Heidelberg · New York 1976

Dr.-Ing. ALFRED HECHT
ehem. Prokurist der Steatit-Magnesia AG, Lauf, Werk Holenbrunn

Dr. rer. nat. ERNST ALBERS-SCHÖNBERG
ehem. Vorstandsmitglied der Steatit-Magnesia AG, Lauf
ehem. Dir. of Research Indiana General Corp. USA

Dr. phil. WERNER RATH
ehem. Leiter des Chemisch-keramischen Zentrallabors Kahla und der Hermsdorf Schomburg Isolatoren GmbH, Freiberg u. Hermsdorf

Dr.-Ing. KURT SCHAUDINN
ehem. Leiter des Technischen Büros und der Prüffelder Holenbrunn der Steatit-Magnesia AG, Lauf

Dipl.-Ing. WALTER SCHLEGEL
Mitinhaber der Dorst-Keramikmaschinen-Bau, Kochel a. See, Coburg, Kötzting

Dipl.-Ing. WERNER SOYCK
ehem. Leiter des Zentrallaboratoriums und Prokurist der Steatit-Magnesia AG, Lauf

Mit 197 Abbildungen

ISBN 978-3-642-80950-7   ISBN 978-3-642-80949-1 (eBook)
DOI 10.1007/978-3-642-80949-1

Library of Congress Cataloging in Publication Data. Hecht, Alfred, 1901- ed. Elektrokeramik. Bibliography: p. Includes index. 1. Electric insulators and insulation. 2. Ceramics. I. Albers-Schönberg, Ernst. II. Title. TK3441.C38H4 1975   621.319′37   75-26728

Das Werk ist urheberrechtlich geschützt. Die dadurch begründeten Rechte, insbesondere die der Übersetzung, des Nachdruckes, der Entnahme von Abbildungen, der Funksendung, der Wiedergabe auf photomechanischem oder ähnlichem Wege und der Speicherung in Datenverarbeitungsanlagen bleiben, auch bei nur auszugsweiser Verwertung, vorbehalten.
Bei Vervielfältigungen für gewerbliche Zwecke ist gemäß §54 UrhG eine Vergütung an den Verlag zu zahlen, deren Höhe mit dem Verlag zu vereinbaren ist.
© by Springer-Verlag, Berlin/Heidelberg, 1976.
Softcover reprint of the hardcover 2nd edition 1976

Die Wiedergabe von Gebrauchsnamen, Handelsnamen, Warenbezeichnungen usw. in diesem Buch berechtigt auch ohne besondere Kennzeichnung nicht zu der Annahme, daß solche Namen im Sinne der Warenzeichen- und Markenschutz-Gesetzgebung als frei zu betrachten wären und daher von jedermann benutzt werden dürften.

Vorwort

Obwohl die erste Auflage seit etwa 1964 vergriffen ist und damals schon der Wunsch nach einer zweiten Auflage auftrat, haben sich die hierfür notwendigen Arbeiten längere Zeit hingezogen. Dies war auch dadurch bedingt, daß inzwischen die beiden Mitarbeiter der ersten Auflage, die Herren Dir. Hans Müller und Dr.-Ing. Horst von Treufels, verstorben sind und die Neubearbeitung, die durch die starke Entwicklung unumgänglich war, hinsichtlich dieser Kapitel und der eigenen dem Herausgeber allein zufiel.

Auf dem Gebiete der Hochspannungstechnik haben sich die Anforderungen der elektrischen Energieübertragung und des Elektrogerätebaus durch höhere Leistungen, höhere Übertragungs-Spannungen und neuere Erkenntnisse hinsichtlich des Einflusses von Schaltspannungen und Fremdschichtbedingungen (Verschmutzung) auf die Isolierfähigkeit von Isolatoren weiter entwickelt und gesteigert.

Die Hochfrequenztechnik war in der ersten Auflage verhältnismäßig kurz behandelt. Da das 1939 von Dr. Albers-Schönberg herausgegebene Buch „Hochfrequenzkeramik" (Verlag Theodor Steinkopf, Dresden und Leipzig) keine weitere Auflage erlebt und sich dadurch eine Lücke für die in ihrer Bedeutung wichtige Hochfrequenzkeramik ergeben hat, so würde es als Mangel angesehen werden müssen, wenn dieses Gebiet nicht in diesem Buch der inzwischen eingetretenen Entwicklung angepaßt ausführlicher behandelt worden wäre.

Auch auf dem Gebiete der elektronischen und akustischen Gerätetechnik sind auf dem keramischen Sektor Neuentwicklungen hinsichtlich keramischer Massen (Aluminiumoxid und allgemein Metalloxide), Anpassung der Technologie, wirtschaftlicher, rationeller Fertigungsverfahren eingetreten.

Außerdem war es angezeigt, die beiden Gebiete „Keramische Magnetika" (Ferrite) und „Piezokeramik" wenigstens in je einem kurzen zusammenfassenden Abschnitt zu behandeln, wobei diese Gebiete, auf denen eine große und ausführliche Spezialliteratur vorhanden ist, hier vor allem der Vollständigkeit halber erwähnt sein müssen.

Hinsichtlich der zur Geologie, Mineralogie, Kristallographie, Struktur-, Textur- und Keramik-Chemie gehörenden Ausführungen sei nach wie vor auf die Fachbücher über Keramik (Salmang, Ullmann, Singer usw.) verwiesen, für die dieses Buch kein Ersatz sein kann und soll.

Die bisherige Einteilung wurde im wesentlichen beibehalten. In bezug auf die neuen Größen und Maßeinheiten möge vom Leser nachgesehen werden, wenn er gewisse Umrechnungen oder Anpassung einzelner Begriffe an die neuere Normung oder den geänderten Gebrauch selbst vornehmen muß. Besonderer Wert ist darauf gelegt worden, die umfangreiche inzwischen veröffentlichte Literatur, Normung und Standardisierung von DIN und IEC, soweit erreichbar, zu erwähnen.

Als neuer Mitarbeiter für die Abschnitte 2.1, 2.2 und 2.3.1 bis 2.3.3 konnte Herr Dipl.-Ing. Walter Schlegel, Kochel a. See/Obb. gewonnen werden. Die in der ersten Auflage von den Herren v. Treufels und Müller bearbeiteten Abschnitte wurden vom Herausgeber zum größten Teil neu bearbeitet.

Beiträge lieferten die Herren Dr. rer. nat. Ernst Albers-Schönberg, Feldmeilen/Zürichsee/Schweiz, Dr.-Ing. Kurt Schaudinn, Wunsiedel/Ofr., Dipl.-Ing. Werner Soyck, Lauf/Pegnitz.

Herr Dipl.-Ing. Helmuth Stoll, Lauf/Pegnitz sah das Manuskript auf ausreichende Berücksichtigung der DIN-Normen durch und unterstützte den Herausgeber bei der Korrekturlesung.

Allen Mitarbeitern sei an dieser Stelle für ihre Mitarbeit gedankt.

Eine große Zahl von Firmen des In- und Auslandes aus Energieversorgung, keramischer und Elektro-Industrie, des Keramik-Maschinen- und Ofenbaus stellten zahlreiche Bildunterlagen, Daten und Informationen zur Verfügung, wobei mit Rücksicht auf einen maßvollen Umfang des Buches nicht alle Bilder aufgenommen werden konnten. Allen, auch denjenigen, deren Bilder nicht zur Aufnahme gelangten, gilt mein besonderer Dank. Der Kürze wegen sei mir gestattet, von einer Nennung der Namen Abstand zu nehmen und auf die Bildunterschriften zu verweisen, aus denen die Herkunft hervorgeht.

Für das Eingehen auf die Wünsche bei der Drucklegung und die ansprechende Ausstattung des Buches sei dem Springer-Verlag der besondere Dank ausgesprochen.

Der zweiten Auflage wünscht der Herausgeber eine freundliche Aufnahme und einen großen interessierten Leserkreis.

Wunsiedel, im Herbst 1975   A. HECHT

Inhaltsverzeichnis

Einleitung (Hecht) 1

1. **Die feinkeramischen Werkstoffe** 3
   1.0 Überblick über die Werkstoffe der Keramik (Rath) 3
   1.1 Porzellane (Gruppe 100, DIN 40685) (Hecht) 4
   1.2 Steatite (Gruppe 200, DIN 40685) (Hecht) 6
   1.3 Keramische Kondensatorbaustoffe (Gruppe 200 und 300, DIN 40685) (Rath) . . 8
   1.4 Temperaturwechselbeständige, dichte Keramikstoffe (Gruppe 400, DIN 40685) (Hecht) 13
   1.5 Elektrowärmekeramikstoffe (Gruppe 500, DIN 40685) (Hecht) 14
   1.6 Hochfeuerfeste keramische Werkstoffe (Gruppe 600, DIN 40685) (Rath) . . 14
   1.7 Oxidkeramik (Gruppe 700, DIN 40685) (Rath) 15

2. **Fertigungsprozesse in der technischen Feinkeramik** 18
   2.1 Aufbereitung der keramischen Rohstoffe (Schlegel) 18
   2.2 Keramische Formgebung (Schlegel) 24
       2.2.1 Drehverfahren 26
             2.2.1.1 Einformen 26
             2.2.1.2 Überformen 29
             2.2.1.3 Abdrehen 29
       2.2.2 Strangpressen 31
       2.2.3 Preßverfahren 32
             2.2.3.1 Naßpressen 33
             2.2.3.2 Trockenpressen 35
             2.2.3.3 Isostatisch Pressen 38
       2.2.4 Gießen 41
   2.3 Weiterverarbeitung der geformten Teile 42
       2.3.1 Garnieren (Schlegel) 42
       2.3.2 Trocknen (Schlegel) 44
       2.3.3 Glasieren (Schlegel) 47
       2.3.4 Brennen (Rath) 49
   2.4 Bearbeitung der keramischen Formlinge (Hecht) 59
       2.4.1 Rohbearbeitung 59
       2.4.2 Verglühtbearbeitung 59
       2.4.3 Schleifen und Bohren 60
       2.4.4 Sandstrahlen 61
       2.4.5 Metallisieren 61
       2.4.6 Verbindung von keramischen Formstücken untereinander und mit Metallen 62
       2.4.7 Verbindung von keramischen Formstücken mit Glas 67
   2.5 Formgenauigkeit und Maßtoleranzen (Hecht) 67

Inhaltsverzeichnis

3. **Eigenschaften und technische Werte keramischer Werkstoffe und Erzeugnisse für die Elektrotechnik** 73
   3.0 DIN 40685 (Rath) 73
   3.1 Elektrische Eigenschaften und Anforderungen (Hecht) 74
      3.1.1 Keramisches Dielektrikum 74
      3.1.2 Elektrische und umweltbedingte Einflüsse auf Oberfläche und Umgebung des Dielektrikums 80
      3.1.3 Verhalten von Oberfläche und Umgebung des Dielektrikums 83
   3.2 Mechanische Eigenschaften und Anforderungen (Hecht) 86
      3.2.1 Struktur und Festigkeit 86
      3.2.2 Festigkeitsbegriffe 89
      3.2.3 Zugbeanspruchung 92
      3.2.4 Druckbeanspruchung 94
      3.2.5 Knickbeanspruchung 96
      3.2.6 Biegebeanspruchung 96
      3.2.7 Innendruckbeanspruchung 98
      3.2.8 Torsionsbeanspruchung 100
      3.2.9 Scherbeanspruchung 101
      3.2.10 Schlagbiegebeanspruchung (Kerbschlagbeanspruchung) 102
      3.2.11 Härte 103
   3.3 Thermische Eigenschaften und Anforderungen (Hecht) 105
      3.3.1 Temperatur- und Hitzebeständigkeit 105
      3.3.2 Längen-Ausdehnungskoeffizient 105
      3.3.3 Spezifische Wärme 106
      3.3.4 Wärmeleitfähigkeit und Temperaturleitfähigkeit 106
      3.3.5 Temperaturwechselbeständigkeit und thermische Beanspruchung . . . 108
      3.3.6 Kriechstrom- und Lichtbogenfestigkeit 109
   3.4 Sonstige physikalische Eigenschaften (Rath/Hecht) 110
   3.5 Chemische Eigenschaften (Rath) 111

4. **Prüfung technischer und elektrotechnischer keramischer Werkstoffe und Erzeugnisse** 113
   4.0 Allgemeines (Hecht) 113
   4.1 Elektrische Prüfungen (Hecht) 115
      4.1.1 Durchschlagspannung und Durchschlagfestigkeit 115
      4.1.2 Dielektrizitätszahl und dielektrischer Verlustfaktor 116
      4.1.3 Elektrische Widerstandswerte 118
      4.1.4 Lichtbogenfestigkeit 119
      4.1.5 Überschlag(spannung). Isoliervermögen. Fremdschicht 119
   4.2 Mechanische Prüfungen (Hecht) 122
      4.2.1 Prüfung der Zugfestigkeit 124
      4.2.2 Innendruckprüfung 124
      4.2.3 Prüfung der Druckfestigkeit 125
      4.2.4 Prüfung der Biegefestigkeit 125
      4.2.5 Torsionsprüfung 126
      4.2.6 Prüfung der Schlagbiegefestigkeit 126
      4.2.7 Prüfung der Härte, Verschleißfestigkeit, Abriebfestigkeit, Mahlfestigkeit 126
   4.3 Thermische Prüfungen (Hecht) 128
   4.4 Sonstige physikalische Prüfungen 133
      4.4.1 Prüfung der Abmessungen (Hecht) 134
      4.4.2 Oberflächenbeschaffenheit — Rauheit (Hecht) 135
      4.4.3 Ultraschallprüfung (Hecht) 137
      4.4.4 Gefügefehler (Hecht) 137
      4.4.5 Porosität (Hecht) 142
      4.4.6 Gasdichtigkeit (Rath) 142
      4.4.7 Armaturenprüfung (Rath) 143
   4.5 Chemische Prüfungen (Rath/Hecht) 143

4.6 Wartungs- und Behandlungsvorschriften sowie Gewährleistungsbedingungen (Hecht) 144

5. Form und Konstruktion von keramischen Bauteilen 145
5.1 Isolatoren (Hecht) 145
    5.1.1 Einfluß der Werkstoffeigenschaften 145
    5.1.2 Einfluß der Technologie 147
    5.1.3 Einfluß der elektrischen Anforderungen 153
    5.1.4 Einfluß der mechanischen Anforderungen. Armierung 163
    5.1.5 Zusätzliche Bemerkungen speziell über Niederspannungsisolatoren . . . 178
    5.1.6 Bemessung 180
5.2 Hochfrequenz-Isolierteile und -Isolatoren (Hecht) 192
5.3 Installations- und Elektrowärmeteile (Hecht) 194
    5.3.0 Allgemeines 194
    5.3.1 Grundregeln 195
    5.3.2 Trockenpressen 199
    5.3.3 Feucht- oder Naßpressen 204
    5.3.4 Strangpressen 207
    5.3.5 Brennen 208
    5.3.6 Schleifen 209
    5.3.7 Glasieren 211
5.4 Aluminiumoxidteile (Hecht) 212
5.5 Keramikkondensatoren (Rath/Hecht) 218

6. Anwendung technischer und elektrotechnischer keramischer Erzeugnisse 231
6.1 Hochspannungstechnik (Hecht) 231
    6.1.1 Freileitungsisolatoren 231
    6.1.2 Fahrleitungsisolatoren 238
    6.1.3 Geräteisolatoren 240
6.2 Niederspannungstechnik (Hecht) 261
6.3 Hochfrequenztechnik 264
    6.3.1 Keramische Isolierbauteile für Sende-, Empfangs-, Meß-Geräte und Leitungen innerhalb der Generator- und Empfangs-Anlagen (Hecht) 264
    6.3.2 Isolatoren für HF-Sendeanlagen (Schaudinn/Hecht) 266
6.4 Niederspannungs-Installations-, Geräte- und Elektrowärme-Technik (Hecht) . 283
6.5 Aluminiumoxid-Keramik (Hecht) 290
6.6. Keramische Kondensatoren (Rath/Hecht) 296

7. Keramische Magnetika (Eisenoxid-Verbindungen) (Albers-Schönberg) 303
7.1 Chemischer Aufbau und Anwendung 303
    7.1.1 Die weichmagnetischen Ferrite 303
    7.1.2 Ferrite mit eckiger Hystereseschleife 308
    7.1.3 Ferrite für Mikrowellen-Geräte 311
    7.1.4 Permanent-magnetische (harte) Ferrite 312
7.2 Rohstoff-Grundlage und Arbeitsverfahren 314
    7.2.1 Rohstoffe 314
    7.2.2 Aufbereitung und Formung 315
    7.2.3 Brand 316
    7.2.4 Schleifen 317
    7.2.5 Messen und Prüfen 318
7.3 Historische Anmerkung und Literatur 318

8. Piezoelektrische und piezomagnetische Keramik (Soyck) 320

Literaturverzeichnis 324

Sachverzeichnis 328

Einleitung

Das Wort *Keramik* wird in mehrfachem Sinne gebraucht. Es bezeichnet eine Werkstoffgruppe, nämlich Stoffe, die im rohen Zustand geformt und dann durch einen Brand bei hohen Temperaturen ihre endgültigen Eigenschaften erhalten. Zu diesen Eigenschaften gehört auch der Verlust der Formbarkeit und Bildsamkeit nach dem Brande. Dabei beschränkt man den Begriff Keramik im klassischen Sinne auf nichtmetalle Werkstoffe. Das entsprechende Herstellungsverfahren bei Metallen heißt Pulvermetallurgie. Mit Keramik bezeichnet man auch die Gegenstände und Erzeugnisse, die aus nichtmetallenen Stoffen nach dem oben bezeichneten Verfahren durch Formen im bildsamen Rohzustand und anschließendes Brennen hergestellt werden. Endlich dient das Wort Keramik auch als Bezeichnung der Wirtschafts- und Industriegruppe, die die Herstellung solcher keramischer Erzeugnisse betreibt.

Als *Elektrokeramik* bezeichnet man somit die keramischen Erzeugnisse, die für das Anwendungsgebiet der Elektrotechnik bestimmt sind, und auch die Industrie, die solche Teile für die Elektrotechnik herstellt.

Die technische Keramik und besonders die Elektrokeramik ist in der Elektroindustrie tief verankert, da der anfängliche Hauptbedarf, der sich auf das Gebiet der Freileitungsisolatoren erstreckte und sein Arbeitsgebiet auch noch mit anderen Werkstoffen teilen mußte, sich sehr in Richtung der elektrotechnischen Geräteindustrie verlagert hat. Isolatoren haben heute in viel größerem Umfang neben ihren Isolieraufgaben auch Aufgaben von Konstruktionselementen der elektrischen Großapparate zu übernehmen. Durch ihre Rohstoffe ist sie den Industrien der Urproduktion verwandt, da die Rohstoffe zum allergrößten Teil in Bergwerksbetrieben und in diesen angegliederten Aufbereitungsunternehmen für die Zwecke der keramischen Industrie bereitgestellt werden.

Die wertvollen Eigenschaften der keramischen Werkstoffe und Erzeugnisse in Bezug auf Lebensdauer, Temperaturbeständigkeit, Härte, geringe Anfälligkeit gegen Verschmutzungseinwirkung und Widerstandsfähigkeit gegen Witterungs- und Frielufteinflüsse machen diese auf vielen Gebieten der Technik unentbehrlich.

Die keramische Industrie ist dadurch besonders beeinflußt, vor allem auch in ihrer Preisbildung, daß ihre Erzeugnisse mit verhältnismäßig geringen Materialkosten, dagegen aber mit verhältnismäßig hohem Lohnanteil versehen sind. Da die Materialkosten der Urprodukte ebenfalls im wesentlichen durch Lohnkosten bestimmt sind, so kann man einen sehr hohen Lohnanteil als preisbestimmend voraussetzen.

Einleitung

Die gesamte keramische Industrie gliedert sich in Grob- und Feinkeramik. Die Feinkeramik umfaßt als größten Anteil die Geschirr- und kunstkeramische Industrie, neben anderen bedeutenden Gruppen für Sanitärkeramik, Wand- und Bodenfliesen und Schleifmaterial auf keramischer Basis. Der kleinere Anteil der feinkeramischen Industrie gehört zur technischen und Elektrokeramik. Der Umsatz der gesamten feinkeramischen Industrie in der Bundesrepublik betrug 1972 2437 Millionen DM. Davon entfallen 280 Millionen DM auf die Gruppe der technischen Keramik, das entspricht einem Anteil von 11,5%.

Von den in der gesamten feinkeramischen Industrie beschäftigten Arbeitskräften von rund 76300 Personen entfallen auf die Gruppe der technischen Keramik rd. 9900, was einem Anteil von etwa 12,9% entspricht.

Die keramische Industrie hat in der Bundesrepublik zwei Schwerpunkte, von denen der eine im nördlichen Bayern und der andere in Westdeutschland in der Nähe des Rheines liegt. Von der Geschirr- und Zierporzellanindustrie sind etwa 92% in Bayern ansässig; etwa 85% der Elektrokeramik und mehr als die Hälfte der chemisch-technisch keramischen Industrie sind in Bayern konzentriert.

Am exportintensivsten von den verschiedenen Herstellergruppen der feinkeramischen Industrie ist die Geschirrindustrie mit etwa 40% ihres Gesamtabsatzes. Der Anteil der technischen Keramik am Export beträgt im Verhältnis zu ihrem Gesamtabsatz 29,7%.

Nicht nur auf dem Gebiet der Geschirr- und Kunstkeramik, sondern auch in der technischen Keramik war Deutschland immer führend, und ist es auch heute noch. Jedoch zeichnet sich im Ausland, besonders auch in den sich entwickelnden Ländern, die Tendenz ab, eigene Geschirr- und auch technischkeramische Industrien zu entwickeln, so daß die Konkurrenz im Ausland sich sehr vergrößert und damit auch der Export beeinflußt werden wird. Hinzu kommt, daß in einigen sehr industriestarken Ländern, wie Amerika und Japan, aber auch in den Ostblockländern, bereits eine sehr starke technisch-keramische Industrie vorhanden ist und daß deren Vollkommenheit in der Rationalisierung und zum Teil auch, wie es bei Japan zutrifft, das niedrigere Lohnniveau und das Staatshandelsmonopol der Ostblockländer, fühlbare Konkurrenz für die deutsche technische Keramik darstellen.

Die Elektrokeramik ist mit der Energieversorgung, der Elektronik und der Meß- und Regeltechnik aufs engste verbunden. Ihre Entwicklung hängt eng mit der Entwicklung dieser Wirtschaftszweige zusammen. Bei dem sich ständig steigernden Bedarf an elektrischer Energie ist die Gewähr gegeben, daß die Elektrokeramik immer bedeutende technische und wirtschaftliche Aufgaben zu erfüllen hat, zumal die Rohstoffe der Keramik zu den Aufbaustoffen der Erde gehören und damit auf lange Sicht ausreichender Vorrat vorhanden ist.

1. Die feinkeramischen Werkstoffe

1.0 Überblick über die Werkstoffe der Keramik

Die Herstellung von keramischen Gebrauchsgegenständen gehört zu den frühesten technischen Betätigungen. Prähistorische Funde keramischer Gegenstände sind die ältesten Dinge, die von Menschenhand durch Stoffumwandlung hergestellt sind. Trotz dieser langen Geschichte ist die Kenntnis der keramischen Technologie bei weitem nicht in dem Maße Allgemeingut, wie etwa die Bearbeitung des Holzes, der Metalle und auch des Glases. Dabei spielen keramische Gegenstände im Alltagsleben, in der Industrie und Technik eine große Rolle. Am besten vertraut sind die Menschen im allgemeinen mit dem Geschirr aus Porzellan, das durch seine geschmackvollen Formen beliebt ist, aber auch dem Porzellan den Ruf der leichten Zerbrechlichkeit eingetragen hat. Wenige sind sich klar darüber, daß der gleiche Werkstoff in der Form von Hochspannungsisolatoren viele Tonnen zu tragen vermag. Bekannt ist die chemische Beständigkeit keramischer Erzeugnisse. Die glänzende Glasur eines Waschtisches aus Sanitär-Porzellan, die Wetterbeständigkeit eines Ziegelsteines, die Feuerfestigkeit des Schamottesteins in Heiz- und Schmelzöfen zeigen die wesentlichen Eigenschaften dieser Werkstoffgruppe, nämlich ihre Beständigkeit gegen äußere Einwirkungen bei normaler und bei hoher Temperatur.

Keramische Isolierstoffe sind anorganische, nichtmetallische, überwiegend oder ausschließlich kristalline Stoffe, die ihre endgültige Beschaffenheit durch Einwirken hoher Temperatur erhalten. Man unterscheidet hinsichtlich des Herstellungsverfahrens zwischen feinkeramischen und grobkeramischen Erzeugnissen. Die dichten keramischen Isolierstoffe sind sämtlich, die porösen zum großen Teil der Feinkeramik zuzuordnen; grobkeramische Isolierstoffe dienen z. B. in Gestalt von Formsteinen als feuerfeste, elektrische Isolierungen in elektrischen Öfen. Hinsichtlich der stofflichen Zusammensetzung unterscheidet man zwischen silikatischen keramischen Stoffen, die kristalline Anteile und Glasphase enthalten und oxidkeramischen Stoffen, die nur sehr wenig oder gar keine Glasphase aufweisen. Den einzelnen Stoffarten liegen bestimmte Kristallstrukturen zu Grunde, die auch in den physikalischen und chemischen Eigenschaften zum Ausdruck kommen.

Das Verfahren der keramischen Herstellung von Gegenständen vorbestimmter Gestalt besteht in der Aufbereitung der sogenannten Masse aus natürlichen Gesteinen und Erden, Oxiden, Carbonaten, Carbiden durch Mahlen, Mischen, Anteigen, in der Formung der Masse zu Gegenständen, deren Größe um den Betrag der sogenannten Schwindung erhöht ist, und in einem nachfolgenden Brand, durch den die Formlinge ihre endgültigen Eigenschaften und Größe annehmen. Bei den plastisch formbaren Massen, die für die Anfertigung größerer Teile benutzt werden, ist der Träger der Bildsamkeit oder Formbarkeit die Tonsubstanz in der Form der natürlich vorkommenden Tone oder Kaoline. Sie ist ein wasserhaltiges Aluminiumsilikat, das sich in der Natur durch Zersetzung und Umwandlung des Feldspates bildet. Es sind zahlreiche Tonmineralien bekannt, denen der kristallographische Aufbau aus abwechselnden Netzebenen von Si–O–OH- und Al–O–OH-Netzen gemeinsam ist [68]. Diese Struktur erklärt die ausgezeichnete Spaltbarkeit der Kristalle und ihr Vorkommen in äußerst feinkörniger Form. Die große innere Oberfläche des Tons und seine Oberflächenaktivität sind die Ursache für das Bestreben des Tons, Wasser zu adsorbieren und damit eine plastische Masse zu bilden. Sie erklärt auch die Bildung stabiler wässeriger Suspensionen durch Adsorption von verflüssigend wirkenden Elektrolyten, die den Tonteilchen eine elektrostatische Auflagung gegenüber dem Wasser geben. Die knetbaren Ton-Wasser-Mischungen vermögen erhebliche Mengen von unplastischen Oxiden, Silikaten und anderen Stoffen, den sogenannten Magermitteln, aufzunehmen, ohne daß eine unzuträgliche Erniedrigung ihrer Bildsamkeit eintritt.

Die keramischen Erzeugnisse oder Tonwaren lassen sich nach ihrer Zusammensetzung, ihrer Farbe, die meistens der Ton bestimmt, dem Grad der Sinterung zu einem porösen oder dichten Scherben und dem Grad der Feuerfestigkeit einteilen. Es bestehen Bestrebungen, im Rahmen der DIN-Normen Klassen und Gruppen festzulegen.

Darüber hinaus werden zahlreiche andere Stoffe zu keramischen Erzeugnissen verarbeitet, wie Oxide, Sulfide, Carbide, Nitride sowie auch Metallpulver. Die Technik der auf keramischem Wege hergestellten metallenen Körper, zu denen z. B. die Hartmetalle gehören, nennt man *Pulvermetallurgie*.

1.1 Porzellane

(Gruppe 100, DIN 40 685) [80]

Die Porzellanmasse ist ein Gemisch aus Kaolin, Quarz und Feldspat. Ist der Anteil an Feldspat (30 bis 35%) und Quarz (30%) hoch und der Kaolinanteil (35 bis 40%) niedrig und enthält die Masse außer Kaolin auch Ton, so entsteht *Weichporzellan*. Die Verformbarkeit von Weichporzellanmassen ist besser als die von Hartporzellan, ihre Standfestigkeit beim Brennen dagegen geringer infolge ihres hohen Flußmittelgehalts (Feldspat). Die Widerstandsfähigkeit gegen schroffen Temperaturwechsel und gegen mechanische Beanspruchung ist im allgemeinen geringer als bei Hartporzellan. Weichporzellan ist deshalb bei elektrotechnischen Geräten nicht für alle Zwecke geeignet.

Hartporzellan entspricht dem klassischen Porzellan, das aus
(40 bis) 50% Kaolin, bzw. Kaolin + Ton,
(15 bis) 25% Feldspat,
(20 bis) 25% (bis 40%) Quarz
besteht.

Gute Verformbarkeit gründet sich vor allem auf ausreichenden Anteil von plastischen Stoffen (Kaolin, Ton). Von der Zusammensetzung hängen die physikalischen Eigenschaften und die Höhe der Brenntemperatur ab. Als grobe Regel gilt, daß zunehmendem Feldspatanteil eine Erhöhung der elektrischen Festigkeit entspricht, weil dadurch die Glasphase verstärkt wird.

Außerdem ist damit eine niedrigere Brenntemperatur verbunden, um einen dichten Scherben zu erhalten. Mit zunehmendem Quarzgehalt steigert sich die mechanische Festigkeit und mit vermehrtem Anteil an Kaolin verbessern sich die thermischen Eigenschaften hinsichtlich Temperaturbeständigkeit und mit abnehmendem Quarzgehalt die Temperaturwechselbeständigkeit. Wenn z. B. der Kaolingehalt auf 55% erhöht und der Anteil an Feldspat auf 22,5% und an Quarz auf 22,5% gesenkt wird, so begünstigt der höhere Kaolingehalt die Bildung von Mullitkristallen und ergibt Massen von geringerer Wärmedehnung und besserer Temperaturwechselbeständigkeit. Zum Beispiel für chemisch-technische Geräte muß eine noch weitergehende Reduktion des Quarzgehaltes erfolgen.

Die Entwicklung des Elektrogerätebaues und der Freileitungen stellte an die Isolatoren vor allem in Hinsicht auf ihre mechanische Festigkeit zunehmende Anforderungen, die dadurch begründet waren, daß bereits keramische Werkstoffe, wie das Steatit, vorhanden waren, die wesentlich höhere Festigkeit aufwiesen. Die Tatsache, daß für die Herstellung von Hochspannungsisolatoren Speckstein, bzw. Talk nicht ausreichend vorhanden war, förderte die Bestrebungen, vom Porzellan ausgehend höhere Festigkeitseigenschaften zu erreichen. Dabei zeichneten sich mehrere Wege ab, die sich durch die Erforschung der strukturellen Zusammenhänge (Quarzporzellan), durch das Vorhandensein gewisser Rohstoffe (Cristobalitporzellan — Japan) und durch die Einführung des Aluminiumoxids ergaben.

Es kann angenommen werden, daß das Vorhandensein von Kieselsäurekristallen in der Form des Cristobalits günstige mechanische Eigenschaften begründet, daß es sich dabei aber wesentlich um die kleinen Kristallgrößen des Cristobalits handelt, die durch die Entstehung bedingt ist.

Tonerdeporzellane werden im allgemeinen unter Verwendung von Aluminiumoxid hergestellt, welches feiner gemahlen ist als der Quarz im Quarzporzellan. Kleine Kristalle begünstigen die mechanische Festigkeit. Einige technologische Schwierigkeiten müssen allerdings in Kauf genommen werden.

Der Hauptgrund für die hohe mechanische Festigkeit des Tonerdeporzellans liegt in dem hohen Elastizitätsmodul des Korunds. Dieser ist etwa fünfmal so groß wie der des Quarzes. Hierdurch vermögen die Korundkristalle die äußeren Spannungen in erheblichem Maße aufzunehmen. Die Glasphase wird dadurch entlastet.

Diese günstigen mechanischen Eigenschaften des Aluminiumoxids haben dazu geführt, den Quarzanteil des klassischen Hartporzellans teilweise durch Al_2O_3 zu ersetzen, wobei Anteile von 10% bis 20% und heute auch bis 30% und sogar 40% eingeführt werden. Mit solchen hohen Anteilen dürfte allerdings die Grenze erreicht sein, da mit zunehmendem Al_2O_3-Gehalt die Verformbarkeit schwieriger wird und die Herstellung von großen Abmessungen bei tragbarem Aufwand nicht mehr möglich ist. Durch Verwendung von Aluminiumoxidporzellan hat man eine Steigerung der Festigkeit des klassischen Quarzhartporzellans auf etwa das Doppelte erreichen können.

Bezüglich der Gruppierung der Porzellane in der Eigenschaftstafel DIN 40685 sei darauf hingewiesen, daß Erzeugnisse aus Aluminiumsilikat enthaltenden Massen in der Gruppe 100 und Erzeugnisse, die überwiegend Aluminiumoxid enthalten, als Typ KER 610 untergebracht sind. Erzeugnisse aus hochfeuerfesten Oxiden mit Gewichtsprozenten an Aluminiumoxid von >80 bis 90 sind als Typen KER 706, von >90 bis 95 in KER 708.1, von >94 bis 99 in KER 708.2 und von >99 in KER 710 enthalten. Die Typen KER 110.1 und KER 110.2 werden als Hartporzellane bezeichnet, wobei zunächst an Aluminiumsilikate enthaltende Porzellane gedacht war, die also als klassische „Quarzporzellane" Quarz enthielten. Im Laufe der Entwicklung der hochfesten Porzellane wurde der Quarzanteil teilweise oder ganz durch Aluminiumoxid ersetzt, wobei der Anteil an Aluminiumoxid bis zu 30%, keinesfalls aber über 40% beträgt. Eine Einordnung in KER 610 oder KER 706/708/710 kommt nicht in Betracht. Eine Einordnung in die Typen KER 110.1 bzw. KER 110.2 bringt einen Konflikt hinsichtlich der klassischen Definition des Porzellans, unter dem das Dreistoff-System Kaolin, Feldspat, Quarz, und speziell für Hartporzellan Anteile von etwa 50% Kaolin, 25% Feldspat und 25 %Quarz verstanden wird. Da sich in der Praxis eingebürgert hat, auch Aluminiumoxid enthaltende Erzeugnisse als „Porzellan", und zwar als „Tonerdeporzellane" zu bezeichnen und eine Gruppe hierfür in DIN 40685 nicht vorgesehen ist, so muß man sich damit abfinden, unter „Porzellan" auch Erzeugnisse zu verstehen, die statt des Quarzanteiles teilweise oder ganz Aluminiumoxid enthalten, und man die Porzellane nicht nach dem sonst in DIN 40685 angewendeten Einteilungsprinzip — Zusammensetzung aus den vorherrschenden Rohstoffen und dem Dichtigkeits- bzw. Porositätszustand — sondern allein nach Festigkeitswerten in KER 110.1 und KER 110.2 unterteilt.

1.2 Steatite

(Gruppe 200, DIN 40685) [80]

Steatit ist ein in hohem Anteil Magnesiumsilikat enthaltender Werkstoff mit dichtem weißgrauen Scherben und gelblicher Brennhaut, der aus Speckstein und Zuschlagstoffen erbrannt wird, wobei Alkalien oder Erdalkalien zum Einsatz kommen, um die Ausbildung einer Glasphase zu gestatten.

Das größte und fast einzige besonders reine Vorkommen von Speckstein in Deutschland liegt bei Göpfersgrün im Fichtelgebirge. Sonst wird Speckstein in den österreichischen Ostalpen, Rumänien, den Pyrenäen, Spanien, England (Wales), Korsika, Ägypten, dem Ural, der Mandschurei, Indien und den Vereinigten Staaten von Amerika gefunden.

Speckstein wird als Naturstein durch Herausschneiden (Drechseln) geformt. Dabei kann es sich aber bei größeren Mengen nur um kleine Teile handeln, da große Stücke nicht häufig anfallen. Speckstein kann gebrannt werden. Er weist eine kleine Brennschwindung von 1 bis 2% auf, wenn die Brenntemperaturen nicht zu hoch gewählt werden.

Größere Bedeutung bekam der Speckstein mit der Einführung der Gasbeleuchtung, nachdem Justus von Liebig angeregt hatte, dieses Material für die Herstellung von Gasbrennern zu verwenden. Hierzu dient es heute noch.

In der Elektrotechnik wurde Speckstein erstmalig im Jahre 1859 als Tragkörper für Heizwiderstände verwendet. Bei der Herstellung von Gasbrennern, die aus Specksteinstücken herausgeschnitten wurden, fielen beträchtliche Mengen Abfall an. Man kam deshalb auf den Gedanken, daraus Steatitmasse herzustellen und diese nach keramischen Verfahren zu verarbeiten, womit die Herstellung von Steatiterzeugnissen ihren Anfang nahm.

Als Flußmittel wird dem *Normalsteatit*, das deshalb auch als *Feldspatsteatit* bezeichnet wird, Feldspat in Mengen von 5% bis 10% zugesetzt. Dadurch erreicht man ein breiteres Brennintervall und die Bildung einer ausreichenden Glasphase. Der Alkaligehalt bedingt einen größeren Verlustwinkel, was für die Verwendung bei Hochfrequenz nachteilig ist. Man ersetzt deshalb den Feldspat durch ein alkalifreies Flußmittel, für das sich Bariumkarbonat weitgehend eingeführt hat. Seine Menge soll 10% nicht überschreiten, da sonst das Brennintervall zu stark eingeengt wird. Meist setzt man etwa 8% Bariumkarbonat zu. Eine solche Masse hat außer einem ausgezeichneten Verlustwinkel auch gute mechanische Eigenschaften. Man bezeichnet diese Steatitgruppe als *Bariumsteatit* im Gegensatz zum Feldspatsteatit.

Durch Veränderung des Verhältnisses von Magnesiumoxid zu Tonsubstanz sowie durch Einführung von Oxiden lassen sich die Steatiterzeugnisse hinsichtlich Dichtigkeit, mechanischer Festigkeit, dielektrischer Eigenschaften (Verlustwinkel) und Temperaturwechselbeständigkeit in weiten Grenzen variieren. So bestehen neben den Klinoenstatitmassen für Isolatoren die tonsubstanzreicheren Cordieritmassen, die feinporös sind und für temperaturwechselbeanspruchte Widerstandsträger und Funkenschutzkammern Verwendung finden. (Abb. 1.1) [68]. Mit Massen aus besonders reinen Magnesiumsilikaten lassen sich besonders gute dielektrische Eigenschaften erreichen, und Forsteritmassen mit hohem Magnesiumoxidgehalt ergeben eine Steigerung des Ausdehnungskoeffizienten, was für Verbindung von Metallen mit Keramik günstig ist. Durch Verwendung von Zirkonsilikaten (Zirkonoxid), Magnesiumoxid, Vanadinsäure und Bariumoxid, die sich bei ganz bestimmten Mischungsverhältnissen und wirtschaftlich erreichbaren Temperaturen mit Zirkonoxid verbinden, bekommt man ohne bemerkenswerten Abfall der dielektrischen Eigenschaften höhere Temperaturwechselbeständigkeit des Steatits und auch Verbesserung der mechanischen Eigenschaften.

Für elektrotechnische Zwecke wird das Steatit gewöhnlich mit einer Glasur überzogen, die eine glatte Oberfläche schafft. Bei durch Pressen hergestellten Erzeugnissen wird eine alkali- bzw. erdalkalihaltige Muffelglasur verwendet, die in einem getrennten Muffelglasurbrand bei Temperaturen von etwa 800 bis 1100 °C aufgeschmolzen wird. Sie genügt nicht in allen Fällen höchsten Ansprüchen hinsichtlich Witterungsbeständigkeit und Oberflächenhärte. Bei Hochspannungserzeugnissen wird eine Scharfbrandglasur im Garbrand des Scherbens gleichzeitig aufgeschmolzen. Im allgemeinen erhält sie bei Mittelspannungsisolatoren weiße oder braune und bei Hochspannungsisolatoren braune Farbtönung. Weiße Glasur läßt sich bei Steatit nicht so gut verwenden, weil die chemische Reaktion zwischen Glasur, Scherben und Ofenatmosphäre häufig schwankend gelbliche und graue Tönung ergibt, so daß unregelmäßig schmutzig-graue Färbung vorkommt. Diese Verfärbungen, die auf eine hohe

8   1. Die feinkeramischen Werkstoffe

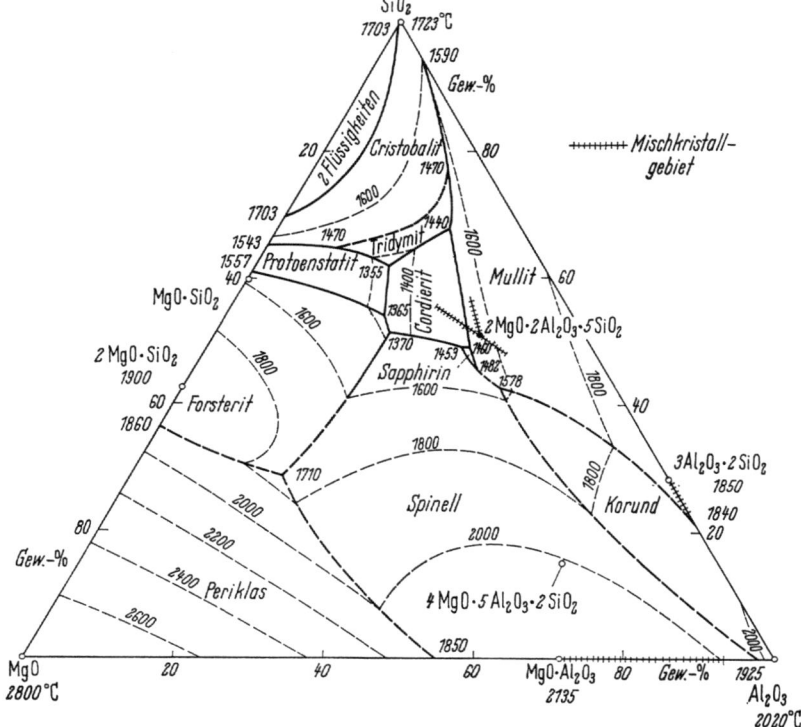

Abb. 1.1. System MgO–Al$_2$O$_3$–SiO$_2$ nach Salmang-Scholze, Osborn-Muan [68].

Reaktionsaktivität des Specksteins gegenüber der Ofenatmosphäre zurückzuführen sind, können als Qualitätsmerkmale der Rohstoffbasis bewertet werden. Wenn möglich, soll man deshalb die braune Glasurfarbe bei Steatit verwenden. Eine allseitige Glasierung ist zu empfehlen, weil die Glasur einen Gleichgewichtszustand der Oberfläche hinsichtlich der mechanischen Spannungen bringt. Bei richtig gewählter Glasur ergibt sich dabei eine höhere Festigkeit des Scherbens. Selbst wenn man glasurfreie Stellen am fertigen Erzeugnis braucht, ist es häufig besser, diese Stellen zunächst zu glasieren und anschließend durch Sandstrahlgebläse abzusanden.

1.3 Keramische Kondensatorbaustoffe

(Gruppe 200 und 300, DIN 40 685)

Zu den keramischen Kondensatorbaustoffen gehören nach DIN 40 685 Tab. 2, der Steatittyp (KER 221) und die titandioxidhaltigen Typen KER 310, 311, 320, 330, 331, sowie Stoffe aus Calcium-, Strontium- und Bariumtitanat KER 340 350 und 351. Auch das normale Hartporzellan wird in gewissem beschränkten Umfang verwandt, soweit ein mäßig erhöhter dielektrischer Verlustwinkel und geringe Kapazitätswerte zulässig, daneben aber hohe Spannungsfestigkeit und beträchtliche Baugrößen erforderlich sind. Besondere Abarten des altbekannten Porzellans sind hierfür nicht entwickelt worden. In der Steatitgruppe wird ein gegenüber dem Feldspatsteatit verbessertes Material zum Aufbau von Kondensatoren benutzt, das auch für Hochfrequenzisolatoren verwandt wird. Neben dem Hauptbestandteil Speckstein oder Talkum, einem natürlichen Gestein aus wasserhaltigem Magnesiumsilikat, und Ton enthält diese Masse als Fluß- oder Sinterungsmittel in erster Linie Bariumcarbonat. Auf diese Weise vermeidet man höhere dielektrische Verluste, die bei Anwesenheit des leichtbeweglichen Alkaliions auftreten würden. Auch wird Wert auf besonders reine Rohstoffe gelegt. Da beim Brennen der Speckstein, bzw. das Talkum, deren chemische Zusammensetzung etwa der Formel $3 MgO \cdot 4 SiO_2 \cdot H_2O$ entspricht, unter Wasserverlust in das Metasilikat $MgO \cdot SiO_2$ übergeht, muß Kieselsäure (SiO_2) frei werden. Diese freie Kieselsäure unter Silikatbildung aufzuzehren, ist Zweck der Beimischung der erwähnten Erdalkaliverbindungen. Man ist der Ansicht, daß ein aus *einer* Kristallart bestehendes Dielektrikum für einen niedrigen dielektrischen Verlustwinkel notwendig ist. Im gebrannten Steatitscherben ist nach Büssem und Schusterius [14] Protoenstatit vorherrschend, das sich von den natürlichen Metasilikaten, dem Enstatit oder Klinoenstatit, durch seinen Kristallaufbau unterscheidet (Abb. 1.1) [68].

Im Gegensatz zu dem Mehrphasensystem des Steatits ist der titandioxidhaltige Typ KER 310 ein Einphasensystem. Er besteht aus fast reinem Rutil, einer der drei Kristallarten, in denen Titandioxid (TiO_2) vorkommen kann. Der Rohstoff ist chemisch aus dem Mineral Ilmenit (Titaneisen — $FeTiO_3$) durch Aufschließen, Fällen und Glühen gewonnenes Titandioxid. TiO_2 kommt in der Natur in der tetragonalen Kristallform des Rutils und Anatas und in der rhombischen Form des Brookits vor. Alle drei Formen haben hohe Dielektrizitätszahlen.

Tabelle 1.1 [1]

	Anatas	Brookit	Rutil
Kristallform	tetragonal	rhombisch	tetragonal
Dielektrizitätszahl	31	78	senkrecht 89 parallel 173

Beim Glühen auf höhere Temperaturen als 900 °C entsteht Rutil, das auch beim Abkühlen bestehen bleibt. Wie aus Tabelle 1.1 hervorgeht, zeichnet sich Rutil durch die ungewöhnlich hohe Dielektrizitätszahl von 173 aus, parallel zur Achse gemessen, und 89 senkrecht zur Achse. Das regellos gelagerte und gesinterte Gemisch aus feinen Kriställchen ergibt Werte bis zu 110. Die folgende Tabelle 1.2 führt Dielektrizitätszahl und Verlustfaktor einer Reihe bekannter Isolierstoffe an.

Die Sonderstellung der titandioxidhaltigen Massen ist augenfällig. Ungewöhnlich ist auch der stark negative Temperaturkoeffizient der Kapazität. Titandioxid kann mit vielen anderen glühbeständigen anorganischen Stoffen kombiniert werden, die beim Brand zu Mischkristallen oder Verbindungen mit TiO_2 führen können. Treten keine neuen Verbindungen auf, so fällt die Dielektrizitätszahl mit zunehmendem Gehalt an Fremdstoffen nach einer logarithmischen

1. Die feinkeramischen Werkstoffe

Tabelle 1.2 [65]

Isolierstoff	Dielektrizitätszahl	Verlustfaktor tan $\delta \cdot 10^4$
Quarzkristall	4,7	1,6—1,8
Minosglas	7,5	4,6—7,4
Glimmer	7,0	1,6—1,7
Mycalex	8,5	18
Trolitul	2,1	3,6—5,4
Hartpapier	4,5—6	280 —990
Hartporzellan	6	120
Steatit	6	25
Sondersteatit	5—7	12

Funktion, d. h. daß schon geringe Beimengungen eine starke Erniedrigung bewirken. Der zur guten Formbarkeit keramischer Massen nützliche Ton oder Kaolin hat z. B. eine derartige Wirkung. Man ist daher bestrebt, ohne diese anorganischen Plastifizierungsmittel auszukommen, zumal auch der Verlustfaktor durch sie erhöht werden kann. Zusätze von Stärke, Dextrin, Zellulosederivaten und organischen Kunststoffen erlauben indessen die Herstellung von gut formbaren Massen. Wichtig für alle Kondensatorbaustoffe ist, daß der Scherben vollständig dicht gesintert ist, da auch eine geringe Saugfähigkeit die Dielektrizitätszahl und die Durchschlagfestigkeit stark herabsetzt und die dielektrischen Verluste infolge Feuchtigkeitsaufnahme beträchtlich erhöht. Daher werden teilweise sinterungsfördernde Zusatzstoffe, vielfach als Flußmittel bezeichnet, der Rohmasse zugesetzt. Es können dies z. B. Verbindungen der Erdalkalimetalle oder der Erdmetalle sein. Derartig zusammengesetzte Massen zeigen in der Regel eine niedrigere Dielektrizitätszahl als die Dielektriken mit hohem Rutilgehalt. Der Temperaturkoeffizient der Dielektrizitätszahl (TK_ε) ist weniger stark negativ, wie etwa beim Typ KER 311. Man nimmt die Bildung einer Verbindung $ZrTiO_4$ an [16].

Derartige Stoffe können bei entsprechender Abstufung der Zusatzmenge einen sehr geringen Temperaturkoeffizienten der Kapazität aufweisen. Auch die bei den Dielektriken aus Rutil beobachtete starke Frequenz- und Temperaturabhängigkeit des Verlustwinkels wird durch ZrO_2 oder durch Zirkonate wie Magnesiummetazirkonat ($MgZrO_3$) beseitigt.

Mit anderen Zuschlagstoffen reagiert TiO_2 unter Bildung von Titanaten. Vor allem sind Erdalkalien und die Oxide gewisser Erdmetalle hervorzuheben. Mit Magnesiumoxid bildet sich nach Rieke und Ungewiß in erster Linie das Orthotitanat $2 MgO \cdot TiO_2$ oder Mg_2TiO_4 mit einer Dielektrizitätszahl von 12 bis 20, einem Verlustfaktor von $1-3 \cdot 10^{-4}$ und einem niedrigen, meistens schwach positiven Temperaturkoeffizienten der Kapazität (KER 320). Die entstehenden Kristalle haben nach Goldschmidt [28] kubische Gitterstruktur des Spinells. Mg-Ti-Spinell kann man durch Reduktion bei höherer Temperatur zu einem Halbleiter mit Elektronenleitung machen. Daraus angefertigte Widerstände mit hohem negativem Temperaturkoeffizienten des Widerstandes sind gleichfalls von Bedeutung.

Eine weitere Gruppe von Titanaten mit ausgezeichnetem Verlustwinkel bei 1 bis 10 MHz, die mit einem TK_ε von etwa $+70$ bis $-120 \cdot 10^{-6}/K$ die verhältnismäßig hohe Dielektrizitätszahl von 25 bis 50 vereinigen, sind die Verbindungen seltener Erden, wie Lanthanoxid mit TiO_2 (KER 330). Der Vorteil gegenüber den Magnesiumtitanaten mit gleichfalls niedrigen TK_ε ist die zwei- bis dreimal so große Dielektrizitätszahl. Der hohe Preis des Rohstoffes wird zum Teil ausgeglichen durch die niedrigere Brenntemperatur, die beim reinen Magnesiumtitanat infolge anormaler Höhe verteuernd auf die Herstellung wirkt. Vorteilhaft ist auch die Möglichkeit, den TK_ε in weiten Bereichen von $+70$ bis $-120 \times 10^{-6}/K$ beliebig einstellen zu können, ohne eine Erniedrigung der Dielektrizitätszahl in Kauf nehmen zu müssen. Auch Thoriumoxid [63] eignet sich als Zuschlagstoff zum TiO_2 für Dielektriken mit kleinem TK_ε.

Weitere technisch interessante Erdalkali-Titanate sind die Metatitanate des Calciums, Strontiums und Bariums bzw. Mischungen dieser Titanate. Sie sind in DIN 40 685 behandelt. Die Dielektrizitätszahl ist um so höher, je größer das Atomgewicht des Erdalkalimetalles des Titanates ist, wie Tabelle 1.3 zeigt [63].

Tabelle 1.3

	ε_r bei 1 MHz	Atomgewicht des Metalles	Dichte des Titanates
$MgO \cdot TiO_2$	17 — 19	24,32	—
$CaO \cdot TiO_2$	150 — 180	40,08	3,91
$SrO \cdot TiO_2$	250 — 334	87,63	4,36
$BaO \cdot TiO_2$	800 — 2200	137,36	5,83

Andere Autoren geben bei Calciummetatitanat für die Dielektrizitätszahl die folgenden Werte an [27]:

$\varepsilon_r = 167$ bei 26 °C und 10^2 bis 10^8 Hz [40],
$\varepsilon_r = 115$ bei 25 °C und 50 bis $4 \cdot 10^6$ Hz [94],
$\varepsilon_r = 165$ bei 25 °C und 0 bis 10^7 Hz [96],
$\varepsilon_r = 140$ bzw. 132 bei 21 °C und 1,5 bzw. 9450 MHz [62].

Calciumtitanat kommt in der Natur vor. Das Mineral trägt die Bezeichnung Perowskit, dessen Gitterstruktur als Prototyp für eine Anzahl ähnlich gebauter Mineralien galt. Nach neuen Untersuchungen liegt die streng kubische „Perowskitstruktur" beim Calciumtitanat indessen nicht vor, da geringfügige Deformierungen des TiO_6-Oktaeders festgestellt wurden. $CaTiO_3$ kristallisiert danach monoklin-pseudokubisch. An 2 Sorten des natürlichen Minerals ergaben sich ε_r-Werte von 253 und 209 [63]. Diese Werte sind höher als die an synthetischen Sinterkörpern gemessenen; das gleiche gilt vermutlich als Folge von Verunreinigungen der natürlichen Mineralien auch für die dielektrischen Verluste. Der TK_ε des gesinterten Produktes ist stärker negativ als beim Rutil. Dieser Umstand wurde z. B. dazu ausgenutzt, um Temperaturmeßkondensatoren in Radiosonden für meteorologische Zwecke herzustellen. Der Verlustfaktor liegt mit 1,5 bis $5 \cdot 10^{-4}$ bei 20 °C und 1 MHz niedrig. In der Mischreihe $CaTiO_3$ und $MgTiO_3$ ergeben sich u. a. auch Dielektriken mit dem TK_ε etwa gleich Null.

1. Die feinkeramischen Werkstoffe

Für Strontiummetatitanat, das eine ideale Perowskitstruktur aufweist, wird außer dem in Tabelle 1.3 angegebenen Wert für die Dielektrizitätszahl nach Gmelin [27]

$\varepsilon_r = 210$ bei Raumtemperatur und zwischen 10^2 und 10^8 Hz [127],
$\varepsilon_r = 155$ bei Raumtemperatur und 1 MHz [94, 95],
$\varepsilon_r = 275$ bei 25 °C und 0 bis 10^7 Hz [96],
$\varepsilon_r = 264$ und 232 bei 21° C und 1,5 bzw. 9450 MHz [62],

angeführt.

Der TK_ε ist noch stärker negativ als beim $CaTiO_3$, der Verlustfaktor etwa 1,5 bis $6,5 \cdot 10^{-4}$ bei 20 °C und 1 MHz.

Das Bariummetatitanat ist durch seine hohe Dielektrizitätszahl, seine außergewöhnlichen als Ferroelektrizität bezeichneten dielektrischen Eigenschaften und durch seinen piezoelektrischen Effekt bekannt geworden. Dieses Verhalten erklärt sich aus kristallinen Umlagerungen. Die Hochtemperaturform ist kubisch und hat Perowskitstruktur; sie geht bei 120 °C in die tetragonal-pseudokubische, bei 0 °C in die rhombisch-pseudokubische, bei −80 °C in die trigonal-pseudokubische Form über, eine weitere ist hexagonal. Das anormale dielektrische Verhalten ist an die pseudokubische Form gebunden, für die man spontan dielektrisch polarisierte Bereiche annimmt.

Dielektrizitätszahl und Verlustfaktor sind stark von der Temperatur abhängig. Beide steigen bis zum Curiepunkt bei 120 °C stark an [43].

Außer dem Hauptmaximum bei 120 °C sind zwei kleinere Maxima bei +10 °C und −70 °C vorhanden. Oberhalb des Curiepunktes fallen ε_r und Verlustfaktor stark ab. Bei Frequenzen bis etwa 10^9 Hz ist die Dielektrizitätszahl von der Frequenz unabhängig. Der Meßfrequenz überlagerte Gleichspannung setzt die Dielektrizitätszahl erheblich herab. Unterhalb des Curiepunktes wird der Zusammenhang zwischen Polarisation und Feldstärke durch eine Hysteresisschleife wiedergegeben. In diesem Temperaturbereich tritt eine mechanische Deformation durch Anlegen eines elektrischen Feldes auf, d. h. daß $BaTiO_3$ in der pseudokubischen Form piezoelektrisch ist.

Mischtitanate des Systems $BaO-MgO-TiO_2$ ergeben DK-Werte zwischen 12 und 1400, des Systems $BaO-CaO-TiO_2$ zwischen 34 und 1400, des Systems $BaO-SrO-TiO_2$ zwischen 34 und einigen Tausend bei $BaTiO_3-SrTiO_3$-Mischungen [15].

Besondere Bedeutung hat das System $BaTiO_3-SrTiO_3$. Die Mischkristalle verhalten sich in ihrem kristallografischen Aufbau und in ihrem dielektrischen Verhalten ähnlich wie $BaTiO_3$, sind also ferroelektrisch. Die Curie-Temperatur kann durch steigenden Zusatz von $SrTiO_3$ von 120 °C auf Zimmertemperatur gesenkt werden [27]. Eine ähnliche Wirkung haben Zusätze aus Zirkonaten und Stannaten. Da es außerdem möglich ist, das scharfe Maximum der Dielektrizitätszahl (DZ) bei der Umwandlungstemperatur zu verbreitern, hat man die Möglichkeit, die besonders hohe DZ in den Bereich der Verwendungstemperatur der Rundfunk-Kondensatoren zu verlegen, um etwa zwischen 20 und 50 °C nur einen mäßigen Temperaturgang der Kapazität zu erzielen. Dielektriken mit einer DZ von 1500 bis 14000 sind herstellbar. Bei Überlagerung einer Gleichspannung tritt allerdings in vielen Fällen auch bei diesen Kondensatoren eine Erniedrigung der Dielektrizitätszahl ein.

Um die ferroelektrischen Eigenschaften des Bariumtitanats unterhalb des Curiepunktes von 120 °C, die eine unerwünscht große Abhängigkeit der Dielektrizitätszahl von der Temperatur und der Feldstärke bewirken, zu unterdrücken, sind die Zusammenhänge zwischen der Kristallitgröße und den dielektrischen Eigenschaften von verschiedenen Autoren ermittelt worden. Kniekamp und Heywang [46] stellten fest, daß man eine Unterdrückung des Kristallwachstums durch einen TiO_2-Überschuß und durch Anätzen der Bariumtitanatkriställchen in der Aufschlämmung erreichen kann. Durch Herauslösen von etwas Barium aus der Oberfläche wird das Verhältnis von BaO zu TiO_2 in der Oberflächenschicht gegenüber dem des Korninneren verändert und damit eine Schranke gegen das Übergreifen der Kristallneubildung über die Grenzen benachbarter Kristallite hinaus gesetzt. Eine ähnliche Wirkung wurde durch Einbau von Nickel in das Kristallgitter erreicht. Auf diesen Wegen konnte die Dielektrizitätszahl dieses feinkristallinen $BaTiO_3$ bis zu 4000 gegenüber dem Wert von 1200 für das grobkristalline Material gesteigert werden. Am einfachsten wird die Dielektrizitätszahl durch einen Überschuß von 4 bis 8% TiO_2 auf 3000 erhöht [42].

K. J. Oshry beschreibt die Wirkung der Zusätze von 0,1% bis 2,5% (Gewicht) der Metalle, die aus der Gruppe der Elemente Eisen, Nickel, Kobalt, Magnesium, Calcium und Mangan ausgewählt sind, zur Bariumtitanat-Keramik mit kubischer Kristallstruktur und feinkristallinem Gefüge. In den späteren USA-Patenten bevorzugt er Zusätze von Eisen und eine Kombination von Eisen und Calcium [58]. Im Bereich von 0 bis +100 °C erreicht er eine Beschränkung der Kapazitätsänderung auf weniger als 1%. Die Alterungsrate, die er für unmodiziertes $BaTiO_3$ mit 3 bis 10% während einer Dekade von 10 Tagen angibt, wird auf 1% verringert. Helke und Stellenberger [38], die sich gleichfalls mit der Wirkung verschiedener Zusätze beschäftigten, erreichen mit einem Zusatz von 2% Eisenaluminat eine Dielektrizitätszahl von 2000 mit geringer Temperatur- und Feldstärkenabhängigkeit und geringer Alterungsrate.

Die Frequenzabhängigkeit der Kapazität ist bei Rutilkondensatoren merklich. Sie nimmt bei KER 310 von 10^3 bis 10^6 Hz um etwa 3%, bei KER 311 um 1,5% ab; bei KER 221 und 320 bleibt die Kapazitätsänderung unter 0,3% [39].

1.4 Temperaturwechselbeständige, dichte Keramikstoffe
(Gruppe 400, DIN 40685)

Die aus tonsubstanz-magnesiumsilikat-haltigen Massen erzeugten dichten Stoffe der Gruppe 400 (Typ KER 410) haben eine kleine Wärmedehnung und damit eine große Temperaturwechselbeständigkeit. Die kleine Wärmedehnung ist auf Cordierit, den vorherrschenden Bestandteil dieser Stoffe, zurückzuführen. Cordierit ist ein Magnesium–Aluminiumsilikat ($2\,MgO \cdot 2\,Al_2O_3 \cdot 5\,SiO_2$). Durch geeignete Wahl der drei Oxidkomponenten hat man Massen gefunden, die eine möglichst kleine Wärmedehnung bei ausreichendem Brennintervall, d. h. Differenz zwischen Sinterungs- und Schmelztemperatur, ergeben. Die cordierit-

14   1. Die feinkeramischen Werkstoffe

haltigen Stoffe bestehen aus 8 bis 10 Gwt. MgO, 30 bis 35 Gwt. Al_2O_3 und 55 bis 60 Gwt. SiO_2 [89].

Die Glasierung dieser Werkstoffe ist nur durch besondere Verfahren (Selbstglasur, Matt- oder Kristallglasuren) möglich, da es keine Gläser gibt, die einen geeigneten Schmelzpunkt und eine genügend kleine Wärmedehnung besitzen.

Die Hauptanwendungen erstrecken sich auf Elektrodampfkessel, Quecksilberdampfgleichrichter und Druckgasschalter. Ihre mechanischen und dielektrischen Eigenschaften entsprechen etwa denen eines normalen Porzellans.

1.5 Elektrowärmekeramikstoffe
(Gruppe 500, DIN 40685)

Die hauptsächlich in der Elektrowärmetechnik und für Funken- und Lichtbogenschutz verwendeten porösen Isolierstoffe der Gruppe 500 werden aus tonsubstanz-, zum Teil auch magnesiumsilikat-haltigen Massen mit verschiedenen Zusätzen hergestellt. Ihre Brenntemperatur liegt in den meisten Fällen wesentlich niedriger als die Dichtbrandtemperatur. Von den fünf Typen der Stoffgruppe 500 sind KER 510 nur auf Tonsubstanz, KER 511 und 512 auf Tonsubstanz und Magnesiumsilikat, KER 520 auf Tonsubstanz, Tonerde und mehr als 20% Magnesiumsilikat und endlich KER 530 auf Tonsubstanz, Magnesiumsilikat und hohem Tonerdegehalt aufgebaut. Die Rohmassen lassen sich gut verarbeiten, so daß auch kompliziert geformte Isolierteile hergestellt werden können.

Als kennzeichnende Eigenschaften sind die große Temperaturwechselbeständigkeit und die auch bei höheren Temperaturen ausreichende elektrische Isolierfähigkeit zu nennen. Die Temperaturwechselbeständigkeit von KER 510 erklärt sich durch das poröse Gefüge und die größere von KER 511, 512, 520 und 530 durch deren Porosität und den Cordieritgehalt, der bei KER 520 mit sehr und 530 durch ihre Porosität und den Cordieritgehalt, der bei KER 520 mit sehr kleiner Wärmedehnung am größten ist. Der spezifische elektrische Widerstand von KER 520 und 530 liegt etwa um eine Größenordnung höher als bei KER 510, 511 und 512. Dies ist auf den verhältnismäßig großen Cordieritgehalt des Typs KER 520 und den hohen Tonerdegehalt beim Typ KER 530 zurückzuführen. Die Volumenporosität der Stoffgruppe 500 liegt zwischen 10 und 40%. Die mechanische Festigkeit ist geringer als bei den dichten Stoffen. Mit Rücksicht auf die chemische Reaktion zwischen den keramischen Isolierstoffen und den Heizleiterwerkstoffen und die elektrische Isolierfähigkeit der keramischen Stoffe sind KER 510, 511 und 512 bis 1000 °C, KER 520 bis 1200 °C und KER 530 bis 1300 °C zu verwenden [2].

1.6 Hochfeuerfeste keramische Werkstoffe
(Gruppe 600, DIN 40685)

Mit einem gewissen Recht kann man die Werkstoffe der Gruppe 600, z.B. KER 610, als eine Art Spezialporzellan bezeichnen, da sie dicht sind und aus Aluminiumsilikat, gegebenenfalls mit Zusätzen von Aluminiumoxid bestehen. Der Tonerdegehalt kann erheblich über den des normalen Hartporzellans oder

Steinzeugs hinausgehen. Bei extremer Steigerung des Al_2O_3-Gehaltes bilden derartige Werkstoffe den Übergang zu reinen oder fast reinen Oxidmassen, dem Sinterkorund oder der Sintertonerde. Außer Ton und Kaolin bilden geglühte Tonerde, Korund, Sillimanit oder synthetisch erzeugter Mullit die wichtigsten Rohstoffe. Sillimanit ist ein Aluminiumsilikat der Formel $Al_2O_3 \cdot SiO_2$, das durch Glühen aus natürlichem Cyanit der gleichen Zusammensetzung entsteht. Der Al_2O_3-Gehalt dieses Minerals beträgt etwa 62 bis 65%. Mullit, ein Aluminiumsilikat der Formel $3 Al_2O_3 \cdot 2 SiO_2$ und einem Tonerdegehalt von etwa 70%, wird in der Regel synthetisch hergestellt, durch Glühen von Kaolin und Tonerde, unter Zusatz von Mineralisatoren. Die auf diese Weise mit Tonerde angereicherten Massen erfordern zum Dichtbrennen eine hohe Brenntemperatur. Als Flußmittel werden Feldspat oder Erdalkaliverbindungen verwandt. Die Fertigprodukte zeichnen sich durch hohe Feuerfestigkeit aus, so daß man sie als Pyrometerschutzrohre, hoch beanspruchte chemische Geräte und auch als Isolatoren für Zündkerzen verwenden kann. In diesem Falle pflegt man alkalifreie Massen zu benutzen, da der sogenannte Te-Wert, das ist die Temperatur, bei der ein Würfel von 1 cm Kantenlänge den elektrischen Widerstand von 1 Megohm annimmt, hoch liegen muß. Alkali in der Masse würde den Widerstand mit Erhöhung der Temperatur schnell absinken lassen. Aus dem Grunde wird die Temperatur des Dichtsinterns mit Zusätzen von Magnesium- oder Calciumverbindungen auf eine wirtschaftlich tragbare Höhe eingestellt. Neben feuerfesten Aluminiumsilikatmassen werden auch hochtemperaturbeständige Massen aus Magnesium- und Zirkonsilikat hergestellt.

1.7 Oxidkeramik

(Gruppe 700, DIN 40685)

Die Gruppe 700 umfaßt oxidkeramische Werkstoffe aus fast reinen hochfeuerfesten Oxiden, die entweder dicht gesintert sind (KER 710) oder aber infolge Unterbrechung des Brandes vor der Dichtsinterung ein poröses, saugfähiges Gefüge zeigen (KER 720).

Die Bezeichnung ,,Oxidkeramik" wurde ursprünglich nur für die Keramik der hochfeuerfesten Oxide verwendet, soweit diese in reinem oder nahezu reinem Zustand und insbesondere ohne Zuschlagstoffe silikatischer Natur verarbeitet werden (Einstoff- und Mehrstoffsysteme wie Al_2O_3, BeO, Spinell, ZrO_2). Da die neue Bezeichnung sich als zweckmäßig erwiesen und allenthalben eingebürgert hat, erscheint ihre Beibehaltung gerechtfertigt, zumal sich ihr auch recht gut diejenigen Zweige der modernen Keramik unterordnen lassen, die sich ebenfalls mit der Verarbeitung kieselsäurearmer Oxide befassen, jedoch überwiegend mit ganz anderer Zielsetzung (Keramik des TiO_2, der Titanate und bestimmter Schwermetalloxide, insbesondere für elektrotechnische Zwecke).

Die einzelnen Gebiete lassen sich zwar nicht völlig scharf gegeneinander abgrenzen, nichtsdestoweniger erscheint dieses Schema brauchbar, um eine gewisse Ordnung in die sich rasch mehrenden und an Bedeutung gewinnenden keramischen Erzeugnisse zu bringen. Strenggenommen sind selbst die ,,Einstoffsysteme" meist höchst komplizierte Gebilde, denn sie enthalten, abgesehen von gewollten Zusätzen, nie völlig vermeidbare Verunreinigungen, die aber unter

Oxidkeramik

Einstoffsysteme		Mehrstoffsysteme		
Keramik der reinen Schwermetalloxide, wie Uranoxid, Eisenoxid, u. a. Titanoxid	Keramik der reinen hochff. Oxide, wie Al_2O_3, MgO, BeO, ThO_2 u. a.	Keramik der hochff. Mehrstoffsysteme, wie Spinell Nernstmasse, stabilisiertes ZrO_2 u. a.	Keramik der Titanate, wie Ba-Titanat, Sr-Titanat u. a.	Keramik der Systeme mit Schwermetalloxiden, wie Ferrite u. a.

Umständen die Eigenschaften stark beeinflussen und daher nicht immer unbeachtet bleiben dürfen. Aus praktischen Gründen erscheint es trotzdem gerechtfertigt, wie bisher die Gruppe hochfeuerfeste Sinteroxide gesondert zu führen (Al_2O_3–MgO–BeO–ZrO_2–ThO_2-Spinell und zugehörige Mehrstoffsysteme).

Als Ausgangsmaterialien für oxidkeramische Erzeugnisse dienen überwiegend die mehr oder minder reinen Oxide, wie sie die chemische Industrie liefert. Nur Magnesia (MgO) kann aus natürlichen Vorkommen hinreichend rein bezogen werden.

Vor der Verformung werden die Oxide durch eine thermische Vorbehandlung, die in einem Glüh-, Sinter- oder Schmelzprozeß besteht, in einen möglichst reaktionsträgen Zustand gebracht.

BeO. Bei der Verarbeitung von Berylliumoxid muß die Giftigkeit dieser Verbindungen beachtet werden. BeO kommt als hexagonale Kristalle mit einer theoretischen Dichte von 3,008 g/cm³ vor. Sein Schmelzpunkt liegt bei 2550 °C. Die spez. Wärme steigt mit der Temperatur stark an und erreicht erheblich höhere Werte als die der anderen feuerfesten Oxide. Die Wärmeleitfähigkeit ist bei niederen Temperaturen noch höher als bei Al_2O_3. Nach Untersuchungen von Schwartz [82] haben gesinterte Teile aus BeO die bessere Temperaturwechselbeständigkeit im Vergleich mit solchen aus Al_2O_3, MgO und ZrO_2 bei allen Temperaturen.

BeO hat geringen Dampfdruck und kann daher im Vakuum bis zu 2000 °C benutzt werden. Auch hat es die höchste Widerstandsfähigkeit von allen Oxiden gegen Reduktion durch Kohle. Über 1800 °C reagiert es indessen mit Kohle unter Bildung von Be_2O.

MgO. Magnesiumoxid (Dichte 3,57 bis 3,58 g/cm³), als Periklas kubisch kristallisiert, hat einen Schmelzpunkt von (2826 ± 10) °C.

MgO, elektrisch geschmolzen und nach Korngrößen des gemahlenen Materials klassiert, dient als Isoliermaterial für Rohrheizkörper wie Strahlelemente, Rohrkochplatten, Flächenheizkörper für Bügeleisen und Kochplatten. Die hohe Wärmeleitfähigkeit und der große Isolationswiderstand bei hoher Temperatur erlauben eine hohe spezifische Belastung. Mit wenig Bindemittel gemischt, zu Rohren geformt und bis zu einer offenen Porosität von 28 bis 35% gesintert, dient das Material in Form sogenannter Brechrohre für die Herstellung von Rohrheizkörpern, in denen es die Zwischenräume zwischen Mantelrohr und Heizspirale ausfüllt, nach dem die Rohre durch einen Hämmerprozeß zu Pulver zerdrückt und verdichtet worden sind.

ZrO₂. Zirkonoxid kristallisiert monoclin und tetragonal. Der sich bei erhöhter Temperatur vollziehende Übergang in die tetragonale Hochtemperaturform ist mit einer Volumenänderung von ca. 9% verbunden. Da beide Kristallformen von der kubischen Modifikation nur wenig verschieden sind, kann das ZrO_2 stabilisiert werden durch CaO, MgO, Y_2O_3. Mit 3 bis 7% CaO stabilisiertes ZrO_2 hat eine Dichte von 5,3 bis 5,9 g/cm³ gegenüber 6,1 g/cm³ der tetragonalen Form. Der Schmelzpunkt des tetragonalen ZrO_2 liegt bei (2765 ± 83) °C.

Da die Wärmeleitfähigkeit niedrig ist und der elektrische Isolationswiderstand gemäß nachfolgender Tabelle 1.4 mit der Temperatur stark abfällt, eignet sich ZrO_2 nicht als Isolierstoff für erhöhte Temperaturen [69].

Tabelle 1.4

°C	Ω · cm
700	2300
1200	77
1300	9,4
1700	1,6
2000	0,59
2200	0,67

Sonderanwendungen. Da einige feuerfeste Oxide neuerdings als Speicherkern für elektrisch beheizte Speicheröfen interessant geworden sind, werden die dafür wichtigen Stoffwerte in der Tabelle 1.5 aufgeführt. Danach haben Magnesit und Korund ein besonders hohes Wärmespeichervermögen gegenüber Schamotte, Ton, Zement und Olivin.

Tabelle 1.5. Stoffwerte gebräuchlicher Wärmespeichermittel

Stoff	Spez. Wärme kcal/kg · K	Dichte g/cm³	nutzb. Temp. $\vartheta_1 - \vartheta_2 = \vartheta_0$	Wärmeeinh. b. Nutztemp. kcal/dm³	Zustand
Schamotte	0,2 —0,22	1,8 —2,2	500	210	fest
Magnesit	0,27	2,6 —2,8	500	370	fest
Grauguß	0,13	7,25	400	380	fest
Al-Legierung	0,2 —0,23	2,65—2,8	500	290	fest
Olivin	0,24 —0,25	2,6	500	325	fest
Korund	0,24 —0,25	3,8 —4,0	500	475	fest
Ziegelst.	0,2	1,4 —1,9	400	130	fest
Ton	0,21	1,6	400	135	fest
Quarz	0,18	2,1 —2,5	800	330	fest
Zement	0,18— 0,2	2,2 —2,5	250	110	fest
Wasser	1,0	1,0	55	55	flüssig

Gemischte Oxide. Neben den Einzeloxiden haben auch Sinterprodukte aus Oxidgemischen eine gewisse technische Bedeutung erlangt. Von den vielen in der Literatur beschriebenen Systemen sei hier der Spinell $MgO \cdot Al_2O_3$ erwähnt, der kubisch kristallisiert mit einer Dichte von 3,59 ± 0,01 g/cm³. Der Schmelzpunkt liegt bei (2135 ± 6) °C.

2. Fertigungsprozesse in der technischen Feinkeramik

2.1 Aufbereitung der keramischen Rohstoffe

Für die Herstellung feinkeramischer Erzeugnisse werden Werkstoffe, sogenannte „Massen" benötigt, die aus mehreren Einzelkomponenten mit sehr unterschiedlichen chemischen und physikalischen Eigenschaften zusammengesetzt sind. Diese mineralischen Rohstoffe (Tone, Kaolin, Quarz, Feldspat, Talkum, Dolomit, Kalkspat u. a.) sind abgesehen von ihrem chemischen Aufbau auch in der physikalischen Struktur der fertigen Masse hinsichtlich der Größe, Form und Oberfläche der einzelnen Körnungen, ihrer Dichte, dem Wassergehalt, ihrer Härte, Farbe und nicht zuletzt in ihrem Temperaturverhalten (Ausdehnungskoeffizient, Schmelzpunkt) von sehr heterogener Natur. Hinzu kommt noch, daß diese einzelnen Rohstoffe von ihrem natürlichen Vorkommen her, im Verlauf des grubenmäßigen Abbaues in sich variierende Zusammensetzungen und Eigenschaften aufweisen.

Nun sind aber die elektrokeramischen Werkstücke, die aus diesen Rohstoffen hergestellt werden, in der technischen Anwendung spezifisch meist sehr hohen mechanischen, thermischen und elektrischen Beanspruchungen ausgesetzt, die ihrerseits einen Ausgangs-Werkstoff, eine „Masse", mit weitestgehend konstanten Eigenschaften voraussetzen.

Es ist somit die wichtigste und mit größtmöglicher Annäherung zu lösende Aufgabe der Aufbereitungstechnik, aus den heterogenen und variablen Rohstoffen eine — makroskopisch gesehen — möglichst „homogene" Masse herzustellen, die einerseits für das jeweilige Formgebungsverfahren (Drehen, Gießen, Pressen, Strangpressen) geeignet ist, die thermischen Einwirkungen beim „Brand" und die beim Trocknen und Abkühlen durch die „Schwindung" auftretenden mechanischen Spannungen aufnehmen kann und andererseits in der Anwendung als fertiger Keramikkörper den Anforderungen der Elektrotechnik gewachsen ist. Es bedarf deshalb einer laufenden analytischen Überprüfung der in das Werk angelieferten Rohstoffe, um die von der Grube her auftretenden Schwankungen in der chemischen Zusammensetzung durch entsprechende Änderung des Rohstoff-„Versatzes" auszugleichen.

Daneben muß man aber dem eigentlichen Aufbereitungsprozeß, d. h. der physikalisch-technischen Verarbeitung und Vermischung der Rohstoffe besondere Sorgfalt schenken, um einen keramischen Werkstoff mit optimalen und konstanten Qualitäten produzieren zu können. Hier liegt die Aufgabe, die den jeweiligen Rohstoffen und dem gewünschten Fertigfabrikat angepaßte Verfahrenstechnik zu ermitteln und die dafür geeigneten Maschinen auszuwählen.

Während des Aufbereitungsprozesses sind dann laufend die physikalischen Kennwerte der Massen, wie Mahlfeinheit, Siebfeinheit (d. h. Korngrößen und Kornfraktionierung), Plastizität, Wassergehalt, Viskosität, Homogenität, Granulation, Trockenbiegefestigkeit zu kontrollieren und zu korrigieren.

Rein theoretisch wäre es das naheliegendste und einfachste Aufbereitungsverfahren, die einzelnen Rohstoffe im trockenen Zustand fein zu mahlen und zu pulverisieren und dann im gewünschten Verhältnis („Versatz") trocken zu vermischen und auf den dem jeweiligen Formgebungsverfahren angepaßten Wassergehalt anzufeuchten.

Dieses Verfahren wäre jedoch nur anwendbar, wenn Rohstoffe von höchster Qualität und Reinheit zur Verfügung stehen (was in der Praxis sehr selten der Fall ist) oder wenn es sich um die Herstellung geringwertigerer Werkstücke handelt.

Die im Ton häufig vorkommenden organischen Bestandteile, Holz, Kohle, Gesteinstrümmer und andere Fremdkörper, lassen sich nur nach Auflösen des Tons in Wasser, durch „Naßsiebung" ausscheiden. Auch aus der endgültig zusammengesetzten und fein vermahlenen Masse lassen sich Fremdkörper, wie Glimmer, Eisenpartikel und Überkorn, besser im verflüssigten Zustand der Masse, d. h. aus der Suspension entfernen, als aus dem trockenen oder halbfeuchten Gemisch oder Granulat.

Auch hat die jahrzehntelange Aufbereitungspraxis immer wieder erwiesen daß man eine Masse größerer Homogenität und besserer innerer Bindung und damit höherer Trockenbiegefestigkeit erzielt, wenn man die feinvermahlenen Hartbestandteile (Quarz, Feldspat) in die wäßrige Suspension des Tons und Kaolins einschlämmt. Schließlich ergibt die Naßvermahlung der Hartstoffe eine rundere, weniger splittrige Körnung als die Trockenmahlung und dadurch einen geringeren Verschleiß der Preß- und Formgebungswerkzeuge.

Man wendet deshalb in der feinkeramischen Industrie fast allgemein die sogenannte „Naßaufbereitung" an, obgleich dieses Verfahren kostspieliger ist als die Trockenaufbereitung, da ja dann vor der Formgebung das Wasser größtenteils wieder aus der Masse ausgetrieben werden muß, um sie verpressen oder plastisch verformen zu können.

Der Gesamtverlauf der Aufbereitung setzt sich aus einer Reihe von typisch keramischen Elementarprozessen zusammen, die der Eigenart der jeweiligen Rohstoffe entsprechend ausgewählt und aneinandergereiht werden müssen, um ein rationelles Verfahren und mit Sicherheit den gewünschten Effekt zu erzielen.

In der nachfolgenden Übersicht sind die einzelnen Elementarprozesse (Spalte A) und die dafür benötigten Maschinenarten (Spalte B) in technologischer Reihenfolge aufgeführt. Die Positionsnummern entsprechen den Indizes in dem Fließbild Abb. 2.1.

Für die Aufbereitung von Porzellan- und Steatitmassen geht die technologische Reihenfolge der Elementarprozesse aus dem Fließbild Abb. 2.1 hervor:

20   2. Fertigungsprozesse in der technischen Feinkeramik

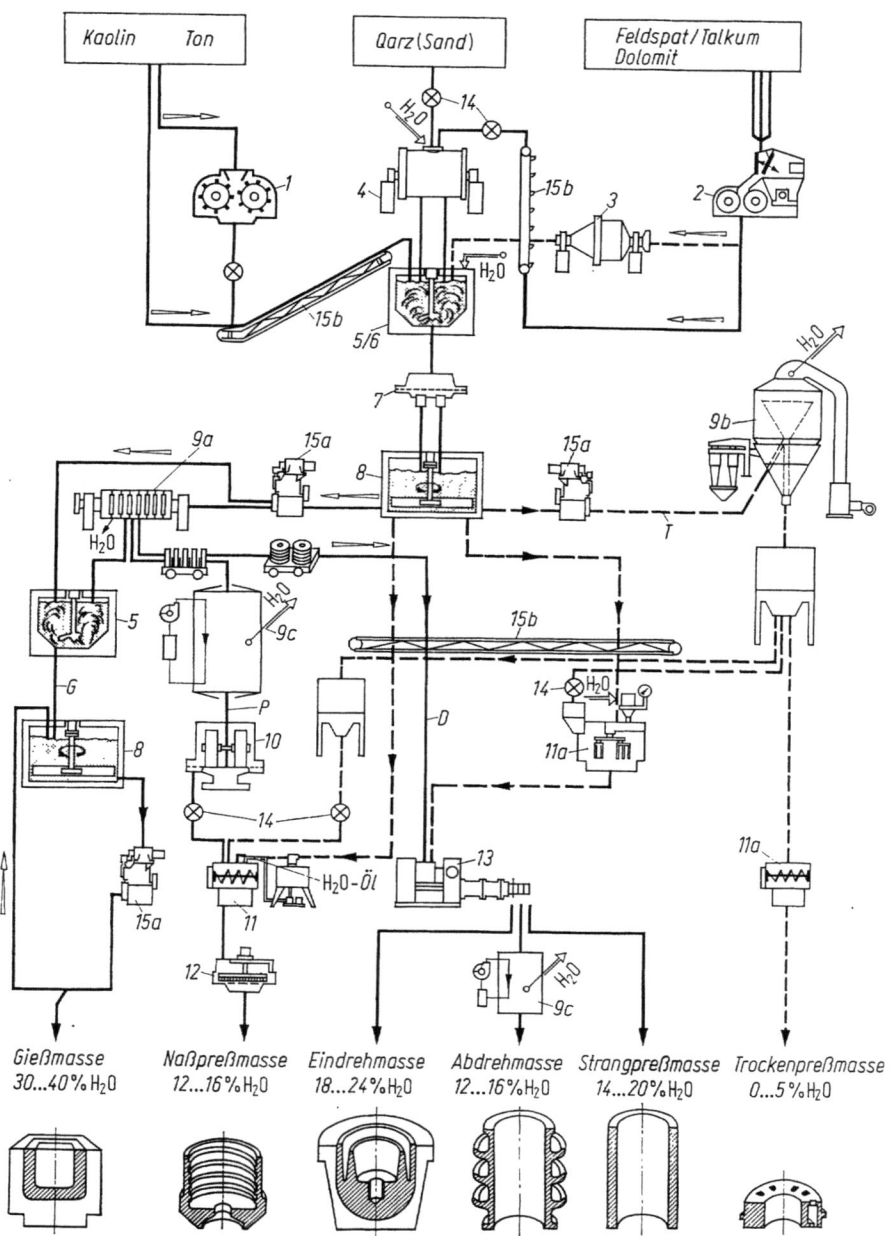

Abb. 2.1. Fließbild zur Aufbereitung von Porzellan- und Steatit-Massen.

Pos.-Nr.	A	B
1	*Vorzerkleinerung* (I) der weichen und mittelharten Rohstoffe (Tone, Talkum)	Tonwolf (Zerreißwalzwerk) Tonschnitzler
2	*Vorzerkleinerung* (II) der Hartmaterialien (Quarz, Feldspat, Dolomit)	Steinbrecherwalzwerk, Prallmühle
3	*Feinmahlen*, trocken	Trommelmühle (periodisch) *Rohrmühle* (kontinuierlich) Schwingmühle
4	*Feinmahlen*, naß	*Trommelnaßmühle* Rührwerksmühle
5	*Lösen* (Ton, Kaolin)	Schraubenquirl, Auflösequirl
6	*Mischen* der Suspension	Schraubenquirl, Mischquirl
7	*Naßsieben* und Enteisenen	Vibrationssieb, Eisenfilter, Permanentmagnete
8	*Rühren*	Schraubenquirl, Rechenrührquirl
9	*Entwässern*	
9a	durch Filtration	*Filterpresse* mit Membranpumpe
9b	durch Sprühtrocknen	*Zerstäubungstrockner* mit Düsen- oder Scheibenzerstäubung
9c	durch Umluft-Trocknung	stationäre Trockenkammer
10	*Pulverisieren*	Siebkollergang Schlagkreuzmühle
11, 11a	*Mischen* (trocken) und Wiederanfeuchten	Gegenstrom-(Schnell-)Mischer, Misch- und Knetmaschine
12	*Granulieren*	Granulierwalzwerk, Passiersieb, Sprühtrockner *9b*
13	*Homogenisieren*, Entlüften, Strangpressen	Vakuumstrangpresse (vertikal oder horizontal)
14⊗	*Dosieren, Zuteilen*	Dosierwaage, Zellenradzuteiler, Tellerspeiser
15	*Fördern, Transportieren* von	
15a	Suspension, Schlicker	Membranpumpen, Diaphragmapumpen, Schneckenpumpe
15b	Ton, Kaolin, Sand, Massegranulat pulverisierte Masse	Transportband (horizontal) Vibrationsrinne } Muldenförderer } (schräg) Becherwerk } Wendelförderer } (senkrecht) pneumat. Förderer (beliebig)

Der gewöhnlich in Form von grubenfeuchten Schollen in das Werk kommende Ton wird beim Entladen des Waggons oder LKW's durch einen „Tonwolf" *1* oder Tonschnitzler vorzerkleinert und in den Tonbunker abgeworfen. Es ist vorteilhaft, wenn der so vorzerkleinerte Ton während der Lagerung trocknen kann, da sich trockener Ton leichter in Wasser lösen läßt als grubenfeuchter Ton.

Der Ton und der Kaolin werden über eine Dosierwaage *14* in den vorgeschriebenen Mengenanteilen durch ein geeignetes Fördergerät (Muldenförderband) *15b* dem Löse- und Mischquirl *5/6* zugeführt. (Wasser [Liter] : Ton [kg] $\approx$ 1:1). Der Bottich wird nur etwa halb gefüllt, damit die aus der Trommelnaßmühle *4* kommenden Hartstoffe zugemischt werden können. Ein Schraubenquirl mit einer Schiffsschraube als Rührorgan von beispielsweise 750 mm $\varnothing$ in einem Bottich mit 7 m³ Nutzinhalt kann 6500 kg Ton auflösen. Leistungsbedarf ca. 10 kW. Bei einer angenommenen Lösedauer von ca. 4 Stunden (die Lösedauer ist sehr stark abhängig von der Natur des Tones, ob „fett" oder „mager") ergibt sich somit ein Arbeitsaufwand zum Lösen von 1000 kg Ton von etwa 6 kWh. Durch Verwendung von heißem Wasser zum Auflösen des Tons kann man die Lösedauer etwas abkürzen.

Der Quarz fällt gewöhnlich in Sandform an und kann als solcher über die Dosierwaage *14* in die Trommelnaßmühle *4* aufgegeben werden, während der Feldspat als Gesteinsbrocken angeliefert und auf dem Steinbrecherwalzwerk *2* auf etwa Erbsengröße vorzerkleinert wird.

In größeren Betrieben mit großem Masseverbrauch wird zweckmäßig das vorgebrochene Material in einer kontinuierlich arbeitenden Rohrmühle *3* trocken vorgemahlen und in Grieß- oder Pulverform zur Feinmahlung auf die Trommelmühle *4* aufgegeben, wodurch die Mahldauer in der Trommelmühle verkürzt wird.

Wegen der großen Härte des Spates empfiehlt sich ein vorhergehendes „Kalzinieren", d. h. Verglühen, wodurch das Gestein mürbe wird und weniger Verschleiß an den Mahlorganen verursacht. Die mit Silex (Naturstein), Porzellan- oder Steatitsteinen ausgefütterte Trommelmühle (eisenfreie Vermahlung) wird normal mit Mahlgut, Wasser und Mahlkörpern im Verhältnis 1:1:1 gefüllt. Man baut heute Trommelmühlen bis 20000 kg Mahlgutfüllung. Bei einer Mahldauer von 15 Stunden, einer Mahlgutfüllung von 12 Tonnen und einem Leistungsbedarf von 50 kW ergibt sich beispielsweise ein Arbeitsaufwand von 62 kWh pro Tonne Mahlgut.

Die Vermahlung der Hartstoffe in der Trommelmühle wird begünstigt, wenn man einen Teil des der Masse zugehörigen Tons mit in die Mühle aufgibt. In der Ton-Suspension werden die zum Absetzen neigenden Quarz- und Feldspatpartikel besser in Schwebe gehalten und dadurch dem Angriff der Mahlkugeln wirksamer ausgesetzt.

Das flüssige Mahlgut wird in dem Löse- und Mischquirl *5/6* mit dem Ton und Kaolin vermischt (Mischdauer ca. 1—2 Std.) und dann durch das Vibrationssieb *7* in den Rühr- und Vorratsquirl *8* abgelassen.

In der Masse enthaltene Eisenteilchen würden im gebrannten Porzellankörper braune Eisenflecken erzeugen und die elektrische Durchschlagfestigkeit beeinträchtigen. Man läßt deshalb die flüssige Masse nach dem Absieben noch über einen kräftigen Magneten laufen, der die Eisenteilchen festhält und ausscheidet.

Alle nun folgenden Prozesse dienen — streng genommen — nur der Verringerung oder Erhöhung des Wassergehaltes der Masse und für die dadurch bedingte Knet- und Homogenisier-Arbeit.

Für das *Drehverfahren* wird die Masse in plastischem, knetbarem Zustand mit etwa 20—24% H_2O benötigt. Hierfür wird die flüssige Masse aus dem Rührer *8* durch die Membranpumpe *15a* mit etwa 8—12 atü in die Filterpresse *9a* gedrückt, in der sich durch Wasserentzug Massekuchen bilden, die dann in der Vakuum-Schneckenstrangpresse *13* homogenisiert, entlüftet und zu zylindrischen Strängen verformt werden, aus denen durch Einformen und Abdrehen rotationssymmetrische Körper erzeugt werden.

Nach der Filterpresse *9a* teilt sich der Massestrom in die drei Wege *G* (Gießmasse), *P* (Naßpreßmasse) und *D* (Drehmasse).

Die *Gießmasse G* wird aus der von dem Rührer *8* kommenden Suspension durch Zugabe von Filterkuchen oder Abfallmasse und alkalischem Verflüssigungsmittel (Wasserglas, Soda) in dem Lösequirl *5* eingedickt (Dichte ca. 1,8 kg/l). Die fertige Masse wird in dem langsam laufenden Rührer *8* bevorratet und entlüftet.

In der Gießmasse befindliche Luftblasen würden in dem gegossenen Körper Poren erzeugen, die sich auf die Festigkeit und die elektrischen Werte des Porzellans nachteilig auswirken. Durch langsames Rühren der flüssigen Masse bewirkt man, daß die Luftblasen hochsteigen und entweichen. Diesen Vorgang kann man begünstigen, wenn man den Quirlbottich luftdicht abschließt und den Luftraum über der Masse durch eine Vakuumpumpe evakuiert.

Die Membranpumpe *15a* hält die Gießmasse in einer Ringleitung in ständigem Umlauf, aus der sie durch Spezialhähne zum Vergießen entnommen wird.

Die *Naßpreßmasse P* wird aus den Filterkuchen (ca. 24% H_2O) gewonnen. In einem Kammertrockner *9c* werden die Kuchen auf Gestellwagen bis auf etwa 3% H_2O getrocknet und dann in dem Siebkollergang *10* pulverisiert. Über den am Silo-Auslauf angebrachten Zuteilapparat *14* gelangt dann die Masse in der vorgeschriebenen Dosierung in den Mischer *11*, in welchem Wasser und Öl eingesprüht wird, so daß sich eine krümelige Masse bildet, die über das Passiersieb *12* mit einer Maschenweite von ca. 3 mm auf die erwünschte Granulation gebracht wird und den zum Naßpressen erforderlichen Feuchtigkeitsgehalt (12 bis 16%) besitzt.

Die *Drehmasse D* wird ebenfalls aus Filterkuchen gewonnen, die auf dem Weg *D* der Vakuumstrangpresse *13* zugeführt werden. Mittels Schnecken wird die Masse geknetet und homogenisiert und durch eine Lochplatte in eine Vakuumkammer gepreßt, in welcher eine durchgreifende Entlüftung der zu dünnen Würstchen aufgeteilten Masse erfolgt. Anschließend wird die Masse durch eine zweite Schnecke verdichtet und durch ein Mundstück zu einem homogenen Strang mit den für die Weiterverarbeitung erforderlichen Abmessungen ausgepreßt (Abb. 2.2).

Dieses „klassische" Aufbereitungsverfahren erfordert — vor allem durch die periodisch arbeitende Filterpresse — den Einsatz von Arbeitskräften, die man unter den heutigen Verhältnissen gerne einsparen möchte. Man geht deshalb heute bei größeren Anlagen auf einen weitgehend automatisierbaren Prozeß über, wie er in dem Fließbild auf der rechten Seite alternativ dargestellt ist.

Die Masse-Suspension wird in diesem Fall durch die Membranpumpe *15a* in einen Zerstäubungsturm *9b* eingesprüht, in welchem das Wasser durch Zufuhr

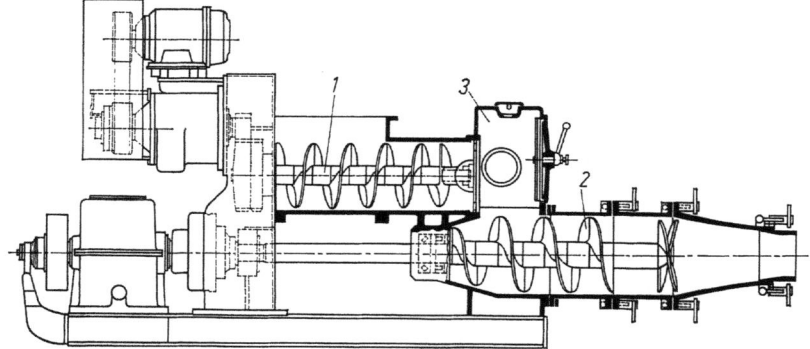

Abb. 2.2. Schnittzeichnung einer Vakuumstrangpresse.
1 Aufgabetrog mit Vorpress-Schnecke; *2* Preßzylinder mit Preß-Schnecke und Mundstück; *3* Vakuumkammer mit Lochscheibe.

von Heißluft verdampft wird. Die Masse tritt aus diesem Trockner als Granulat mit genau einstellbarer Restfeuchte (zwischen 0 und 10%) aus.

Zur Gewinnung von knetbarer Drehmasse wird dieses Massegranulat in dem periodisch arbeitenden Gegenstrom-Schnellmischer *11a* durch dosierende Zugabe von Masse-Suspension (Schlicker) aus dem Rührer *8* auf die gewünschte Endfeuchtigkeit gebracht und durchgeknetet und gelangt von da über einen Rundbeschicker in die kontinuierlich arbeitende Vakuumpresse *13*.

Die *Trockenpreßmasse T* (Steatit, Aluoxid) wird direkt aus dem Granulat des Sprühtrockners, gegebenenfalls unter Zufügung von Plastifizierungsmitteln, in dem Mischer *11a* für die Trockenpreßautomaten fertiggestellt. Um ein möglichst hohes Schüttgewicht zu erhalten, muß das Granulat nötigenfalls durch Absiebung in mehrere Kornfraktionen aufgeteilt werden, die dann in empirisch ermittelter Dosierung zusammengemischt werden. Die dabei meist anfallende Übermenge an feinem Pulver wird erneut aufgelöst, dem frischen Schlicker zugemischt und wieder versprüht.

Auch die *Naßpreßmasse* (Porzellan) läßt sich auf diese Weise — unter Umgehung der Filterpresse — aufbereiten, indem das sprühgetrocknete Granulat durch Zumischen von Schlicker und Öl angefeuchtet wird.

2.2 Keramische Formgebung

Die moderne Elektrotechnik und Elektronik benötigen Keramikteile in außerordentlich differenzierten, vielgestaltigen Formen bei höchsten Anforderungen an den keramischen Werkstoff. Die Herstellung solcher Teile bedingt entsprechend vielfältig modifizierte Formgebungstechniken.

Die nachstehend in gebotener Kürze geschilderten prinzipiellen Verfahren bedürfen deshalb von Fall zu Fall einer Abwandlung und Anpassung an die jeweiligen Verhältnisse, wobei nicht zuletzt auch Fragen der Wirtschaftlichkeit und der rationellen Herstellung eine entscheidende Rolle spielen, für die wiederum die zu fertigenden Stückzahlen maßgebend sind.

Der keramische Werkstoff vereinigt in sich eine Reihe technisch sehr wertvoller Eigenschaften wie:

1. Große Härte und Verschleißfestigkeit;
2. hohe Korrosionsbeständigkeit gegen den Angriff von Wasser, Säuren, Alkalien;
3. hohe elektrische Isolierfähigkeit und Durchschlagsfestigkeit;
4. hohe Temperaturbeständigkeit;
5. geringe Wärmeleitfähigkeit;
6. Modulationsfähigkeit dieser Eigenschaften durch variable Legierung der einzelnen Rohstoffe;
7. niedrige Gestehungskosten und umfangreiche Vorkommen der Rohmaterialien.

Er besitzt aber auch eine in der Technologie anderer Werkstoffe kaum noch vorkommende Eigenschaft, die die Fabrikation maßgerechter keramischer Werkstücke oft beträchtlich erschwert.

Der nachträgliche Schwindungsprozeß, der je nach den verwendeten Rohstoffen, dem bei der Formgebung angewandten Verdichtungsdruck und der jeweiligen Brenntemperatur bis zu 18% betragen kann (bezogen auf den trokkenen, rohen Körper), macht es erforderlich, daß bei der Formgebung ein für den jeweiligen Körper zutreffendes, empirisch ermitteltes „Schwindmaß" berücksichtigt werden muß (Abschnitt 2.5).

Die Maßgenauigkeit und die Oberflächengüte eines keramischen Körpers unterliegen somit insgesamt folgenden, aus der industriellen Praxis nie ganz zu eliminierenden, unerwünschten Einflüssen:

1. Rohstoffdifferenzen;
2. Aufbereitungsfehler (Schwankungen im Wassergehalt, Mahlfeinheit, Siebfeinheit, Entmischungen der Masse);
3. Werkzeugverschleiß bei der Formgebung;
4. Differenzen in der Verdichtungskraft bei der Formgebung;
5. Schwankungen im Feuchtigkeitsgehalt der Masse bei der Formgebung;
6. Differenzen in der Brenntemperatur und der Ofenatmosphäre.

Es ist notwendig, diese Fehlerquellen in minimalen Grenzen zu halten. Wenn die geforderte Maßgenauigkeit sehr engen Toleranzen unterliegt und eine hohe Oberflächengüte des Werkstückes verlangt wird, so macht sich eine nachträgliche Bearbeitung durch Sandstrahlen, Schleifen, Läppen und Glasieren nötig (Abschnitte 2.3.3, 2.4.3, 2.4.4).

In dem Fließbild Abb. 2.1 und dem dazugehörigen Text ist bereits dargelegt, in welchem Zustand (Feuchtigkeitsgehalt) die Masse für die verschiedenen Formgebungsverfahren Verwendung findet. Die folgende tabellarische Zusammenstellung gibt an, welches der für die Keramik typischen Formgebungsverfahren (Spalte A) für die Herstellung der verschiedenen elektrokeramischen Erzeugnisse (Spalte B) verwendet und in welchem Zustand jeweils die Masse verarbeitet wird (Spalte C).

2. Fertigungsprozesse in der technischen Feinkeramik

Abschnitt	A	B	C
2.2.1	*Drehverfahren*		
2.2.1.1	Einformen	rotationssymmetrische Hoch- u. Niederspannungs-Isolatoren f. Freileitungen	Massestrang v. Vakuumpresse mit 20—24% H_2O
2.2.1.2	Überformen	Dieses hauptsächlich in der Geschirr-Industrie angewandte Verfahren (Teller!) findet sich in der Elektrokeramik selten, stattdessen 2.2.1.1 und 2.2.1.3	Massestrang von Vakuumpresse mit 20—24% H_2O
2.2.1.3	Abdrehen	Langstäbe, Durchführungen, Stützer	auf etwa 12—16% heruntergetrocknete „lederharte" Massestränge
2.2.2	*Strangpressen*	„Hubel" für das Abdrehen nach 2.2.1.3, Rohre, Profilstäbe	Filterkuchen oder Massestränge mit 15—20% H_2O
2.2.3	*Preßverfahren*		
2.2.3.1	Naßpressen	*Porzellan* Sicherungspatronen, Sicherungselemente, Schalterteile, Sockel, Lampenfassungen, Schraubkappen, Lüsterklemmen	mit Öl und Wasser angefeuchtetes Granulat (12—16%)
2.2.3.2	Trockenpressen	*Steatit*, Metalloxide Teile wie 2.2.3.1, Kugeln, größere Grundplatten, Isolierperlen und komplizierte Spezialteile	Granulat mit 3—5% H_2O, mit Plastifiziermittel
2.2.3.3	Isostatisch Pressen	Zündkerzen-Isolatoren, Kugeln (Alu-Oxid), „Hubel" f. das Abdrehen 2.2.1.3 (Porzellan, Steatit, Metalloxide)	Sprühgetrocknetes Granulat 0,3—0,8% H_2O
2.2.4	*Gießen*	größere, unrunde dünnwandige Körper, Gehäuseteile, Spezialteile in kleiner Stückzahl	Suspension mit ca. 30% H_2O (Dichte ca. 1,8 kg/l)

2.2.1 Drehverfahren

ist — wie der Name sagt — ausschließlich für die Herstellung rotationssymmetrischer Körper anwendbar. Man unterscheidet das „Einformen", das „Überformen" und das „Abdrehen".

2.2.1.1 Einformen

setzt sich nach der althergebrachten Methode aus 5 Arbeitsgängen zusammen, die in Abb. 2.3 zeichnerisch dargestellt sind.

a) Ein auf die „Kopfscheibe *1* einer Drehspindel aufgesetztes zylindrisches Massestück *2* wird von Hand in einen „Hubel" *3* vorgeformt.

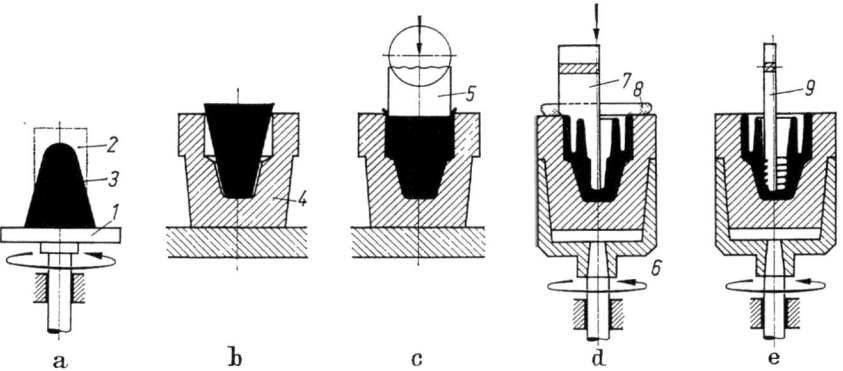

Abb. 2.3 a—e. Die 5 Fertigungsstufen beim Einformen eines Niederspannungsisolators.

b) Der Hubel wird von der Kopfscheibe mit einem Draht abgeschnitten und in die Gipsform 4 eingesetzt.
c) Durch einen hand-, fuß- oder druckluftbetätigten Stempel 5 wird die Masse in die Gipsform eingepreßt.
d) Die Gipsform wird in die „Topfhülse" 6 eingesetzt und in Umdrehung versetzt. Durch Einführen einer Stahlschablone 7 wird die Innenform des Isolators herausgedreht, während die überschüssige Masse hochsteigt, sich am Rand der Gipsform ringförmig ansammelt 8 und von Hand abgenommen wird.
e) In die sich drehende Gipsform wird entsprechend der Gewindesteigung ein Gewindebohrer 9 in die vorgeformte Bohrung eingeführt und so das Gewinde in die noch weiche Masse eingeschnitten.

Nun wird die Gipsform zum Trocknen des eingedrehten Isolators in eine Trockenkammer eingebracht. Der bis auf „Lederhärte" getrocknete und von der Form abgeschwundene Körper wird dann von Hand herausgenommen und durch „Abdrehen" des Kopfes und Eindrehen der Halsrille (Abschnitt 2.2.1.3) in die endgültige Form gebracht.

Die manuelle Durchführung dieser Arbeitsgänge ist heute allerdings unwirtschaftlich und nur noch für die Anfertigung von Sonderformen in kleinen Stückzahlen vertretbar.

Um gegen die Konkurrenz der billigen Glasisolatoren bestehen zu können, wurden für die rationelle Produktion von Porzellan- und Steatit-Freileitungsisolatoren leistungsfähige Halbautomaten, sogenannte „Spiralstempelpressen" entwickelt, die heute allgemein in Gebrauch sind.

Die Gipsformen werden in einen schubweise drehenden Rundtisch eingesetzt. Das Einbringen der Massestrangstücke in die Formen geschieht von Hand. Nach dem selbsttätigen Einpressen der Masse erfolgt das Ausformen durch ein rotierendes Spiralstempelwerkzeug, das mittels einer Reversierspindel auf und nieder bewegt wird und zugleich auch das Gewinde einschneidet. Das Werkzeug ist mit spiralförmigen Nuten (daher der Name) ausgerüstet, damit es sich von der plastischen Masse besser ablöst.

Leistung der Maschine mit 2 Arbeitskräften ca. 500 Post-Isolatoren RM I oder N 95 oder 300 bis 400 Stück der Typen VHD 15 und 20 pro Stunde. Nach

28   2. Fertigungsprozesse in der technischen Feinkeramik

dem gleichen Prinzip arbeitet die Zweispindelmaschine für die Herstellung von Kappen-Isolatoren und ähnlicher, größerer Körper. Das erste Werkzeug formt den Isolator vor, das zweite erzeugt die endgültige Form. Neuerdings ersetzt man die Gipsform durch Leichtmetallformen, in welche die Masse eingepreßt wird. Durch eingeführte Druckluft wird dann der Körper von der Metallwandung gelöst, so daß er mittels eines Saugkopfes herausgezogen und zum Trocknen abgesetzt werden kann. In diesem Fall muß zum Einformen etwas härtere Masse verwendet werden (ca. 16 bis 18% H_2O), um ein Deformieren des Körpers beim Entformen zu vermeiden. Die Metallform läßt die durch die härtere Masse entstehende höhere Druckbeanspruchung zu, während Gips dafür nicht mehr geeignet ist.

Das Eindrehverfahren wird auch für die Herstellung der einzelnen Isolatorschirme angewandt, wie sie für den Aufbau von Großkörpern (Gehäuseisolatoren) nach dem Garnierverfahren benötigt werden (Abschnitt 2.3.1). Unter Anwendung einer Ringaufdrehmaschine (Abb. 2.4) verfährt man dabei wie folgt:

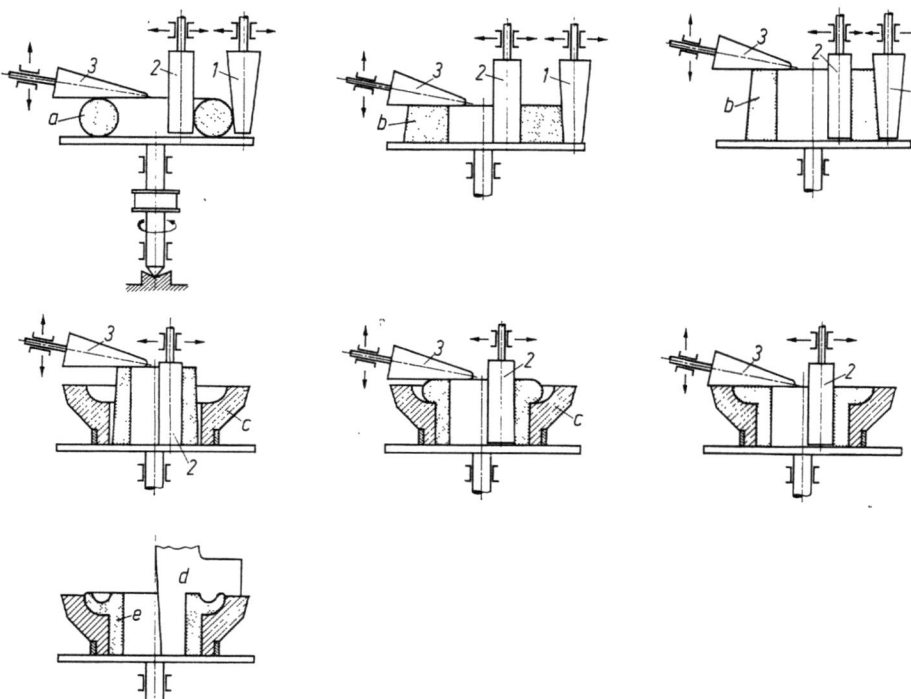

Abb. 2.4. Das Aufdrehen eines Masseringes und Eindrehen eines Schirmes in eine Gipsform mittels einer Ringaufdrehmaschine.
a Ringförmig aufgelegter Massestrang; b durch Walzen (1, 2, 3) umgeformter Massering; c Gipsform; d Formschablone; e fertig eingeformter Schirm.

Auf eine kreisrunde Planscheibe wird aus einem Massestrang von Hand konzentrisch ein Ring a aufgelegt, der dann bei sich drehender Scheibe durch 3 konische, nachstellbare Walzen (1, 2, 3) von innen, außen und oben so lange geknetet und geformt wird, bis sich ein homogener Massering b der gewünschten Abmessung gebildet hat. Über diesen Ring wird nun eine Gipsform c gestülpt, deren Innenprofil dem Querschnitt des zu erzeugenden Isolatorschirmes entspricht.

Der Massering wird nun durch eine Walze von innen nach außen in die Gipsform eingewalzt und erhält an der inneren, freien Oberfläche durch eine Formschablone d das endgültige Profil(e). Nach dem Abschwinden von der Gipsform wird dann der schirmförmige Massering im lederharten Zustand zum Garnieren gegeben. Dieses etwas umständliche Verfahren wird natürlich nur für sehr große Körper angewandt, für die keine genügend großen Vakuumpressen und Kopiermaschinen (Abschnitt 2.2.1.3) zur Verfügung stehen.

2.2.1.2 Überformen

erfolgt reziprok zum Einformen: die Gipsform ist — entsprechend dem herzustellenden Körper konvex und das Formenwerkzeug konkav. Dieses Verfahren wird in großem Umfang hauptsächlich in der Geschirrindustrie für die Erzeugung von Tellern und dgl. angewandt. Eine auf die rotierende Gipsform aufgelegte Massescheibe wird durch eine „Schablone" oder durch ein „Rollerwerkzeug" ausgeformt.

Die Elektrokeramik kennt nur wenige Körper, die sich für das Überformen eignen und so hat das an sich sehr leistungsfähige Rollerverfahren hier wenig Anwendung gefunden.

2.2.1.3 Abdrehen

wird bei der Herstellung von Nieder- und Hochspannungsisolatoren aller Art umfangreich angewandt:

a) Durch das nachträgliche Abdrehen von vorgeformten Körpern, die im Eindrehverfahren hergestellt wurden, Anbringen von Halsrillen und anderen untergriffigen Formelementen und gleichzeitiges Verputzen und Glätten der gesamten Oberfläche. Die eingedrehten Körper werden vor dem Abdrehen zunächst auf Lederhärte (10 bis 15% H_2O) getrocknet, damit sich beim Abdrehen leicht abführbare Späne und eine glatte Oberfläche bilden, ohne den Körper durch den Spandruck zu deformieren.

Das Abdrehen wird in althergebrachter Weise oft noch auf Drehspindeln freihändig mit dem Formstahlmesser ausgeführt, wenn es nicht auf große Maßgenauigkeit ankommt. Zur rationellen und präziseren Fertigung von Telefon-Isolatoren und dgl. in größeren Stückzahlen wendet man Abdrehautomaten an. Die abzudrehenden Körper werden auf vertikale Spindeln aufgesetzt, die in einem Rundtisch gelagert sind und so die Formlinge nacheinander den einzelnen Kopierwerkzeugen zuführen. Die Leistung solcher Automaten beträgt je nach Größe und Kompliziertheit der Körper 500 bis 900 Stück/h. Bei richtigem Einsatz der Maschine genügt eine Arbeitskraft für das Aufsetzen und Abnehmen der Teile.

b) Für Isolatoren größerer Länge, mit mehreren Schirmen und großem Volumen, das sich durch Eindrehen in Gipsformen nicht mehr bewältigen läßt, wie für größere Durchführungen, Langstabisolatoren ist das Abdrehen durch Kopieren die einzige wirtschaftlich durchführbare Herstellungsmethode. Zur Ver-

30   2. Fertigungsprozesse in der technischen Feinkeramik

arbeitung kommen dabei zylindrische, massive oder rohrförmige Massestränge, die mit der Vakuumstrangpresse erzeugt und vor der Weiterverarbeitung auf Lederhärte getrocknet werden. Der Wasserentzug — vor allem bei größeren Abmessungen — muß mit großer Sorgfalt und Sachkenntnis durchgeführt werden, um eine gleichmäßige Feuchtigkeitsverteilung über den ganzen Querschnitt zu erzielen und Schwindungsrisse zu vermeiden. Man wendet sogenannte Feuchtlufttrocknung bei langsamer Temperatursteigerung an (Abschnitt 2.3.2). Kleinere Körper, wie Durchführungen und dgl. können auf der horizontalen Kopier- und Abdrehbank bearbeitet werden, wobei vielfach noch handbetätigte Werkzeuge verwendet werden.

Vollkernisolatoren, Langstäbe und große Durchführungen werden ausschließlich auf Maschinen mit vertikaler Spindel kopiert. Zur Anwendung kommen mit Hartmetall bestückte „Schlingen-Messer", die der Form der Schirme entsprechend gestaltet sind. Die Späne fließen durch die Schlinge ab. Die Steuerung des Werkzeuges erfolgt über ein Parallelogramm durch Abtastung einer seitlich angebrachten Blechschablone, deren Kontur der endgültigen Form des Isolators entspricht. Es besteht jedoch auch die Möglichkeit, die Steuerung vollautomatisch durch fotoelektrische Abtastung einer Konturzeichnung zu bewirken. Die Abb. 2.5 zeigt die in Deutschland wohl größte Maschine dieser Art beim Kopieren eines Großkörpers. Die Herstellung solcher großer Körper erfordert viel fachmännisches Können und setzt absolut strukturfreie „homogene"

Abb. 2.5. Abdreh-(Kopier)-Maschine für die Herstellung von Großkörpern aus einem Hohlstrang (Hubel) mit 5 gesteuerten Kopiermessern (links) und 5 handgesteuerten Abdrehsupporten mit Bohrstange zum Ausdrehen der Innenwand (Werkfoto: Stemag).

Massestränge und viel Sorgfalt beim Transport der empfindlichen, schweren Körper zum Trocknen und Brennen voraus.

Bezüglich der herstellbaren Abmessungen der Hubel und daraus zu fertigenden Isolatoren sei auf Abschnitt 5.1 verwiesen.

2.2.2 Strangpressen

Das Fließverhalten plastischer keramischer Massen, d. h. die Eigenschaft, durch einseitigen Druck plastisch verformt und somit durch einen Knetprozeß in eine gewünschte Form gebracht werden zu können, wird nicht nur bei dem unter 2.2.1 geschilderten Drehverfahren ausgenutzt, sondern vor allem auch beim Strangpressen.

Die Vakuum-Schneckenpresse verarbeitet die Filterkuchen zu „homogenen" Voll- oder Hohlsträngen (Hubel) zur weiteren Behandlung nach dem Abdrehverfahren (Abschnitt 2.2.1.3).

Nach dem gleichen Prinzip werden aber auch Spezialmassen (Ferrite) Aluoxid, Titanate, Karbide) aller Art, die von Natur aus nahezu unplastisch sind und deswegen mit besonderen Plastifizierungsmitteln (Polyvinylalkohole, Tylose usw.) versetzt werden müssen, zu Profilsträngen und Röhrchen verarbeitet (Abb. 2.6). Anstelle von Filterkuchen wird für diese Zwecke heute meist sprühgetrocknetes Granulat verwendet, das in einem Gegenstrom-Mischer mit Wasser und Plastifizierungsmitteln versetzt und in krümeliger, brockiger Form der Vakuumpresse zugeführt wird.

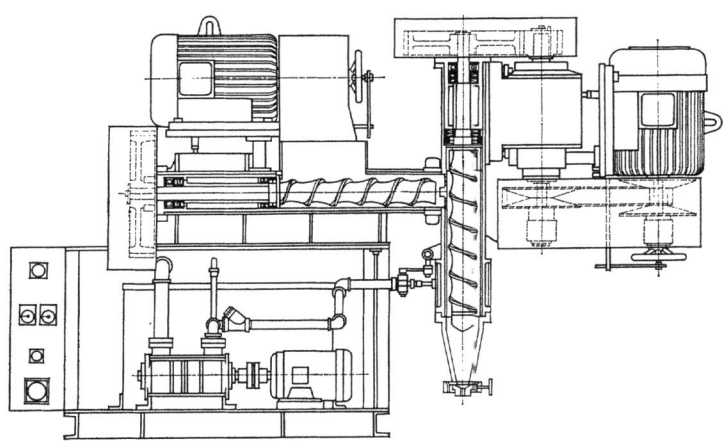

Abb. 2.6. Schnittzeichnung einer Spezialvakuumpresse zur Erzeugung kleiner und kleinster Profilstränge und Röhrchen, mit horizontaler Aufgabeschnecke und vertikaler Preßschnecke, mit vertikalem Strangaustritt.

Die Abb. 2.6 zeigt eine solche Spezialpresse für hochunplastische Massen im Schnitt. Die Drehzahl, Steigung und Form der Preßschnecken müssen empirisch ermittelt und der jeweiligen Masse angepaßt werden. Mit Hilfe von Präzisionsmundstücken können kleinste Strangquerschnitte, wie z.B. Röhrchen mit 1,0 mm $\varnothing$ und 0,1 mm Wanddicke stranggepreßt werden (Abb. 2.7).

32   2. Fertigungsprozesse in der technischen Feinkeramik

Abb. 2.7. Profilrohre erzeugt mit der Vakuumpresse.

Anstelle der kontinuierlich arbeitenden Schneckenpresse verwendet man für kleinere Strangquerschnitte auch hydraulisch betätigte Kolbenstrangpressen, die periodisch mit Masse gefüllt werden. Ein mittels einer größeren Schneckenpresse gezogenes Massestrangstück wird von Hand in den Massezylinder der Kolbenpresse eingesetzt. Dann wird der Zylinder durch eine Kappe luftdicht abgeschlossen. Bevor der Kolben in den Zylinder eintritt und die Masse durch das Mundstück auspreßt, wird der im Zylinder noch vorhandene Hohlraum mittels einer Vakuumpumpe evakuiert. Der erforderliche Kolbendruck hängt von der Plastizität und Konsistenz der Masse und dem lichten Querschnitt des Mundstückes ab. Im Mittel wird mit einem Massedruck von etwa 50 kp/cm^2 gearbeitet.

2.2.3 Preßverfahren

Für die Formgebung durch Pressen wird der keramische Werkstoff, die „Preßmasse", in Form eines Granulats benötigt, dessen Feuchtigkeit je nach der keramischen Zusammensetzung der Masse zwischen 0 und 16% liegt. Während für das Drehverfahren und für das Gießen die maschinelle Einrichtung einfach ist, wenig maschinellen Aufwand verursacht und der Formenwerkstoff Gips billig beschafft und leicht — durch Gießen — in die gewünschte Form gebracht werden kann, so daß sich die Herstellung einer Form auch für die Produktion kleiner Stückzahlen lohnt, benötigt man für das *Preßverfahren* kostspielige Maschinen, Werkzeuge und Matrizen aus Stahl oder gar Hartmetall. Eine wirtschaftlich vertretbare Fertigung ist deshalb beim Preßverfahren nur möglich, wenn

1. laufend größere Stückzahlen erzeugt und abgesetzt werden können
und wenn es sich
2. um die Herstellung kleiner (und kleinster) bis mittelgroßer Teile handelt.

Bei zu großen Teilen steigen die Kosten für die Hochdruckpressen und Preßwerkzeuge stark an.

Sind aber diese Voraussetzungen gegeben, so ist das Preßverfahren allen anderen Methoden der Formgebung durch folgende Vorteile überlegen:

1. Hohe Leistung;
2. vollautomatische Produktion;
3. hohe Lebensdauer der formgebenden Werkzeuge;
4. hohe Formgenauigkeit und Oberflächengüte der bei geringem Wassergehalt hoch verdichteten Körper;
5. auch komplizierte Teile mit stark unterschiedlichen Wandstärken und zahlreichen, unsymmetrischen Bohrungen können erzeugt werden.

Entsprechend dem Wassergehalt des zu verpressenden Massegranulats unterscheidet man:

2.2.3.1 Naßpressen

Die Aufbereitung der Naßpreßmasse mit 12 bis 13% Wasser und 3 bis 4% Preßöl zu einem Granulat wurde anhand des Fließbildes Abb. 2.1 beschrieben.

Das Passiersieb *12* ergibt mit einem Siebgewebe von 3 mm Maschenweite ein Granulat, das sich auch mittels eines Füllschiebers automatisch in die Matrize einfüllen läßt. Zur Verarbeitung kommt in erster Linie *Porzellan*-Masse, aber auch Steatit läßt sich naß verpressen.

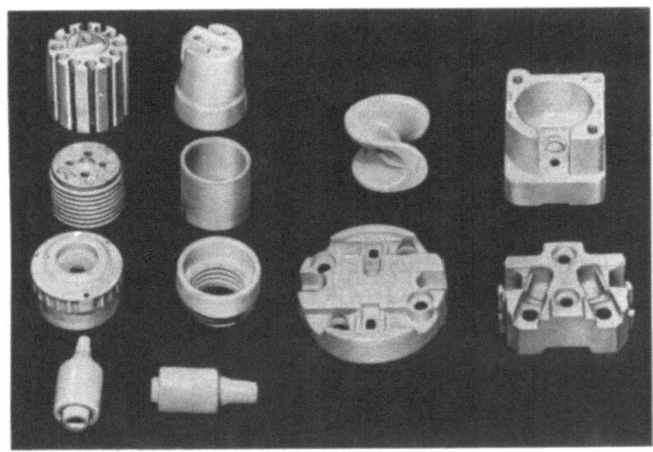

Abb. 2.8. Typische Naßpreßteile aus Porzellan-, Steatit- und Heizkörpermasse.

Abb. 2.8 zeigt Beispiele naßgepreßter Teile. Durch den etwas höheren Wassergehalt und die infolgedessen beim Trocknen der Preßlinge eintretende Schwindung können an die Formgenauigkeit und Oberflächengüte nicht so hohe Ansprüche gestellt werden, wie bei der Trockenpressung. Für viele Artikel, wie Sicherungspatronen, Schalterteile, Lampenfassungen und Sockel ist sie aber völlig ausreichend. Durch nachträgliche Glasierung wird, wenn nötig, eine glatte, dichte, schmutzabweisende Oberfläche erzeugt (Abschnitt 2.3.3).

Die Verdichtung der Naßpreßmasse erfolgt mit einem Preßdruck von 50 bis 80 kp/cm². Unter diesem Druck ist die Masse fließfähig, so daß sie alle Hohlräume der Matrize ausfüllt und sich aus dem locker eingefüllten Granulat ein Körper mit dichtem Gefüge und einer Festigkeit bildet, die für die Abnahme von Hand oder durch Greifer ausreicht. Bei handbetätigten Kurbel- oder Knie-

34   2. Fertigungsprozesse in der technischen Feinkeramik

hebelpressen arbeitet man mit Masseüberschuß, wie aus den Schnittzeichnungen eines Preßwerkzeuges (Abb. 2.9) hervorgeht.

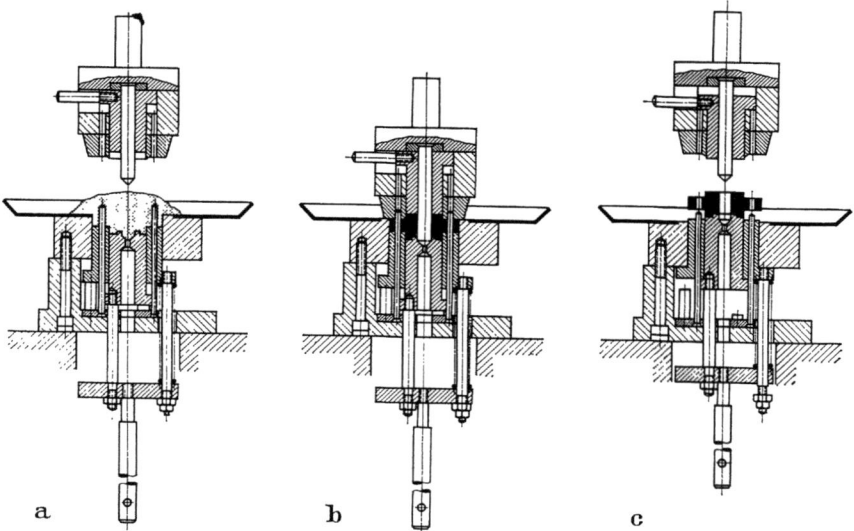

Abb. 2.9a—c. Schnittzeichnung einer Naßpreßmatrize für Porzellanmasse für Handfüllung mit Masseüberschuß.
a) Füllstellung; b) Preßstellung; c) Ausstoßstellung.

Über dem Füllraum der Matrize wird von Hand Überschußmasse angehäuft (Abb. 2.9a), in die der Oberstempel eintaucht, um sich dann auf den Rand der Matrize aufzusetzen und dadurch den Matrizenraum abzuschließen (Abb. 2.9b). Die Überschußmasse quillt kurz vor Erreichung der Preßstellung unter Druck durch den Spalt zwischen Stempel und Matrizenrahmen heraus. Nach dem Hochfahren des Oberstempels wird der Unterstempel durch Hand- oder Fußhebel in der Matrize hochgehoben und dadurch der Preßling zum Abnehmen ausgestoßen (Bild 2.9c).

Für die Erzeugung von Massenartikeln wie Sicherungspatronen, Schraubkappen, Sockel und Fassungen sind handbetätigte Pressen heute nicht mehr wirtschaftlich. Es wurden dafür Naßpreßautomaten entwickelt, bei welchen die Preßmasse durch einen Füllschieber aus einem angebauten Füllsilo entnommen und in die Matrize eingefüllt wird.

Es wird in diesem Fall nicht mit Masseüberschuß gearbeitet. Die Matrize (Abb. 2.10) erhält einen empirisch genau festgelegten Füllraum, der das für den Preßling erforderliche Massevolumen aufnimmt. Der zurückziehende Füllschieber 1 nimmt die überschüssige Masse wieder mit zurück (Abb. 2.10a). Der Oberstempel 2 tritt bis in die Preßstellung in die Matrize ein (Abb. 2.10b). Mit dem Oberstempel geht dann der Ausstoßer (Unterstempel) hoch und stößt den Preßling aus, der durch einen Vakuumgreifer abgenommen und entweder auf ein Transportband abgelegt oder direkt auf einen automatischen Putztisch umgesetzt wird, auf welchem die Preßgrate entfernt werden.

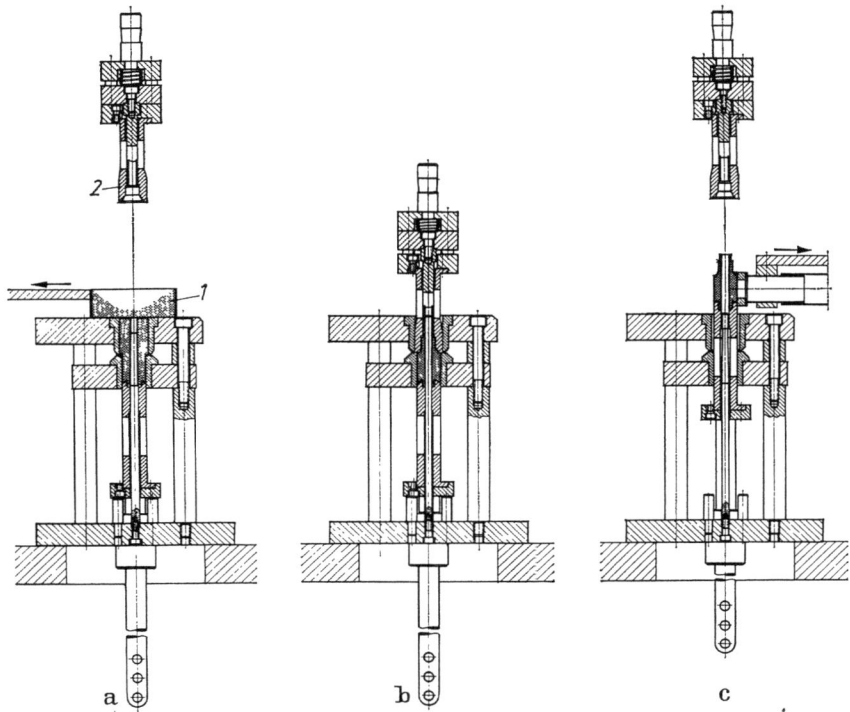

Abb. 2.10 a—c. Schnittzeichnung einer Naßpreßmatrize für eine 6-Ampere-Sicherungspatrone. Für automatische Füllung mit Füllschieber *1*.
a) Matrize mit Füllraum, gefüllt; b) Preßstellung; c) Ausstoßstellung mit Vakuumabnahmegreifer.

Es können jedoch nur rotationssymmetrische Teile automatisch verputzt werden. Alle eckigen oder unregelmäßig geformtem Körper müssen auch heute noch größtenteils von Hand geputzt werden.

Kleinere, einfach geformte Teile können mit 2fach- oder Mehrfachmatrizen gepreßt werden. Bei einer Hubzahl von 20 Pressungen/min ergibt sich beispielsweise bei 6-A-Sicherungspatronen (2fach) eine Leistung von 2400 Stück/h.

2.2.3.2 Trockenpressen
wird in der Elektrokeramik für die Erzeugung hochwertiger, präzis geformter Massenartikel in großem Umfang angewandt. Es eignet sich für die Verarbeitung von Steatit-, Titanat-, Ferrite-, Aluminiumoxid- und ähnlichen Massen. Den „mageren", unplastischen Metalloxidmassen mischt man zur Verbesserung der Preßfähigkeit Plastifizierungs- u. Bindemittel (Wachse, Dextrin, Glukose und dergleichen) zu. Die Masse wird als möglichst staubfreies Granulat mit definierter Kornfraktionierung (max. Korngröße ca. 1,5 mm) verpreßt. Das Schüttgewicht der Steatitmasse soll bei 1,0 kg/l liegen. Um diese Dichte zu erhalten, wird die pulverisierte Masse zunächst zu Platten verpreßt, die dann in einem Siebkollergang wieder zerkleinert und in mehrere Fraktionen abgesiebt werden, wobei der Staub ($<$0,15 mm) ausgeschieden wird. Dieses etwas umständliche

Verfahren hat man in neuester Zeit dadurch ersetzt, daß man das Granulat auch direkt aus dem Zerstäubungstrockner gewinnt (Abb. 2.9b).

Da das trockene Granulat — im Gegensatz zur Naßpreßmasse — auch unter Druck nicht zum Fließen kommt, kann zuviel in die Matrize eingefüllte Masse durch einen Spalt zwischen Stempel und Matrize nicht abfließen. Es muß deshalb mit genauer Massedosierung gearbeitet werden, um Preßlinge mit konstanter Dichte und gleichbleibenden Abmessungen zu erhalten.

Die Dosierung erfolgt auch hier, indem man die mit Füllraum ausgerüstete Matrize durch einen Füllschieber mit Masse füllt, der beim Rücklauf die Masse in Matrizenhöhe glattstreicht und den Überschuß mit zurücknimmt (Abb. 2.12).

Mit zunehmendem Preßdruck erhöht sich zugleich die Reibung der Masse an der Matrizenwand. Diese Wandreibung bewirkt, daß die vom Oberstempel einseitig ausgeübte Preßkraft und damit auch die Packungsdichte innerhalb des Preßlings mit zunehmendem Abstand vom Oberstempel nach unten hin abnimmt. Diese unerwünschte Erscheinung, die sich mit zunehmender Höhe des Preßlings auf die Dichteverteilung und damit die Formgenauigkeit sehr ungünstig auswirkt, wird dadurch weitgehend eliminiert, daß man nach Erreichung einer einstellbaren Vorpressung den Matrizenmantel zusammen mit dem Oberstempel bis in die Preßstellung (Abb. 2.12b), abzieht. Dadurch wird durch den Unterstempel eine gleich große Preßkraft von unten auf den Körper ausgeübt. Es entsteht somit in mittlerer Höhe im Preßling eine sogenannte ,,neutrale Zone", in welcher sich die beiden entgegengerichteten Druckkräfte begegnen. Anschließend wird der Mantel noch weiter abgezogen, bis der Preßling zum Abnehmen freiliegt (Abb. 2.12c). Durch diese ,,Mantelbewegung" erhält der Preßling zugleich eine ausgezeichnet glatte Oberfläche, so daß ein nachträgliches Glasieren meist entbehrlich ist.

Auf Einzelheiten der oft sehr komplizierten Matrizenkonstruktionen mit in sich unterschiedlichen Füllhöhen und mehreren, getrennt beweglichen Stempeln kann hier nicht näher eingegangen werden. Der Matrizenbau und die ,,Einrichtung" der Matrizen auf den Pressen setzt eingehende Spezialerfahrung voraus.

Abb. 2.11 zeigt einige typische trockengepreßte Teile. Die Stückgewichte solcher Teile liegen im Bereich von 0,01 g (Computerringe aus Ferrit) bis etwa 2000 g. Für noch größere Teile steigen die Kosten für die Matrizen und die Preßautomaten sowie die preßtechnischen Schwierigkeiten sehr stark an, so daß einer wirtschaftlichen Fertigung Grenzen gesetzt sind.

Der Preßdruck liegt beim Trockenpressen je nach Art der Masse zwischen 150 und 300 kp/cm². Mit einer 50-t-Presse können also beispielsweise Preßlinge mit einer Grundfläche von etwa

$$\frac{50\,000 \text{ kp}}{250 \text{ kp} \cdot \text{cm}^{-2}} = 200 \text{ cm}^2$$

erzeugt werden. Solche Preßautomaten stehen in zahlreichen Größen von 2,0 bis 350 t Preßkraft zur Verfügung, die Hubzahl dieser Pressen ist stufenlos regelbar und kann somit der Größe und Höhe der jeweiligen Preßlinge angepaßt werden. Mittelgroße Teile, wie etwa NH-Sicherungspatronen Größe 2 aus

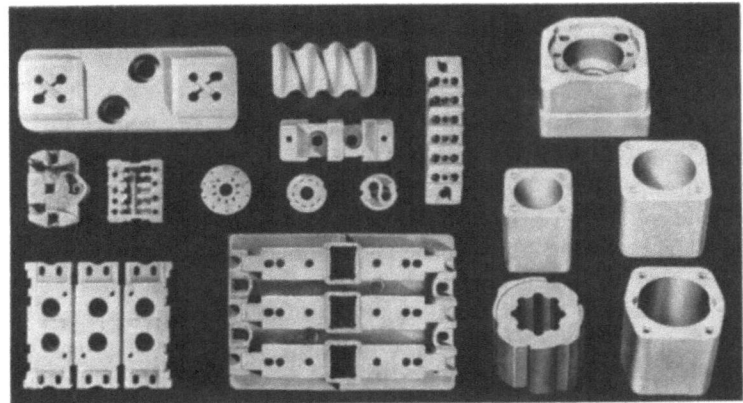

Abb. 2.11. Typische trockengepreßte Steatitteile.

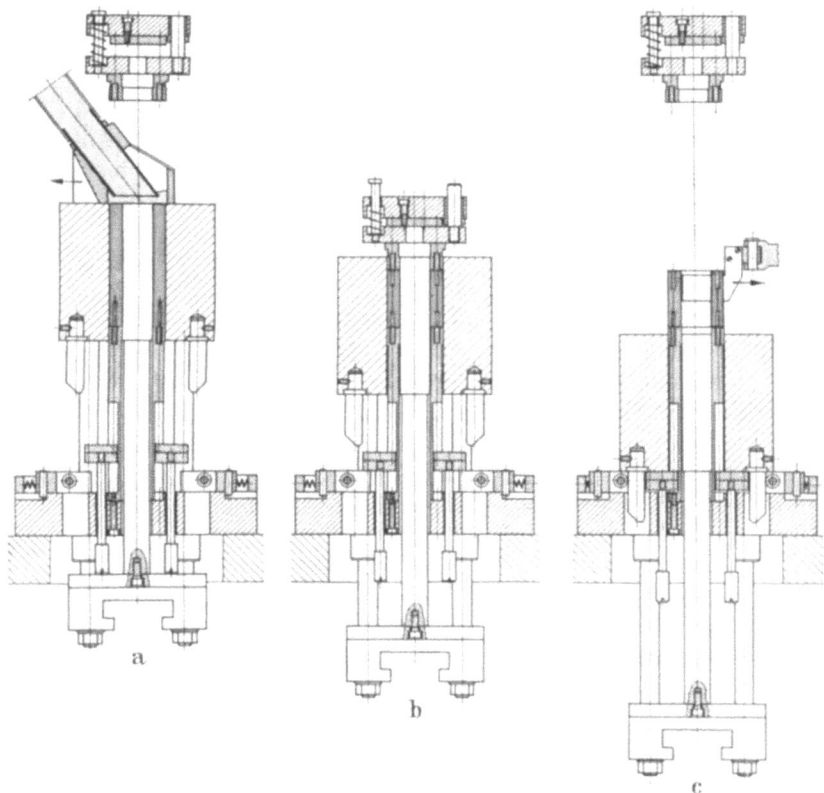

Abb. 2.12a—c. Schnittzeichnung einer Trockenpreßmatrize für NH-Sicherungspatrone aus Steatit.
a) Füllstellung mit eingefüllter Masse; b) Preßstellung mit fertig verdichtetem Preßling;
c) Abzugsstellung mit Abnahmegreifer für den ausgestoßenen Preßling.

Steatit, werden beispielsweise mit einer Hubzahl von etwa 12 pro Minute in 2fach-Matrizen gepreßt.

2.2.3.3 Isostatisch Pressen

Isostatisch Pressen heißt, ein in eine elastische Hülle eingefülltes, genau dosiertes, pulverförmiges oder granuliertes Material allseitig mit gleichhohem Druck so zu verdichten, daß ein Körper der gewünschten Gestalt mit möglichst hoher Festigkeit und bis in den Kern hinein von höchst gleichmäßiger Dichte entsteht.

Die Forderung nach einer absolut gleichmäßigem Dichte über alle Querschnitte des gepreßten Körpers kann durch Pressen in starren Matrizen mit beweglichen Stempeln nur unvollkommen erfüllt werden, da (vgl. Abschnitt 2.2.3.2) mit zunehmender Höhe des Preßlings die Preßkraft durch die Wandreibung in der Matrize aufgezehrt wird und somit der Verdichtungsdruck in Druckrichtung abnimmt. Diese nachteilige Erscheinung macht sich um so unangenehmer bemerkbar, je größer die Wandstärke und die Höhe des Körpers in Preßrichtung ist.

Diesem Übelstand, der auch beim Trockenpressen mit niedergehendem Matrizenrahmen nicht ganz zu eliminieren ist, kann nur durch das isostatische Preßverfahren abgeholfen werden. Dieses ist jedoch von seinem Prinzip her zunächst nur für die Erzeugung rotationssymmetrischer Teile, wie Stäbe, Röhren, Kugeln und dergl. geeignet. Es wird heute angewandt für die massenweise Erzeugung von Zündkerzenisolatoren, Mahlkugeln aus Aluoxid, von kleineren röhren- und topfförmigen Teilen aus Massen verschiedenster Art mittels vollautomatischer Pressen und von größeren zylindrischen Hubeln, die dann anstelle von stranggepreßten Hubeln durch Abdrehen für die Erzeugung von Isolatoren verwendet werden, mittels halbautomatischer oder handbetätigter Autoklaven.

Die Verwendung von Gummi als Formenmaterial bringt es mit sich, daß der erzeugte Preßling nur angenähert in die endgültige gewünschte Form gebracht werden kann. Beim isostatischen Pressen macht sich deshalb in den meisten Fällen eine Nachbearbeitung des rohen Körpers durch Abdrehen, Schleifen oder Fräsen nötig. Der Vorteil der nach dem isostatischen Preßverfahren erzeugten hohen und gleichmäßig über den ganzen Preßling verteilten Dichte ist jedoch so groß, daß man bei hochwertigen Erzeugnissen die Mehrkosten für die Nachbearbeitung in Kauf nehmen kann.

Für das isostatische Pressen kommt ein sprühgetrocknetes Granulat mit einem Wassergehalt von 0,3 bis 1,0% und einem Korngrößenmittelwert bei ca. 300 µm zur Anwendung. Bei einem hydraulischen Verdichtungsdruck von ca. 600 kp/cm² ergibt sich ein Verdichtungsfaktor (Füllfaktor) von 2,0 bis 2,5 d. h. das Volumen des lose eingefüllten Granulats beträgt das 2- bis 2,5fache des Volumens des fertig gepreßten Körpers.

Die beim isostatischen Pressen angewandte Arbeitsweise geht aus den Schnittzeichnungen der Abb. 2.13 hervor.

Das Bild a) zeigt die mit Massegranulat gefüllte, entspannte Gummimatrize für die Erzeugung einer Zündkerze (Abb. 2.14). Der Oberstempel mit der Preßnadel für die Erzeugung der zentralen Bohrung ist in die mit Masse gefüllte Matrize eingefahren, ohne jedoch das Pulver nennenswert zu verdichten.

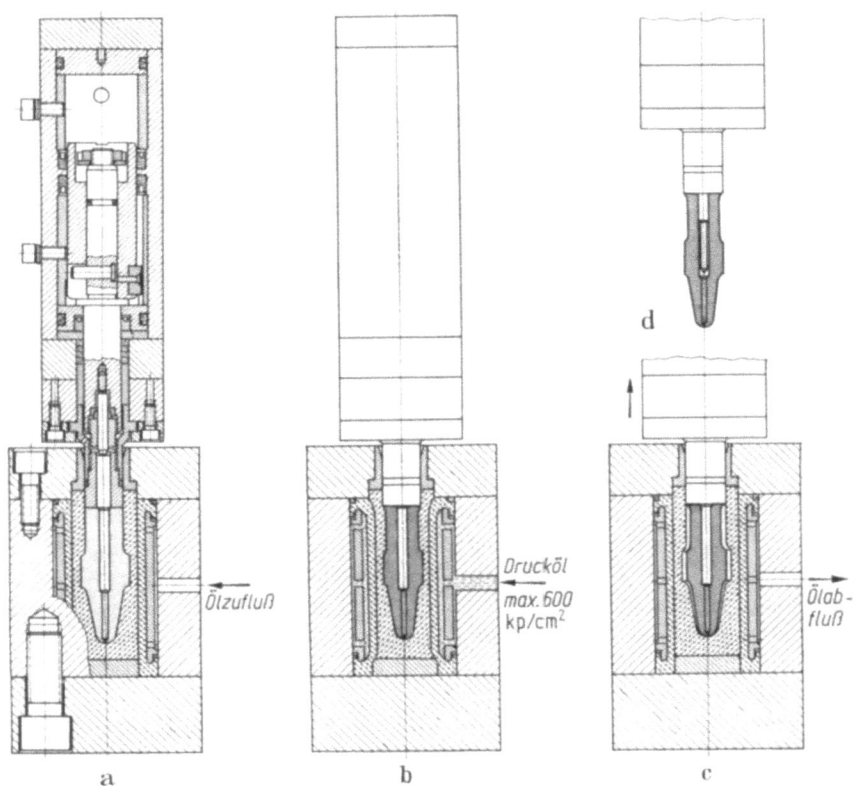

Abb. 2.13 a—d. Schnittzeichnung durch ein isostatisches Preßwerkzeug mit Gummimatrize für Zündkerzen.
a) Füllstellung mit eingefahrenem Oberstempel; b) Preßstellung mit dem fertig verdichteten Körper; c) Matrize durch Ölabfluß entlastet, Preßling noch in der Matrize; d) Oberstempel hochgefahren, Preßnadel zurückgezogen.

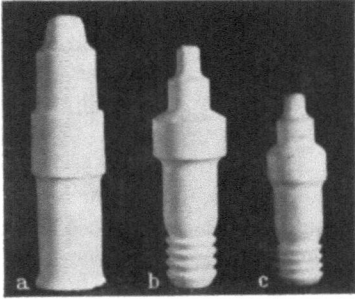

Abb. 2.14 a—c. Isostatisch gepreßte Zündkerze.
a) Der rohe, isostatisch gepreßte Körper;
b) der mit der Profilschleifscheibe überschliffene Körper;
c) derselbe Körper nach dem Brand.
Isostatischer Preßdruck: 600 kp/cm²;
Brenntemperatur: 1600 °C;
Material: Aluminiumoxid.

Das Bild b) zeigt die Preßstellung (Endphase), bei der durch Beaufschlagung der Gummimatrize von außen durch Drucköl die Gummiform soweit zusammengepreßt wurde, daß das Preßpulver zu dem maximal komprimierten Körper verdichtet wurde. Durch die entsprechend gewählte Profilierung der Gummiform im entspannten Zustand wird erreicht, daß der Preßling mit größtmöglicher Annäherung die endgültige Form erhält.

Das Bild c) zeigt die Gummiform im wieder entspannten Zustand, der sich nach Abfluß des Drucköls einstellt. Der noch in der Form befindliche Preßling hat nun allseitig soviel Spielraum, daß er, auf der Preßnadel sitzend, durch den Oberstempel herausgezogen werden kann. Der oben gezeichnete Oberstempel zeigt (Bild d), wie durch Zurückziehen der Preßnadel der Preßling vom Oberstempel abgestoßen wird.

Zusammen mit dem lose in die Gummiform eingefüllten Preßgranulat wird naturgemäß auch ein gewisses Luftvolumen eingeschlossen, das dann beim Verdichtungsvorgang in den Massekörper mit eingepreßt wird. Würde man nach Erreichung des Höchstdruckes den Preßling schlagartig entlasten, indem man das Drucköl plötzlich abfließen läßt, so würde die eingepreßte Luft ebenso schlagartig expandieren und den Preßling explosionsartig zerreißen. Um dies zu vermeiden, muß man dafür sorgen, daß nach Erreichung des Höchstdruckes das Drucköl ganz langsam abfließt und der Preßling somit langsam entlastet wird, so daß die Luft genügend Zeit hat, aus dem Preßling zu entweichen, ohne ihn zu zerstören. Es ist zweckmäßig und wirkt sich auf die Leistung der Presse günstig aus, wenn man das mit dem Preßpulver in die Gummiform eingefüllte Luftvolumen möglichst gering hält. Völlig läßt es sich jedoch nicht eliminieren. Eine Evakuierung der mit Preßmasse gefüllten Gummimatrize ist nur bedingt und unzureichend möglich und kompliziert den maschinellen Ablauf wesentlich, so daß man meistens davon absieht.

Mit einem Vollautomaten für die Herstellung von Zündkerzen (Bild 2.14) mittels 6fach-Matrize ergibt sich bei einem Preßdruck von 600 kp/cm² und 7 Pressungen/min eine Leistung von 42 Preßlingen pro Minute. Die von der Presse ausgestoßenen Preßlinge werden direkt einer automatischen Schleifmaschine zugeführt, auf der die mit Übermaß gepreßten Teile auf das Fertigmaß abgeschliffen werden.

Auf ähnliche Weise, mit entsprechend abgewandelten Gummimatrizen und Füll- und Ausstoßvorrichtungen, lassen sich auch Kugeln aller Größen aus Aluoxid oder Porzellan, Steatit, Grafit, Hartmetall und dergl. sowie Röhren und stabförmige Körper erzeugen.

Auch für die Herstellung von großen zylindrischen Rohlingen („Hubeln") wie sie für die Erzeugung von Isolatoren (Langstäben, Durchführungen und dergl.) benötigt werden, kann im Prinzip das geschilderte isostatische Preßverfahren angewandt werden.

Der Arbeitsablauf erfolgt dabei jedoch nicht mittels vollautomatischer Pressen, sondern durch Anwendung von Autoklaven, die mehr oder weniger von Hand manipuliert bzw. gesteuert werden müssen. Mit zunehmendem isostatischen Verdichtungsdruck werden diese Autoklaven allerdings — vor allem bei der Herstellung sehr großer Körper — sehr kostspielig, so daß der industriellen Anwendung dieses an sich idealen Verfahrens zur Erzeugung gleichmäßig dichter, kompakter Massekörper durch den Kostenfaktor eine Grenze gesetzt ist.

Besondere Beachtung muß beim isostatischen Pressen der Füllung der Matrize geschenkt werden. Da zu viel eingefüllte Masse nicht entweichen kann und zu wenig Masse ein Untermaß und Formungenauigkeiten des Preßlings ergibt, muß die Masse möglichst genau dosiert eingefüllt werden. Im allgemeinen wird volumetrische Dosierung angewandt, wobei die vordosierte Masse entweder durch ein gesteuertes Ventil im Oberstempel zugeführt wird oder durch einen besonderen vor- und zurücklaufenden Füllschuh. Beim halbautomatischen Pressen größerer Körper mittels Autoklaven und Füllung der Matrizen von Hand wendet man am besten Dosierung der Masse nach Gewicht, mittels einer automatischen Waage, an.

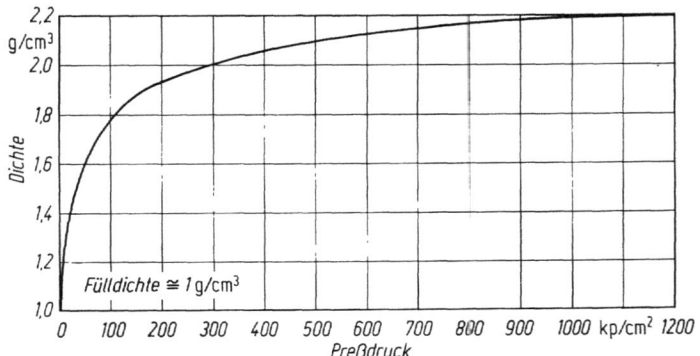

Abb. 2.15. Die Verdichtungskurve für Aluminiumoxidmasse zeigt, daß sich bei einem isostatischen Druck von etwa 600 kp/cm² bereits eine Dichte von 2,13 g/cm³ einstellt. Der Gewinn an höherer Dichte durch größeren Druck ist gering und sehr kostspielig.

Im allgemeinen ist ein isostatischer Preßdruck von 600 kp/cm² vollkommen ausreichend, um einen gut verdichteten Körper zu erzeugen. Abb. 2.15 zeigt wie das Preßgranulat unter dem zunehmenden Druck verdichtet wird. Die maximal erzielbare Dichte wird bei etwa 2000–3000 bar erreicht. Der Dichtegewinn in dem Bereich von 600 bis 2000 kp/cm² ist jedoch sehr gering, so daß sich der kostspielige Aufwand dafür in der Praxis meist nicht mehr lohnt.

Das isostatische Preßverfahren befindet sich zur Zeit noch im Stadium der Entwicklung. Es wird in Zukunft wegen seiner großen Vorteile gerade auch in der Elektrokeramik, wo eine hohe und gleichmäßige Dichte der oft sehr voluminösen und massiven keramischen Körper ganz besonders wichtig ist, zweifellos in zunehmendem Ausmaß angewandt werden.

Die Entwicklung geeigneter Hochleistungsmaschinen — auch für die Erzeugung größerer Körper und Rohlinge — ist nur eine Frage der Zeit. Die technischen und konstruktiven Voraussetzungen dafür sind vorhanden.

2.2.4 Gießen

Das rein manuell, ohne jeden Maschinen-Einsatz ausgeübte Gießverfahren verbleibt — sozusagen als Retter in der Not —, wo ein unregelmäßig geformter, meist größerer Hohl-Körper weder durch Eindrehen oder Abdrehen noch durch eines der in Abschnitt 2.2.3 beschriebenen Preßverfahren hergestellt werden kann.

Die mehrteilige Gießform besteht aus Gips. Die Gießmasse (Schlicker), deren Aufbereitung im Abschnitt 2.1 kurz beschrieben ist, wird entweder aus einer hoch verlaufenden Ringleitung entnommen und mittels Schlauch in die Form eingefüllt, oder von Hand aus einer Kanne vergossen.

Durch die Saugkraft des Gipses wird dem zähflüssigen Schlicker Wasser entzogen, sodaß sich durch allmähliche Versteifung ein fester Körper bildet. Man unterscheidet beim Gießen 3 Verfahrensweisen:

Hohlguß. Zur Erzeugung von Gehäuse-Teilen, Gefäßen und dergleichen mit gleichmäßiger Wandstärke über den ganzen Körper. Die Innenwand der Gipsform entspricht der äußeren Form des herzustellenden Körpers.

Die erzeugte Wandstärke ist abhängig von der Zeit, während welcher der Schlicker der Saugwirkung des Gipses ausgesetzt ist. Für jede gewünschte Wandstärke wird die Gießzeit empirisch ermittelt. Sobald sie erreicht ist, wird der restliche Schlicker aus der Form ausgegossen und die Form kurze Zeit abgestellt. Währenddessen schwindet der gegossene Körper von der Form ab, so daß er nach Öffnen der Form in lederhartem Zustand herausgenommen und getrocknet werden kann. Für eine Wandstärke von ca. 10 mm beträgt die Gießzeit ca. 1 Std.

Kernguß. Um Körper mit unterschiedlicher Wandstärke gießen zu können, muß man in den Hohlraum der Form Gipskerne einsetzen. Der Zwischenraum zwischen Form und Kern wird mit Schlicker ausgefüllt.

Von der Formenwand und vom Kern her bilden sich allmählich feste Masseschichten, die schließlich zu einer massiven Wand zusammenwachsen. Während dieser Vorgang an einer Stelle mit geringer Wandstärke zum Abschluß gekommen ist, läuft der Prozeß der Scherbenbildung an einer anderen mit größerer Wandstärke entsprechend länger. Während dieser Zeit muß ständig Schlicker in die Form nachgefüllt werden. Der Gießvorgang ist beendet, sobald die gesamten Hohlräume zwischen Form und Kernen mit fester Masse ausgefüllt sind. Dann werden die Gipskerne herausgezogen und die Form geöffnet.

Vollguß. Zur Erzeugung völlig massiver Körper gießt man auch hier in die Hohlform solange Schlicker nach, bis sich die Masse im ganzen Volumen des Körpers verfestigt hat.

Der Gießprozeß kann durch Anwendung von angewärmtem Schlicker (40 bis 50 °C) etwas beschleunigt werden. Auch kann die Gießmasse mit einem Überdruck von 1 bis 3 bar in die Form gedrückt werden, wobei allerdings mit einem rascheren Verschleiß der Gipsformen gerechnet werden muß. Nach jedem Abguß müssen die Formen getrocknet werden, damit die Ansaugfähigkeit des Gipses für Wasser erhalten bleibt.

Die Herstellung der Gips- oder Kunststoffmodelle für die Anfertigung der Gipsformen und dieser Formen selbst obliegt dem Modelleur, dessen Arbeit eine ähnliche Bedeutung zukommt, wie der des Matrizenbauers in der Preßtechnik.

2.3 Weiterverarbeitung der geformten Teile

2.3.1 Garnieren

Unter ,,Garnieren'' versteht man in der Keramik das Zusammenfügen mehrerer Einzelteile im rohen, ungebrannten Zustand, die sich im Brand zu einem einheitlichen Körper von gleichmäßiger Festigkeit über den ganzen Querschnitt verbinden. Diese hochwertige Verbindung der Einzelteile wird erzielt, indem man die aneinander liegenden Flächen der Einzelteile im lederharten Zustand sorgfältig plant und zusammenpaßt und dann mit „Garnierschlicker" (zähflüssige aufgeschlämmte Masse der gleichen Zusammensetzung) bestreicht und diese dann fest zusammenpreßt. Das im Schlicker enthaltene Wasser wird von beiden Seiten aufgesaugt, so daß im Brand eine nahtlose Verbindung entsteht.

Große Gehäuse-Isolatoren können nach dem Abdrehverfahren nicht mehr aus einem Stück hergestellt werden, da meist keine genügend großen Vakuumstrangpressen zur Verfügung stehen und zudem das Manipulieren derart großer Massestränge Schwierigkeiten verursacht.

Solche Körper werden aus einzelnen Ringen zusammengarniert, die im Aufdrehverfahren (Abschnitt 2.2.1.1) aus kurzen Strangstücken hergestellt werden.

Der Aufbau des Körpers durch Garnieren erfolgt auf einer langsam umlaufenden „Garnierspindel", wodurch eine koaxial fluchtende Zusammenfügung der einzelnen Ringe laufend kontrolliert werden kann.

Bei sehr großen Körpern würde mit zunehmender Höhe und wegen der großen Gewichte das Aufeinandersetzen der Ringe sehr beschwerlich werden. Man setzt deshalb die Garnierspindel auf eine hydraulische Absenkbühne (Abb. 2.16), durch die der Körper mit zunehmender Höhe abgesenkt wird, so daß die Garnier-

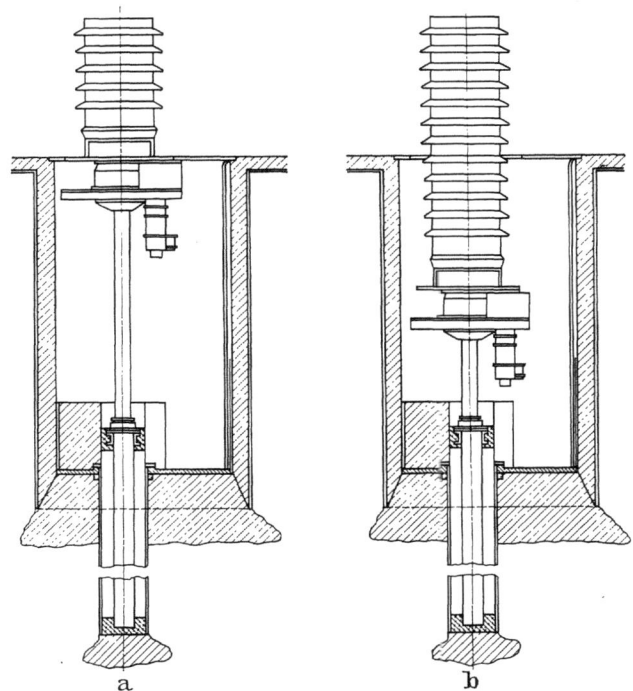

Abb. 2.16a u. b. Garnierspindel mit hydraulischer Absenkbühne zum Garnieren von Großkörpern.
a) Obere Stellung; b) teilweise abgesenkte Garnierscheibe mit dem aufgebauten Körper.

arbeit immer in der gleichen, bequem durchführbaren Höhe erfolgen kann. Nach Fertigstellung wird dann der Körper hydraulisch hochgefahren und mittels eines Plattform-Hubwagens abgehoben und zum Trocknen abgestellt.

Sehr große Isolatoren werden in den meisten Werken nur in kleiner Stückzahl gefertigt, so daß es sich nicht lohnt, dafür einen besonders hohen Brennofen aufzustellen. In solchen Fällen kann man sich so helfen, daß man den Körper zunächst in einzelnen Teilen verglüht (800 bis 900 °C) oder auch garbrennt und diese Teile dann in der beschriebenen Weise zusammenfügt. Der Gesamtkörper hat dann schon die Schwindung des Glühbrandes oder des Brandes hinter sich, so daß man bei der gegenüber dem Rohmaß verringerten Höhe mit einem kleineren Ofen auskommt, bzw. Körper mit größerem Fertigmaß brennen kann.

Zum Garnieren der bereits verglühten Teile verwendet man anstelle des normalen Masse-Schlickers Glasurschlicker. Man spricht deshalb von „Zusammenglasieren".

Fertig gebrannte Teile kann man auch durch Kunstharze (z. B. „Araldit") miteinander verkitten.

Hierzu vergleiche auch Abschnitt 5.1.

2.3.2 Trocknen

Bei den unter 2.2 beschriebenen Formgebungsverfahren erfolgt die Verarbeitung der Masse je nach der Art des Verfahrens mit unterschiedlichem Wassergehalt: Gießschlicker 30 bis 35% H_2O, Drehmasse 18 bis 25%, Strangpreßmasse 12 bis 20%, Naßpreßmasse 10 bis 18%, Trockenpreßmasse 0,5 bis 5%.

Dieses sogenannte „Anmachwasser" muß aus dem geformten Körper ausgetrieben werden, bevor er glasiert bzw. in den Brennofen eingebracht werden kann. Es muß dem Brennprozeß ein Trockenprozeß vorgeschaltet werden.

Dem Trocknungsvorgang, der meist stationär und ohne großen maschinentechnischen Einsatz durchgeführt wird, kommt insofern eine besondere Bedeutung zu, als durch eine unsachgemäße Trocknung „Spannungsrisse" und Deformationen in dem Körper verursacht werden können und ihn unbrauchbar machen.

Würde man die feuchte Ware direkt in den Ofen geben, so würde durch die zu rasche Erwärmung das Wasser aus der Oberfläche des Körpers verdampfen, wodurch sich die Porenausgänge schließen, bevor die Erwärmung auch in das noch feuchte Innere des Körpers vordringen kann. Dadurch entstehen Materialspannungen, die die geringe Festigkeit des rohen Körpers übersteigen und somit zu Rissen und Deformationen führen.

Um diese Gefahr zu vermeiden, muß das Tempo der äußeren Trocknung der Diffusionsgeschwindigkeit des Wassers durch die inneren Poren angepaßt werden.

Ohne große physikalische Überlegungen hat man deshalb in früheren Zeiten die feuchte Ware auf Trockenregalen im Arbeitsraum abgestellt und ihr genügend Zeit gegeben, bei Raumtemperatur und schwach turbulenter Luft langsam auszutrocknen. Diesen technisch primitiven Luxus kann man sich heute, im Zeitalter der Rationalisierung, nicht mehr leisten.

Um den Trocknungsprozeß zeitlich und energiemäßig möglichst rationell zu gestalten und zugleich die Ausschußgefahr durch Rissebildung zu vermeiden, muß man — insbesondere bei starkwandigen und massiven Körpern — der Diffusion des Wassers durch die Poren des Rohkörpers nach außen hin einen stärkeren Antrieb geben. Dies erreicht man durch die sogenannte „Feuchtlufttrocknung":

Man bringt die zu trocknende Ware in eine Kammer ein, die zunächst mit feuchter Warmluft beschickt wird. Dadurch erreicht man, daß sich die Körper bis ins Innere aufwärmen, ohne gleichzeitig äußerlich auszutrocknen. Erst wenn die Temperatur im Inneren des Körpers die nötige Höhe erreicht hat, um ein Dampfdruckgefälle von innen nach außen zu erzeugen, verringert man die relative Feuchtigkeit der Umluft, sodaß die Trocknung einsetzt, deren Tempo durch die Lufttemperatur geregelt und den Gegebenheiten der jeweiligen Formlinge angepaßt wird.

Das in der Masse befindliche „Anmachwasser" wird von den Feststoffpartikeln in 2facher Weise physikalisch gebunden:

Das „*Adhäsionswasser*" wird durch Oberflächenspannung, in erster Linie an der Oberfläche und im Gefüge der Tonmineralteilchen, gebunden.

Das „*Porenwasser*" befindet sich in den zwischen den sehr unterschiedlich großen Feststoffteilchen gebildeten porenförmigen Räumen, wo es durch die Kapillarkräfte festgehalten wird.

Die Zeichnung Abb. 2.17 soll in schematischer Darstellung die Struktur einer rohen, plastisch aufbereiteten, aus Tonmineralen, Quarz und Feldspat bestehenden Masse und das darin gebundene Wasser veranschaulichen.

Bei einer systematisch durchgeführten Trocknung wird durch Erwärmung zunächst das Adhäsionswasser abgegeben, wodurch auch die Quellung der teils kolloidalen, teils plättchenförmigen Tonpartikel rückgängig gemacht wird. Diesen Vorgang und die damit verbundene Schwindung veranschaulichen die Schemata a) und b). (Siehe auch das Diagramm Abb. 2.18.)

In b) ist das Adhäsionswasser wegdiffundiert, die Tonteilchen sind dadurch enger aneinander gerückt, worauf die Schwindung des Massekörpers zurückzuführen ist. Die Poren sind teilweise noch mit Wasser gefüllt. Im zweiten Teil der Trocknung wird auch dieses Wasser ausgetrieben, ohne daß dabei noch eine nennenswerte Schwindung eintritt. Das nach außen entweichende Porenwasser wird durch einsickernde Luft ersetzt (C). Diese Poren schließen sich erst durch den Sinterungsprozeß der Masse bei entsprechender Temperatur im Ofen (Brennschwindung).

Das Maß der Trockenschwindung ist bei den meisten Körpern in den 3 Körperachsen unterschiedlich groß, so daß das Teil beim Trocknen — und natürlich dann auch beim Brand — nicht nur eine Gesamtkontraktion, sondern auch eine gewisse Formänderung erfährt, die bei der Formgebung berücksichtigt werden muß.

Die in den 3 Raumachsen unterschiedliche Schwindung ist auf Strukturänderungen in der Masse bei der Formgebung zurückzuführen. So erfahren z. B. beim Strangpressen, wie überhaupt bei jeder plastischen Verformung, die blättchenförmigen Tonteilchen eine gewisse Längsorientierung und parallele Lagerung. Und da beim Strangpressen der Druck auf die Masse in Fließrichtung

46 2. Fertigungsprozesse in der technischen Feinkeramik

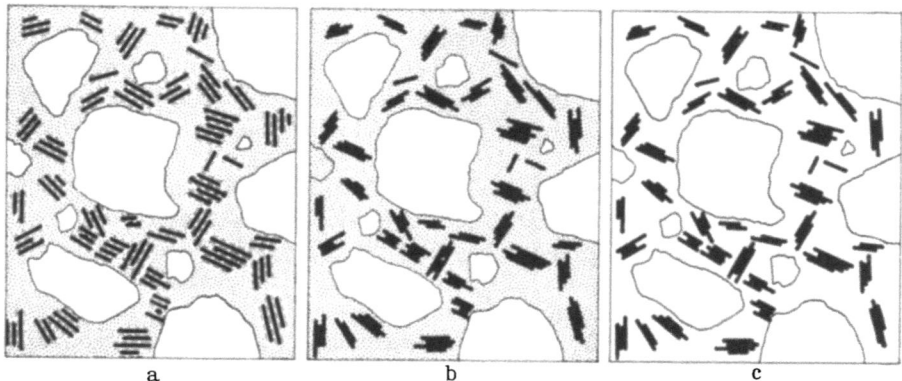

       a   b   c

◯ Hartmaterialteilchen (Quarz, Feldspat)

⁄⁄ Tonmineralteilchen, meist in Blättchenform, hier im Querschnitt dargestellt

⌇⌇⌇ Adhäsionswasser auf der Oberfläche und im Gefüge der Tonpartikel

▒ Porenwasser

Abb. 2.17 a—c. Modifizierte Darstellung nach Krahl in Silikattechnik, 1952, S. 295. Es handelt sich hier um ein die Dinge grob vereinfachendes Schema, das lediglich die prinzipiellen Zusammenhänge veranschaulichen soll. In Wirklichkeit sind die Größenverhältnisse viel extremer. Im Mittel ist etwa

$$\frac{1 \text{ Tonmineralpartikel}}{1 \text{ Quarzpartikel}} \approx \frac{1}{100},$$

so daß das wahre Größenverhältnis bildlich nicht dargestellt werden kann.

a) Schematische Darstellung der Struktur einer keramischen Masse mit ca. 23% H_2O.

b) 1. Trocknungsstufe (s. Abb. 2.18). Das Adhäsionswasser und ein Teil des Porenwassers ist abgegeben; die Tonblättchen sind eng aneinander gerückt, dadurch Schwindung der Masse auf ,,Lederhärte''.

c) Die Masse im ,,weißtrockenen'' Zustand. Das Porenwasser ist durch Diffusion nach außen abgegeben, ohne daß dadurch der Körper eine weitere Schwindung erleidet. Anstelle des Wassers ist Luft in die Kapillaren eingesickert.

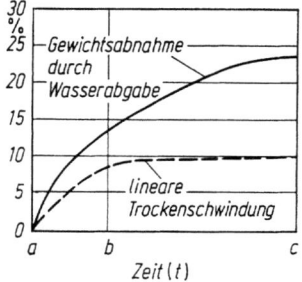

Abb. 2.18. Gewichtsabnahme und Trockenschwindung beim Trocknen eines plastisch verformten Körpers mit ca. 23% H_2O.

$a-b$ Abgabe des Adhäsionswassers; $b-c$ Abgabe des restlichen Porenwassers; bei b ist der Körper etwa ,,lederhart''; bei c ,,weißtrocken''. (Man vergleiche hierzu Abb. 2.17.)

immer geringer ist als senkrecht zur Längsachse, so entsteht auch eine entsprechend geringere Verdichtung des Stranges in Längsrichtung. Ähnlich liegen die Dinge auch beim Naß- und Trockenpressen (Abschnitte 2.2.3.1 und 2.2.3.2), wo durch die Wandreibung an der Matrize unterschiedliche Druckkräfte und Verdichtungen entstehen.

Mit der unterschiedlichen Schwindung wird naturgemäß auch die Gefahr der Trockenrisse und Deformationen beim Trocknen vergrößert und dies um so mehr, je größer die Unterschiede in den Wandstärken eines Körpers sind. Bei der Gestaltung keramischer Körper muß deshalb auf werkstoffgerechte Konstruktion großer Wert gelegt werden.

Beim Gießverfahren und beim Eindrehen plastischer Masse in Gipsformen erfolgt der erste Wasserentzug (Adhäsionswasser) bis auf Lederhärte (ca. 12% H_2O) durch die Saugkraft der Kapillaren des Gipses. Dadurch schwindet der Körper von der Formenwand ab und verfestigt sich soweit, daß er ohne Deformationsgefahr aus der Form entnommen werden kann. Dieser Vorgang kann durch Einführen der Gipsformen in einen mit Warmluft beheizten Kanal-, Kammer- oder Schaukeltrockner beschleunigt werden.

Die zum Abdrehen in Lederhärte (Abschnitt 2.2.1.3) bestimmten, auf der Vakuumpresse mit etwa 20 bis 25% H_2O stranggepreßten Stränge werden nach dem Prinzip der Feuchtlufttrocknung behandelt, indem man sie mit Plastikfolie abdeckt und in einer Atmosphäre feuchter Warmluft aufwärmt. Dies kann — je nach der Größe der Stränge — mehrere Tage, ja Wochen dauern. Nach dem Entfernen der Folien setzt dann die eigentliche Trocknung ein.

Das sogenannte „Weißtrocknen" (die Masse nimmt dabei eine hellere bis weiße Farbe an) wird dann meist in stationären Trockenkammern durchgeführt. Kleinere Körper und naßgepreßte Artikel kann man auch direkt auf den Tunnelofenwagen vortrocknen, indem man die Wagen durch einen dem Ofen vorgeschalteten Trockenkanal hindurchschiebt.

Zu glasierende Teile müssen vor dem Glasurauftrag weißgetrocknet werden, damit das Wasser aus dem Glasurschlicker rasch angesaugt und somit eine gute Haftung der Rohglasur erzielt wird, ohne daß der Scherben durch das aufgenommene Wasser zu stark aufweicht.

2.3.3 Glasieren

Als „Glasur" bezeichnet der Keramiker sowohl die wässerige Aufschlämmung feinvermahlener Rohstoffe (s. u.), die in der Schmelze eine amorphe, glasige Masse ergeben, als auch den aus diesem Material bestehenden, auf einen keramischen Körper aufgebrachten, dünnen, glasigen Überzug, der ihn ganz oder teilweise überdeckt und sich im Brand fest und unablösbar mit dem keramischen Scherben verbindet.

Der Glasurüberzug auf keramischen Körpern kann mehreren Zwecken dienen:

1. Die Oberfläche poröser Scherben (wie Steingut, „Irdenware", Schamottemasse) abdichten und gegen eindringende Feuchtigkeit schützen.

2. Einen vergleichsweise weichen, rauhen Scherben durch eine harte, glatte Oberfläche gegen Abrieb schützen.

3. Die mechanische Festigkeit eines Porzellan- oder Steatitkörpers durch den Glasurüberzug erhöhen.

4. Die glatte, glasige Oberfläche ist ein wirksamer Schutz gegen Verschmutzung und läßt sich leichter reinigen als ein rauherer Körper.

5. Ein auf das Keramikteil durch Stempel oder Siebdruck aufgebrachtes Firmenzeichen oder sonstige Beschriftung erscheint durch eine darübergelegte, transparente Glasur klarer und kontrastreicher und wird zugleich vor Verwischen oder Abrieb geschützt.

Obgleich der Glasurüberzug in der keramischen Fertigung einen zusätzlichen Kostenfaktor darstellt, wendet man ihn auch in der Elektrokeramik überall da an, wo eine oder mehrere dieser Forderungen gestellt werden.

Bei trockengepreßten Steatitteilen ist die Qualität der Oberfläche meist so gut, daß auf eine Glasur verzichtet werden kann. Auch manche naßgepreßte, wenig beanspruchte Porzellanteile, wie Sicherungspatronen und dergleichen untergeordnete Massenteile bleiben unglasiert.

Die Rohstoffe der Glasuren, wie sie zum Glasieren von Porzellan und Steatit verwendet werden, sind die gleichen wie die der Porzellanmasse. Man verringert bei der Glasur jedoch das Verhältnis der Kieselsäure zu den Basen, um im ausgeschmolzenen Glas eine sichtbare Kristallbildung zu vermeiden. Die Schmelzwirkung und der Glanz wird durch teilweisen Ersatz des CaO durch MgO erzielt. Man verwendet deshalb statt Kalkspat reinen Dolomit ($CaCO_3$, $MgCO_3$).

Da diese Glasuren keine wasserlöslichen Bestandteile enthalten, können sie als sogenannte „Rohglasuren" verwendet werden, d. h. die Verschmelzung der einzelnen rohen Komponenten zu Glas erfolgt erst, nachdem sie auf den Körper aufgebracht wurden, im sogenannten „Glattbrand", weshalb man sie auch als „Scharffeuerglasuren" bezeichnet. Die Rohstoffe werden unter Wasserzusatz in der Trommelnaßmühle auf ca. DIN 100 (10000 Maschen/cm²) feingemahlen.

Der Wasseranteil wird so gewählt, daß sich eine Suspension mit einem Litergewicht von ca. 1,3 kg ergibt, mit welchem die Weiterverarbeitung erfolgt.

Für keramische Scherben mit niedriger Glattbrenntemperatur, wie Steingut, Tonwaren, Knochenporzellan, Vitreous-China, aber auch bei trockengepreßten Steatitteilen, die bei hoher Temperatur dicht gebrannt sind und anschließend einen niedrig schmelzenden Glasurüberzug erhalten, verwendet man sogenannte gefrittete Glasuren, bei denen der Feldspatanteil durch ein vorgeschmolzenes, leichtflüssiges, blei- oder borhaltiges Glas ersetzt ist.

Wegen der wasserlöslichen Bestandteile werden die Fritten zunächst zu Glas geschmolzen und anschließend mit dem Quarz und Ton naß vermahlen.

Neben der niedrigen Brenntemperatur haben diese Frittenglasuren den Vorzug der Anwendbarkeit einer reichhaltigen Farbpalette und der größeren Leuchtkraft bei Unterglasurdekoration, so daß sie insbesondere in der Geschirrfabrikation angewendet werden.

Nicht anwendbar ist ein Glasurüberzug bei solchen Keramikteilen, die einer hohen thermischen Beanspruchung ausgesetzt sind, da das Flußmittel der Glasur in den Scherben eindringt und die Hitze- und Temperaturwechselbeständigkeit verringert.

Für den Auftrag der Glasur auf den keramischen Körper gibt es 3 verschiedene Methoden: 1. das Tauchverfahren; 2. das Begießverfahren und 3. das Spritzverfahren.

1. Das *Tauchverfahren* wird bevorzugt für mittelgroße Körper, wie Postisolatoren, Stützer und dergl., angewandt. Die rohen Körper werden von Hand oder

maschinell in eine mit Glasursuspension gefüllte Wanne eingetaucht und beim Herausziehen sofort kurz gedreht oder geschwenkt, damit sich die noch flüssige Glasur vor dem Anziehen gleichmäßig auf der Oberfläche verteilt und Tropfen abgeschleudert werden. Damit der noch rohe Scherben in der wässerigen Glasur nicht aufweicht, muß die Tauchzeit möglichst kurz gehalten werden, etwa 0,5 bis 1,0 sec. Körper mit geringer Wandstärke (etwa <8 mm) müssen vor dem Tauchen verglüht werden, wobei jedoch die Temperatur unter dem Sinterungspunkt bleiben muß, damit der Scherben porös und saugfähig bleibt.

Größere Körper, die für das Tauchen von Hand zu schwer sind, werden drehbar in mechanisch oder pneumatisch betätigte Greifer eingespannt, die rasch in das Glasurbad eintauchen und wieder herausfahren, während der Körper eine kurze Umdrehung macht.

2. Das *Begießverfahren* wird in erster Linie für das einseitige Glasieren plattenförmiger Teile angewandt. Bei größeren Stückzahlen wendet man Glasiermaschinen an, bei welchen die auf einem Transportband oder einer Kette liegenden Teile durch einen senkrecht ausfließenden Glasurvorhang hindurchgeführt werden. Dieses Verfahren kommt allerdings in der Elektrokeramik seltener zur Anwendung.

3. Das *Spritzverfahren* wird in großem Umfang für das automatische Glasieren naß- und trockengepreßter Teile, wie Schraubkappen, Sockel, Patronen, Zündkerzen und dergl. angewandt. Die Teile werden auf Spindeln aufgesteckt oder aufgelegt, die auf einem Rundtisch montiert sind und sich beim Durchlaufen einer Spritzkabine drehen. Die Kabine ist mit einer oder mehreren Zerstäuberdüsen ausgerüstet, die beim Glasieren kompliziert geformter Teile auch eine Schwenkbewegung machen können, um die Glasur gleichmäßig zu verteilen.

Dicht gebrannte Teile mit gesinterter Oberfläche, wie Zündkerzen aus Aluoxid, müssen vor dem Glasieren angewärmt werden, damit die Glasur rasch antrocknet. Die Spindeln durchlaufen zu diesem Zweck vor der Spritzkabine einen infrarotbeheizten Kanal.

Zum Zerstäuben der Glasur können sogenannte „Einstoffdüsen" verwendet werden, welchen der Glasurschlicker mit etwa 2 bar zugeführt wird, oder „Zweistoffdüsen", bei welchen die Zerstäubung durch Druckluft von 3 bis 5 bar erfolgt. Letztere ergeben eine feinere Zerstäubung und eine gleichmäßigere Glasurschicht. Die Druckluftzerstäubung ist allerdings kostspieliger.

Die Flächen eines Körpers, die unglasiert bleiben sollen, müssen beim Besprühen abgedeckt oder nach Glasieren durch ein Schwammgummiband abgewischt werden.

Großkörper werden ausschließlich nach dem Spritzverfahren mittels handbetätigter Zweistoffdüsen glasiert. Zur bequemeren Manipulation setzt man die Körper auf hydraulisch absenkbare Drehscheiben, wie sie auch zum Garnieren verwendet werden (Abb. 2.16), so daß alle Schirme allseitig leicht mit der Pistole erreicht werden können.

2.3.4 Brennen

Erst im Brand vollziehen sich die Vorgänge, die dem Werkstoff seine typisch keramischen Eigenschaften verleihen. Mit Rücksicht auf ihre Ausgangsstoffe

50   2. Fertigungsprozesse in der technischen Feinkeramik

und ihren Verwendungszweck werden die keramischen Werkstoffe unterschiedlichen Brennprozessen unterworfen. Preßporzellan wird meist in einem Glühbrand („Schrühbrand") bei 800 bis 900 °C verglüht und nach Aufbringung der Glasur bei 1300 bis 1450 °C glattgebrannt. Gepreßtes Steatit brennt man unglasiert bei 1300 bis 1400 °C. Die Glasur wird anschließend bei 800 bis 1100 °C aufgebrannt. Erzeugnisse aus Porzellan oder Steatit, deren Wandstärke ein Glasieren im Rohzustand gestattet, werden im allgemeinen ohne Verglühen nur einem Scharfbrand unterworfen. Durch die Vorgänge beim Brand erhöht sich die Porosität der Tonsubstanz enthaltenden Formlinge zunächst.

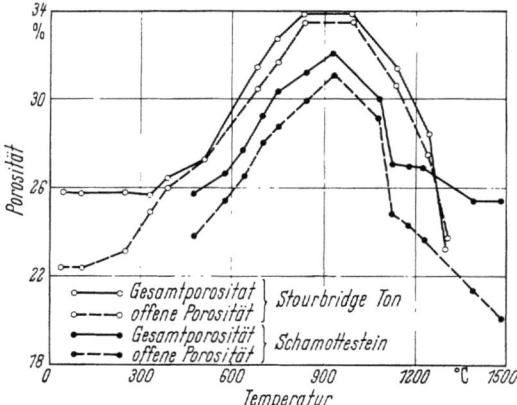

Abb. 2.19. Änderung der Porosität beim Brennen nach Green und Theobald [68].

Abbildung 2.19 zeigt am Beispiel eines Tonsteins und eines Schamottesteins die Porositätsänderung mit steigender Temperatur [68]. Ähnliche Verhältnisse liegen bei den Schamotte enthaltenden Werkstoffen für die Elektrowärme-Isolierstoffe vor. Nach dem Aufheizen auf ca. 900 °C, während dem die Wasserabspaltung der Tonminerale und das Ausbrennen der organischen Bestandteile erfolgt, nimmt bei weiterer Temperatursteigerung die Porosität schnell ab. Dieser Vorgang ist mit einer Volumenverminderung, der Schwindung, verbunden. Die offenen Poren, die mit der Oberfläche in Verbindung stehen, ermöglichen das Austreten von Wasserdampf, Gasen und Gefügeluft, ohne daß die Körper durch Ausbildung eines inneren Überdruckes zersprengt werden, ein Vorgang, der dann beobachtet werden kann, wenn zu nasse oder mit zu viel organischen Beifügungen versehene Körper zu schnell erhitzt werden. Neben den offenen Poren ist auch ein gewisser Gehalt an geschlossenen Poren zu beobachten.

Das Brennen führt das poröse saugfähige Gefüge des Scherbens unter beträchtlicher Volumenschwindung in den dichten Zustand über. Diese Zustandsänderung wird eingeleitet durch eine Anzahl chemischer Reaktionen, die sich im Verlaufe der Temperaturerhöhung wie folgt abspielen:

Bei 430 °C bis 600 °C verliert die Tonsubstanz ihr chemisch gebundenes Wasser. Zwischen 900 °C und 1050 °C vollzieht sich eine exotherme Reaktion, in deren Verlauf sich Mullit der Formel $3 Al_2O_3 \cdot 2 SiO_2$ bildet, wobei aus 3 Mol Tonsubstanz 4 Mol Kieselsäure SiO_2 frei werden. Ab 1180 °C schmilzt der Feldspat, und zwar inkongruent unter Übergang in Leucit. Nach dieser Bildung einer flüssigen Phase finden Lösungs- und Verdichtungsvorgänge statt, bis bei etwa Sk 8 bis 10 der dicht gesinterte Zustand erreicht ist. Man führt den Brand noch um etwa 50 °C bis 100 °C höher, um eine genügende Verglasung und ein ausreichendes Glattschmelzen der Glasur zu erreichen. Während dieser für den Zustand des Porzellans entscheidenden Vorgänge spielt sich nebenher das Verbrennen und Austreiben der flüchtigen Bestandteile ab, das rechtzeitig vor der Sinterung durchgeführt sein muß, um Poren und Lochbildungen im Porzellan bzw. in der Glasur zu vermeiden. Während des Brandes treten reversible und irreversible Kristallumwandlungen der Kieselsäure ein, die mit Volumenänderungen verbunden sind, wie z. B. die $\alpha-\beta$-Umwandlungen des Quarzes bei etwa 575 °C. Ein Teil der Kieselsäure geht in die Hochtemperaturform, den Cristobalit, über, der während der Abkühlung bei etwa 230 °C gleichfalls eine $\alpha-\beta$-Umwandlung erfährt. Die zur Verdichtung führenden Umwandlungen beim Steatit bestehen in einem Zerfall des Specksteinmoleküls bei 800 °C bis 900 °C unter Abgabe des Kristallwassers und Bildung des Magnesiummetasilikates, des Protoenstatits, wobei auf ein Molekül Speckstein ein Molekül Kieselsäure frei wird. Im Gegensatz zum Porzellan ist im Steatit kein bei der Brenntemperatur schmelzbarer Anteil vorhanden. Ein Teil der Masse bildet indessen durch eutektisches Schmelzen, d. h. durch gegenseitige Schmelzpunkterniedrigung verschiedener Masseanteile, eine flüssige Phase. Der dichte Zustand wird bei 30 °C bis 40 °C vor Beendigung des Brandes erreicht, für den Steatitbrand ist kein so großer Temperaturabschnitt für die Dichtesinterung verfügbar, in dem die bei großen Öfen unvermeidlichen Differenzen im Temperaturanstieg ausgeglichen werden. Während der Abkühlung tritt eine, wenn auch wesentlich kleinere Veränderung der Größenverhältnisse ein als beim Hochheizen, die durch den Längen-Ausdehnungskoeffizienten und durch die erwähnten Umwandlungen der Kristallformen der Kieselsäure (Quarz, Tridemit, Cristobalit) bestimmt ist. Zur Vermeidung von unerwünschten bleibenden Spannungen ist es wichtig, daß das Transformationsgebiet, d. h. das Temperaturgebiet, in dem der plastische in den spröd-elastischen Zustand übergeht, langsam durchfahren wird. Im übrigen werden durch die Art der Abkühlung auch erwünschte Spannungen erzielt und reguliert, nämlich Druckspannungen in der Oberfläche, d. h. also im Falle von glasierter keramischer Ware in der Glasurschicht. Die Erreichung von gleichmäßig verteilten Spannungen ist für das spätere mechanische Verhalten wichtig. Wenn bei der Abkühlung der Temperaturabfall bei einem Isolierkörper einseitig vorauseilt, so ergeben sich statt der erwünschten Druckspannungen an der Oberfläche stellenweise Zugspannungen, die sich der Nutzlast des Isolators im Gebrauch hinzuaddieren und zu einer Verringerung der Zugfestigkeit führen.

Neben dem Durchlaufen einer günstigen Temperaturkurve ist für das Gelingen des Brandes auch eine bestimmte Ofenatmosphäre von Bedeutung. Diese muß bis vor dem Eintritt der Dichtsinterung oxydierend sein, damit die organischen Bestandteile verbrennen und die Verbrennungsprodukte entweichen können. Sie muß reduzierend sein vor und während des Überganges in den dichten Zustand, damit das in der Masse enthaltene Eisenoxid zum zweiwertigen FeO, reduziert wird. Wird diese Reduktion nicht vollständig erreicht, so kann bei der anschließenden Temperatursteigerung eine thermische Dissoziation des dreiwertigen Eisens unter Sauerstoffabgabe stattfinden, die zu einer Auftreibung des Scherbens führen würde. Auch Verfärbungen in Form des sogenannten Luftgelbs des Porzellans können die Folge ungenügender Reduktion in diesem Abschnitt des Brandes sein.

Ein entsprechender Farbeffekt findet sich auch beim Steatit. Da das Temperaturintervall zwischen Dichtsinterung und Ende des Brandes beim Steatit kürzer ist als beim Porzellan, muß es als eine Eigentümlichkeit des Steatits aufgefaßt werden, daß die Reduktion zu der weißen Form vielfach nicht an allen Stellen eines größeren Ofenquerschnitts und nicht bis zum Ende durchgeführt wird, so daß man an ein gewisses Farbspiel von weiß über leicht weißgrau bis zu gelblichgrau gewöhnt ist. Diese Erscheinung ist nicht mit einer Beeinflussung der elektrischen und mechanischen Eigenschaften verbunden. Bei Sondersteatit gemäß KER 221 werden vielfach sehr reine Rohstoffe mit sehr geringem Eisenoxidgehalt benutzt. In diesem Falle ist die Abhängigkeit des Farbtons von der Brandführung wesentlich geringer.

Während des letzten Teiles des Brandes kann die Ofenatmosphäre wieder oxydierend sein. Sie muß oxydierend sein im ersten Abschnitt des Abkühlungsvorganges, weil erst zu diesem Zeitpunkt die braune Glasur den dunkelbraunen satten Farbton annimmt, da die in ihr enthaltenen Farbstoffe unter diesen Temperaturbedingungen zu der entsprechend gefärbten höherwertigen Form oxydieren.

Die zum Brennen der Ware benutzten Öfen unterscheiden sich durch ruhende oder bewegte Anordnung der Warenstapel. Bei ruhender Anordnung spricht man von periodisch betriebenen Öfen, da in ihnen die Ware vor Beginn des Brandes in Stapeln eingesetzt und nach Zumauern der Türöffnung mit Schamottesteinen der Brand eingeleitet und beendet wird. Nach erfolgter Abkühlung wird die Tür geöffnet und das fertig gebrannte Gut herausgeholt. Da hierbei das Ofenmauerwerk im Rythmus des Brandes hochgeheizt und wieder abgekühlt wird, geht bei dieser Brennweise ein beträchtlicher Teil der Wärmeenergie verloren. Deshalb wurden schon frühzeitig kontinuierlich betriebene Öfen entwickelt. In diesen Tunnel- oder Kanalöfen wird die Ware auf Wagen oder Schubplatten durch einen Brennkanal geschoben, der ununterbrochen beheizt wird. Die in der Ofenwand gespeicherte Wärme braucht hierbei nur bei der ersten Inbetriebnahme des Ofens aufgewandt zu werden, die Wirtschaftlichkeit des Brennbetriebes ist hierbei erheblich besser. Bei einer dritten Ofenart wird die Ware nicht bewegt, es wird aber der Strom der erhitzten Gase von einer Brennkammer in die nächste benachbarte Kammer geleitet. Zu diesem Ofentyp gehört z. B. der Kammerringofen.

Periodisch betriebene Öfen. Der klassische Porzellanofen ist der Rund- oder Etagenofen, der einen Glattbrennraum in der unteren und einen Glühbrennraum in der oberen Etage besitzt. Rings um den Glattbrennraum sind vorgebaute Feuerungen mit Rosten angeordnet, aus denen die Flammen über die Feuerbrücken in die Brennkammer zur Ofendecke (Gewölbe) schlagen. Von dort aus werden sie durch die Zwischenräume zweckentsprechend aufgebauter Kapselstöße in die Sohlkanäle gezogen, die sich über das Brennkammerpodium verteilen und so für eine gleichmäßige Durchwärmung des Brenngutes sorgen. Die

Sohlkanäle führen durch die in der Ofenwand aufsteigenden Kanäle in die obere Glühbrennkammer. Die Feuergase heizen auch diese auf und verlassen den Ofen durch den Schornstein. Der Garbrennraum wird auf eine Temperatur von etwa 1400 °C aufgeheizt, während gleichzeitig die Glühkammer ungefähr 900 °C erreicht. Die Brennzeit bis zur Erreichung der Höchsttemperatur richtet sich nach der Größe des Ofens und den Abmessungen der eingesetzten Körper. Bei kleinen Öfen und kleinen Körpern können Zeiten von etwa 20 Stunden für das Abbrennen ausreichen, während große Öfen und Großstücke wesentlich längere Zeiten bis etwa 80 und mehr Stunden erfordern können. Die Abkühlzeiten sind entsprechend auch etwa 20 bis 80 Stunden. Damit können Rundöfen etwa im Turnus von 3 bis 10 Tagen beschickt werden.

Zur Beheizung diente früher vorzugsweise Steinkohle, später lernte man auch die billigen Braunkohlebriketts zu verwenden, die auch noch den Vorteil einer langen Flamme brachten. Damit war eine vollständigere Flammenführung und ein besserer Temperaturausgleich des ganzen Ofenraums verbunden. Da die durch den Rost zuströmende Verbrennungsluft die Kohle nicht vollständig verbrennt, bezeichnet man diese Betriebsart als sog. Halbgasfeuerung. Zur restlosen Verbrennung wird noch Sekundärluft zugeführt. Ein Umbau der Rundöfen auf Gasfeuerung ist möglich und teilweise auch ausgeführt [29].

In der technischen Keramik führte die Weiterentwicklung periodisch betriebener Öfen zu den Kammer-, Herdwagen- und Haubenöfen, die mit Spezialbrennern für Gas oder Öl ausgerüstet sind. Diese Beheizungsart ermöglicht einen rationellen Brennbetrieb, da die bessere Regelung des Temperaturanstieges, die gleichmäßige Temperaturverteilung im Brennraum und die gewünschte Rauchgasatmosphäre große Vorteile bietet.

Kammeröfen werden heute zum Brennen von mittleren und großen Isolatoren verwendet und in Abmessungen von 20 bis 110 m^3 Brennraum gebaut. Sie haben rechteckige Form und besitzen keinen Glühraum in einer oberen Etage, da für die Herstellung von Hochspannungsisolatoren kein Verglühprozeß benötigt wird. Die Zuführung der Heizgase zum Glühraum durch aufsteigende Wandkanäle kann daher entfallen. Der Abzug befindet sich in der Sohle des Ofens. Das Brenngut wird ähnlich wie beim Rundofen durch eine Tür eingebracht, die heute meist als schwere, schamotteverkleidete, verfahrbare Tür ausgebildet ist. Das Brenngut wird je nach Empfindlichkeit ganz oder teilweise durch Kapseln gegen die unmittelbare Flammeneinwirkung geschützt. Da eine Schädigung durch Flugasche wie bei der Verwendung fester Brennstoffe nicht mehr zu befürchten ist, kann man bei größeren und Großkörpern unter Umständen auf den Einbau in Kapseln ganz verzichten.

Die laufende Kontrolle durch elektrische Temperaturmeßeinrichtungen zeigt, daß die Temperaturschwankungen in Grenzen von etwa ± 10 K gehalten werden können [35].

Herdwagenöfen unterscheiden sich von Kammeröfen dadurch, daß der Wagen, auf dem die Ware beim Brand angeordnet ist, außerhalb des Ofens besetzt und entleert werden kann. Bei dem Herdwagenofen kann die ausgefahrene Setzbühne hydraulisch auf die Flurhöhe der Fabrikhalle gehoben werden. (Z. B. Standort eines Ofens: Porzellanfabrik Redwitz, Siemens AG. Maximale Höhe eines Porzellankörpers im Rohzustand 5,7 m. Gasverbrauch je Stunde 500 m^3

Flüssiggas; Außenmaße: 8,45 m lang, 4,46 m breit, 8,30 m hoch; Setzmaße: 5,00 m lang, 2,20 m breit, 5,70 m hoch; Tragfähigkeit:: 80000 kg.)

Derartig periodisch betriebene Öfen bieten den Vorteil gegenüber kontinuierlich betriebenen Tunnelöfen, daß große und insbesondere sehr schlanke Isolatoren keinen Erschütterungen durch das Verschieben der Wagen während des Brennvorganges ausgesetzt sind. Auch kann die Brandführung im Hinblick auf die Brennkurve und die Atmosphäre den Erfordernissen des Besatzes besser angepaßt werden. Ferner ist eine bessere Anpassung an die Auslastungssituation der Fabrik möglich. Die Wärmebilanz ist selbstverständlich etwas ungünstiger als beim Tunnelofen.

Die Beheizung kann mit Schnellstrom-Umwälzbrennern erfolgen, deren Wirkung im wesentlichen auf der hohen Eintrittsgeschwindigkeit der ausgebrannten Rauchgase in den Ofenraum und in die Zwischenräume zwischen die Brenngutstapel beruht. Die hohe kinetische Energie der einschießenden Gase bewirkt auf kürzester Strecke eine Mischung mit erheblichen Mengen des Altgases im Ofenraum, so daß die Überschußwärme der Brenner in ein großes Gasvolumen verteilt und eine starke Turbulenz und ständige Umwälzung bewirkt wird. Dadurch wird der Wärmeübergang auf die Ware verbessert und die Temperaturunterschiede im gesamten Ofenraum werden verringert. Die Zumischung von kalter Sekundärluft in den Phasen geringer Brennerbeaufschlagung wird durch ein spezielles Regelverfahren gelöst. Für die Kühlung können die Sekundärluftkanäle zum Einblasen von Kühlluft verwandt werden, wobei die Kaltluft sich mit der heißen Ofenluft vermischt, so daß eine Schockkühlung der Ware vermieden wird. (Beispiel: Wistra-Herdwagenofen für den Schnellbrand zum Brennen von Hochspannungsporzellan, Nutzraum 32 m³, Brennzyklus 2 bis 3 Brände pro Woche, Verbrauch 1800 bis 2500 kcal/kg brutto, Arbeitstemperatur 1400 °C.)

Umlauffeuer-Haubenöfen, gas- und ölbefeuert, wurden speziell zum Brennen von großflächigem und dickwandigem Keramikmaterial konstruiert. Man unterscheidet Öfen mit fester Sohle und verfahrbarer Haube und mit feststehender Haube und Wechselwagen. Mit diesem Ofen ist es möglich, die erforderlichen Brennzeiten auf ein Minimum abzukürzen. In den meisten Fällen kann eine Zyklusverkürzung von ²/₃ erreicht werden, wobei auch die Energiekosten bis zu 50%, bezogen auf herkömmliche Öfen, vermindert werden können. Der Ofen ist mit Hochgeschwindigkeitsbrennern ausgerüstet, welche tangential an den Ofenseiten in zwei Reihen übereinander angeordnet sind. Hierdurch umströmen die Heizgase gleichmäßig die gesamte Beschickung. Die Rauchgase werden von der Peripherie in den Abzugsschacht in der Mitte der Beschickung abgesaugt. (Beispiel: Riedhammer Type UH 6—8/Öl mit 8 Impuls Ölbrennern — Technische Daten:

Temperatur max.		SK 14
Beschickungsraum [mm]	Breite	1400
	Höhe	1450
	Tiefe	2800
Außenmaße (Haube ausgefahren)	Breite	3400
	Höhe	6200
	Tiefe	4600

Beschickgewicht kg		Brutto	6500
		Netto	3700
Energieverbrauch in kcal bei			
34 Stunden Aufheizzeit			3000
Temperatur SK 11			1700
Brennzyklus		Aufheizen	34—50
Stunden		Halten	2— 6
		Abkühlen	34—90
Beschickfläche [mm³]			2 × 1400 × 1400

(Handelsübliche Typen von 4 bis 9 m³ Inhalt).

Wärmewirtschaftlich und betriebsorganisatorisch günstiger ist der moderne, ununterbrochen betriebene *Tunnelofen* (Abb. 2.20). Der in den meisten Fällen langgestreckte Brennkanal wird in seiner Mitte ständig auf Garbrandtemperatur gehalten, während das Brenngut sich, auf Wagen gestapelt, gleichmäßig vorrückend langsam durch den Brennkanal bewegt. Die Beheizung der modernen Tunnelöfen erfolgt vorwiegend mit Gas, aber auch häufig durch Öl oder elektrisch mit hochhitzebeständigen Heizwiderständen. Die Feuergase bzw. die heiße Luft werden in Richtung zur Ofeneinfahrt abgezogen, wobei sie den größten Teil ihrer Wärme an das langsam im Gegenstrom anrollende Brenngut abgeben. Von dieser Vorwärmzone kommt die Ware in die Scharfbrennzone und weiter in die Kühlzone. Dort wird die in Brenngut und Wagen gespeicherte beträchtliche Wärmeenergie dazu benutzt, die Verbrennungsluft vorzuwärmen (Rekuperativsystem). Die ständig auf hoher Temperatur befindliche Brennzone läßt sich durch gute Isolierung gegen übermäßige Wärmeverluste schützen. Vorteile des Tunnelofens gegenüber periodisch betriebenen Öfen sind: 1. Fließbetrieb und damit organisatorische Vorteile, 2. kürzere Brenn- und Abkühlzeiten und damit kürzere Lieferfristen, 3. Besetzen der Wagen außerhalb des Ofens, 4. günstige Wärmewirtschaft, 5. Möglichkeit zum kapsellosen Brand. Nachteile sind: Der ununterbrochene Brennbetrieb gestattet nur eine beschränkte Anpassung der Produktion an die jeweilige Konjunktur.

Für das Brennen von kleinstückiger Ware werden in großem Umfang Tunnelöfen mit Plattenförderung verwendet, bei denen die mit Ware besetzten Plattenstapel auf Schubplatten aus Siliciumcarbid auf Rutschbahnen durch den Ofenkanal geschoben werden. Man benutzt dazu also nicht wie bei den Tunnelöfen für größere Stücke oder höhere Warenstapel Wagen mit feuerfestem Schamotte-Aufbau, also gewissermaßen mit fahrbarer Ofensohle. Vielmehr ist der Ofenkanal auf allen vier Seiten geschlossen. Da bei dieser Konstruktion die Labyrinthdichtung gegenüber den Wagen entfällt, ist die thermische Isolation besser, die Wärmeverluste durch Undichtigkeiten und auch durch verschleppte Speicherwärme in den Wagen sind geringer. [Tunnelofen mit Plattenförderung zum Brennen von Elektroporzellan mit automatischer Beschickung und Entleerung (System Rauschert) mit Ölbeheizung.] Die technischen Daten für einen derartigen Ofen zum Brennen von Elektroporzellan und Steatit sind:

Länge [m]	Querschnitt [m]	Leistung/24 h	Energieverbrauch/24 h
18—19,7	0,38 × 0,34	1 t	ca. 290 kg Öl oder ca. 620 m³ Stadtgas

56   2. Fertigungsprozesse in der technischen Feinkeramik

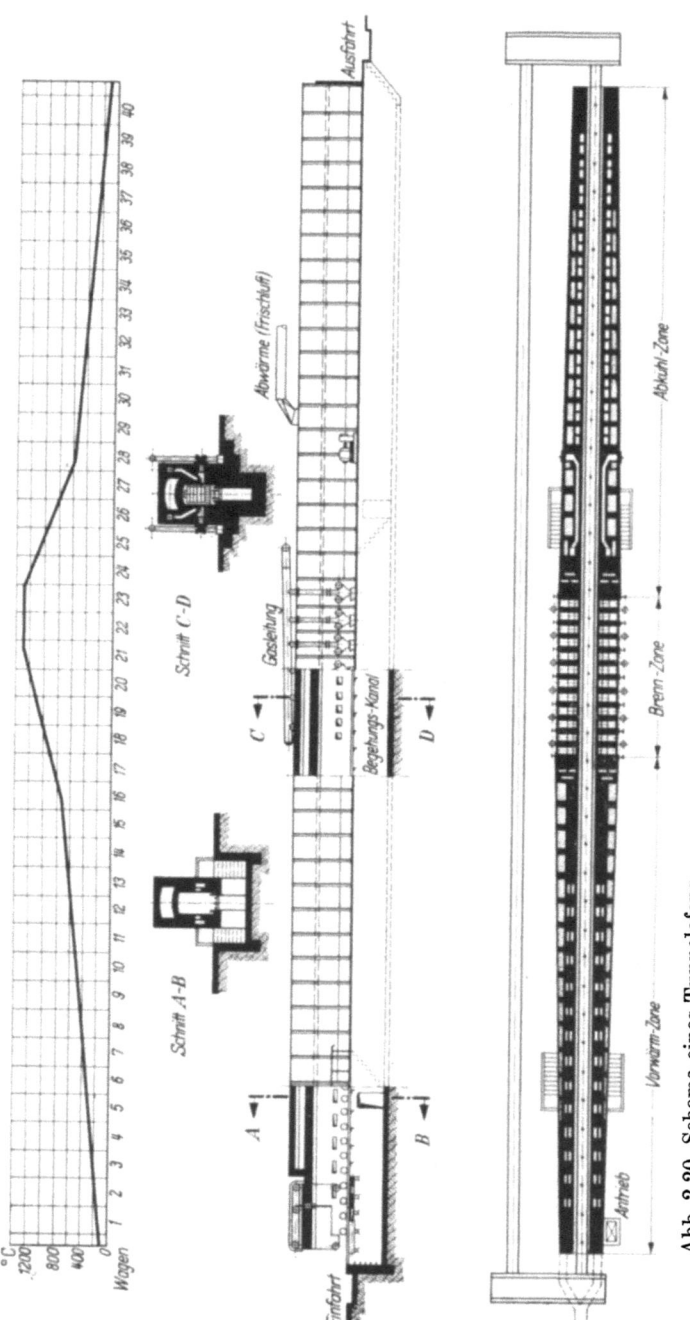

Abb. 2.20. Schema eines Tunnelofens.

Derartige Plattendurchschuböfen werden für die Herstellung von Sondererzeugnissen wie Kondensatoren aus Rutil und Titanaten, magnetischen Werkstücken aus harten und weichen Ferriten, ferner zum Sintern von Widerständen auch mit elektrischer Beheizung ausgerüstet. Bei diesen Erzeugnissen werden sehr unterschiedliche Anforderungen an die Aufheiz-, Sinter- und Abkühlzone des Ofens gestellt. Sie betreffen die restlose und rechtzeitige Entfernung der Bindemittel (1% oder 5—7%, sogar bis über 10%), die nach Temperaturhöhe und Sinterzeit sehr verschiedenen Verweilzeiten in der Hochtemperaturzone, die kontrollierte Beschaffenheit der Ofenatmosphäre, die neben Luft auch aus Schutzgasen wie z. B. Stickstoff bestehen kann, sowie die Zeitdauer der Abkühlung, die lang sein kann, aber auch gegebenenfalls in Form einer Sturzkühlung erfolgen muß. Derartige Öfen werden daher auch mit Schleusen für die Aufrechterhaltung der Atmosphäre und mit Kühlregistern ausgerüstet. Als Heizelemente können bis zu Temperaturen von 1300 °C Drahtwiderstände benutzt werden. Darüber hinaus verwendet man Siliciumcarbid-Heizstäbe oder Elemente aus Molybdändisilicid. Diese haben den Vorteil eines gleichbleibenden elektrischen Widerstandes, während SiC-Stäbe einer ständigen und z. T. ungleichmäßigen Widerstandszunahme unterworfen sind.

Für das Brennen von Großkörpern setzt man auch Kammerringöfen mit Gasbeheizung ein, die periodisch arbeiten. Sie bieten den Vorteil der periodischen, schonend-individuellen Brennweise.

An der Stirnseite jeder Kammer ist eine Arbeitsöffnung vorgesehen, die nach dem Besetzen der Kammer mit Ware zugemauert wird. Zum Entleeren wird das Mauerwerk wieder abgebrochen. In jeder Brennkammer sind an beiden Längsseiten über der Ofensohle je 9 Gaseintrittsöffnungen, die zu je drei Gruppen an jeder Seite zusammengefaßt sind, vorhanden.

Den drei Gruppen wird das Generatorgas in drei Gaskanälen an jeder Seite unter der Ofensohle zugeführt und entströmt über der Ofensohle an den beiden Längsseiten der Kammer.

Die zur Verbrennung erforderliche Luft wird in den bereits abgebrannten Kammern vorgewärmt, bevor sie in die im Vollfeuer befindliche Kammer gelangt. Die durch Schornstein oder Ventilator angesaugte Kaltluft kühlt die fertiggebrannten Kammern mit Besatz, die der im Vollfeuer befindlichen Kammer vorgeschaltet sind, ab. Die heißen Verbrennungsgase werden hinter der im Garbrand stehenden Kammer zur Vorwärmung der folgenden Kammern verwertet, bevor auch die folgende Kammer in das Vollfeuer genommen wird. Im Sinne des Uhrzeigers wandert das Feuer von Kammer zu Kammer von 1 bis 22, wobei die erkalteten Kammern von gebrannter Ware entleert und dann wieder neu mit Ware besetzt werden.

Jede Brennkammer ist an den Rauchgassammelkanal oberhalb der Kammer durch ein zu öffnendes oder zu schließendes Glockenventil angeschlossen.

Die Verbrennung des Gas-Luft-Gemisches erfolgt in überschlagender Flamme von beiden Längsseiten durch den Besatz hindurchströmend und durch die in der Ofensohle befindlichen Abzugskanäle abziehend, um in die folgende Kammer geleitet zu werden, damit diese vorgewärmt wird.

Die oben erwähnten Kapseln sind feuerfeste, meist zylindrische Behälter aus Schamottematerial, in denen die brennfertigen Waren im Ofen aufgestapelt werden. Daneben besteht ihre Hauptaufgabe darin, die Ware gegen Verunreinigungen durch offene Flammen zu schützen, die bei Verwendung von Kohle oder ungereinigtem Gas Flugasche mitführen. An Stelle von Kapseln werden in modernen Ofenanlagen vielfach Platten aus Siliziumcarbid (SiC) benutzt. Diese haben den Vorteil einer besseren Standfestigkeit bei hoher Temperatur, so daß ein Durchbiegen der Standfläche unter der Last der Isolierkörper leichter vermieden werden kann. Da sie infolge ihrer höheren Wärmeleitfähigkeit auch besser temperaturwechselbeständig sind, vertragen sie wesentlich mehr Ofenreisen als Schamotteplatten oder -Kapseln, so daß ihr erheblich höherer Preis ihre Verwendung nicht unwirtschaftlich macht.

Viele keramische Massen neigen bei ihrer Dichtbrandtemperatur zur Deformation, da sie durch Schmelzvorgänge erweichen. Freitragend überhängende Teile keramischer Werkstücke senken sich deshalb häufig durch ihr eigenes Gewicht und müssen mit feuerfesten Stützen, sogenannten Bomsen, gehalten werden. Die Anwendung und Form der Bomsen richtet sich ganz nach den Werkstücken, die gegen Einsinken, Durchbiegen und Verzug geschützt werden müssen. Besonders wichtig ist die Anwendung als planflächige Unterlage. Beim Schwinden des Werkstückes im Brand muß sich die mitunter kleine Standfläche unter dem oft beträchtlichen Eigengewicht des keramischen Körpers auf dem rauhen Kapselboden zusammenziehen. Hierbei würde sich die Standfläche verziehen und unrund oder rissig werden. In solchen Fällen werden Bomsen als Brennunterlagen aus der gleichen Masse in derselben Verformung angewandt, die denselben Schwindvorgang im Brand mitmachen und somit den Verzug verhüten. Die Bomsen können dann nur einmal benutzt und müssen dann weggeworfen werden. Ein besonderer Herstellungsvorgang mit Werkzeug-, Masse- und Verformungskosten ist hierbei unvermeidlich. Langgestreckte Körper werden vorteilhaft hängend gebrannt. Zu diesem Zweck wird z. B. an das Ende eines Rohres eine flanschförmige Verdickung angeformt oder angarniert. Das Rohr wird dann durch den gelochten Boden der oberen Kapsel eingeführt und hängt am Flansch frei in den Kapselringen. Vielfach richtet man den Abstand zwischen Aufhängefläche und Kapselboden so ein, daß die rohen Körper zunächst auf dem Kapselboden stehen und sich erst im Verlauf des Brandes infolge der Längenschwindung aufhängen.

Alle Vorgänge im Brand hängen stark von der Temperatur ab. Eine genaue Messung der Temperatur ist deshalb in allen Teilen des Brennraumes sehr wichtig. Ideale Meßmedien sind die Segerkegel, kleine Kegel aus Silikatgemischen, deren Erweichungspunkte jeweils genau festliegen. Sie werden mit dem Brenngut eingesetzt und in der Glut durch Schaulöcher beobachtet. Neigt sich der Kegel auf Grund der beginnenden Erweichung, so ist die entsprechende Kegelschmelztemperatur erreicht (Abb. 2.21).

Nach VDE 0335 § 27 dienen Segerkegel zur Ermittlung des Verhaltens keramischer Isolierstoffe bei Einwirken hoher Temperaturen, wobei der Kegelfallpunkt durch Vergleich mit Segerkegeln nach DIN 51063 zu bestimmen ist.

Der besondere Vorteil des Segerkegels ist, daß er die spezifisch keramische Wirkung von Temperatur und Zeit anzeigt. Außer durch Segerkegel findet eine Überwachung durch registrierende Temperaturmeßeinrichtungen statt (Thermoelemente und optische Pyrometer).

Abb. 2.21. Seger-Brennkegel nach DIN 51 063.

Die Überwachung und Regelung der Zugverhältnisse des Ofens ist immer wichtig und allgemein üblich. Sehr wichtig ist auch der Befund der Ziehproben, d. h. Proben, die in den entscheidenden Brennabschnitten durch die Schaulöcher aus dem Ofen gezogen und nach Abkühlung begutachtet werden.

Einen sehr wesentlichen Anteil der Herstellungskosten keramischer Erzeugnisse bilden die Brennkosten. Der Aufwand an Brennstoffen, feuerfesten Hilfsstoffen und Bedienungslöhnen ist erheblich.

2.4 Bearbeitung der keramischen Formlinge

2.4.1 Rohbearbeitung

Profile, die im Strangpreßverfahren hergestellt sind, verlassen das Mundstück der Presse in ziemlich weicher Form. Deshalb müssen die Stränge erst zum Trocknen auf Profilbleche oder -platten gelegt werden und können dann mittels Trennscheibe abgeschnitten werden. Die Abschnitte lassen sich im getrockneten Zustand noch gut bearbeiten. Man kann sie drehen, bohren, fräsen, schleifen; auch Gewinde lassen sich einschneiden. Im lederharten Zustand können bei runden Profilen Gewinde und Fischhaut aufgewalzt werden. Besonders vorteilhaft lassen sich trockengepreßte Rohlinge nachträglich bearbeiten, da sie durch den hohen Preßdruck bereits ein sehr dichtes Gefüge und dadurch eine ziemlich hohe Festigkeit aufweisen.

2.4.2 Verglühtbearbeitung

In Fällen, in welchen die Festigkeit von Rohlingen zur Bearbeitung nicht ausreicht, wird das Teil einem Glühprozeß von etwa 700 bis 800 °C unterzogen, wonach es noch porös ist, aber doch der Bearbeitung mit Stahlwerkzeugen und Carborundumscheiben mehr Widerstand bietet. Verglühtbearbeitung findet besonders bei trocken gepreßten Teilen Anwendung, die ihrer Form wegen nicht brennfertig gepreßt werden können. So werden z. B. dünnwandige Spulen ausgebohrt, hintergriffige Vertiefungen oder Nuten in Spulenkörper eingefräst usw.

Von besonderer Bedeutung ist die Herstellung von eiligen Mustern nach dem sogenannten Handmusterverfahren. Hierbei können ohne kostspielige Preßwerkzeuge schnell beliebige Teile hergestellt werden, die dann sowohl in elektrischer als auch in mechanischer und thermischer Beziehung geprüft werden können.

Diese Muster werden aus trocken vorgepreßten oder stranggepreßten, vorgeglühten Zylindern und Platten genau wie bei Holz oder Metall ausgearbeitet, wobei allerdings die Schwindung des verwendeten Materials beachtet werden muß, und dann in einem Schnellbrandofen bei etwa 1400 °C dichtgebrannt. An naß oder sehr feucht gepreßten Rohlingen lassen sich selbst im vorgeglühten Zustand wegen ihres weniger widerstandsfähigen Gefüges Nachbearbeitungen nur in beschränktem Umfange vornehmen.

Da Naturspeckstein sich gut bearbeiten läßt, besteht ferner die Möglichkeit, Muster ohne Verwendung von Matrizen herzustellen. Diese Fertigungsart der Steatitindustrie kommt für das natürlich vorkommende stückige Material in Betracht, wobei allerdings Formteile aus Speckstein nur in je nach den an den jeweiligen Fundstätten vorkommenden Größen von Rohsteinen herstellbar sind. Dieses Material ist durch seine Weichheit sehr leicht und gut bearbeitbar, weshalb es sich für Teile mit feinsten Bohrungen und Gewinden auch mit ganz dünnen Wandstärken besonders eignet. Durch nachträgliches Glühen bei etwa 1000 °C bis 1100 °C wird Speckstein sehr hart und nahezu dicht, und da er dabei nur etwa 2% schwindet, wird eine sehr große Maßgenauigkeit erreicht.

2.4.3 Schleifen und Bohren

Wenn engere Toleranzen, als in DIN 40680 festgelegt, erforderlich sind, ist Nachbearbeitung der gebrannten Teile notwendig. Dieses kann wegen der Härte der Formstücke nur durch Schleifen erfolgen [83].

Als Schleifwerkzeuge dienen Siliziumkarbidscheiben in verschiedener Bindung und Diamantschleifscheiben in Metallbindung. Erstere werden für Außenrund- und Flachschleifen, letztere zum Bohrungs- und Profilschleifen (einschl. Gewinde) sowie zum Trennen verwendet.

Man unterscheidet den Trocken- oder Naßschliff und den Flächen- oder Rundschliff. Das *Trockenschleifen* mittels Siliziumkarbidscheiben auf horizontal- oder vertikallaufenden Schleifständern findet nur Anwendung, wenn geringe Materialmengen abgeschliffen werden müssen, da sonst starke Erwärmung des Werkstückes auftritt, die zu Rißbildung und Sprüngen führen kann.

In den überwiegenden Fällen wird *naß* geschliffen, wobei viel Wasser auf die Schleifflächen gebracht wird. Mit den verwendeten Sonderschleifmaschinen werden Maßgenauigkeiten bis 0,01 mm erreicht.

Keramische Achsen, Wellen und Rohre werden auf spitzenlosen Schleifmaschinen geschliffen, wobei sich das zu schleifende Werkstück selbsttätig zwischen einer rasch laufenden und einer langsam, mit einer Axialkomponente entgegengesetzt laufenden zweiten Scheibe hindurchschiebt. Bei größeren Längen und Durchmessern — heute werden Achsen und Rohre bis zu einem Durchmesser von 100 mm und Längen bis 2 m hergestellt — ist ein Vorschleifen zwischen Spitzen notwendig. Während man einfachen Zylinderaußenschliff aus preislichen Gründen in den meisten Fällen auf spitzenlosen Schleifmaschinen vornimmt, werden Ansätze und Rillen an Achsen, Gewinde in Spulen und dergleichen auf Spezialmaschinen für Außenschliff eingeschliffen. Große Isolatoren schleift man auf Karussellbänken.

Das Schleifen von Bohrungen geschieht auf Innenschleifmaschinen, wobei heute vielfach Diamantwerkzeuge verwendet werden, da mit diesen wesentlich günstigere Schleifzeiten und auch eine größere Genauigkeit erreicht werden kann.

Für genauen Plan- oder Planparallelschliff sind Maschinen mit entsprechenden Aufspannvorrichtungen notwendig, bei denen sich der Tisch mit dem Werkstück an der Schleifscheibe vorbeibewegt. Daraus geht hervor, daß keine vertieften Flächen damit geschliffen werden können. Das Planschleifen von vertieften Flächen erfordert Spezialmaschinen und ist sehr schwierig und kostspielig. Es sollte deshalb möglichst vermieden werden. Auch ist darauf zu achten, alle Schleifflächen so klein wie nur möglich zu gestalten, etwa durch Anbringen von Schleifaugen, Schleifwarzen oder Schleifrändern.

Neuerdings sind auch Verfahren bekannt, Bohrungen in keramischen Teilen mit Ultraschall vorzunehmen. Es ist dadurch möglich, nicht rotationssymmetrische Profile aus der Keramik herauszuarbeiten. Die Ultraschallenergie wird über Bohrrüssel eingeleitet, und als Medium wird Borkarbid verwendet.

Aus Amerika kommende Verfahren verwenden bei Löchern eine rotierende Diamantkrone im Zusammenwirken mit Ultraschall.

2.4.4 Sandstrahlen

Bei keramischen Werkstoffen wird es zuweilen notwendig, eine Aufrauhung der Oberfläche vorzunehmen, die eine größere Haftfestigkeit beim Aufgießen von Armaturen und bei der Metallisierung ergeben oder auch die Glasur beseitigen soll. Hierfür eignet sich das Sandstrahlverfahren besonders gut. Bei diesem Verfahren wird mittels Druckluft von etwa 3 bis $3^1/_2$ bar Quarzsand, in besonderen Fällen auch Stahlkies, auf die zu bearbeitende Oberfläche geschleudert. Der verwendete Quarzsand weist eine Körnung von 0,7 bis 1 mm auf. Stahlkies ist aus kleinen gepreßten Kügelchen gebrochener Kies, der eine Körnung von etwa 1 bis 2 mm hat. Quarzsand erzeugt, allerdings abhängig von der Größe der Körnung, etwas feinere Rauhigkeit, während Stahlkies gröbere Rauhigkeit ergibt.

Ferner wird das Sandstrahlverfahren zur Aufrauhung der Oberfläche bei Aufbringung von Metallen auf keramische Oberflächen verwendet, damit dieses besser haftet. Das Aufrauhen erfolgt vor allem bei dem Schoop-Verfahren, bei dem das Metall eine rauhe Oberfläche für die Haftung benötigt.

Bläst man den Sand durch Schablonen auf die Glasuroberfläche, so kann man auch Buchstaben und Kennzeichen aufbringen, die allerdings den Nachteil haben, daß sie im Freiluftbetrieb leicht Stellen ergeben, an denen Staub und Schmutz besser haften, wenn sie zu groß ausgeführt werden.

2.4.5 Metallisieren

Silber, Gold oder Platin, in gelöster Form auf keramische Teile aufgetragen und eingebrannt, ergeben eine elektrisch und mechanisch einwandfreie Verbindung des Metalls mit der Keramik. Das Präparat wird in flüssigem Zustand aufgespritzt oder mit dem Pinsel aufgetragen und nach dem Trocknen bei etwa 800 bis 850 °C im elektrischen Ofen oder in der Muffel eingebrannt. Die organischen Lösungsmittel sind bereits bei etwa 200 °C verdampft. Die Metalle bilden bei weiterer Temperaturerhöhung eine zusammenhängende, festhaftende Schicht. Durch wiederholte Metallisierung kann die Edelmetallschicht auf eine Stärke von etwa 20 μm gebracht werden, die auch noch elektrolytisch verstärkt werden kann, wobei man aber über eine Dicke von 0,1 mm nicht gehen sollte. Die Metallschicht haftet so fest, daß selbst durch die kleinere Wärmedehnung des keramischen Materials eine Lösung nicht eintritt, da die mechanischen Spannungen durch die Elastizität des dünneren Metallbelages ausgeglichen werden. Durch Abrundungen von Kanten sind scharfe Übergänge zu vermeiden, da sonst Unterbrechungen des Belages eintreten.

Ein weiteres Verfahren ist die Metallisierung mit Molybdän, das in Abschnitt 2.4.6 behandelt wird.

In der Hochfrequenztechnik werden metallisierte Keramikteile viel verarbeitet, z.B. keramische Spulen mit eingebrannten Windungen, Abschirmzylinder, Durchführungen, die mit Metall vakuumdicht verlötet werden, Kondensatoren und dergleichen. Anschlußdrähte bei Kondensatoren können ohne elektrolytische Verstärkung des eingebrannten Belages angelötet werden, dagegen werden eingebrannte Windungen bei Spulenkörpern meist im galvanischen Bad verstärkt, um einen ausreichenden Gütefaktor zu erreichen.

Es können auch Beläge aus unedlen Metallen, z.B. aus Eisen, auf Keramik angebracht werden, die aber im Schutzgasofen bei etwa 1100 °C eingebrannt werden müssen. Auch hierbei ist eine Verstärkung des Belages mit Kupfer und eine nachträgliche Feuerverzinnung möglich. Isolierteile mit einem derartigen Belag bieten den Vorteil, ein höher schmelzendes Weichlot verwenden und ferner auch Verbindungen mit einem Hartlot vornehmen zu können. Die Hartlötung sollte aber, wenn möglich, im Hochfrequenzfeld erfolgen.

2.4.6 Verbindung von keramischen Formstücken untereinander und mit Metallen

Verbindung von keramischen Körpern erfolgt als Keramik–Keramik-Verbindung oder als Keramik–Metall-Verbindung. Der Verbindung von keramischen Körpern mit Glas ist Abschnitt 2.4.7 gewidmet.

Es lassen sich Verbindungen mit Kittmaterial, kittlose Verbindungen und solche durch Löten unterscheiden.

Nach den Anforderungen gibt es Verbindungen, die für Innenraum- oder Freiluftbedingungen, für Befestigungen mit niedriger oder hoher mechanischer Belastung, für Verwendung bei normalen, erhöhten oder gar hohen Temperaturen geeignet und solche, die feuchtigkeitsdicht, überdruckdicht, vakuumdicht oder hochvakuumdicht sein müssen.

Die Einteilung erfolgt am einfachsten in anorganische und in organische Kitte. Bei den anorganischen Kitten beruht das Abbinden und Erhärten auf einer chemischen Reaktion. Bei schmelzbaren Kitten geschieht das Erhärten durch physikalische Vorgänge. Ohne Anspruch auf Vollständigkeit seien nachstehend eine Reihe von Kittmöglichkeiten besprochen:

1. Portlandzement, in besonders guter Qualität Trizement, wird teils ungemagert, teils mit Quarzsand oder Porzellansand gemagert verwendet. Er ist gekennzeichnet durch hohe mechanische Festigkeit und Betriebstemperatur, benötigt eine verhältnismäßig lange Abbindezeit, ist nicht treibfest und nicht öldicht. Das Kitten erfolgt entweder durch Eindrücken des mit Wasser angemachten Zements in die Kittfuge, durch Einrütteln auf dem Vibrationstisch oder mit Vibrator, der eingesenkt wird. Auch Eingießen des Zements in sahneähnlicher Konsistenz ist üblich. Da mit Zement montierte Isolatoren ein paar Tage bis zum Erhärten der Kittung in den Kittlehren verbleiben müssen, davon möglichst eine Zeitlang in feuchter Atmosphäre, ist Zementkittung umständlich, weil Zeit- und Platzbedarf erheblich größer sind als bei anderen Kittarten.

2. Schmelzzement, eine Mischung von Schwefel und anorganischen Sanden, wird auf etwa 125 °C erhitzt und dann in dickflüssigem Zustand in die Kittfuge eingegossen. Er erhärtet nach wenigen Minuten, besitzt hohe mechanische Festigkeit und ist elastisch genug, um sich bei Zug oder Druck der keramischen und der metallenen Kittfläche gut anzupassen. Vorwärmung der keramischen Teile und der Metallarmaturen ist zweckmäßig, aber nicht notwendig. Die Metallteile, die mit dem Schwefelzement in Berührung kommen, müssen verzinkt sein, weil sich sonst treibende Eisenverbindungen bilden. Auch Schmelzzement ist witterungsbeständig, aber nicht öldicht.

3. Mischungen von Blei mit 6 bis 10% Antimon (Hartblei) sind vielfach für das Aufkappen bei Vollkernisolatoren benutzt worden. Diese Methode verbindet die Vorteile des Schmelzzementes (rasches Erhärten, Verformbarkeit unter Druck) mit der Möglichkeit höherer Betriebstemperatur. Der Nachteil liegt darin, daß man für Hartblei eine Eingußtemperatur von etwa 350 bis 400 °C benötigt. Die zu verbindenden Isolatorteile müssen deshalb gut vorgewärmt werden, um krasse Temperaturunterschiede zu vermeiden.

4. Kunstharze haben sich als Kitt- und Klebstoffe bewährt. Einer hohen mechanischen Festigkeit steht ein begrenzter Bereich der Betriebstemperatur gegenüber, ferner ein geringes, aber stets vorhandenes Wasseraufnahmevermögen und die Gefahr der Alterung.

5. Bleiglätte-Glyzerin-Kitt, meist im Verhältnis 4:1 angerührt, besitzt eine gute mechanische Festigkeit, ist nach etwa 3 Tagen vollständig fest, ziemlich öldicht und treibt wenig.

6. Wasserglaskitte mit Zusätzen von Flußspat oder Porzellanmehl sind ziemlich öldicht, aber feuchtigkeitsempfindlich.

7. Marmorzement ist ein Kitt auf Gipsbasis, eine Art Estrichgips mit Alaunlösung. Er treibt nicht, hat gute mechanische Festigkeit, aber eine Abbindezeit von ein bis zwei Wochen.

8. Magnesiakitte (Rosakitt, Sorelzement) beruhen auf der Reaktion von Magnesiumchlorid mit Magnesiumoxid. Die Abbindezeit liegt bei ein bis zwei Wochen, die Kitte neigen stark zum Treiben.

9. Zinkoxidkitte entstehen bei Reagieren von Zinkchlorid mit Zinkoxid. Die Eigenschaften entsprechen den Magnesiakitten.

10. Naturharze für Kittzwecke bestehen meist aus Kolophonium, denen z. B. Terpentin und Ätzkalk zugesetzt wird.

11. Lötverbindungen bewähren sich auf Metallschichten, die durch Einbrennen auf den keramischen Körper und anschließende galvanische Verstärkung hergestellt werden. Die Verbindungen sind öldicht, aber von begrenzter mechanischer Festigkeit. — Metallgespritzte Beläge (Schoop-Verfahren) sind nicht öldicht und zum Löten wenig geeignet.

Gegenüber den erwähnten Kittverfahren besteht außerdem die Möglichkeit einer kittlosen Verbindung zwischen keramischem Isolierkörper und Metallteilen.

Zu diesen Verfahren gehört das Aufhanfen von Stützenisolatoren auf Eisenstützen, das Einsetzen der Stützen in eine elastische Hülse des Stützenloches oder das Einschrauben in keramische Gewinde oder besser in vorher im Stützenloch angebrachte metallene Gewindehülsen.

Bei Stützern und Durchführungen können die Armaturen um geeignet geformte Isolierkörperteile gepreßt oder aber auf keramische Flansche aufgeschraubt werden, wobei zweckmäßig die geschliffene keramische Fläche noch mit einer Zwischenschicht (Klingerit, ölfester Gummi usw.) versehen wird.

Bei kleineren Isolierteilen ist man mit Erfolg auf das elektrothermische Verbindungsverfahren übergegangen. Bei diesem Verfahren werden Teile der Metallkörper oder an ihnen vorgesehene Zapfen oder Lappen in Bohrungen oder Versenken des keramischen Körpers zwischen Elektroden elektrisch — ähnlich wie beim Widerstandsschweißverfahren — bis in die Nähe des Werkstoffschmelzpunktes erwärmt und der Bohrung oder dem Versenk der Keramik durch Druck angepaßt. Da sich Metalle nach dem Erhitzen leicht verformen lassen, wird ein vollkommenes Ausfüllen der Bohrungen und Versenke erzielt, auch wenn sie mit Erweiterungen und Längs- und Querrillen versehen sind. Das Metallteil sitzt erst nach Abkühlen durch Schrumpfen in axialer Richtung fest. Da das Schrumpfen verhältnismäßig langsam vor sich geht, wird jede stoßartige Beanspruchung vermieden. Das Einhalten des Kontakt- und Stauchdruckes sowie der Erhitzungstemperaturen, ferner auch ihr genaues zeitliches Einwirken ist nur durch maschinelle Einrichtungen zu erreichen. Bei Anwendung des elektrischen Nietverfahrens können an die Genauigkeit der eingestauchten Bolzen, Stifte, Hülsen usw. große Anforderungen gestellt werden. Die untere Elektrode ist als Lehre ausgebildet, in welche die Stifte, Bolzen usw. eingeführt werden. Die Toleranz der Keramik (± 1 bis 2%) wird dadurch ausgeglichen, daß die Löcher für die Metallteile etwas größer gehalten werden. Die Stifte und Bolzen können dann in den Löchern etwas exzentrisch sitzen. Auf diese Weise ist es möglich, Toleranzen bis zu 0,1 mm einzuhalten.

Durch das starke Erwärmen beim Stauchen (700 bis 750 °C bei Ms 58) ist es möglich, nachträglich Weichlötungen bei 150 bis 200 °C vorzunehmen, ohne daß sich der feste Sitz der Metallteile verändert.

Keramik-Keramik-Verbindungen

Dichter Werkstoff. Sie stellen einen Verbund von Einzelelementen dar, die komplett nicht herstellbar sind. Die Kittflächen müssen plan geschliffen und frei von Fett und Verunreinigungen sein. Ein leichtes Sandstrahlen erhöht die Festigkeit der Kittstelle. Beide Klebeflächen werden dünn mit Kitt bestrichen und gegeneinandergedrückt, wobei durch seitliches Verschieben (Tuschieren) noch vorhandene Luftbläschen beseitigt werden. Das Abbinden erfolgt bei Raumtemperatur unter Druck. Als Abbindezeit müssen mindestens 2 Tage angenommen werden.

Poröser Werkstoff. Die Komplettierung von Funkenschutzkammern, Brennerköpfen und Mundstücken für Gasbeleuchtung und Gasbeheizung mit Keramik- und Metallteilen erfolgt mit Fortafix oder Brennerkitt. Weitere Anwendungsmöglichkeiten sind beim Einkitten von Sieben in Mundstücken und ähnlichen Teilen gegeben.

Keramik-Metallverbindungen. Die Keramik muß zur Aufnahme der Metallteile Vertiefungen aufweisen, welche mit Kitt ausgegossen werden. Zur Befestigung von Lötfahnen an keramischen Körpern werden diese vorzugsweise mit einer Metallisierung versehen und die Lötfahnen mittels Weichlötung befestigt. Auch durch Kittung kann dies erreicht werden. Die Wicklung von Spulenkörpern muß einer thermischen Alterung unterzogen werden, so daß Kleber auf Kunststoffbasis ungeeignet sind. Es kommt vorwiegend bis etwa 1100 °C hitzebeständiger Thermostix 2000 zum Einsatz, mit dem bereits 45 Minuten nach dem Anmischen eine gewisse Anfangsfestigkeit und nach etwa 24 Stunden vollständige Aushärtung erreicht wird. Erhöhte Temperaturen beschleunigen die Aushärtung.

Technische Daten. Bei Kittverbindungen von Keramik-Metall werden Zugfestigkeiten von 43 bis 50 N/mm² und Torsionsfestigkeiten von 9,5 bis 11 N/mm² erreicht, wobei sich bei Drehmomentenprüfungen keine Lösung der Kittstelle sondern Abscheren der Metallteile im Gewindebereich ergab.

Nachfolgend eine Zusammenstellung der gebräuchlichsten Kitte (S. 66).

Während die beschriebenen Keramik–Keramik- und Keramik–Metall-Verbindungen im wesentlichen der mechanischen Befestigung dienen, verlangt die Fernmeldetechnik in großem Umfange dichte abgeschlossene Bauelemente, um sie klimatischen Einflüssen zu entziehen, und auch in der neuzeitlichen Elektronik und im Reaktorbau werden dichte Verbindungen benötigt. Man kann die Anforderungen folgendermaßen unterteilen:

1. Feuchtigkeitsdichte Verbindungen;
2. Überdruckverbindungen für den Temperaturbereich −30 bis +60 °C;
3. Überdruckverbindungen für den Temperaturbereich −30 bis +180 °C;
4. Überdruckverbindungen für −30 bis +400 °C;
5. Überdruckverbindungen für −30 bis +700 °C;
6. Vakuumverbindungen bis 10^{-3} mbar für den Temperaturbereich −30 bis +180 °C;
7. Vakuumverbindungen bis 10^{-3} mbar für den Temperaturbereich −30 bis +400 °C;
8. Hochvakuumverbindungen bis 10^{-7} mbar für Betriebstemperaturen bis 500 °C.

Wegen Klebeverbindungen, Weichlotverbindungen, Hartlotverbindungen, der geeigneten keramischen Werkstoffe, der Beschaffenheit der Metallisierung, der Lote und ihrer Verarbeitung, der Bemessung des Spaltes, der lötgerechten

Zusammenstellung

Pos. Nr.	Bezeichnung	Lieferfirma	Verwendung	Eigenschaft	Temperatur	Verarbeitung	Fuge [mm]	Bemerkung
1	Adlerkitt rosa	R. Schulz, Rheydt	Einkitten von Metallteilen	witterungs- und ölbeständig	bis 300 °C	Pulver und Kittflüssigkeit	0,1–1,0	möglichst Messingteile verwenden
2	Thermostix 2000	Adhesive Products Corp., New York W. G. Fritzke, Düsseldorf	Einkitten von Lötfahnen in Spulenkörpern und ähnliche Teile	wasser- und säurebeständig	bis 1100 °C	Pulver und Kittflüssigkeit	0,2–1,0	
3	Thermostix 3000	W. G. Fritzke, Düsseldorf	Sondereinsatz für hohe Temperatur-Einbettmasse	elektrisch und mechanisch gut	bis 1600 °C	Pulver und Wasser	0,3 und größer	
4	Fortafix	Detakta, Hamburg	Zusammenkitten von Pumpenteilen aus dichtem Werkstoff und Einkitten von Metallteilen	elektrisch und mechanisch gut	über 1000 °C	gebrauchsfertig	0,1–1,0	Verdünnung L (auch als Kaltglasur verwendbar)
5	Brennerkitt			hitzebeständig	über 1000 °C	Pulver mit Wasserglas		Vorzugsweise für poröse Werkstoffe
6	SP 1	ISOLA, Breitenbach	Einkitten von Metallteilen	elektrisch und mechanisch gut	über 500 °C	Pulver mit Wasser	0,2–1,0	
7	Metallkleber mk 43	D. Beume, Hannover	Feste Verbindungen Keramik-Keramik, Keramik-Metall	beständig gegen Öl, Wasser, verdünnte Säuren und Laugen	bis max. 150 °C	2 Komponenten 1:1	0,05–0,2	
8	Leitfähiger Kitt	für Metallpulver Eckart-Werke, Fürth	Einkitten von Metallteilen für HF-Stützer	elektrisch leitfähig	bis 150 °C	mk 43 und Kontaktargan	0,5–1,0	

Konstruktion der Metallteile bei umfassender, Stumpf-, Konus- und Innenlötung sei auf die Literatur [60, 70, 92] verwiesen.

Bei A. Zinke und B. March [101] sind die im nächsten Abschnitt behandelten Keramik–Glas-Verschmelzungen wegen ihrer geringeren Bedeutung nur kurz erwähnt.

2.4.7 Verbindung von keramischen Formstücken mit Glas

In der Elektrotechnik hat die Verbindung von keramischen Formstücken mit Glas für verschiedene Zwecke Anwendung gefunden, wobei sich die in 2.4.6 beschriebenen Verbindungen von keramischen Formstücken mit Metallteilen auch durch Glasierverschmelzung herstellen lassen.

Seit vielen Jahren haben sich bei Quecksilberschaltröhren keramische Einlagen, die mit dem Glasrohr verschmolzen sind, bestens bewährt.

Der beim Schalten kurzzeitig entstehende Lichtbogen muß vom Glas ferngehalten werden, um die thermische Beanspruchung nicht zu groß werden zu lassen. Die bei hohen Temperaturen aus den Gläsern frei werdenden Alkalien verschlechtern die Gasfüllung der Röhren allmählich und setzen deren Lebensdauer herab.

Für Gefäß-Durchführungen bei Groß-Gleichrichtern sind viele Konstruktionen bekannt geworden, die Glasverschmelzungen zur vakuumdichten Verbindung des Gefäßes mit der keramischen Durchführung einerseits sowie dieser und dem durchzuführenden Leiter andererseits verwenden.

Die Ausführung derartiger Verschmelzungen erfordert besondere konstruktive Maßnahmen. Es kommt auf die richtige Abstimmung der beiderseitigen Längen-Ausdehnungskoeffizienten an, wobei sich im allgemeinen, wie bei guten, unter Druckspannung auf dem Scherben sitzenden Porzellanglasuren ein etwas geringerer Längen-Ausdehnungskoeffizient des Glases empfiehlt. Da hierdurch zugleich die Widerstandsfähigkeit gegen plötzlichen Temperaturwechsel gesteigert wird, ist das günstige Verhalten von Gläsern mit kleinerem Längen-Ausdehnungskoeffizienten verständlich.

2.5 Formgenauigkeit und Maßtoleranzen

Die Herstellung keramischer Isolierstoffe ist ein komplizierter Prozeß, bei dem durch Trocknung und Brand nach Abgabe von adsorbierter Feuchtigkeit und des chemisch gebundenen Wassers der verschiedenen mineralischen Komponenten Änderungen des Kristallsystems (z. B. des Quarzes und Kaolinits), Abspaltung von Bestandteilen (z. B. Feldspat), Gasentwicklung durch Verbrennen des Kohlenstoffes, Auflösung von Kristallen in der Schmelze und schließlich allgemeine Erweichung, wenn die Endtemperatur des Brandes erreicht ist, erfolgen. Bei der Abkühlung tritt glasige Erstarrung auf, Ausscheiden von kristallinen Verbindungen und Umwandlung des Kristallsystems bei einzelnen Stoffen. Die thermische Ausdehnung ist bei Brenntemperaturen von etwa 1400 °C beträchtlich, zum Teil verschieden für die einzelnen Komponenten der Masse, und bei der Erhitzung verlaufen die angegebenen Prozesse nicht immer gleichsinnig in bezug auf Schwindung der Masse, sondern manche Umkristallisationen ergeben eine Volumenvergrößerung. Beim Brand findet allgemein eine Verdichtung statt, die sich in Volumenabnahme, Schwindung und in Abnahme der Porosität äußert. Die Geschwindigkeit des Aufheizens wirkt sich auf die Größe von Schwindung und Porosität aus. Allgemeine Angaben hierfür sind aber nicht möglich.

Ist es schon schwierig, die Schwindung eines einfach geformten keramischen Körpers voraus zu berechnen, so muß man zusätzlich beachten, daß die Schwindung stark abhängig ist vom Herstellungsverfahren, von der hängenden, liegenden oder stehenden Anordnung und vom Ort der Aufstellung im Ofen, vom Verlauf der Brenntemperatur und nicht zuletzt von der Form des Körpers. Gepreßte Stücke haben andere Schwindungswerte als gedrehte oder gegossene Stücke. Längliche Isolatoren, die hängend gebrannt werden müssen, schwinden anders als aufgestellte Körper. Bei einem größeren Überwurf schweren Gewichts schwindet die Höhe mehr als der Durchmesser und dieser wieder um so weniger, je mehr das auf der Standfläche lastende Gewicht rein mechanisch das Schwinden des Durchmessers behindert. Massive Körper schwinden stärker als hohle.

Man muß den Schwindungsprozeß beim Entwurf, bei der Festlegung der Abmessungen und bei der Vorausbeurteilung des technologischen Verfahrens in Rechnung stellen.

Man bezeichnet das Maß, um das sich die Abmessungen verkleinern, als Schwindmaß. Bezugsbasis ist dabei der Ausgangszustand. Man kann zwischen Trockenschwindung bis zum Weißzustand und Brennschwindung, in der die durch den Brennprozeß bedingten Maßänderungen enthalten sind, unterscheiden. Wenn man diese beiden Prozesse nicht auf die gleiche Ausgangsbasis bezieht, darf man die einzelnen Anteile nicht einfach addieren, um das Gesamtschwindmaß zu erhalten.

Eine größere Rolle in der Fertigung spielt das Maß, das zu den Abmessungen des Fertigkörpers für die Formgebung des Rohkörpers aufgeschlagen werden muß, damit nach dem Trocken- und Brennprozeß die gewünschten Endmaße zustande kommen. Dieses Maß bezeichnet man als Aufmaß.

Zwischen Schwindung und Aufmaß besteht folgende Beziehung:

A Aufmaß in %
S Schwindung in %
$$A = \frac{100 \cdot S}{100 - S}$$

Die Festlegung der Prozentsätze für Schwindmaß und Aufmaß erfordert große Erfahrung. Man muß sich klar darüber sein, daß das Schwindmaß nur als statistischer Wert angebbar ist, der gewissen Streuungen unterliegt und infolgedessen nur mit gewissen Toleranzen einhaltbar ist.

Die Ermittlung bzw. Kenntnis von Schwindmaßen und die Festlegung von Aufmaßen und technologisch erreichbaren Toleranzen stehen in engem Zusammenhang. Genauigkeit kostet Geld. Geringe Toleranzen erhöhen den Ausschuß oder verlangen eine Bearbeitung.

Da die Schwindmaße und Aufmaße von vielen Faktoren abhängen, können nur allgemein orientierende Werte genannt werden, die also mit entsprechendem Vorbehalt aufzunehmen sind und für Hartporzellan gelten.

Für Magnesiumsilikat (Steatit)- und Aluminiumoxid-Massen ist die Schwindung im allgemeinen etwas geringer, für Massen mit Titanverbindungen etwas größer als bei Hartporzellan.

2.5 Formgenauigkeit und Maßtoleranzen 69

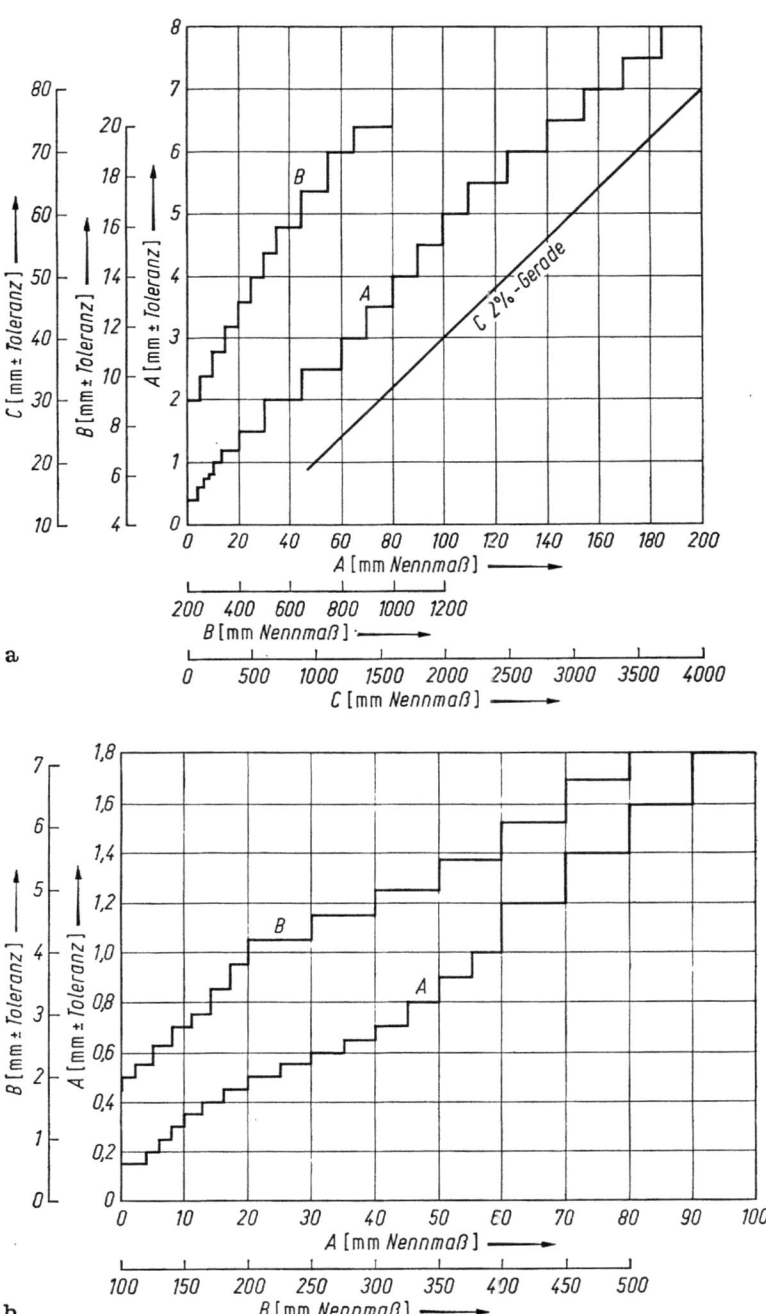

Abb. 2.22. a) Grobtoleranzen für keramische Isolierteile nach DIN 40 680;
b) Mitteltoleranzen für keramische Isolierteile nach DIN 40 680.

70   2. Fertigungsprozesse in der technischen Feinkeramik

	Wassergehalt %			Schwindung %	Aufmaß %
Gießen	22—25			9,8—12,8	10,9—14,6
Eindrehen	21—22	stehend	⌀	10,9	12,2
		Höhe		13,4	15,4
		liegend Länge		11,2	12,6
		hängend	⌀	11,0	12,4
			Höhe	13,4	15,4
Strangpressen (feucht)	18—20			9,8	11,0
Lederharte Stranghubel	15—16	⌀ und Länge		8—16	8,7—19,0
Naß- oder Feuchtpressen				15—17	17,7—20,4
Trockenpressen	3—4			7—10	7,5—11,0
Weißzustand	0,2—0,5				

Die Forderung sehr enger Toleranzen bedingt größeren Ausfall. Es ist deshalb nicht sinnvoll, mit den Toleranzforderungen über praktisch mit vertretbaren Mitteln erreichbare Werte hinauszugehen. Es sind Häufigkeitskurven aufgestellt worden, aus denen Toleranzen bei tragbaren Ausschußanteilen ermittelt werden können. Auf Grund langjähriger Erfahrungen in der Fertigung wurden To-

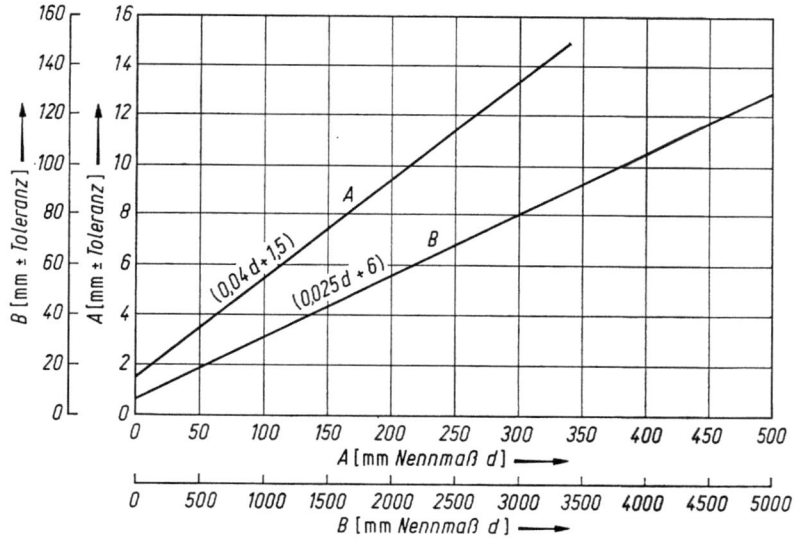

Abb. 2.23. Toleranzen für keramische Hohlisolierkörper nach IEC-Publication 233.

Abb. 2.24. a) Zulässige Durchbiegung (Genauigkeitsgrad grob nach DIN 40 680, Blatt 2); b) Zulässige Durchbiegung (Genauigkeitsgrad mittel nach DIN 40 680, Blatt 2).

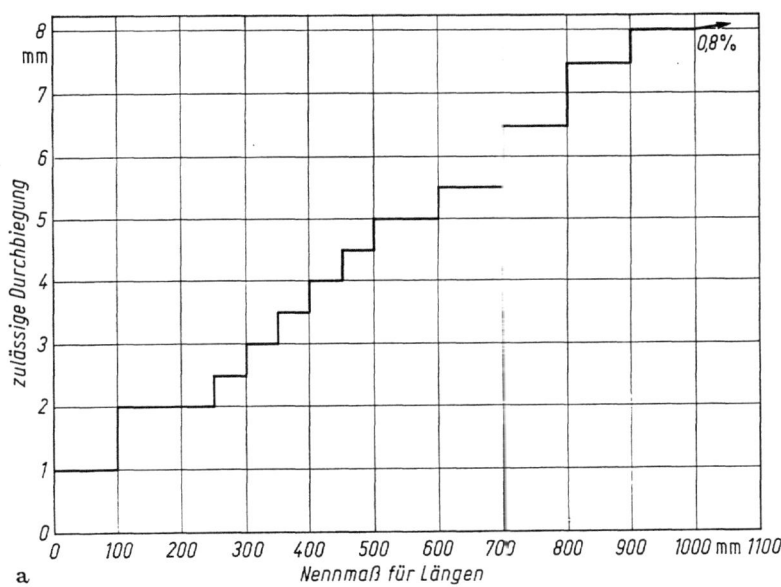
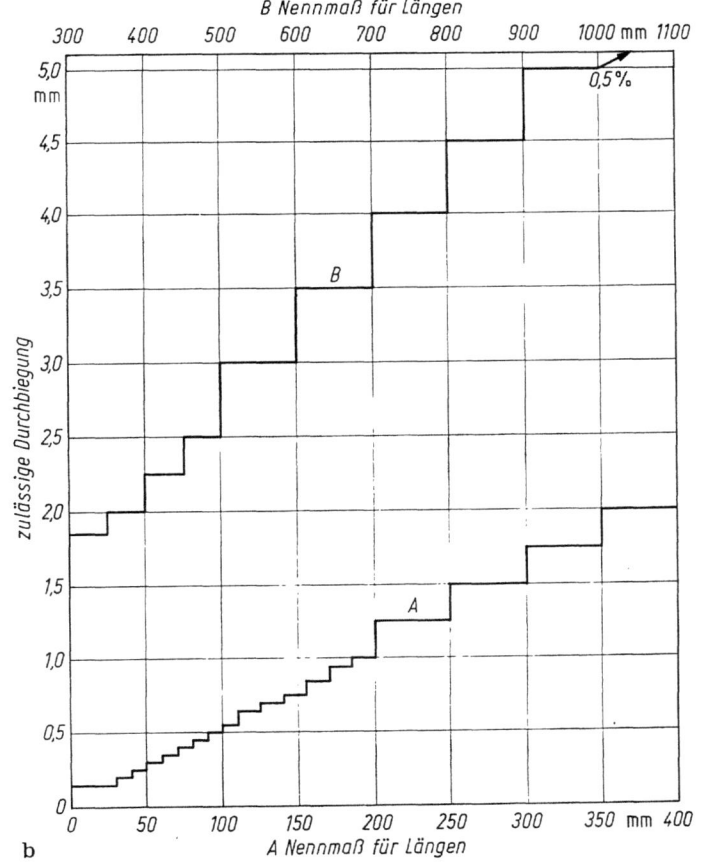

Abb. 2.24 a u. b.

leranzwerte ermittelt, die in DIN 40680 festgelegt sind. Man unterscheidet dabei die Genauigkeitsgrade „grob", „mittel" und „fein", die von der technisch erforderlichen Genauigkeit und der keramisch-fabrikatorisch bedingten Ausführbarkeit (Herstellverfahren) abhängen. Bei Verfahren, die von Ausgangsmassen mit größerem Feuchtigkeitsgehalt ausgehen, erreicht man im allgemeinen den Genauigkeitsgrad „grob", während trocknere Ausgangsmassen den Genauigkeitsgrad „mittel" gestatten. Der Genauigkeitsgrad „fein" oder „mittel" bei Verfahren mit feuchteren Ausgangsmassen ist im allgemeinen nur durch Nacharbeiten erreichbar. Abb. 2.22a zeigt die Grobtoleranzen und Abb. 2.22b die Mitteltoleranzen nach DIN 40680 und Abb. 2.23 die Toleranzen für keramische Hohlisolierkörper nach IEC-Publikation 233.

Außerdem sind durch die keramische Technologie Formabweichungen bedingt, die Durchbiegungen ergeben. Nach DIN 40680, Blatt 2 ist unter Durchbiegung der größte senkrechte Abstand der Werkstücksachse von der Verbindungsgeraden der Mittelpunkte der beiden Stirnflächen zu verstehen. In Abb. 2.24a und 2.24b sind die zulässigen Durchbiegungen nach DIN 40680 Blatt 2 für die Genauigkeitsgrade „grob" und „mittel" dargestellt.

3. Eigenschaften und technische Werte keramischer Werkstoffe und Erzeugnisse für die Elektrotechnik

3.0 DIN 40685

Die bisherige Norm DIN 40685 „Keramische Isolierstoffe für die Elektrotechnik, Grupppeneinteilung, Typen und Technische Werte" vom November 1967 liegt als „VDE-Bestimmungen für keramische Isolierstoffe Blatt 1 Einteilung, Anforderungen, Typen und Blatt 2 Prüfverfahren" vom September 1974 vor und ist inhaltlich identisch mit VDE 0335 Teil 1/9.74 und Teil 2/9.74.

In der Gruppe 100 sind die 2 Typen KER 110.1 und KER 110.2 von Hochspannungsporzellanen enthalten, deren Unterscheidungsmerkmale die mechanischen Festigkeitswerte sind. Der Typ KER 110.1 gewährleistet eine Mindestbiegebruchfestigkeit von 60 N/mm² glasiert und von 40 N/mm² unglasiert und der Typ KER 110.2 eine Mindestbiegebruchfestigkeit von 100 N/mm² glasiert und 80 N/mm² unglasiert. Diese Werte beziehen sich auf Probekörper entsprechend DIN 40685 Blatt 2/VDE 0335 Teil 2 Abschnitt 4.2.6 Biegefestigkeit.

Typ KER 111 ist das für Niederspannungszwecke gebräuchliche Preßporzellan.

In der Gruppe 200 sind die wichtigen Typen KER 220 (Steatit), KER 221 (Bariumsteatit, auch Sondersteatit oder Hochfrequenzsteatit genannt) und der poröse magnesiumsilikathaltige, bearbeitbare Modellbauwerkstoff KER 240 enthalten.

Der hinzugekommene Typ KER 250 enthält ebenso wie KER 240 vorzugsweise das Mineral Forsterit, mit höherem MgO-Gehalt als die Typen KER 210, 220 und 221, deren Kristallphase das Magnesiummetasilikat $MgSiO_3$, das Protoenstatit, ist. Forsterit ist das Magnesiumorthosilikat Mg_2SiO_4. Der Typ KER 250 ist dicht, mechanisch sehr fest, elektrisch gut und hat hohen Längen-Ausdehnungskoeffizienten.

Die Gruppe 300 besteht aus 9 Typen dichter keramischer Erzeugnisse mit hohem Gehalt an Titandioxid oder sonstigen Titanverbindungen und die Gruppe 400 aus dem dicht gebrannten Cordierit enthaltenden Typ KER 410, der sich infolge seines geringen Längen-Ausdehnungskoeffizienten durch eine große Temperaturwechselbeständigkeit auszeichnet.

In der nächsten Gruppe 500 sind 5 poröse Aluminiumsilikat enthaltende Erzeugnisse, gegebenenfalls mit anderen Anteilen auch Cordierit enthaltend, zu finden.

Gruppe 600 besteht aus nur einem Typ, der dicht ist und als ein hoch tonerdehaltiger porzellanähnlicher Werkstoff mit über 50 bis 80% Al_2O_3 bezeichnet werden kann. Weitere dichte Werkstoffe mit noch höherem Al_2O_3-Gehalt sind in der Gruppe 700 oxidkeramische Werkstoffe zu finden, so Typ KER 706 mit über 80 bis 90, Typ KER 708.1 mit über 90 bis 95, Typ KER 708.2 mit über 94 bis 99 und Typ KER 710 mit über 99% Al_2O_3. Sie sind unter dem Namen Aluminiumoxidkeramik bekannt geworden. Darunter werden solche Werkstoffe verstanden, die mehr als 80% Al_2O_3 enthalten.

Außerdem sind in der Gruppe 700 die oxidkeramischen Werkstoffe Typ KER 720 (porös) mit etwa 98% Magnesiumoxid und der Werkstoff Typ KER 730 (dicht) mit etwa 97% stabilisiertem Zirkonoxid zu finden.

In Tabelle 1 sind für die Isolierstoffe, außer Kondensatorkeramik, in Tabelle 2 für die Kondensatorbaustoffe die technischen Werte verzeichnet. Es sei darauf hingewiesen, daß die Festigkeitswerte nur für die der Prüfung zugrunde liegenden Probekörper gelten. Bei größeren Querschnitten gelten im allgemeinen niedrigere Werte. Die Abhängigkeit der Festigkeit von den verschiedenen Einflußfaktoren wird in Abschnitt 3.2 eingehend behandelt. Auch die Durchschlagfestigkeit ist von der Größe der beanspruchten Fläche abhängig und nur bei Platten mit halbkugeliger Vertiefung für die Elektroden mindestens gleich den Werten im Normblatt. Die Tabelle gestattet also nur einen Vergleich zwischen den verschiedenen Werkstoffen, soweit es sich um mechanische Werte und die Durchschlagfestigkeit handelt. Andere Eigenschaften, wie z. B. Dichte, Längen-Ausdehnungskoeffizient und Dielektrizitätszahl sind von der Form der Probekörper unabhängig. Die benutzten Probekörper und die Meßmethoden, mit denen die Werte der Typentafel ermittelt wurden, sind auch in VDE 0335 angegeben.

3.1 Elektrische Eigenschaften und Anforderungen

3.1.1 Keramisches Dielektrikum

Wesentliche elektrische Eigenschaft der keramischen Stoffe ist der hohe Durchgangswiderstand. Ein sehr geringer Isolationsstrom ist bedingt durch die Wanderung von Kationen, vorzugsweise Natriumionen, innerhalb des Kristallgefüges.

Der Durchgangswiderstand ist temperaturabhängig und nimmt für die meisten keramischen Stoffgruppen mit zunehmender Temperatur in etwa gleichem Verhältnis stark ab. Mindestwerte mögen DIN 40685 entnommen werden.

Der Durchgangswiderstand liegt für die in der Hochspannungstechnik verwendeten keramischen Isolierstoffe Porzellan und Steatit im Bereich der üblichen Betriebstemperaturen so hoch, daß auf ihn mit Ausnahme in der Elektrowärmetechnik keine besondere Rücksichtnahme erforderlich ist. Dagegen ist die Durchschlagfestigkeit eine wichtige Größe.

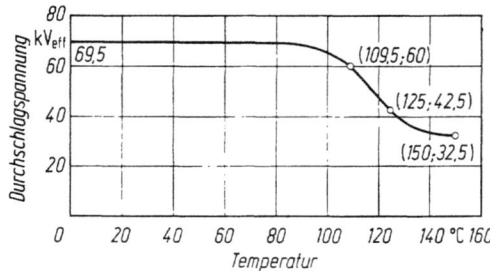

Abb. 3.1. Wechseldurchschlagspannung von Porzellan in Abhängigkeit von der Temperatur (nach NGK-Katalog 1965, S. T-2, Fig. A-2).

3.1 Elektrische Eigenschaften und Anforderungen

Typisch für feste Isolierstoffe ist die Temperaturabhängigkeit der Durchschlagspannung. Bis zu Temperaturen von 100 °C oder 200 °C ist die statische Durchschlagspannung bis zu einem kritischen Temperaturwert für einen bestimmten Probekörper konstant. Mit weitersteigender Temperatur sinkt sie stark ab (Abb. 3.1 für Porzellan).

Für den Konstrukteur ist die Abhängigkeit der Durchschlagfestigkeit keramischer Isolierstoffe von der Wanddicke wichtig. Man verwendet meistens die aufgrund praktischer Versuche aufgestellte Formel von Fischer-Hinnen:

$$U_d = k \cdot \sqrt[3]{d^2},$$

wobei U_d die Durchschlagspannung [kV$_{eff}$], k eine Konstante und d die Scherbenstärke [cm] ist.

Die Werte für k sind temperaturunabhängig und betragen nach Roth [66] und Biermanns [8] für

	bei 20 °C	bei 90 °C
Hartporzellan	120	70
Steatit	100	70
Sonderkeramik ($\varepsilon = 40-80$)	100	40

Abb. 3.2 und 3.3 zeigen die statische Durchschlagfestigkeit (Durchschlagfeldstärke) in Abhängigkeit von der Wanddicke. In Abb. 3.3 ist die Kurve 2 an Scherben von durch Drehen hergestellten Isolatoren ermittelt. Sie stimmt weitgehend mit den nach Fischer-Hinnen ermittelten Werten überein und kann für praktische Zwecke verwendet werden. Die Durchschlagfestigkeit von durch Gießen hergestellten Isolatorenscherben ist etwas niedriger. Ihre Werte sind in

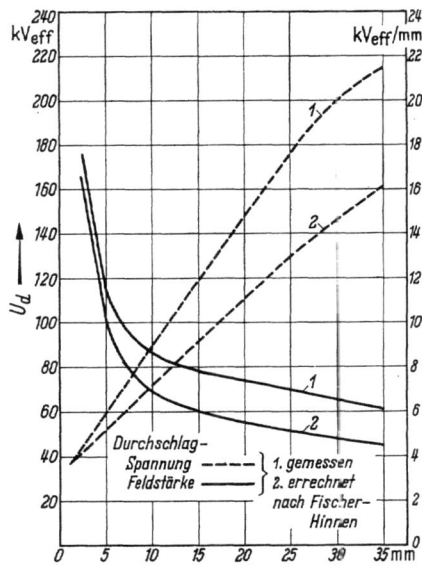

Abb. 3.2. Statische Durchschlagfestigkeit.

3. Eigenschaften und technische Werte

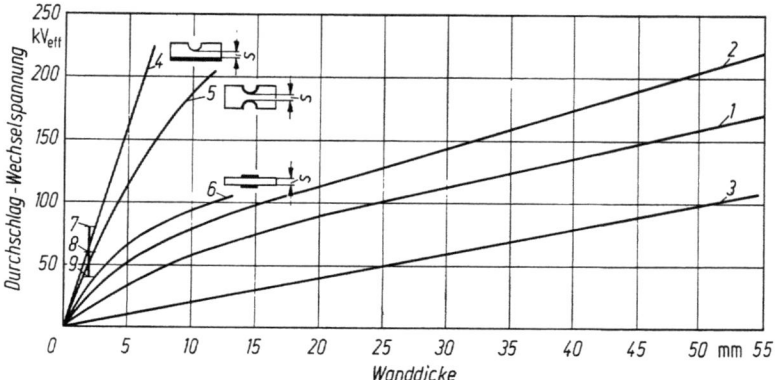

Abb. 3.3. Statische Durchschlagspannung in kV$_{eff}$ in Abhängigkeit von der Wanddicke.
1 Porzellan und Steatit gegossen (bis 90 °C);
2 Porzellan und Steatit gedreht (bis 90 °C) entspricht etwa Formel nach Fischer-Hinnen;
3 Prüfspannung nach VDE 0674;
4, 5, 6 Durchschlag-Wechselspannung bei gezeichneter jeweiliger Elektrodenanordnung. Nach DIN 40685 an Versuchsplatten von 2 mm Wanddicke
7 Porzellan Ker 110   300—400 kVcm^{-1} } bei 20 °C
8 Steatit Ker 220   200—300 kV · cm^{-1} }
9 Porzellan KER 110 }
   Steatit   KER 220 } 200 kV cm^{-1} bei 90 °C.

der Kurve 1 dargestellt. Beide gelten bei Temperaturen bis etwa 100 °C. Kurve 3 stellt die Prüffeldstärke von 20 kV/cm nach VDE 0674 als Gerade dar. Hinzugefügt sind die an Probekörpern ermittelten Werte für verschiedene Elektrodenanordnungen, die nach NGK-Katalog (Japan) bekanntgegeben sind. Die Werte liegen hoch, gelten nur für Probekörper und können für Isolatorenscherben nicht verwendet werden. Eingetragen sind auch die nach DIN 40685 angegebenen Werte, die nur für Probekörper gelten und damit sehr hoch (im Bereich der NGK-Werte) liegen. Sie sind für Probekörper von 2 mm Dicke angegeben.

Für die Verwendung von Elektrowärmekeramikstoffen sind wesentliche Merkmale die auftretenden Temperaturen bis zu etwa 1000 °C, bei porösen Stoffen die Aufnahme von Feuchtigkeit, verhältnismäßig niedrige Betriebsspannungen und auch Feldstärken. Längere Zeit außer Betrieb gewesene Elektrowärmekeramikkörper nehmen Feuchtigkeit auf, die zu nicht definierten Durchschlagverhältnissen und erst nach gewisser Zeit zu ihrer Beseitigung aus den Poren des Werkstoffes führt. Es können deshalb anfangs Unsicherheiten hinsichtlich der Isolation auftreten, wenn nicht besondere Maßnahmen (Berührungsschutz u. ä.) getroffen werden. Bei Wegfall der Feuchtigkeit nach Inbetriebnahme kann der poröse keramische Körper als Isolator angesehen werden, dessen Durchschlagfestigkeit sich im wesentlichen nach den Gesetzen des Wärmedurchschlags richtet, der sich aus der Erhöhung der Leitfähigkeit des Isolierstoffes mit der Temperatur erklärt. Solange die zugeführte gegenüber der abgeführten Wärmeenergie überwiegt, steigert sich die Temperatur und mit ihr die Leitfähigkeit und dadurch wieder die aufgenommene Wärmeenergie bis zu einem Gleichgewichtszustand oder bis zur Zerstörung aufschaukelnd. Die zu-

Abb. 3.4. Durchschlagspannung einer Isolieranordnung aus porösem keramischen Material in Abhängigkeit von der Dicke bei verschiedenen Temperaturen.

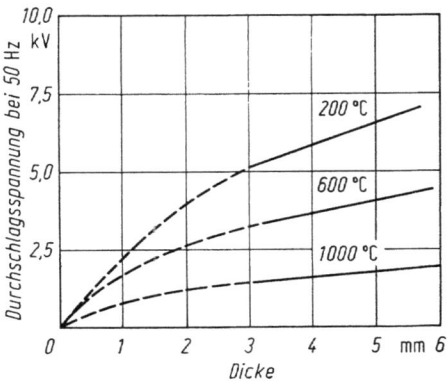

lässige Betriebsspannung eines mit Heizleitern versehenen keramischen Tragkörpers ist durch die Temperatur der Heizleiter, ihre Anordnung auf dem Tragkörper, dessen Gestalt und den Temperaturgang seiner elektrischen Leitfähigkeit gegeben. Diese Zusammenhänge sind bei der Entwicklung von Heizleiterträgern zu berücksichtigen. In Abb. 3.4 ist die Durchschlagspannung eines porösen Isolierteils (KER 511) dargestellt, der nach DIN 40685 bis 1000 °C

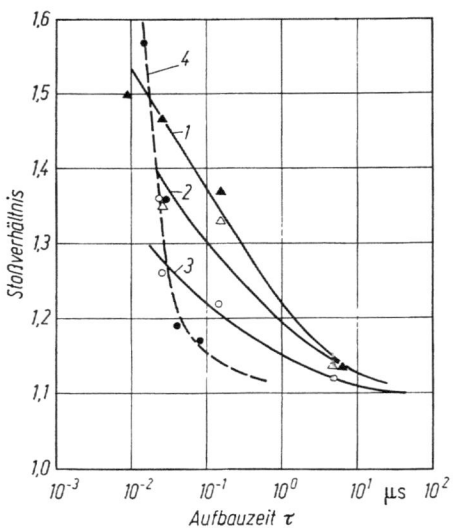

Abb. 3.5. Aufbauzeit von Porzellan im gleichförmigen Feld (nach Strigel, Elektrische Stoßfestigkeit, 1. Aufl., S. 103; s. auch 2. Aufl., S. 68—77).

Kurve	Beobachter	Dicke mm	Füllmaterial	Wechseldurchschlagspannung [kV]
1	Jost	1	Öl	30
2	Jost	1	Azeton	30
3	Jost	1	Luft	26,8
4	Strigel	2,3	Öl	50

78   3. Eigenschaften und technische Werte

Betriebstemperatur verwendet werden darf. Es ergeben sich daraus folgende Zahlenwerte:

Dicke mm	200 °C kV	kV/cm	600 °C kV	kV/cm	1000 °C kV	kV/cm
3	5,29	17,6	3,29	11,0	1,43	4,76
6	7,15	12,0	4,58	7,62	2,0	3,33

Die keramischen Isolierstoffe für die Elektrowärmetechnik sind meist porös, da solche Stoffe den Temperaturwechsel nach dem Einschaltvorgang, wenn die Heizdrähte plötzlich rotglühend werden, besser ertragen. Verwendbar sind auch dichte Stoffe der Gruppen 400 und 700 DIN 40685 und für Kleinteile (Isolierperlen) Stoffe der Typ KER 221.

Es sei auf den Einfluß von elektrischem Feld und des den Prüfling umgebenden Mediums, des Unterschiedes zwischen Wechsel- und Gleichspannung, des Zeitfaktors, der sich bei der im wesentlichen als Wärmedurchschlag zeigenden statischen Spannung kaum und bei der als elektrischer Durchschlag auftretenden, durch Stirndauer, Stirnform und Aufbauzeit gekennzeichneten Stoßspannung wesentlich auswirkt, hingewiesen (Abb. 3.5).

Tabelle 3.1. Durchschlagspannung in Abhängigkeit von der Zeit nach Versuchswerten (NGK-Katalog) berechnet

Zeit sec	Durchschlagspannung kV (Spitze)	% Dauerwert vom unter Trafo-Öl
$10^2 - 10^{-1}$	~30	0
10^{-2}	30,67	2,2
10^{-3}	31,38	4,5
10^{-4}	32,77	9,0
10^{-5}	34,5	15,0
10^{-6} ⎫ Versuchswert:	37,0	23,2
10^{-7} ⎭ 0,5–1,5 µsec Stirndauer für Stoßspannungen nach den verschiedenen Definitionen	40,66	36,0
10^{-8}	45,35	51,0
10^{-9}	52,77	76,0
$4,3 \cdot 10^{-9}$	60,0	100,0
10^{-10}		115,0 (geschätzt — nach Kurve extrapoliert)

In Abb. 3.6 und Tabelle 3.1 ist die Veränderung der Durchschlagfestigkeit in Abhängigkeit von der Zeit aufgetragen. Der Prozentsatz bezieht sich auf die Spannungsfestigkeit von 100% bei Dauerbeanspruchung (ca. 1 Minute), die Zeit liegt zwischen 10^{-10} und 10^2 Sekunden. Als Anordnung sind rechteckige, scharfkantige Plattenelektroden aus dichtem Hartporzellan unter Trafo-Öl und eine Isolatordicke von 1 mm entsprechend einer Dauer-Durchschlagfestigkeit von 30 kV max. zugrundegelegt.

Abb. 3.6. Veränderung der Durchschlagfestigkeit in % vom Dauerwert (100%) in Abhängigkeit von der Zeit (hierzu Tab. 3.1).

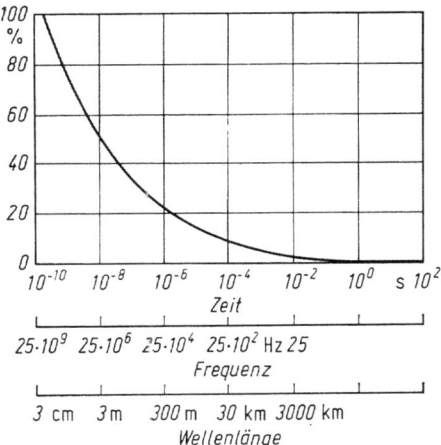

Dielektrizitätszahl und *Verlustwinkel* haben durch die Hochfrequenztechnik eine besondere Bedeutung für die keramischen Isolierstoffe gewonnen. Die Notwendigkeit, Kondensatorbaustoffe mit hoher Dielektrizitätszahl und Bauteile mit niedrigem Verlustwinkel bei Hochfrequenz zu verwenden, führte zu Sondersteatiten und Titanverbindungen, die heute einen breiten Raum einnehmen [1]. Es war weiterhin wichtig, die Frequenz- und Temperaturabhängigkeit der dielektrischen Eigenschaften zu beeinflussen.

Die Dielektrizitätszahl ist dem Polarisationsvermögen der kleinsten Kristallbauteile, bei Isolierstoffen im wesentlichen Ionen, proportional. Hierin ist eine besondere Kristallform des Titandioxids, der tetragonale Rutil, den Werkstoffen Porzellan und Steatit weit überlegen. Deshalb dient er als wesentlicher Bestandteil der keramischen Kondensatorbaustoffe. Aus Rutil bestehende Dielektriken zeigen im Gegensatz zu den herkömmlichen Isolierstoffen einen negativen Temperaturkoeffizienten der Dielektrizitätszahl. Durch Mischung läßt sich ein temperaturunabhängiges Dielektrikum herstellen. Manche Titanate, wie z. B. Magnesiumtitanatverbindungen (KER 320) zeigen einen leichten Anstieg der Dielektrizitätszahl bei steigender Temperatur. — Mit zunehmender Frequenz nimmt bei allen Isolierstoffen die Dielektrizitätszahl ab. Jedoch läßt sich durch Zugabe geeigneter Oxide von Zirkon oder seltenen Erden diese Frequenzabhängigkeit verringern.

Ähnliche Temperatur- und Frequenzabhängigkeiten bestehen für den Verlustwinkel. Durch Oxidzugabe zu den Rutilverbindungen wurde eine fast völlige Unabhängigkeit erreicht. Bekanntlich ist die Größe des Verlustwinkels abhängig von der Wirkstromkomponente des Gesamtstromes. Da die Stromleitung bei Isolierstoffen im wesentlichen in der Bewegung von Dipolen und Ionen sehr geringen Durchmessers besteht, wird bei Fehlen derartiger Ionen der Verlustwinkel gering sein. Das trifft u. a. für die Steatite und Titanverbindungen zu.

Infolge seines höheren Verlustwinkels findet Porzellan im Hochfrequenzfeld keine Verwendung. Der Verlustwinkel steigt mit zunehmender Temperatur nur wenig an im Gegensatz z. B. zum gehärteten Glas (Abb. 3.7).

80   3. Eigenschaften und technische Werte

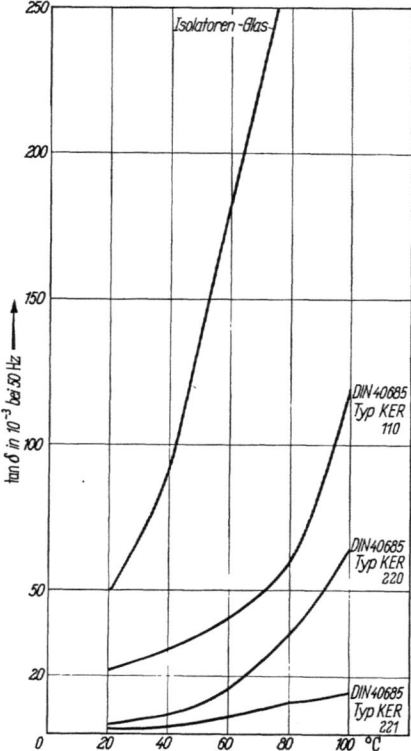

Abb. 3.7. Verlustwinkel in Abhängigkeit von der Temperatur.

Der *Oberflächenwiderstand* kennzeichnet das Isolationsvermögen der Oberfläche des Isolierstoffes. Er ist bei keramischen Werkstoffen sehr hoch ($>10^{10}$ Ω bei 10 cm Elektrodenlänge und 1 cm Elektrodenabstand nach DIN 53482). Für längere Betriebsdauer kann besonders bei Freileitungsisolatoren die natürliche Verschmutzung der Oberfläche von ausschlaggebender Bedeutung werden.

Keramische Isolierstoffe sind *kriechstromfest*. Unter der Einwirkung von elektrischen Lichtbogen verhalten sich die einzelnen Stoffe entsprechend ihrer Temperaturwechselbeständigkeit. Eine leitende Brücke entsteht nicht, weil eine Verkohlung oder Verbrennung nicht eintritt.

3.1.2 Elektrische und umweltbedingte Einflüsse auf Oberfläche und Umgebung des Dielektrikums

Wegen der hohen Durchschlagfestigkeit der keramischen Werkstoffe im Verhältnis zu der umgebenden Luft spielen sich die für den Überschlag kritischen Vorgänge bei den heute verwendeten Konstruktionen meist in dem den keramischen Werkstoff umgebenden Raum einschließlich der Oberfläche des Isolators und der Grenzschicht zwischen Luft und keramischem Isolator ab.

Die Isolierung von elektrischen Betriebsmitteln wird durch eine Vielzahl von nach Amplitude und zeitlichem Verlauf verschiedenartigen Spannungen beansprucht.

Die dauernd zulässige höchste Betriebsspannung. Bei der Betriebsspannung handelt es sich um Wechselspannungen von Betriebsfrequenz, deren Höhe (Amplitude) nur dann zum Überschlag einer richtig bemessenen Isolation führt, wenn das Fremdschichtproblem in Erscheinung tritt.

Betriebsfrequente Spannungserhöhungen (Wechselspannungen). Sowohl bei gewollten als auch bei ungewollten Schalthandlungen tritt beim plötzlichen Abschalten größerer Leistungsverbraucher, die über eine längere Hochspannungsleitung gespeist werden, abgesehen von dem dadurch ausgelösten Ausgleichsvorgang auch eine Erhöhung der betriebsfrequenten Spannung ein, die meist von kurzer Dauer ist, die aber beachtliche Werte erreichen kann.

Innere Überspannungen (Schaltspannungen). Der Einfluß der Schaltspannungen gewinnt auf die Abmessungen der äußeren Isolation mit wachsender Betriebsspannung an Bedeutung, und nach dem derzeitigen Stande der Erkenntnis bestimmt die Abmessungen der äußeren Isolierung von Hochspannungsanlagen mit einer höchstzulässigen Betriebsspannung von 252 kV und darüber fast ausschließlich der mögliche Höchstwert von Schaltspannungen. Für die innere Isolierung von elektrischen Betriebsmitteln sind Schaltspannungen auch bei höchsten Betriebsspannungen weniger ausschlaggebend.

Durch viele Untersuchungen hat sich gezeigt, daß das Isoliervermögen von technischen Isolieranordnungen in mehr oder weniger starkem Maße von der Steilheit der ansteigenden Schaltspannung abhängt.

Bei Schaltspannungen sind die Verhältnisse nicht einfach zu übersehen, weil Anstieg, Dauer und Verlauf der Spannungen recht verschiedenartig sind.

Äußere Überspannungen (Stoßspannungen). Äußere Überspannungen entstehen durch luftelektrische Vorgänge, die sich im Zusammenhang mit Gewittern abspielen. Die bei Gewitterbildung auftretende luftelektrische Feldstärke kann insbesondere bei Freileitungen, die große Höhenunterschiede aufweisen, zu elektrostatischen Aufladungen der Leiterseile führen. In Hochspannungsnetzen haben diese keine Bedeutung. Das luftelektrische Feld wird so langsam aufgebaut, daß die Ladungen über vorhandene Sternpunkterdung abfließen können. In Netzen mit isoliertem Sternpunkt erfolgt dieses Abfließen solcher Ladungen über induktive Spannungswandler.

Durch die beim Blitzschlag entstehende plötzliche Änderung des elektrischen Feldes der Luft sowie durch das magnetische Feld des Blitzstromes können auf den Leitern von Hochspannungsleitungen Spannungen induziert werden, die einige 100 kV erreichen. Solche induzierten Stoßspannungen können eine sehr steile Stirn haben, sind aber im allgemeinen nur von sehr kurzer Dauer von einigen Mikrosekunden. Beim Lauf längs der Leitung wird ihr Scheitelwert durch die Dämpfung schnell abgebaut. Sie können deshalb im allgemeinen nur in Mittelspannungsnetzen und nur in der Nähe ihres Entstehungsortes der Isolation gefährlich werden.

Wesentlich schwerwiegender sind Blitzeinschläge direkt in die Freileitung. Für den Vorgang und die Beurteilung des Blitzverhaltens von Hochspannungsfreileitungen sind der Ablauf und gewisse kennzeichnende Werte des Blitzschlages maßgebend.

Die Höhe der Gewitterüberspannungen auf Freileitungen ist unabhängig von der Betriebsspannung der Netze und kann infolge der Begrenzung durch die Isolation nur Werte erreichen, wie sie die Überschlag-Stoßspannung der Isolatoren zuläßt. Eine Ausnahme hiervon bilden Holzmastleitungen, auf denen wegen der isolierend wirkenden Eigenschaften des Holzes sehr hohe Gewitterüberspannungen von einigen 1000 kV entstehen können.

Überschlagspannungen der Überschlagstrecken von Isolatoren und Anlagen weisen einen Streubereich auf, so daß solche Spannungen nur unter Berücksichtigung der Aussagen der Statistik angegeben werden können. Dies gilt insbesondere auch für den Begriff der 50-%-Überschlagspannung (früher Mindestüberschlagspannung), unter der man denjenigen Wert der Überschlagspannung versteht, der festgestellt wird, wenn bei wiederholtem Anlegen der Spannung die Hälfte (50%) zu Überschlägen führt.

Stehspannung ist nach VDE 0111 die höchste Spannung von gegebenem zeitlichen Verlauf, der die Isolierung eines Betriebsmittels unter vorgegebenen Bedingungen gerade noch standzuhalten vermag.

Da man demzufolge nicht eine beliebige Spannung, die unter Umständen sehr weit unter dem Überschlagbereich liegt, als Stehspannung angeben kann, so unterliegt die Feststellung der Stehspannung ebenso statistischen Gesetzen, wie die 50-%-Überschlagspannung, wobei die Anwendungsweise der statistischen Gesetze sich nach den Prüf- bzw. Ermittlungsmethoden richtet.

Die 50-%-Überschlagspannung als diejenige Spannung, die entweder als mittlerer Wert wiederholt gemessener Überschlagspannungen gewonnen wird, oder bei der gerade 50% aller Beanspruchungen zum Überschlag führen, dient zusammen mit der Standardabweichung für die Angabe einer Stehspannung (oder 100-%-Durchschlagspannung) mit festgelegter statistischer Aussagesicherheit.

Eine saubere Isolatoroberfläche hat man im Betrieb im allgemeinen nicht. Infolge von Regen, Nebel und Ablagerung von Schmutzteilchen, die sich in der Atmosphäre befinden, bilden sich Fremdschichten, die einen Parallelwiderstand längs der Isolatoroberfläche darstellen, dessen Zustand in weiten Grenzen verschieden sein kann.

Die Staub- oder Schmutzteilchen der Fremdschichten bestehen aus allen in der Luft vorkommenden Verunreinigungen. In der Hauptsache findet man Kohlenstaub, Ruß, Flugasche mit Metalloxid-Beimengungen, aber auch Öl- und teerhaltige Niederschläge. In bestimmten Gebieten tritt Kali und Zement und in näherer oder auch etwas weiterer Entfernung vom Meer auch vor allem Salz als Niederschlag auf.

An Gasen findet man Schwefeldioxid, auch Chlor und Schwefelwasserstoff. Diese in elektrischer Beziehung sehr verschiedenartigen Niederschläge bewirken durch ihre ohmsche und elektrolytische Leitfähigkeit auch unter dem Einfluß von durch Entladungen oder Stromfluß auftretenden Erwärmungen und im Zusammenwirken mit Regen und Nebel die verschiedensten Effekte und beinhalten Charakteristiken des elektrischen Widerstandes in Parallele zu den Feldverhältnissen, die zu sehr stark unterschiedlichen und auch zeitlich wechselnden Erscheinungen führen.

Hinzu kommen die meteorologischen Bedingungen, die in Form von Regenmenge, Regenhäufigkeit, Nebel, Windstärke und Windrichtung auftreten, die Stärke und Verteilung des Belages beeinflussen und deshalb die Auswirkung der Ablagerungen sehr verschiedenartig gestalten.

Das mechanische Verhalten der Ablagerungen vor allem bezüglich ihrer Haftung an der Oberfläche und ihrer Wasserlöslichkeit ist sehr verschieden. Zum Teil kleben die Schmutzpartikeln fest oder haften, wie Zement, durch den Abbindevorgang an der Oberfläche, zum Teil lösen sie sich im Wasser, so daß sie bei starkem Regen abgeschwemmt werden. In anderen Fällen bilden sie als Wasser auffangendes Mittel den Träger für elektrische Leitfähigkeit, insbesondere, wenn es sich um Elektrolyte handelt.

Damit kommt also zu dem Ablagerungsvorgang die Bildung von Leitfähigkeit (Nebel), Unterbrechung der Fremdschichten durch Auflösung oder Abspülen mit Wasser und auch ein Reinigungseffekt durch Schwemmwirkung insbesondere bei starkem Regen zustande, wobei dieser wieder stark von der Isolatorform (Schirm, gegen Regen geschützte Stellen, Schirmneigung, Schirmform, usw.) abhängt.

Hinsichtlich des Reinigens von Isolatoren in der Leitung unter Spannung zur Beseitigung der Verschmutzungsschichten wird darauf hingewiesen, daß solche Operationen mit Vorsicht vorzunehmen sind. Der Wasserstrahl muß sich versprühen, ehe er die unter Spannung stehenden Leiter erreicht, und die Leitfähigkeit des Wassers muß herabgesetzt werden. Es ist wichtig, die Art der Verschmutzung genau zu kennen, ehe die Entscheidung über die Reinigung durch Abspritzen getroffen wird. Die Häufigkeit einer notwendigen Reinigung kann durch Erfahrung oder durch Feststellung des Ableitstromes erkannt werden. Jedoch kann die Isolatorreinigung in kalten Ländern oder bei starkem Wind zu Problemen führen. Fest installierte Reinigungsanlagen, die teuer sind, sind wirkungsvoller als bewegliche Anlagen, bei denen es leichter ist, die Wassermenge zu kontrollieren, um die untere Seite der Isolatoren wirkungsvoll zu reinigen, wo die Schmutzschichten sich besonders ansetzen.

3.1.3 Verhalten von Oberfläche und Umgebung des Dielektrikums

Der Überschlagsvorgang in Luft ist bei Funkenstrecken ein reines Feldproblem, das durch Stoßionisation gekennzeichnet ist.

Diesem Effekt parallel verläuft beim sauberen Isolator ein Oberflächeneffekt, der von Ladungen und Entladungen auf der Oberfläche abhängig ist und im Überschlagsfall als kapazitiv gesteuerter Gleitüberschlag vor sich geht.

Bei Funkenstrecken ist der Einfluß von Regen und Verschmutzung gering und unbestimmt. Die negative Polarität liegt höher als die positive, die bei trockener Spannung hohen Werte der negativen Polarität werden durch Beregnung stark herabgesetzt. Sie liegen allerdings immer noch höher als bei positiver Polarität und nehmen von Stoßspannung zu den längeren Stirnzeiten der Schaltspannungen hin ab.

Isolationsminderung durch Schmutz und Feuchtigkeit auf den Oberflächen der Isolatoren (Fremdschichten). Die Überschlagsfestigkeit von Isolatoren wurde bisher durch Trocken- und Regen-Überschlags- bzw. -Stehspannungsfestigkeit berücksichtigt. Es wurde aber erkannt, daß für das Überschlagsverhalten die Veränderung der sauberen Isolatoroberfläche durch Beregnung sich anders auswirkt als durch Verschmutzung und daß eine Prüfung unter künstlicher Beregnung keine richtige Beurteilungsgrundlage für das Verhalten des Isolators bei Verschmutzung gibt. Beide Vorgänge, Beregnung und Fremdschichtablagerung, treten im Betrieb auf, wobei die Feuchtigkeitsablagerung in Form von Beregnung unter verschiedensten Windrichtungen und Windstärken bei ebenfalls sehr verschiedenen Regenstärken, in Form von Sprühregen und von Nebel recht verschiedenartige Wirkungen einschließlich des Selbstreinigungseffektes erzeugt.

Im Gegensatz zum trockenen sauberen Isolator, bei dem die Oberfläche sich mit wenig starkem Einfluß des dielektrischen Verschiebungseffekts als kapazitiv beeinflussender Faktor und praktisch überhaupt nicht als ohmscher Widerstand der Oberflächenleitfähigkeit auswirkt, üben Fremdschichten auf der Isolatoroberfläche einen großen Einfluß aus. Durch den Ableitstrom treten thermische Vorgänge auf, welche die Spannungsverteilung längs des Isolators als parallel geschalteter Widerstand stark beeinflussen. Der verschmutzte Isolator wird bei längerer Einwirkung einer Spannung nicht mehr rein feldmäßig beansprucht.

Die thermische Ionisation in der Fremdschicht wird gegenüber der Stoßionisation in der Luft zur bestimmenden Größe des Überschlages. Bei Befeuchtung der verschmutzten Oberfläche durch Nebel, Tau oder Sprühregen entsteht auf dieser eine Wasserhaut, die z. T. als solche bestehen bleiben kann, z. T. auch von der Fremdschicht aufgesogen wird und unter Umständen diese hinsichtlich ihrer Konsistenz (Elektrolyte, Schmutzbrei, usw.) und elektrischen Wirksamkeit verändert. Regen als Fremdschichtfaktor beeinflußt die Isolationsminderung dadurch, daß sich auf dem Isolator eine fließende Wasserhaut bildet, die durch den Ableitstrom auf der Isolatoroberfläche entstehende Wärme abführt. Die kühlende Wirkung des fließenden Regens läßt kaum Erwärmungs- oder Trockenzonen auf der Oberfläche entstehen und übt somit einen günstigen Einfluß auf die Spannungsverteilung aus. Die Art des Regenüberschlages ist stark von der Bauform des Isolators abhängig. Der Überschlag tritt bei unterbrochener Tropfenbahn zwischen den Schirmrändern als ein durch die Tropfen modifizierter Luftüberschlag oder bei Entstehen zusammenhängender Wasserbänder oder Wasserfäden als thermischer Durchzündüberschlag auf, da die Ableitströme erhebliche Werte erreichen können. Versuche im Betrieb deuten darauf hin, daß auch bei Regen eine gewisse Isolationsminderung eintritt. Hohe Leitfähigkeiten des Regenwassers treten bei großen Regenstärken im allgemeinen nicht auf, sondern sie scheinen hauptsächlich bei kleinen Regenstärken und zu Beginn des Regens vorzukommen, weil in diesen Fällen der in der Luft enthaltene Schmutz im Regenwasser enthalten ist und dessen Leitfähigkeit erhöht.

Im allgemeinen tritt insbesondere bei starkem Regenfall eine reinigende Wirkung dadurch auf, daß die Fremdschicht teilweise weggespült wird und lösliche Teilchen, die meist die Leitfähigkeit vergrößern, herausgewaschen werden. Dabei kommt es sehr darauf an, ein wie großer Teil der Oberfläche vom Regen beaufschlagt wird. Außerdem wird eine reinigende Wirkung größer sein, wenn es sich um lose aufliegende, sich leicht lösende und nicht stark haftende, klebende oder schmierende Fremdschichten handelt. Die übliche Meinung, daß der natürliche Regen nur eine reinigende Wirkung ausübt und deshalb ungefährlich sei, trifft deshalb nicht unbedingt zu.

Durch den Durchschlagsmechanismus der Luft im Zusammenwirken mit den Einflüssen der Isolatoroberfläche im sauberen, trockenen, mit Fremdschicht belegten, beregneten Zustand unter Nebel, Tau und Sprühregeneinwirkung ergibt sich zusammenfassend folgendes Verhalten der Isolatoren beim Überschlag:

Bei Stoßspannung mit steilerem Anstieg, wie es bei äußeren durch Gewitter ausgelösten Überspannungen der Fall ist, ist die Stehspannungsfestigkeit bei negativem Stoß höher als bei positivem Stoß. Regen vermindert die Stehspannung, besonders bei negativer Polarität der Spannung, so daß sich dadurch die Stehspannung beider Polaritäten bei Regen einander nähert. Fremdschichten haben im allgemeinen keinen ins Gewicht fallenden Einfluß auf die Stehstoßspannung.

Eine erhebliche Isolationsminderung kann bei Betriebsspannung durch die Verschmutzung entstehen. Die bei Betriebsspannung durch den Ableitstrom verursachte Wärme wird gespeichert, trocknet die Fremdschicht ungleichmäßig aus und führt zu einer ungünstigen Spannungsverteilung. Es kommt zu Teillichtbögen an den Trockenzonen und zum Fremdschichtüberschlag, wenn die Leitfähigkeit der feuchten Zonen einen kritischen Wert angenommen hat. Der Vollichtbogen entsteht dabei durch eine Fußpunktwanderung der Teillichtbögen über den feuchten Restbelag. Der Fremdschichtüberschlag ist also ein Oberflächenüberschlag, der durch die Vorgänge in der Fremdschicht bedingt ist. Dieser Oberflächenüberschlag ist von ganz anderer Art als der kapazitiv gesteuerte Gleitüberschlag des sauberen Isolators, der von Ladungen und Entladungen auf der Oberfläche abhängig ist.

Bei Anordnungen, bei denen Stütz-, Hänge- oder Abspannelemente aus festem Isolierstoff Potentialdifferenzen überbrücken, ist die Stehwechselspannung beregneter Isolatoren bei kleinen Schlagweiten im allgemeinen wesentlich niedriger als bei trockenen Isolatoren. Bei Isolatorlängen von mehreren Metern können sich die Verhältnisse jedoch als Folge der durch die Beregnung der Isolatoroberfläche bewirkten Ohmschen Potentialsteuerung umkehren, so daß der nasse Isolator dann eine höhere Stehwechselspannung hat als der trockene. Mit wachsender Isolatorlänge von 1 m bis 4 m nimmt das Verhältnis der Stehwechselspannung im beregneten zur Stehwechselspannung im trockenen Zustand, und zwar z. B. für Stützer, Langstäbe und Kappenisolatoren in ähnlicher Weise, von etwa 0,7 bis 1,0 zu und wird bei Schlagweiten über 4 m bis etwa 8 m größer als 1,0, zwischen 1,0 und 1,3.

Alle erwähnten Vorgänge können sich dabei überlagern, was zu sehr verschiedenen Ergebnissen bei Wechselspannung von Industriefrequenz führen kann. Deshalb können Einzeluntersuchungen unter bestimmten Voraussetzungen zu sehr verschiedenen Ergebnissen führen.

Im Gegensatz zu einer weitverbreiteten Annahme haben neuere Untersuchungen gezeigt, daß die Verschmutzung das Verhalten von langen Isolatorketten bei Schaltspannungen stark beeinflußt. Dabei kann die Stehspannung von mit Eis und Salz bedeckten Isolatoren viel kleiner sein als die des trockenen Isolators. Diese Verminderung der Stehspannung ist noch nicht so wesentlich, wie es unter gleichen Fremdschichtbedingungen bei Industriefrequenz-Spannungen der Fall ist. Der Weg des Lichtbogens entlang der verschmutzten Oberfläche kann hierbei länger sein als das Faden- oder Stichmaß zwischen den Schutzarmaturen.

3.2 Mechanische Eigenschaften und Anforderungen

3.2.1 Struktur und Festigkeit

Die Verwendung von keramischen Werkstoffen für Konstruktionsteile, die gleichzeitig Isolations- und Kraftübertragungsaufgaben zu übernehmen haben, verlangt die Kenntnis ihrer Festigkeitseigenschaften. Die Typentafel DIN 40685 „Keramische Isolierstoffe für die Elektrotechnik", behandelt diese Festigkeitseigenschaften. Für Elastizität und Festigkeit der keramischen Werkstoffe bestehen verwickelte Zusammenhänge.

Jeder in sich stofflich und strukturell einheitliche Bestandteil eines polykristallinen Systems wird als Phase bezeichnet. Man unterscheidet zwischen den häufig aus mehreren Kristallarten bestehenden kristallinen Phasen, einer als Glasphase bezeichneten Glasmatrix und einer aus offenen oder geschlossenen Poren bestehenden Phase, die bei vielen Materialien notwendig für ihre Funktionstüchtigkeit ist und deshalb nicht vernachlässigt werden darf [75, 76, 77].

Unter dem Begriff eines „Gefüges" versteht man in der Metallographie alle den Aufbau eines Stoffes beschreibenden Daten, wie Menge und Verteilung der Phasen sowie ihre Größe, Form, Orientierung und gegenseitige Anordnung. Er wird in die Begriffe Struktur, unter dem man alle skalaren, d. h. richtungsunabhängigen Daten wie z. B. Menge der einzelnen Phasen, Korngröße und Korngrößenverteilung, und Textur, unter dem man alle vektoriellen, d. h. richtungsabhängigen Daten, wie z. B. die anisometrische Ausbildung, sowie eine Orientierung der Teilchen versteht [75, 76, 77].

Im anglo-amerikanischen Schrifttum werden die Begriffe „structure" und „texture" vielfach im umgekehrten Sinne angewendet.

Keramische Werkstoffe weisen gemischt kristallinglasigen Aufbau auf. Die Festigkeitseigenschaften ergeben sich aus den Eigenschaften und dem Zusammenwirken der glasigen und der kristallinen Phase. Kristallkonglomerate, die aus einheitlichen Grundkristallen bestehen, können Elementarkristalle und Realkristalle sein. Die Elementarkristalle sind ideal gebaute Kristallteilchen, die eine Einheit darstellen. Die Realkristalle sind Verwachsungskonglomerate aus Elementarkriställchen. Sie sind aus sprungweise gewachsenen Blöckchen oder Gruppen aufgebaut. Die Unterteilung der Kristalle in Blöcke erfolgt durch Aufnahme von Fremdatomen an den Gruppengrenzflächen. Durch solche atomaren Fehlstellen, Gitterlücken, bzw. falsch eingebaute Atome innerhalb der Gitter kommen Kristallbaufehler zustande, die in „primäre", beim Kristallwachstum auftretende Baufehler sowie „sekundäre" Fehlstellen, die zwischen den einzelnen Kristalliten entstehen, unterteilt werden können. Keramische Werkstoffe bestehen im wesentlichen nicht aus Einzelkristallen, sondern aus verschiedenartigen Kristallgruppen. Für die Festigkeitseigenschaften solcher

Werkstoffe sind die Überwindung der Kohäsion und der Widerstand gegen Gleitflächenbildung maßgebend.

Die Kohäsion oder Trennfestigkeit kann nur durch eine Normalspannung auf der Trennebene, der Widerstand gegen Gleitflächenbildung oder die Schub- oder Gleitfestigkeit durch eine in der Trennebene verlaufende Schubspannung überwunden werden. Die Spannung zur Überwindung der Kohäsion bezeichnet man als Reißfestigkeit. Sie ergibt bei der Wirkung einer Normalspannung auf die Trennebene den „vollkommen spröden Bruch". Bei Auftreten von Kräften nur in der Trennebene von Kristallen, die die Schubfestigkeit überwinden, tritt Gleitflächenbildung auf. Die Festigkeit eines aus einheitlichen Kristallen bestehenden Stoffes wird durch die Art des Kristallgefüges beeinflußt und ist im allgemeinen durch das Zusammenwirken von Kohäsion und Widerstand gegen Gleitflächenbildung bestimmt.

Die Reißfestigkeit hängt von der Größe und der Ausbildungsform der Kristalle ab und steht in Beziehung zur Sprödigkeit. Die Schubfestigkeit bedingt die Plastizität. Wird die Festigkeit allein durch die normale Komponente bestimmt, haben wir einen ideal spröden Körper. Kleiner Widerstand gegen Gleitflächenbildung und damit größere Plastizität, mildert die Sprödigkeit und stärkt die Zähigkeit. Dadurch, daß keramische Werkstoffe ineinandergreifende Kristallgruppen sind, kann erklärt werden, daß der Widerstand gegen Gleitflächenbildung groß ist. Die Schubkomponente findet infolge der Verzahnung der Kristalle also einen erheblichen Widerstand vor.

Man kann nach Smekal [85, 86, 87, 88] annehmen, daß die Kohäsionserscheinungen die Grundlage der Festigkeitseigenschaften in sich schließen, zu denen bei höheren Temperaturen die Plastizitätsvorgänge als Komplikation hinzutreten. Diese Anschauung wird dadurch gestützt, daß bei zahlreichen kristallinen Festkörpern bei sinkender Temperatur die Plastizität offenbar geringer wird, damit die Zähigkeit zurückgeht und der Werkstoff spröder wird. Der Grenzfall des „ideal spröden" Körpers muß also durch das Fehlen plastischer Formänderungen definiert werden, wogegen beim „(makroskopisch) spröden" Körper schlechthin nur das Unterbleiben makroskopischer, bildsamer Formänderungen gefordert ist. Man kann die grundlegenden Festigkeitseigenschaften am klarsten am „ideal spröden" Körper betrachten. Wegen der geringeren Bedeutung der Gleiterscheinungen infolge der Verzahnung der Kristalle dürfte bei der Betrachtung der Festigkeitseigenschaften von keramischen Werkstoffen die Kohäsion den überwiegenden Einfluß haben und die Eigenschaften sich wesentlich aus dem „ideal spröden" Körper ableiten lassen.

Die Überwindung der Kohäsion bedeutet stets Schaffung neuer Oberflächen und freier Oberflächenenergie auf Kosten elastischer Deformationsarbeit. Die freie Oberflächenenergie ist die auf die Fläche bezogene Arbeit, die zur Erzeugung einer Oberfläche erforderlich ist. Die Oberflächenenergie ist daher die Arbeit, die zur Trennung zweier Stücke eines Kristalls mindestens nötig ist. Die so erhaltene „theoretische Reißfestigkeit" unterscheidet sich von der technischen Reißfestigkeit um mindestens einige Zehnerpotenzen.

Viele Arbeiten haben versucht, Erklärungen für diese großen Unterschiede zwischen molekularer oder theoretischer Reißfestigkeit und der technischen Reißfestigkeit zu geben. Smekal z. B. nimmt unter anderem strukturempfindliche Kristalleigenschaften im Kristallinnern und an der Oberfläche gelegene Fehlerstellen als Ursache für diesen Festigkeitsunterschied an. Der Bruch soll durch örtliche Überwindung der molekularen Zerreißfestigkeit eingeleitet werden, d. h. das Zerreißen erfolgt dann, wenn die maximale Randspannung im Kerbgrund die Höhe der molekularen Zerreißfestigkeit des Stoffes bzw. die maximale Energiedichte an der Kerbstellenoberfläche den Grenzbetrag der molekularen Zerreißenergie erreicht. Neben dem isolierten Einzelriß wird das Vorhandensein zahlreicher Kerbstellen in verschiedener Häufung angenommen. Auch werden verschiedene Kerbstellentypen vorausgesetzt und zu der gleichmäßig verteilten äußeren Spannung als Kennzahl für das Verhältnis der maximalen Randspannung im Kerbgrund die „Kerbzahl" eingeführt. Das Verhältnis von molekularer zu technischer Zerreißfestigkeit spröder Kristalle wird als „wirksame Kerbzahl" bezeichnet. Diese ist um so größer, je größer die Kerbstellendichte ist. Dabei ist auch die Größe der Glasphase von Einfluß. Angenommen wird dabei, daß unabhängig von seinen Abmessungen die technische Zerreißfestigkeit eines ideal homogenen Körpers, d. h. mit fehlerfreiem Kristallgitter, mit seiner molekularen Zerreißfestigkeit übereinstimmt.

Neben dieser Kerbstellentheorie von Smekal sind auch andere Erklärungen versucht worden. Dabei ist Vorhandensein von Fehlerstellen zur Erklärung nicht unbedingt erforderlich. Zum Beispiel ergibt die Wachstumsgeschwindigkeit der Kristalle Spannungsmomente, die zur Auslösung kommen und die Festigkeitswerte beeinflussen. Da in der Keramik die Bildung der Kristalle allgemein im Brennvorgang erfolgt und besonders durch den zeitlichen Temperaturverlauf beim Abkühlungsvorgang beeinflußt wird, so spielt die sorgfältige Überwachung der Brenntemperatur für die Kontrolle und Beherrschung der inneren Spannungen eines fertig gebrannten keramischen Körpers eine ausschlaggebende Rolle.

Der Fließ- oder Streckbereich im Dehnungsdiagramm fehlt bei keramischen Werkstoffen fast vollkommen, Streck- und Bruchgrenze fallen praktisch zusammen. Damit tritt bei Beanspruchung eines keramischen Körpers der Bruch ohne bleibende Dehnung ein. Während bei Metallen bei Überbeanspruchung einzelner Partikeln plastische oder elastische Verformung vorhanden ist und die angreifende Kraft sich dadurch auf einen größeren Querschnitt verteilt und damit eine Entlastung des gefährdeten Partikels und seiner Umgebung erfolgt, tritt bei spröden Werkstoffen bei Überbeanspruchung der Bruch unmittelbar ein. Die angreifende Kraft übt ihre Wirkung auf die nächsten Einzelpartikel aus, bringt bei Überbeanspruchung auch diese zum Bruch, und so tritt als Folgeerscheinung fortgesetzte Fehlerstellenbildung auf, die mit der großen Kerbanfälligkeit zusammenhängt und die zum Totalbruch führt. Diese Erscheinung bedingt eine wesentliche Abhängigkeit der Festigkeit von Form und Größe des beanspruchten Querschnitts und einen erheblichen Einfluß der Art der Übertragung der äußeren Kräfte auf den beanspruchten Querschnitt. Empfindlichkeit gegen Schlag und Kantenbruch sind auf diese Erscheinung zurückzuführen.

Es scheint vertretbar zu sein zu behaupten, daß geringer Widerstand gegen Gleitflächenbildung und damit große Plastizität die Ursache für Ermüdung eines Werkstoffes sind. Eine Erklärung hierfür mag sein, daß die Streck- und Fließerscheinungen nicht umkehrbar sind, so daß die betroffenen Gefügeelemente nicht in ihre Ursprungslage zurückkehren können. Es hat sich gezeigt, daß der Dauerbruch wechselbeanspruchter, zäher Festkörper alle Kennzeichen eines normalen Bruches spröder Körper aufweist. Zähe Körper ermüden bei Wechselbeanspruchung, indem sie die Verformungsfähigkeit ihrer plastischen Komponente einbüßen und dadurch spröde werden. Stoffe großer Zähigkeit müssen demnach große Unterschiede zwischen statischer und dynamischer Festigkeit, d. h. Ermüdungserscheinungen bei Wechselbeanspruchung aufweisen, während spröde Werkstoffe weder Unterschiede zwischen statischer und dynamischer Festigkeit noch Ermüdungserscheinungen aufweisen müßten. Es ist also verständlich, daß die keramischen Stoffe als sehr spröde Stoffe praktisch keine Unterschiede der statischen und dynamischen Festigkeit bzw. geringe Ermüdungserscheinungen zeigen.

Dabei sollte ein Unterschied zwischen den Begriffen „Ermüdung" und „Altern" gemacht werden. Unter Ermüdung sollte man Veränderungen unter dem unmittelbaren Einfluß physikalischer Beanspruchungen verstehen, während Alterung sich in Veränderungen der stofflichen Zusammensetzung oder der Gefügestruktur äußern müßte, wobei die Änderung von Eigenschaften nur eine sekundäre Folge solcher Stoff- oder Strukturänderungen sein sollte. Ein rascher Ablauf solcher Änderungen ist bei keramischen Erzeugnissen nur im Brand zu erwarten. Bei Zimmertemperaturen sind sie unwahrscheinlich.

In Tabelle 3.2 sind die Festigkeitszahlen einiger Stoffe zusammengestellt.

Tabelle 3.2. Festigkeitszahlen bekannter Stoffe (als Anhaltswerte)

Stoffeigenschaften	Flußstahl St 37.11	Gußeisen Ge 12.91	Duralumin ausgeglüht u. kalt verformt	Steatit KER 220	Porzellan KER 110	Kunstpreßstoff Typ S
Dichte [g/cm³]	7,85	7,25	2,8	> 2,6	> 2,2	1,4
Zugfestigkeit [N/mm²]	370	120	500	> 45	> 25	40
Druckfestigkeit bzw. Quetschgrenze [N/mm²]	(260)	600	(320)	>850	>450	300
Biegefestigkeit [N/mm²]	(400)	260	(500)	120	> 40	80
Biegeschwingungsfestigkeit [N/mm²]	200	60	200	120	> (40)	(30)
Elastizitätsmodul [kN/mm²]	210	70	70	> 80	> 50	>7
Bruchdehnung (Zugversuch) [10⁻³]	250	5	100	0,7	0,5—0,6	5

3.2.2 Festigkeitsbegriffe

Wenn Unterlagen für die mechanischen Eigenschaften für keramische Werkstoffe niedergelegt werden sollen, so machen dabei nicht nur die Probleme der Elastizitäts- und Festigkeitslehre dieser Werkstoffe Schwierigkeiten, sondern es treten auch Variationsmöglichkeiten durch die verschiedenen Massezusammensetzungen auf. Man muß deshalb bei keramischen Werkstoffen an zahlenmäßige

Angaben mit Vorsicht herangehen und die Faktoren, die von Einfluß auf die Festigkeit sind, beachten. In vielen Fällen müssen sie durch die Erfahrung ersetzt werden, was bedeutet, daß die Einflußfaktoren eben nicht exakt definiert und erkannt und nur allgemeine Vorstellungen vorhanden sind.

Die Bestimmungen von VDE 0674 stellen fest, daß der Mittelwert der Bruchlast die Ausgangsgröße für die Festlegung der Prüflast ist.

Um Klarheit über die Streubreite der Bruchlast zu haben, wird die früher verwendete Mindestbruchlast, die von keinem Prüfling unterschritten werden darf, wieder eingeführt. Sie stellt gegenüber der Nenngrenzlast, die eine Stehgröße war, den niedrigsten auftretenden Bruchwert dar, bei der eine Isolator- oder Isolierkörpertype zu Bruch gehen darf. Da aber Schwankungen dieser Grenze auftreten, wird sowohl ein „mittlerer Bruchwert", d. h. der arithmetische Mittelwert aus einer Großzahl von Bruchlastwerten, als auch eine „mittlere Stichprobenbruchlast", d. h. der arithmetische Mittelwert aus den Bruchlastwerten einer Stichprobenprüfung eingeführt [19]. Um die Werte einer Stichprobenprüfung gegenüber dem mittleren Bruchwert abzusichern, wurde festgelegt, daß für die Ermittlung der mittleren Stichprobenbruchlast im allgemeinen mindestens vier Einzelwerte erforderlich sind. Dabei ist berücksichtigt, daß für Großisolatoren gewöhnlich nur kleinere Stückzahlen für die Prüfung zur Verfügung stehen.

Durch die Wiedereinführung der Mindestbruchlast ist die Anpassung an die internationale Praxis vollzogen, die die „minimum failing load" bzw. die „specified minimum failing load" in der Bedeutung der Mindestbruchlast anwendet.

Die Vorschrift für Freileitungsisolatoren VDE 0446 stimmt hinsichtlich dieser Festigkeitsbegriffe mit VDE 0674 überein, verzichtet aber auf den Begriff der Mindestbruchlast, weil hier eine geringere Anzahl von meist genormten Isolatortypen vorkommt, für die die Erfahrung die Gewähr gibt, daß die Prüfwerte in richtiger Relation zu dem Bruchbereich liegen.

Bei der Bruchlast dagegen handelt es sich um eine meßbare Größe. Allerdings enthält auch die Feststellung der Bruchlast gewisse Probleme. Beim Prüfen eines Isolators bis zum Bruch treten häufig mehrere Phasen der Zerstörung ein. In manchen Fällen beginnt sie mit einem „Knistern und Knacken", bei dem nicht immer zu erkennen ist, ob bereits eine festigkeitsmindernde Strukturveränderung stattgefunden hat. Sichtbare Rißbildung und Vollbruch treten öfter erst bei weiterer Steigerung der Prüflast auf. Besonders bei armierten Isolatoren, bei denen die Armatur durch Eingußmittel befestigt ist, sind optische und akustische Erkennungszeichen für den Beginn eines Bruches, vor allem innerhalb der Armierung, nicht immer vorhanden. Deshalb ist es nicht immer einfach, einen genauen Bruchwert festzulegen, und es ist darüber diskutiert worden, was man als „Bruch" oder „Anriß" und „Vollbruch" bezeichnen soll. Da aber der Streubereich ohnehin nicht eng begrenzt ist, muß versucht werden, den Bruchvorgang möglichst genau zu erfassen, was durch Protokollierung aller akustischen und optischen Anzeichen am besten geschieht. Bruchwert ist dann bei nicht allzu großem Streubereich aller Anzeichen der Vollbruch, d. h. das Abbrechen oder Ausbrechen aus der Armierung. Bei Forderung höchster Sicherheit läßt man auch jedes erste Anzeichen als Bruchwert gelten.

3.2 Mechanische Eigenschaften und Anforderungen 91

In der Festigkeitslehre der Metalle ist es üblich, spezielle Festigkeitswerte zu verwenden. Diese werden als konstante Größen behandelt und gelten für beliebige Werte der Einflußfaktoren, wie „Fläche", bei Zug- und Druckbeanspruchungen oder „Widerstands-" und „Trägheitsmoment" bei Biege- und Torsionsbeanspruchungen. Während es bei den Metallen vertretbar ist, diese speziellen Werte als Konstante zu behandeln, zeigen sich bei keramischen Werkstoffen wegen der größeren Zahl der Einflußfaktoren wesentliche Abweichungen von der Konstanz.

Die Einflußfaktoren sind

Querschnittsform (zylindrisch, oval, eckig, massiv, rohrförmig),
Abmessungen (Durchmesser, Länge, Schlankheit usw.),
äußere Form (glatte Mantelfläche, Abstufungen, Schirme, Rippen usw.),
Massekomposition und Brand.

Es ist deshalb nicht vermeidbar, für die Festlegung von Festigkeitswerten gewisse Gruppen zu bilden. Eine Größe, die einen gewissen wiederkehrenden Einfluß zeigt, ist der Querschnitt. Man gibt deshalb öfters Festigkeitswerte in Abhängigkeit vom Querschnitt oder auch z. B. bei Massivkörpern vom Durchmesser an. Daß dies nur mit Vorbehalt und unter Berücksichtigung der Form möglich ist, sei betont. Denn es ist einzusehen, daß z. B. ein Massivquerschnitt andere Festigkeitswerte ergeben wird als ein Hohlquerschnitt.

Soweit Ergebnisse von Untersuchungen an im einzelnen gekennzeichneten Formen nicht vorliegen, kann man die an Versuchskörpern mit kleinen Abmessungen ermittelten in DIN 40 685 festgelegten und in Tabelle 3.3 für Porzellan und Steatit für Biegung angegebenen Festigkeitswerte $\sigma_0 = \sigma_{DIN\,40685}$ verwenden. Dabei wird eine für alle Beanspruchungsarten in etwa gleichartige und in Abb. 3.8 dargestellte funktionale Abhängigkeit des Verhältnisses der Festigkeit σ beim Körper größeren Durchmessers (Querschnitts) zu $\sigma_0 = \sigma_{DIN\,40685}$ vom Durchmesser (Querschnitt) in Abb. 3.8 angenommen.

Das durch DIN 40 685 festgelegte und durch die angenommene Abhängigkeit vom Querschnitt sich ergebende Feld der Festigkeitswerte muß den Varianten zugeordnet werden. Für auf hohe Festigkeit gezüchtete Massezusammensetzungen kommt von den in Tabelle 3.3 der obere, für Massen für Isolierkörper nor-

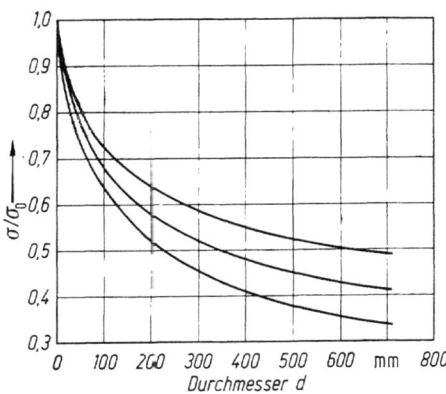

Abb. 3.8. Abhängigkeit der auf die Festigkeitswerte nach DIN 40 685 (für Werkstoffproben) σ_0 bezogenen mechanischen Festigkeit σ vom Durchmesser (Strunkmassiv), bzw. vom zugehörigen Querschnitt (Mantel-Hohlkörper)

$$\frac{\sigma_0}{\sigma} = f(d) \text{ bzw.} = f(q) = f\left(\frac{d}{q}\right).$$

maler Beanspruchung der mittlere und für solche für niedrig beanspruchte Erzeugnisse der untere Bereich der $\sigma_0 = \sigma_{\text{DIN 40685}}$-Werte in Betracht.

Tabelle 3.3. Werkstoffbiegefestigkeiten nach DIN 40685 in N/mm² mindestens

KER	110.1	110.2	220
glasiert	60—(100)	100—(140)	120—(160)
unglasiert	40— (80)	80—(120)	120—(160)

Auch müssen technologische und prüftechnische Voraussetzungen dahingehend berücksichtigt werden, daß sorgfältigste technologische Behandlung und Stückprüfungen höchste Werte, Serienfertigung und Stückprüfung oder gut fundierte Stichprobenprüfung mittlere und Massenfertigung mit oder ohne Stichprobenprüfung nur niedrige Werte ergeben. Der durch die Abhängigkeit vom Durchmesser (Querschnitt) bedingte Anteil des Gesamtfeldes der Festigkeitswerte ist durch die allgemeine Form als Merkmal gekennzeichnet (Abb. 3.8). Man wird keramisch günstige Formen, wie z. B. kreiszylindrische Massivkörper bei Zug- und Biegebeanspruchung hohen Werten in der Nähe der oberen Grenzkurve, starkwandige Hohlkörper mit nicht allzu großem Außendurchmesser einer mittleren Kurve und Kohlkörper mit geringen Wanddicken bei größeren Durchmessern niedrigen Werten in der Nähe der unteren Grenzkurve zuordnen.

Eine Umrechnung vom mittleren Bruchwert zum Mindestbruchwert durch einen üblichen Faktor von 80% braucht nicht zu erfolgen, weil die nach DIN 40685 als Bezugswerte dienenden Mittelwerte nach § 12 die Mindestanforderungen der Typentabelle erfüllen.

Die Verwendung geeigneter Zahlenwerte bei der Berechnung keramischer Isolatoren setzt also eine Kenntnis der Zusammenhänge und Erfahrungen voraus, so daß bei wichtigen konstruktiven Entscheidungen es sich empfiehlt, mit den Herstellern von Isolatoren unter weitgehender Bekanntgabe der Anwendungsbedingungen Verbindung aufzunehmen.

3.2.3 Zugbeanspruchung

Wie in den Ausführungen über die allgemeinen Festigkeitsfragen der keramischen Werkstoffe dargestellt, ist es bis heute noch nicht möglich, eine den strukturmäßigen und physikalischen Voraussetzungen entsprechende mathematische Gesetzmäßigkeit anzugeben, nach der die exakte Berechnung von keramischen Körpern auf Zugbeanspruchung möglich ist. Man lehnt sich deshalb an die Verfahren an, die auf der allgemeinen Elastizitäts- und Festigkeitslehre in der Metalltechnik aufgebaut sind. Diese setzen das Hookesche Gesetz voraus und gelten bis zur Proportionalitätsgrenze. Auch bei keramischen Werkstoffen ist die Zugfestigkeit mit konstanten Zugspannungswerten und eine proportionale Abhängigkeit vom Querschnitt anzunehmen.

Für den Bereich vom 25 mm bis 85 mm Durchmesser für massive Isolatoren seien für die in DIN 40685 unterschiedenen und bestimmten Festigkeitsbereichen zugeordnete Isolierstoffe wegen der Problematik der Festlegung der Werte in Abhängigkeit vom Querschnitt und der Schwierigkeit der zahlenmäßigen

Erfaßbarkeit des Einflusses des Kraftschlusses aus langjähriger Erfahrung stammende und durch viele Versuche bestätigte absolute Bruchwerte in Tabelle 3.4 genannt.

Tabelle 3.4. Mittlere Bruchkraft (in kp) von Isolatoren.
(Langstab- und Stabisolatoren mit üblichem Konus an den Enden und mit aufgegossenen Kappen — Eingußmittel wie Portlandzement, Schmelzzement oder Blei)

Durchmesser mm	Porzellan KER 110.1	Porzellan KER 110.2	Steatit KER 220
60	6,7	12,5	14
75	10—12	19,0	21
85	12—15	24	26

Anmerkung: Im Verhältnis zur Bruchkraft betragen die Werte der Betriebskraft 25%, der Prüfkraft 70% und der Mindestbruchkraft 80%.

Um trotz aller Unsicherheiten gewisse allgemeine Wertangaben zur Verfügung zu haben, seien einige Kurven mit den Abhängigkeiten der Zugfestigkeit vom Querschnitt dargestellt.

Für Massivquerschnitte sind Durchmesser bis 250 mm aus normalem (KER 110.1) und hochfestem (KER 110.2) Porzellan und aus Steatit denkbar, wobei Durchmesser über 250 mm aus Porzellan und über 150 mm aus Steatit technologisch bis jetzt kaum zu beherrschen sind. Als mittlere Bruchwerte kann man dafür die Abb. 3.9 gelten lassen. Dabei mögen 80% als Mindestbruchwert, 60% bis 70% als Prüfwert und 25 bis 40% als Betriebswert angenommen werden.

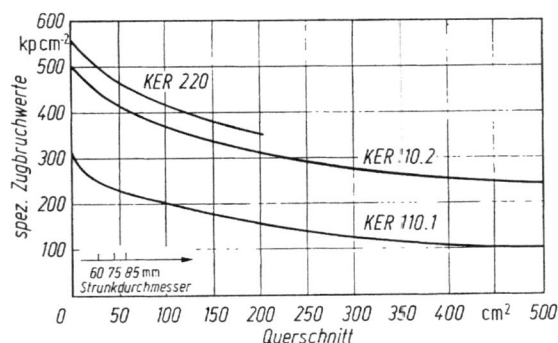

Abb. 3.9. Spezifische mittlere Zugbruchwerte in Abhängigkeit vom Querschnitt für Massivquerschnitte und geeigneten Kraftschluß der Armatur Steatit (KER 220), hochfestes Porzellan (KER 110.2) und normales Porzellan (KER 110.1).

Für Hohlquerschnitte ist in dickwandige und dünnwandige zu unterteilen. Dabei liegen die Werte der dickwandigen eher in Richtung der Massivquerschnitte. Für dünnwandige Querschnitte kann man Wandstärken zwischen 15 mm und 30 mm bis 35 mm und für dickwandige zwischen 35 mm und 60 mm annehmen. Für Durchmesser über 400 mm sind Wandstärken zwischen 40 mm

94   3. Eigenschaften und technische Werte

und 60 mm nicht mehr als dickwandig anzusehen. Dickwandige Körper mit kleineren Durchmessern kommen mit Querschnitten unterhalb 300 cm² bis 400 cm² vor. Nur bei dünnwandigen (Gehäuseisolatoren) errechnet man bei großen Durchmessern über 500 mm bis 600 mm Querschnitte über 500 cm² bis 1800 cm² (Abb. 3.10).

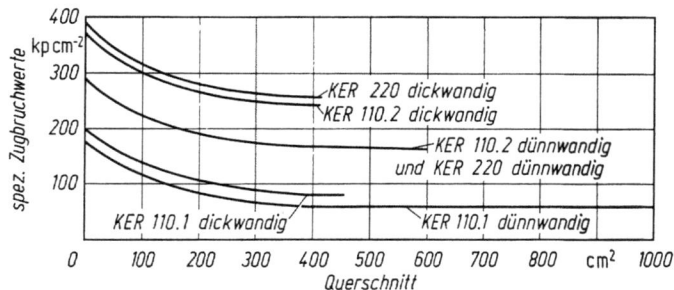

Abb. 3.10. Spezifische mittlere Zugbruchwerte in Abhängigkeit vom Querschnitt für Hohlkörper und geeigneten Kraftschluß der Armatur Steatit (KER 220), hochfestes Porzellan (KER 110.2) und normales Porzellan (KER 110.1).

Der Einfluß des Kraftschlusses bei zugbeanspruchten Isolatoren wird im Abschnitt 5.1.4 behandelt.

3.2.4 Druckbeanspruchung

Bei der Druckbeanspruchung der keramischen Werkstoffe geht man aus denselben Gründen, wie sie im Kapitel „Zugbeanspruchung" ausgeführt sind, in der gleichen Weise vor und verwendet das in der Metalltechnik übliche Verfahren. Man drückt den Zusammenhang zwischen Kraft und Querschnitt durch einen konstanten Druckspannungswert σ aus. Es lautet also die Formel zur Berechnung keramischer Konstruktionsteile auf Druck

$$\sigma = F/A$$

worin F die gesamte wirksame Kraft in N (kp), σ die Beanspruchung des Querschnittes in N/mm² (kp/cm²), A der Querschnitt in mm² (cm²) sind.

Bei Druckbeanspruchung gelingt es, bei geschliffenen Flächen den Kraftschluß über den gesamten Querschnitt einigermaßen gleichmäßig zu gestalten. Dies wirkt sich dahingehend aus, daß man bei der Druckbeanspruchung mit etwa konstanten Werten rechnen kann. Die Eigenschaftstafel nach DIN 40685 gibt Werte nach Tabelle 3.5 an.

Diese Werte sind an zylindrischen Probekörpern von 25 mm Durchmesser und 25 mm Höhe als mittlere Bruchwerte festgestellt worden. Da diese Körper von verhältnismäßig kleinem Querschnitt sind, ist es nicht ratsam, mit diesen höchsten, unter verhältnismäßig günstigen Bedingungen festgestellten Werten praktisch zu rechnen.

Eine maximale Druckfestigkeit für Porzellan von 2000—2500 kp/cm² und für Steatit von 4000 kp/cm² wird als richtig anzusehen sein. Für die Festlegung von Werten für die mittlere Bruchlast, untere Bruchgrenze (Mindestbruchlast),

3.2 Mechanische Eigenschaften und Anforderungen

Tabelle 3.5. Druckfestigkeit nach DIN 40685 in N/mm^2 mindestens

	Porzellan KER 110.1	Porzellan KER 110.2	Feldspat-Steatit KER 220	Bariumsteatit Frequenta KER 221
(glasiert)	(460—550)	(550—700)	(850—950)	(900—1000)
unglasiert	450—(550)	550—(700)	850—(950)	900—(1000)

Prüflast und Betriebslast gelten die allgemeinen Ausführungen über Festigkeitskurven, nach denen der Sicherheitsgrad von der Bedeutung der Konstruktion abhängig sein muß. In Tabelle 3.6 sind übliche und praktisch gut verwendbare Werte angegeben.

Tabelle 3.6. Druckfestigkeit

		Porzellan KER 110.1 kp/cm^2	Porzellan KER 110.2 kp/cm^2	Steatit KER 220 kp/cm^2	Bariumsteatit Frequenta[a] KER 221 kp/cm^2
Maximale Bruchkraft für kleine Querschnitte (Versuchskörper)	250%	4000	5000	8000	8500
Maximale Bruchkraft für praktisch vorkommende Querschnitte	125%	2000	2500	4000[b]	4250
Mittlere Bruchkraft	100%	1600	2000	3200[b]	3400
Mindest-Bruchkraft	72%	1150 (1200) 300—600[c]	1440 (1500)	2300[b] 600—900[c]	2450 (2500)
Prüfkraft	45%	720 (800) 190—380[c]	900	1440 (1500)[b] 380—550[c]	1500
Betriebs- oder Nutzkraft	18%	290 (300) 75—150[c]	360 (350)	575 (600)[b] 150—225[c]	600

[a] nur als kleinere Körperformen ausführbar.
[b] verwendbar z. B. für Fußisolatoren und Gurtbandisolatoren.
[c] Die Werte gelten für Abspannisolatoren (Eier- und Sattelform) mit unbearbeiteter (glasierter) undefinierter Auflagefläche der Schellen- oder Seilarmatur.

Diese Werte können für alle praktisch vorkommenden Querschnitte unter 1000 oder 1200 cm^2 als konstant angesehen werden, wenn für eine gleichmäßige Übertragung der Kräfte auf die gedrückte Oberfläche gesorgt ist.

Es muß darauf hingewiesen werden, daß diese Werte ganz erheblich absinken, wenn die Oberfläche ungleichmäßig und die Berührung der Armatur punktförmig ist. Dadurch treten örtliche Überbeanspruchungen auf, die zu Rißbildung und dann infolge der Kerbwirkung zum Vollbruch führen.

Diese Werte gelten sicher für geschliffene keramische Flächen, auf die die Armatur passend aufgeschliffen, als Druckausgleichmittel eine hinreichend plastische und genügend elastische Zwischenlage vorgesehen und durch die Abmessungen der Armatur die Gewähr gegeben ist, daß diese sich nicht deformiert, sondern als wirklich starr anzusehen ist. Sie müssen entsprechend den in Tabelle 3.6 mit c gekennzeichneten Werten wesentlich niedriger angenommen werden, wenn man z. B. glasierte Oberflächen mit Unregelmäßigkeiten hat, auf der ein einfaches, verhältnismäßig starres Bandeisen aufliegt, das sich der Oberfläche nicht anpaßt und bei der also punktförmige Beanspruchungen auftreten, wie es bei Sattelisolatoren der Fall sein kann. Hierfür exaktere Zahlenwerte anzugeben, ist schwer möglich.

3.2.5 Knickbeanspruchung

Knickbeanspruchung braucht bei praktisch vorkommenden Formen von keramischen Körpern nicht berücksichtigt zu werden, weil für sie das bei der Knickbeanspruchung ausschlaggebende Schlankheitsverhältnis klein ist und bei gedrungenen Körpern aus Keramik Fließen des Werkstoffes nicht auftritt.

3.2.6 Biegebeanspruchung

Der Fall der reinen Biegebeanspruchung eines Körpers liegt vor, wenn sich die angreifenden äußeren Kräfte zu einem Kräftepaar zusammenfassen lassen, dessen Ebene durch die Stab-(Körperachse) geht.

Zug- und Druckfestigkeit verhalten sich bei keramischen Werkstoffen etwa wie 1:10, was sich bei Biegebeanspruchung in der größeren Gefährdung der auf Zug beanspruchten Fasern auswirkt.

Auch bei der Berechnung von keramischen Körpern auf Biegung verwendet man die bei zähen Werkstoffen üblichen Berechnungsweisen, wobei Proportionalität zwischen Biegemoment und auf die Nullinie bezogenes Trägheitsmoment angenommen wird. Dabei gelten aber die gleichen Voraussetzungen, Einschränkungen und Vorbehalte wie bei der Zugbeanspruchung. Man läßt auch hier eine abnehmende Biegefestigkeit mit zunehmendem Querschnitt gelten, die durch größere Fehlstellen- und Inhomogenitäts-Wahrscheinlichkeit, unübersichtlichere Verhältnisse beim Kraftschluß und ungleichmäßiger werdende Spannungsverteilung begründet wird.

Bei der Berechnung der Biegebeanspruchung gilt für die Normalspannung einer Faser

$$\sigma_b = \frac{M}{I} \cdot e,$$

worin σ_b die Normalspannung einer Faser, e der Abstand der entferntesten gezogenen Faser von der Nullinie, I das Trägheitsmoment des Querschnitts bezogen auf die Nullinie, M das Biegemoment, I/e das Widerstandsmoment W sind.

Damit errechnet sich die Beanspruchung

$$\sigma_b = \frac{M}{W},$$

worin das Widerstandsmoment für den Kreisquerschnitt mit Durchmesser D

$$W = \frac{\pi}{32} D^3$$

und für den Kreisringquerschnitt mit Außendurchmesser D_a und Innendurchmesser D_i

$$W = \frac{\pi}{32} \frac{D_a^4 - D_i^4}{D_a}$$

ist.

Die Anordnungen des einseitig eingespannten Stabes und des zweifach aufgelagerten Balkens kommen am häufigsten vor.

Beim einseitig eingespannten Stützer kommen die beiden Fälle des Angriffs der Kraft am Kopf P und an einem verlängerten Hebelarm P_1 vor. Wenn beide Lasten gleichzeitig wirken, ist die Werkstoffbeanspruchung am Querschnitt x:

$$P \cdot x + P_1 (H + x) = \sigma_b \cdot W_x .$$

Hierbei ist H die Stützerhöhe, L der verlängerte Hebelarm, σ_b die Biegebeanspruchung und W_x das Widerstandsmoment im Querschnitt x.

Für den kritischen Querschnitt am Fuß ist $x = H$:

$$P \cdot H + P_1 (L + H) = \sigma_b \cdot W_x .$$

Für $P_1 = 0$: $\quad P \cdot H = \sigma_b \cdot W_x .$

Für $P = 0$: $\quad P_1 (L + H) = \sigma_b \cdot W_x .$

Für den zweifach aufgelagerten Balken, bei dem die Kraft in der Mitte angreift und bei dem die Stützenentfernung l beträgt gilt:

$$W = \frac{P \cdot l}{4 \cdot \sigma_b}, \qquad \sigma_b = \frac{P \cdot l}{4\, W}.$$

Es ist aber anzunehmen, daß in solchen Fällen nicht mehr mit den üblichen Formeln gerechnet werden kann, weil wohl die Gültigkeit des Hookeschen Gesetzes angenommen, jedoch die sonstigen elastizitätstheoretischen Voraussetzungen bei spröden Körpern berücksichtigt werden müßten.

Bei den Festigkeiten σ_b gelten ähnliche Überlegungen wie bei der Zugfestigkeit. Nur kommen im Elektrogerätebau und bei Stationsstützern Biegebeanspruchungen sehr häufig vor und auch im Freileitungsbau spielt diese Beanspruchungsweise eine wichtige Rolle, wenn Leitungen (z. B. beim Portrasystem) durch Stützer getragen werden. Diese Verwendung von Isolatoren hat auch wesentlich zur Entwicklung der keramischen Massen (Porzellane) in Richtung erhöhter Festigkeit geführt, weil die verhältnismäßig hohen Festigkeitswerte des Steatits dazu den Anreiz boten, die Porzellane für höhere Festigkeitswerte zu entwickeln. Dadurch werden auch Abmessungsbereiche ausgefüllt, die mit Steatit bisher nicht ohne weiteres beherrscht werden konnten.

Infolge der hohen Anforderungen an die Festigkeit bei solchen Konstruktionen und die Ausnutzung der Festigkeitseigenschaften bis an die Grenze des Möglichen spielen aber die Probleme des Kraftschlusses eine ausschlaggebende Rolle. Wenn man deshalb zur Berechnung erforderliche Festigkeitswerte angibt und in Abhängigkeit vom Querschnitt darstellt, muß man sich darüber klar sein, daß das eine unvollkommene Methode ist, die keinesfalls alle Einflußfaktoren berücksichtigt.

Die Kurven für die Biegefestigkeiten (Abb. 3.11) berücksichtigen die Werkstoffe KER 110.1, KER 110.2, und KER 220, und gelten als Grundlage bei der Bemessung von Isolatoren (Abschnitt 5.1.6).

Sie geben die Mindestbruchwerte an, die als 80% der mittleren Bruchwerte angesehen werden können, und sind unterteilt für Massivquerschnitte, Hohlquerschnitte dickwandig und Hohlquerschnitte dünnwandig.

98   3. Eigenschaften und technische Werte

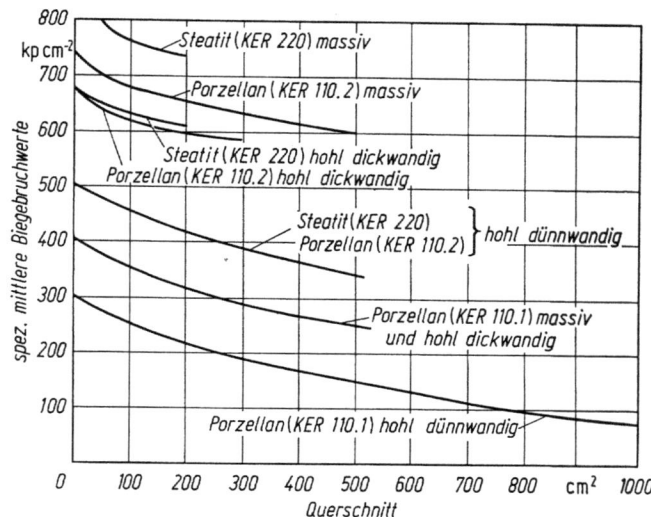

Abb. 3.11. Spezifische mittlere Biegebruchwerte in Abhängigkeit vom Querschnitt und für geeigneten Kraftschluß der Armatur Steatit (KER 220), hochfestes Porzellan (KER 110.2) und normales Porzellan (KER 110.1).

3.2.7 Innendruckbeanspruchung

Isolatoren, die mit innerem Überdruck beansprucht werden, stellen Druckgefäße dar. Dabei ist zu prüfen, inwieweit bei Berechnung, Konstruktion und Betrieb die Vorschriften für Druckgefäße berücksichtigt werden müssen. Es sei auf die Unfallverhütungsvorschriften der Berufsgenossenschaften und die Vorschriften der Technischen Überwachungsvereine, betreffend nichtmetallene Werkstoffe für Druckbehälter, hingewiesen. Man schließt sich in ihrer Berechnung der der Druckgefäße in der Metalltechnik an. Wenn diese Berechnungsweise auch für auf Druck beanspruchte Isolatoren und Gefäße aus keramischen Werkstoffen übernommen wird, so muß man auch hier mit aller Vorsicht zu Werke gehen und sich der Eigenart der Keramik bewußt bleiben. Hinzu kommt, daß Metallbehälter im allgemeinen dünne Wände im Verhältnis zum Behälterdurchmesser aufweisen und deshalb gleichmäßige Verteilung der Spannung über den Wandungsquerschnitt angenommen werden kann. Bei keramischen Druckkörpern dagegen sind die Wände im Verhältnis zum Durchmesser dick, und die Spannungsverteilung kann nicht als annähernd gleichmäßig angenommen werden. Die Festigkeitslehre kennt unter der Voraussetzung, daß der Belastungsvorgang sich im Bereich bis zur Proportionalitätsgrenze abspielt, Berechnungsmethoden, bei denen in der Wand des Druckgefäßes die abnehmende Spannung mit zunehmendem Radius Berücksichtigung findet.

Die Beanspruchung bei Innendruck ist eine Zugbeanspruchung, wobei die resultierende Zugspannung sich aus zwei Komponenten zusammensetzt. Die Hauptbreanspruchung liegt tangential und nimmt von innen nach außen ab, bis sie an der Außenwandung den Wert Null erreicht. Dieser Tangentialbeanspruchung überlagert sich eine axiale Beanspruchung. Sie mag über den Wandungsquerschnitt als gleichmäßig verteilt angenommen werden, so daß die resultierende Beanspruchung an der inneren Wandung im wesentlichen tangential mit kleinem Winkel gegen den Querschnitt senkrecht zur Zylinderachse verläuft, während an der äußeren Wandung nur die Spannung in der Achsrichtung übrigbleibt.

Für dünne Wandungen, also unter der Annahme gleichmäßiger Verteilung der Tangentialspannungen, errechnet sich für einen zylindrischen Behälter die tangentiale Zugbeanspruchung zu

$$\sigma_t = p \frac{D_i}{D_a - D_i}.$$

Die Axialbeanspruchung σ_a eines zylindrischen Behälters ist unter der gleichen Voraussetzung gleichmäßiger Verteilung der Axialspannungen über den Querschnitt

$$\sigma_a = p \frac{D_i^2}{D_a^2 - D_i^2}.$$

Läßt man das lineare Superpositionsgesetz gelten, so ergibt sich als resultierende Spannung σ_{res} unter den gleichen Voraussetzungen (dünne Wandung)

$$\sigma_{res} = \sqrt{\sigma_t^2 + \sigma_a^2},$$

$$\sigma_{res} = p \frac{D_i}{D_a - D_i} \sqrt{1 + \left(\frac{D_i}{D_a + D_i}\right)^2}$$

und als Verhältnis der Tangentialspannung zur Axialspannung

$$\frac{\sigma_t}{\sigma_a} = \frac{D_a + D_i}{D_i}.$$

Für einen dickwandigen zylindrischen Behälter ergibt sich als größte tangentiale Zugspannung an der Innenseite des Mantels bei Berücksichtigung der nach außen abnehmenden Spannung und bei Gültigkeit des Hookeschen Gesetzes

$$\sigma_{t_1} = p \cdot f\left(\frac{D_a}{D_i}\right) = p \frac{\left(\frac{D_a}{D_i}\right)^2 + 1}{\left(\frac{D_a}{D_i}\right)^2 - 1} = p \frac{D_a^2 + D_i^2}{D_a^2 - D_i^2}.$$

Als resultierende Spannung der Innenseite ergibt sich

$$\sigma_{res_1} = \sqrt{(\sigma_{t_1})^2 + (\sigma_a)^2} = p \sqrt{\frac{(D_a^2 + D_i^2)^2 + D_i^4}{(D_a^2 - D_i^2)^2}}.$$

Als resultierende Beanspruchung für die äußere Seite des Mantels tritt nur Axialbeanspruchung auf und die Gleichung wird identisch mit der Axialzugformel für dünne Mäntel

$$\sigma_{t_2} = p \frac{D_i^2}{D_a^2 - D_i^2}.$$

100   3. Eigenschaften und technische Werte

Das Verhältnis der tangentialen Zugbeanspruchung der Innenseite des Mantels nach der strengen Formel (dicke Mantelwände) ist damit

zu der für dünne

$$\frac{\sigma_{t_1}}{\sigma_t} = \frac{D_a^2 + D_i^2}{D_a \cdot D_i + D_i^2}$$

zu der Axialbeanspruchung

$$\frac{\sigma_{t_1}}{\sigma_a} = \frac{D_a^2 + D_i^2}{D_i^2}$$

und zu der resultierenden Beanspruchung

$$\frac{\sigma_{t_1}}{\sigma_{res_1}} = \frac{D_a^2 + D_i^2}{\sqrt{(D_a^2 + D_i^2)^2 + D_i^4}}.$$

Für diese Formeln bedeuten die Zeichen:

p Kesselinnendruck in atü; D_i Innendurchmesser des Zylinders;
D_a Außendurchmesser des Zylinders; s Wanddicke des Zylinders.

Für dünne Kesselwände:

σ_t tangentiale Zugbeanspruchung für dünne Kesselwände;

σ_a axiale Zugbeanspruchung für dünne Kesselwände;

σ_{res} resultierende Zugbeanspruchung für dünne Kesselwände;

$\sigma_{res_1} = \sqrt{t_1^2 + \sigma_a^2}$.

Für dicke Kesselwände:

σ_{t_1} tangentiale Zugbeanspruchung der inneren Wandung für beliebig dicke Kesselwände;

σ_{t_2} tangentiale Zugbeanspruchung der äußeren Wandung für beliebig dicke Kesselwände.

Für praktisch vorkommende große Außendurchmesser bis 1000 mm und Wandstärken herunter bis 30 mm und kleine Außendurchmesser herunter bis 60 mm und Wandstärken von 15 mm bis 60 mm (Bohrungsdurchmesser nicht kleiner als 15 mm) ergeben sich Werte für D_a/D_i zwischen 1,05 und etwa 7,0 und entsprechend für die Multiplikatoren $f(D_a/D_i)$ zwischen 18,0 und 1,04.

Da für die Beanspruchung bei Innendruck im wesentlichen die Zugbeanspruchung kritisch ist, sind die zulässigen Beanspruchungen aus den Kurven für die Zugbeanspruchung (Abschnitt 3.2.3) zu entnehmen.

3.2.8 Torsionsbeanspruchung

Ein auf Drehung beanspruchter Querschnitt wird durch ein Kräftepaar beansprucht, dessen Ebene senkrecht zur Achse des Körpers steht.

Das Moment des drehenden Kräftepaares ist M_d und die Torsionsbeanspruchung des Werkstoffes k_d, die Länge des auf Verdrehung beanspruchten Körpers L und das Widerstandsmoment W_d gegen Drehung, das als polares Trägheitsmoment dividiert durch den Abstand des am weitesten von der Nullachse entfernten Querschnittspunktes definiert ist. Mit diesen Definitionen ergeben sich für den Kreis- und den Kreisringquerschnitt folgende Torsions-

momente:
$$M_d = \frac{\pi}{16} d^3 k_d,$$
$$M_d = \frac{\pi}{16} \frac{D_a^4 - D_i^4}{D_a} k_d.$$

Die spezifische Torsionsbeanspruchung ist querschnitts- und formabhängig. Sie ist in den Kurven (Abb. 3.12 und 3.13) dargestellt. Auch die hier angegebenen Werte sind mit aller Vorsicht zu verwenden.

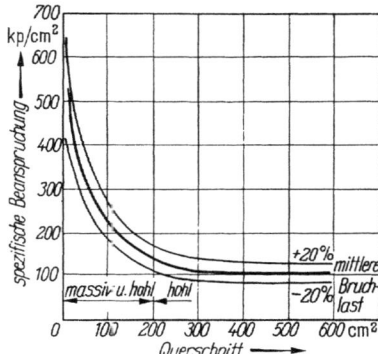

Abb. 3.12. Torsionsbruchwerte normalen Porzellans (Ker 110.1).

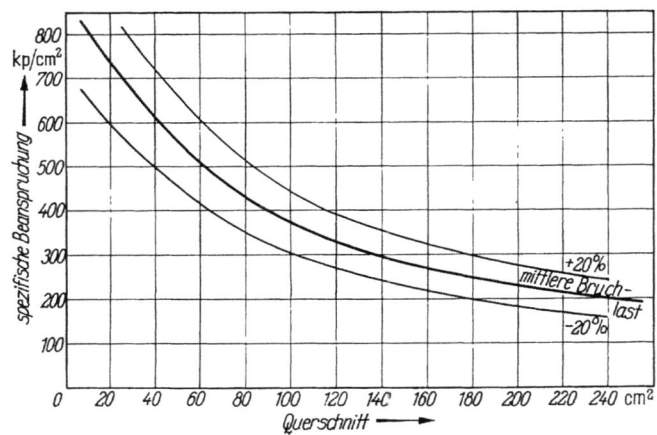

Abb. 3.13. Torsionsbruchwerte normalen Steatits und von Porzellan (KER 110.2).

3.2.9 Scherbeanspruchung

Wenn auf zwei benachbarte Querschnittsebenen eines Körpers entgegengesetzt gerichtete Kräfte einwirken, ergeben sich Schubspannungen an den Trennflächen. Scherbeanspruchungen keramischer Körper kommen nicht allzu häufig vor. Bei der Torsionsbeanspruchung liegen Schubbeanspruchungen vor.

Scherbeanspruchungen treten in Armaturen auf keramischen Körpern und dem entsprechenden Kraftschluß auf. Da aber hier die Haftung des Eingußmittels an Keramik und Armatur maßgebend ist, so hat es keinen großen Sinn, dieses Problem im Rahmen der Festigkeitsfragen der keramischen Werkstoffe zu betrachten. Sie gehören in das an anderer Stelle behandelte Gebiet der Armaturenbefestigung und des Kraftschlusses zwischen Armatur und Keramikkörper (vgl. Abschnitt 5.1.4). Trotzdem sei hier darauf hingewiesen, daß man an glatten und aufgerauhten oder durch Körnung und Fischhaut griffig gemachten Oberflächen mit Scherbeanspruchungen rechnet. Man läßt dann die bekannten Beziehungen zwischen Größe der Haftoberfläche S, der übertragenen Kraft P und einer spezifischen Scher- oder Haftbeanspruchung σ_s

$$P = \sigma_s S$$

gelten und ermittelt durch Versuch Werte für σ_s für die verschiedenen Oberflächenarten und die verschiedenen Eingußmittel. Dabei kann angenommen werden, daß in den meisten Fällen die Scherbeanspruchung des Eingußmittels geringer ist als die des keramischen Werkstoffes.

3.2.10 Schlagbiegebeanspruchung (Kerbschlagbeanspruchung)

Das Wort ,,Schlagbiegebeanspruchung'' hat eigentlich keine Berechtigung. Wesen der Schlagbiegebeanspruchung ist, daß die Last schnell aufgebracht wird. Die Biegebeanspruchung ist als Primäreffekt gar nicht vorhanden. Im allgemeinen handelt es sich um eine Druckbeanspruchung, die je nach Geschwindigkeit und Einwirkungsdauer der Kraft zu einer örtlichen Zerstörung des Werkstoffs und einer Sekundärwirkung als Biegebeanspruchung führt.

Bei zähen Werkstoffen, die eine große Dehnung und auch einen Streck- bzw. Fließbereich im Dehnungsdiagramm haben, führen aufgebrachte Lasten im allgemeinen dazu, die Beanspruchung an der Einwirkungsstelle durch Deformation an die mehr oder weniger unmittelbare Umgebung weiterzuleiten, dadurch den Einwirkungsbereich zu vergrößern und die Beanspruchung zu verkleinern. Die Deformation des Werkstoffs und die Weiterleitung der Einwirkung benötigt eine gewisse Zeit. Je schneller eine Last aufgebracht wird, um so weniger kann eine Deformation ihr folgen, den Einwirkungsbereich vergrößern und die Beanspruchung herabsetzen. Bei zähen Werkstoffen mit vorhandenem Dehnungs-, Streck- und Fließbereich muß also ein Unterschied vorhanden sein, ob eine Last schnell oder langsam aufgebracht wird, was als Unterschied zwischen statischer (und dabei allmählich aufgebrachter) und dynamischer und auch wechselnder (abhängig von der Frequenz) Festigkeit bei zähen Werkstoffen allgemein bekannt ist. Bei spröden Werkstoffen tritt beim Aufbringen einer Last praktisch keine Deformation, keine Vergrößerung des Einwirkungsbereichs der Last und keine Verkleinerung der Beanspruchung auf.

Da bei der Einwirkung einer Last die Beanspruchung maßgebend ist, ist der Querschnitt wichtig, auf den die Schlaglast aufgebracht wird. Im allgemeinen sind die bei der Schlagbelastung in Betracht kommenden Querschnitte klein und dadurch die spezifischen Beanspruchungen groß. Ist bei einem zähen Werkstoff eine Vergrößerung des belasteten Querschnittes durch Deformation möglich, so wird die spezifische Belastung milder. Daraus ergibt sich, daß spröde Werkstoffe bei gleichen Einwirkungsquerschnitten der Last in Wirklichkeit spezifisch höher beansprucht werden als zähe Werkstoffe. Eine geringere Schlagfestigkeit der spröden Körper ist also in Wirklichkeit nur die Unfähigkeit des spröden

Werkstoffes, die Einleitung der Schlaglast auf einen größeren Querschnitt durch Deformation zu bewirken.

Die Schlagbiegefestigkeit wird gewöhnlich mit der Kerbschlagfestigkeit in Zusammenhang gebracht. Ein Zusammenhang besteht dadurch, daß Kerbempfindlichkeit auch mit Mangel an Deformationsfähigkeit zu erklären ist.

Ein weiteres Problem ist also die Erfassung des Querschnittes, auf den die Last wirksam wird. Auch ist die Oberfläche, auf die die Last einwirkt, meist der Oberfläche des die Last aufbringenden Körpers (Schlaghammer) nicht genügend angepaßt, z. B. geschliffen, so daß bei unebenen Flächen stark streuende Werte gefunden werden.

Ein weiterer Faktor ist das Vorhandensein einer relativ dünnen Glasurschicht auf dem keramischen Körper. Bei nicht zu starker Schlagbeanspruchung wird zunächst nur die Glasur beschädigt, häufig ohne daß der keramische Scherben selbst eine Strukturzerstörung erlitten hat. Trotzdem ist der keramische Scherben selbst dadurch fast immer in Mitleidenschaft gezogen, daß durch Zerstörung des strukturellen Zusammenhanges und damit Veränderung des Spannungszustandes selbst eine Kerbwirkung an der Oberfläche des keramischen Scherbens vorhanden ist. Auf alle Fälle ist aber ein, wenn auch nur in der Glasur, beschädigter Körper meist nicht ablieferbar.

Das Maß der Schlagbiegebeanspruchung ist die Energie, d. h. Kraft mal Weg oder Spannung mal Dehnung. Die Schlagarbeit wird gewöhnlich auf den Querschnitt bezogen. Dabei ist aber die Feststellung des wirksamen Querschnittes kaum exakt möglich, so daß stark streuende Festigkeitswerte in Erscheinung treten. Da aber auch die Schlaggeschwindigkeit von Einfluß ist, so wäre der Impuls auch eine Bestimmungsgröße. Auch die Temperatur kann eine Rolle spielen.

Man kann demnach keine festen Werte für die Schlagbiegefestigkeit angeben, sondern kann nur verschiedene Werkstoffe unter gleichen Versuchsbedingungen vergleichen. Die in der Metalltechnik übliche Kerbschlagbeanspruchung wird als Prüfverfahren angewendet, bei dem die beanspruchte Stelle durch eine Einkerbung genauer festgelegt wird. Bei spröden und keramischen Werkstoffen findet die Schlagbiegeprobe für Werkstoffprüfungen eher Anwendung als die Kerbschlagprobe, weil Kerben die tatsächliche Festigkeit des Werkstoffes hier in viel größerem Maße herabsetzen und damit keine Werkstoffzahlen ergeben würden. Kerben sind hier auch nicht so erforderlich, weil Brüche bei spröden Werkstoffen leichter an den Stellen unmittelbarer Beanspruchung eintreten. Da die Schlagbiegebeanspruchung mehr als Prüfbeanspruchung zur Beurteilung des Werkstoffes verwendet wird und genau definierte und mit Zahlen angegebene betriebliche Beanspruchungen selten vorkommen, werden die übrigen diesbezüglichen Fragen in dem Abschnitt über Schlagbiegeprüfungen behandelt.

3.2.11 Härte

Die Oberflächenschichten eines Körpers verhalten sich wie die von Flüssigkeiten anders als die im Innern liegenden Schichten. Die bei den festen Körpern nur bei der Härte hervortretenden Unterschiede zwischen Oberflächenschicht und

Innerem treten dadurch in Erscheinung, daß die Härte sich nur oberflächlich auswirkt, während bei allen anderen Beanspruchungsarten die Spannungen sich tief ins Innere hinein erstrecken und die Kräfte wesentlich durch die Spannungen des inneren Körpervolumens aufgenommen werden. Eine unmittelbare Beziehung zwischen Härte und z.B. Zug- oder Druckfestigkeit eines Körpers besteht nicht. Man spricht davon, daß die Härte nach Brinell, Rockwell, Vickers oder Knoop ermittelt werden kann. Eigentlich hat diese Methode nichts mit der Härte zu tun; denn durch den Eindruck einer irgendwie ausgedehnten Fläche (Kugel, Kalotte oder Pyramide) erfolgt eine Deformation, die ihr Spannungsfeld auch in das Innere des Körpers erstreckt und die wesentlich von den elastischen Eigenschaften des Innenkörpers unter der Oberfläche abhängig ist. Außerdem fordern diese Methoden die Gültigkeit des Hookeschen Gesetzes und die Beanspruchung des Materials nur bis zur Proportionalitätsgrenze, was darauf hinweist, daß wir es mit räumlich ausgedehnten Deformationsvorgängen und nicht mit oberflächenhaften Erscheinungen zu tun haben. Wenn vielleicht bei elastischen und zähen Stoffen Rückschlüsse von elastischen Formänderungen auf die Oberflächenhärte möglich sind, so sind Folgerungen bei spröden Stoffen problematisch. Deshalb ist es fraglich, ob die in der Metalltechnik verwendete Begriffsbestimmung, nach der unter Härte der Widerstand verstanden wird, der einem Körper beim Eindringen eines anderen Körpers entgegengesetzt wird, richtig ist und auf dem Gebiet der keramischen Werkstoffe angewendet werden kann. Eine Oberflächendruckbeanspruchung führt bei spröden Körpern gewöhnlich ohne sonstige vorherige Anzeichen zu Rißbildungen, von denen aus der Bruch eingeleitet wird. Der beim Sprung auftretende Wert hängt nämlich von den Krümmungshalbmessern, bzw. von der Größe der drückenden Oberfläche ab. Die Untersuchung nach den Druckmethoden trägt aber dem Einfluß der Oberflächenschicht kaum Rechnung und der Wert der von Hertz angestellten Untersuchungen hierüber dürfte für spröde Körper zweifelhaft sein. Es ist deshalb vielleicht richtiger, daß Begriff und Zahlenwerte der Härte nur von der Oberfläche abhängig gemacht werden und den Vergleich der Oberflächenhärte verschiedener Stoffe heranzuziehen, was durch die Mohs-Skala erreicht wird.

In Fällen, in denen eine Abnutzung eintritt, sind Verschleißfestigkeit, Abriebfestigkeit und Mahlfestigkeit für die Widerstandsfähigkeit einer Oberfläche maßgebend. Alle diese Abnutzungserscheinungen brauchen aber nicht in einem funktionalen Zusammenhang mit der Härte zu stehen. Häufig sind für den Widerstand gegen Abnutzung auch andere physikalische oder strukturelle Eigenschaften, wie Korn- und Kristallart, -aufbau und -bindung oder Plastizität und Schmierfähigkeit maßgebend.

Werkstoffe zum Zerkleinern von Mineralien und anderen Stoffen sind einem Verschleiß unterworfen, und bei ihnen kommt es auf gute Abriebfestigkeit an, die man als eine Oberflächenhärte bei laufendem Vordringen der Oberfläche in das Innere ansehen kann. Sie verlangt also nicht nur eine gewisse Härte der jeweiligen Oberfläche, sondern auch des Inneren. Während man also Oberflächenhärte ohne besondere Forderungen an das Innere erreichen kann, verlangt gute Abriebfestigkeit eine ausreichende Härte der Innenvolumina, wenn sie durch Verschleiß zur Oberfläche werden. Zahlenangaben über Härte und Abriebfestigkeit lassen sich nur durch Vergleich mit anderen Stoffen machen.

3.3 Thermische Eigenschaften und Anforderungen
3.3.1 Temperatur- und Hitzebeständigkeit

Keramische Werkstoffe bezeichnet man häufig als temperaturbeständig oder hitzebeständig, Begriffe, die nicht eindeutig definiert oder durch Werte gekennzeichnet und bestimmten Vorgängen zugeordnet sind, und sich auf verschiedene physikalische und chemische Eigenschaften beziehen können.

Je höher z. B. die Kegelschmelzpunkte bei Sinterungs- und Schmelzvorgängen im Brennprozeß liegen und je größer die sogenannte Feuerfestigkeit eines Materials ist, als desto temperaturbeständiger wird es bezeichnet. Auch ein hohes Maß an Standfestigkeit im Brand wird als Temperaturbeständigkeit bezeichnet, und mineralogische und chemische Zusammensetzung und die Korngröße der reagierenden Einzelteilchen haben Einfluß auf die sogenannte Temperaturbeständigkeit der keramischen Teile im Herstellungsprozeß und der Fertigteile. Auch z. B. Festigkeitseigenschaften und Widerstandsfähigkeit gegen atmosphärische Einflüsse werden unter dem Gesichtspunkt der Temperaturbeständigkeit betrachtet, so daß die Begriffe Temperaturbeständigkeit und Hitzebeständigkeit sehr allgemein gebraucht werden und ihre Verwendung, wenn überhaupt, nur unter konkreter Angabe von Temperaturwerten und in Bezug auf eindeutige Zuordnung zu Eigenschaften und Vorgängen erfolgen sollte.

Wichtig für die keramischen Erzeugnisse ist die *Erweichung*. In den Kristallnetzen der gebrannten Werkstoffe können sich schon bei niedrigen Temperaturen Schmelzmassen bilden, die zu einem Verlust an Festigkeit führen. Es liegen die Temperaturen, bei denen Minderung der Festigkeit von keramischen Fertigerzeugnissen auftritt, wesentlich unterhalb der Sinterungs- und Schmelztemperaturen.

Für die Festigkeit des Porzellans bei höheren Temperaturen ist die Festigkeit des glasigen Anteils maßgebend. Gläser erweichen früh, und deshalb verliert Porzellan schon bei Rotglut an Festigkeit. Tonerdegehalt bedingt Heraufsetzung des Erweichungsbeginns gegenüber dem der gewöhnlichen Gläser, der z. B. bei 550 °C bis 650 °C liegt. Bei Temperaturen von etwa 600 °C beginnt ein eingespannter Porzellanstab sich schon leicht durchzubiegen. Die Durchbiegung ist bei 1000 °C beträchtlich. Die Glasurschicht des Porzellans erweicht früher, doch liegt sie bei Hartporzellan hoch genug, um unterhalb 950 °C nicht zu kleben. Für tragende Konstruktionen muß man jedoch genügend unterhalb der Erweichungstemperatur auch von Teilmassen bleiben, und es dürfte sich kaum empfehlen, bei Porzellan über Temperaturen von 400 °C hinauszugehen.

Gasdichtigkeit liegt bei Porzellan bis zu Temperaturen von 1300 °C vor. Bei Spezialporzellanmassen kann man Vakuumdichtigkeit sogar bis 1500 °C erreichen.

Keramische Isolierstoffe ermöglichen eine Anwendung von −65 °C bis 1600 °C. Im Gegensatz zu vielen Kunststoffen wiederstehen keramische Stoffe langandauernder Wärmeeinwirkung. Die Hitzebeständigkeit bei hohen und wechselnden Temperaturen wird in der Elektrowärmetechnik ausgenutzt.

3.3.2 Längen-Ausdehnungskoeffizient

Der Längen-Ausdehnungskoeffizient ist die relative Längenänderung bei 1 °C Temperaturerhöhung. Die Werte sind in der Typentafel (DIN 40685) enthalten.

106   3. Eigenschaften und technische Werte

Da Vergleichswerte verschiedener Stoffe im Verhältnis zu den keramischen Werkstoffen interessieren, seien einige Werte in $10^{-6}\,\mathrm{K}^{-1}$ hier aufgeführt.

Tabelle 3.7. Längen-Ausdehnungskoeffizient verschiedener Werkstoffe in $10^{-6}/\mathrm{K}$

Porzellan (zwischen 20 °C und 100 °C)	3,5— 4,5
Steatit (zwischen 20 °C und 100 °C)	7 — 9
Bronze	17,5
Flußstahl	11,7
Gläser	3,0— 8,6
Kupfer	16,5
Messing	18,4
Quarzglas	0,5
Silber	19,7
Zink	16,5
Zinn	26,7
Platin	9,0
Bakelit (Phenolharz-Schichtpreßstoffe)	21 —36

3.3.3 Spezifische Wärme

Sie ist im allgemeinen abhängig von der Temperatur. Die Werte für die keramischen Isolierstoffe sind in DIN 40685 zu finden. Vergleichsweise seien einige Werte hier aufgeführt (zwischen 0 °C und 100 °C in kcal/(kgK)).

Tabelle 3.8. Spezifische Wärmekapazität verschiedener Werkstoffe in kcal/kgK

Porzellan	0,19—0,21 ⎫ zwischen
Steatit	0,19—0,21 ⎭ + 20 °C u. 100 °C
Aluminium	0,22
Kupfer	0,094
Platin	0,032
Eisen	0,115
Silber	0,056
Glas	0,2
Organische Isolierstoffe	0,25—0,45
Anorganische Isolierstoffe (z. B. Glimmer, Quarz)	0,2

3.3.4 Wärmeleitfähigkeit und Temperaturleitfähigkeit

Die ein Strömungsfeld darstellenden Wärmeströmungen, die einen nicht im völligen Temperaturgleichgewicht befindlichen Körper erfüllen, beschreibt man für eine Stelle des Feldes durch den Wärmefluß, einen Vektor $\boldsymbol{q}$, der durch seine Richtung die Richtung der Wärmeströmung und durch seinen absoluten Betrag ihre Stärke oder Intensität angibt. Diese wird durch die Wärmemenge gemessen, die an der untersuchten Stelle in der Zeiteinheit die Einheit eines Flächenstückes senkrecht zur Strömungsrichtung durchfließt. Dieser Vektor kann als die Wärmestromdichte eines eine Fläche durchfließenden Wärmestromes angesehen werden, deren Einheit W/m² , also eine auf die Fläche bezogene Leistung ist.

$$\text{Watt m}^{-2} = \text{Joule m}^{-2}\,\text{sec}^{-1} = 2{,}38844 \cdot 10^{-4}\,\text{kcal m}^{-2}\,\text{sec}^{-1}$$

3.3 Thermische Eigenschaften und Anforderungen

Das Feld der Wärmestromdichte und das Temperaturfeld hängen durch den Temperaturanstieg oder Temperaturgradienten (grad ϑ), einen Vektor, zusammen, dessen Richtung die Richtung stärkster Änderung der Temperatur und dessen absoluter Betrag gleich dem Wert der Temperaturänderung pro Längeneinheit in Richtung des Weges ist. Da die Wärme erfahrungsgemäß in Richtung des negativen Temperaturgradienten, des Wärmegefälles in Kelvin (K), fließt und die Wärmestromdichte diesem proportional ist, so lautet, die dem Ohmschen Gesetz ähnliche Grundgleichung der Wärmeleitung

$$\boldsymbol{q} = \lambda(-\operatorname{grad}\vartheta) = -\lambda\operatorname{grad}\vartheta$$

Der Proportionalitätsfaktor λ ist eine skalare Größe, heißt die Wärmeleitzahl des Stoffes und ist nach seinem Wert von Natur und physikalischem Zustand des das Feld erfüllenden Körpers abhängig. Ihre Einheit ist W/Km, also eine Leistung bezogen auf Temperatur und Weglänge. Es ist

$$1\ \mathrm{cal}/(\mathrm{cmsK}) = 418{,}68\ \mathrm{W/Km}\ ,$$

sowie

$$1\ \mathrm{kcal}/(\mathrm{mhK}) = 1{,}163\ \mathrm{W}/(\mathrm{Km})\ .$$

Behandelt man die Aufgabe, die Temperaturverteilung in einem Körper für beliebige Zeiten aus den Anfangs- und Grenzbedingungen zu berechnen, und setzt man den Körper homogen, isotrop und als frei von Wärmequellen voraus, so lautet die Gleichung

$$\frac{\mathrm{d}\vartheta}{\mathrm{d}t} = a\Delta\vartheta$$

(ϑ Temperatur, t Zeit, Δ Laplacescher Operator,

$$\Delta = \frac{\partial^2}{\partial x^2} \frac{\partial^2}{\partial y^2} \frac{\partial^2}{\partial z^2}\Big)\ .$$

Dabei bezeichnet man a als Temperaturleitfähigkeit mit der Einheit $1 \cdot \mathrm{m^2/s}$.

Die Temperaturleitfähigkeit ist daher maßgebend für den zeitlichen und örtlichen Ablauf von Temperaturänderungen. Sie ist von der Temperatur und vom Druck abhängig.

Mit der Wärmeleitfähigkeit λ steht die Temperaturleitfähigkeit a in der Beziehung $a = \lambda/(c_p\varrho)$, worin c_p die spezifische Wärme bei konstantem Druck und ϱ die Dichte des Stoffes (Raumgewicht) ist.

Für Wärmeleitfähigkeit und Temperaturleitfähigkeit seien folgende Vergleichszahlen genannt:

Tabelle 3.9

Zwischen 20 °C und 100 °C	Wärmeleitfähigkeit kcal/m · h · K	Temperaturleitfähigkeit m²/h
Organische Isolierstoffe	0,07 – 0,7	0,0003 – 0,0008
Anorganische Isolierstoffe	0,3 – 3,5	0,0015 – 0,008
Porzellan	1,0 – 1,4	0,0021 – 0,0029
Steatit	2,0 – 2,4	0,0039
Flußstahl	45	0,05 – 0,058
Aluminium	175	0,34
Kupfer	300	0,38 – 0,4
Silber	360	0,63

3.3.5 Temperaturwechselbeständigkeit und thermische Beanspruchung

Unter Temperaturwechsel versteht man das Auftreten von zeitlichen und räumlichen Temperaturdifferenzen, die zu mechanischen Spannungen führen können. Diese Spannungen können zum Bruch des keramischen Körpers führen oder sich äußeren mechanischen Lasten überlagern und die Beanspruchungsfähigkeit des Körpers durch mechanische Lasten verändern. Man möchte solche Körper nach ihrer Temperaturwechselbeständigkeit, ihrem Widerstand gegen Temperaturwechsel oder ihrer Temperatursturzempfindlichkeit beurteilen. Die Temperaturwechselbeständigkeit spielt beim Brennen keramischer Materialien, bei der Prüfung und selbstverständlich unter Betriebsbedingungen eine wesentliche Rolle. Bezüglich der thermischen Grundlagen sei auf die Arbeiten von W. R. Buessem [12, 13] hingewiesen.

Manchmal besteht der Eindruck, daß es eine fundamentale Materialeigenschaft „Temperaturwechselbeständigkeit" oder auch „Temperatursturzempfindlichkeit" gibt. Wenn das der Fall wäre, müßte es möglich sein, eine Rangordnung aller spröden Materialien hinsichtlich dieser Eigenschaft zu ermitteln. Sie müßte weder von der Art und Weise des Temperaturwechsels, noch von Form und Abmessung oder anderen Parametern abhängig sein.

Die praktischen Erfahrungen zeigen, daß von einer Materialkonstanten „Temperaturwechselbeständigkeit" nicht gesprochen werden kann, sondern daß eine Abhängigkeit von einer Vielzahl von Faktoren, wie Körperabmessung, Körperform, Oberfläche in Bezug auf Wärmeübergang und von physikalischen Materialeigenschaften vorhanden ist.

In den 50er Jahren haben in Amerika Bradshaw, Cheng, Crandall, u. a. theoretische Untersuchungen durchgeführt, die sich auf die Gesetze der Wärmeübertragung stützen und eine allgemeinere Gültigkeit anstreben. Sie gehen darauf hinaus, für die qualitative Beschreibung der Temperaturwechselbeständigkeit für bestimmte Voraussetzungen gültige Konstanten zu ermitteln. Vorausgenommen kann gesagt werden, daß mindestens drei unabhängige Konstanten nötig sind, die ihrerseits auf sieben fundamentale Materialkonstanten zurückgeführt werden können.

Betrachtet wurden speziell die Verhältnisse von Temperaturwechsel
bei sehr großer und
bei sehr kleiner Wärmeübergangszahl,
bei konstanter Abkühlungsgeschwindigkeit,
bei mittleren Wärmeübergangszahlen.

Es ergibt sich, daß dünne Scherben im Brennvorgang durch konstante Abkühlung nicht zerstört werden können und daß die in technischen Öfen auftretenden Spannungen für kleine und mittlere Scherbenstärken ziemlich harmlos sind. Bei dicken Scherben wird die Bruchgefahr größer. Es berechnet sich, z. B. für eine Scherbenstärke von 20 cm, bei Porzellan eine kritische Abkühlungsgeschwindigkeit von 66 °C/h. Für die Abschätzung der nach dem Brand bestehenden inneren Spannungen gelten folgende Überlegungen. In der Nähe der Brenntemperatur befinden sich die meisten keramischen Massen in einem Zustand plastischer Verformbarkeit, so daß Wärmespannungen durch Fließen verschwinden. Regelt man die hier vorausgesetzte konstante Abkühlungsgeschwindigkeit bereits bei diesem Temperaturbereich ein und läßt man sie unverändert, bis die Oberfläche des Körpers Zimmertemperatur angenommen hat, erfolgt die Abkühlung im wesentlichen ohne Wärmespannungen. Dabei geht der Körper vom plastischen in den spröden Zustand über. Wenn nun anschließend das Innere des Körpers allmählich der umgebenden Raumtemperatur zustrebt, so bilden sich Spannungen aus. Dabei herrschen in der Oberfläche Druckspannungen, in der Mittelebene Zugspannungen, die halb so groß sind wie die Oberflächenspannung. Im allgemeinen sind diese inneren Spannungen klein und haben eine günstige Wirkung auf das mechanische Verhalten des Körpers.

Bei einem Wiederaufheizen ist die Temperaturwechselfestigkeit um den im Inneren herrschenden Wert der Zugspannung geringer. In ungünstigen Fällen ist also ein Wiederaufheizen, z. B. um die Glasur nachzubrennen, gefährlich und kann zum Bruch des Körpers führen.

Die in der Typentafel DIN 40 685 genannten Vergleichszahlen lassen keine Absolutbeurteilung zu und sind unter den in diesem Abschnitt ausgeführten Gesichtspunkten zu beurteilen und zu bewerten.

3.3.6 Kriechstrom- und Lichtbogenfestigkeit

Kriechstrom ist ein Strom, der sich zwischen gegeneinander unter Spannung stehenden Teilen auf der Oberfläche eines im trockenen, sauberen Zustand gut isolierenden Stoffes infolge Anwesenheit von leitfähigen Verunreinigungen ausbildet. Der in der äußeren Fremdschicht verlaufende Kriechstrom kann örtlich und zeitlich wechselnde kleine Lichtbögen bilden, welche die Isolierstoffoberfläche thermisch belasten. Kriechströme rufen auf nicht kriechstromfesten Isolierstoffen Kriechspuren vornehmlich in Form von Verkohlungen hervor, die die Funktionstüchtigkeit der Isolation eines Gerätes zunichte machen und sogar zu Bränden führen können. Unter Kriechweg versteht man die lückenlose Aneinanderreihung von Kriechspuren, durch die eine leitende Verbindung zwischen den gegeneinander unter Spannung stehenden Teilen auf der Oberfläche des Isolierstoffes hergestellt wird. Kriechstromfestigkeit ist die Widerstandsfähigkeit des Isolierstoffes gegen Kriechspurbildung.

Keramik enthält keinen Kohlenstoff, erleidet unter Einwirkung eines elektrischen Funkens keine Veränderungen seiner Oberfläche, die zum Entstehen eines leitenden Kriechweges führen, und besitzt eine der wichtigsten Eigenschaften elektrotechnischer Isolierstoffe, nämlich Kriechstromfestigkeit, auch unter ungünstigsten Bedingungen. Während organische Isolierstoffe einer Prüfung auf Kriechstromfestigkeit unterzogen werden müssen, ist nach VDE 0335 eine Prüfung der kriechstromfesten keramischen Isolierstoffe nicht notwendig.

Ein elektrischer Lichtbogen in der Umgebung von Isolierteilen führt größere Wärmemengen an den Isolierstoff heran als Kriechströme. Unter Lichtbogenfestigkeit versteht man das Maß, in welchem ein Isolierstoff durch Einwirkung eines Lichtbogens bei niedriger Spannung dauernd oder vorübergehend an der Stromleitung teilnimmt oder verändert wird. Die Lichtbogenfestigkeit ist durch Zahlenwerte nicht zu kennzeichnen. Sie hängt stark von den elektrischen und räumlichen Verhältnissen des elektrischen Lichtbogens ab und ist thermisch ein Problem der Temperaturwechselbeständigkeit. In der Typentafel DIN 40 685 sind Angaben vorhanden, die auf Grund der Vorschriften VDE 0335 ermittelt sind.

3.4 Sonstige physikalische Eigenschaften

Für alle keramischen Werkstoffe ist ihre Beständigkeit hervorzuheben. Alterungserscheinungen, wie sie z. B. bei organischen Isolierstoffen oder Metallen vorkommen, unterliegen sie nicht. Kristallografische Umwandlungen treten beim Durchfahren einer Temperaturschleife in reversibler Form auf, d. h. ohne bleibende Änderungen der Maße und Eigenschaften. So zeigen quarzreiche Werkstoffe die für die verschiedenen Formen der kristallisierten Kieselsäure bekannten Volumenänderungen entsprechend dem Anteil der vorhandenen SiO_2-Modifikationen im Gefüge. Beim Porzellan werden z. B. schwache Richtungsänderungen in der Ausdehnungskurve bei einigen dieser Umwandlungspunkte beobachtet. In Steatitmassen ist der Effekt nur sehr schwach vorhanden. Die gelegentlich bei besonders hochgebrannten Steatitmassen beobachtete Umwandlung des Gefüges von Protoenstatit in Enstatit, die mit einem Härteverlust verbunden ist, wird bei den heutigen Steatitmassen durch die stabilisierende Wirkung der Glasbasis vermieden [14]. Die Gefügeänderungen bei manchen Titanaten, die sich in einer Änderung des dielektrischen Verhaltens äußern, wurden bereits im Abschnitt 1.3 beschrieben. Auch sie sind reversibel. Mit dem Fehlen jeder bleibenden Änderung ihrer Eigenschaften als Folge eines Zeit- oder Temperatureinflusses erfüllen die keramischen Werkstoffe eine wichtige Forderung der Technik.

Die Rohdichte der meisten keramischen Werkstoffe liegt niedriger als die der üblichen Konstruktionsmetalle, sogar als die des Aluminiums.

Bei keramischen Isolatoren ist die Glasurfarbe im allgemeinen braun oder weiß und richtet sich nach DIN 40686, bei genormten Isolatoren nach den Angaben der betreffenden Normen. Bei zeichnungsmäßig festgelegten und bestellten Isolatoren richtet sie sich nach den Angaben in den zugrunde liegenden Zeichnungen, die auf Vereinbarung zwischen Besteller und Hersteller beruhen sollen.

Bei brauner Glasurfarbe soll entsprechend DIN 40686 eine Tönung nach RAL angestrebt werden. Es ist allerdings nicht möglich, immer den gleichen Farbton zu erreichen, da die Eigenarten des keramischen Brandes und die Verschiedenheit der in der Industrie angewandten Ofentypen eine gewisse Breite in der zulässigen Toleranz des Farbtones erforderlich machen. Bezüglich dieser Toleranzen für die Einhaltung der Tönung und die Einflußfaktoren, die eine enge Tolerierung verhindern, sei an die Hersteller von keramischen Isolatoren verwiesen.

Als bevorzugte Glasurfarben[1] *gelten:*

a) für Installationsteile: farblos, weiß, braun und schwarz;
b) für Isolier- und Aufbauteile der Hochfrequenztechnik: farblos;
c) für Niederspannungs-Geräteteile: farblos, weiß, braun und schwarz;
d) für Hochspannungs-Geräteteile bis 30 kV: weiß und braun;[2]
e) für Hochspannungs-Geräteteile über 30 kV: braun[2].

---

[1] Einfluß der Glasur auf die mechanische Festigkeit siehe DIN 40 685.
[2] Farbe braun RAL 8016 ist anzustreben (nach RAL-Farbregister 840 HR zu beziehen durch Beuth-Verlag, 1 Berlin 30 und 5 Köln).

Für Fernmeldeanlagen sind verschiedene Farben zulässig.

Da Normen nur eine Empfehlung darstellen, sind Abweichungen zulässig, z. B. hinsichtlich des Farbtones, die gegebenenfalls zwischen Hersteller und Verbraucher vereinbart werden können.

Die Kennzeichnung von Oberflächen erfolgt nach DIN 140, DIN 3141, DIN 3142, DIN 4760, DIN 4761, DIN 4762, DIN 4763, DIN 4768.

Hinsichtlich der akustischen Eigenschaften von keramischen Stoffen sei auf die Abschnitte 5.4.3 und 5.4.5 hingewiesen.

Die keramischen Werkstoffe sind diamagnetisch mit Ausnahme der im Kapitel 7 behandelten keramischen Magnetika (Ferrite).

Elektrostriktion und Magnetostriktion als kennzeichnende physikalische Eigenschaften der piezoelektrischen und piezomagnetischen keramischen Stoffe sind im Kapitel 8 behandelt.

3.5 Chemische Eigenschaften

Die keramischen Stoffe zeigen eine hervorragende Beständigkeit gegenüber Gasen, Dämpfen, Flüssigkeiten und festen Stoffen selbst bei erhöhter Temperatur. Die Bestandteile der Atmosphäre üben keinerlei Wirkung aus. Bekanntlich gehören guterhaltene Erzeugnisse der Töpferkunst zu den bemerkenswertesten Dokumenten der ältesten Kulturperioden. Lagerung im feuchten Erdreich, in Mooren, in Süß- und Salzwasser hat keine nennenswerte Zerstörung bewirkt. Die Bewährung als Baustoff in der chemischen Industrie zeigt die hohe Beständigkeit gegenüber Säuren und Laugen. Nur Flußsäure und heiße konzentrierte Phosphorsäure vermögen die keramischen Erzeugnisse anzugreifen. Gegen das heute in der elektrischen Isoliertechnik eine große Rolle spielende, sich fast so indifferent wie Stickstoff verhaltende Schwefelhexafluorid (SF_6), mit dem diese als Isolatoren und isolierende Behälter in elektrischen Geräten und Schaltanlagen in Verbindung kommen, sind keramische Stoffe absolut beständig. Den üblichen Mineralsäuren, wie Salz-, Schwefel- und Salpetersäure, ebenso wie organischen Säuren widerstehen die keramischen Produkte. Auch hochgebrannte Glasuren sind säurefest. Niedriggebrannte Bleiglasuren werden durch Mineral- und Essigsäure in geringem Maße angegriffen, wenn die Zusammensetzung ungeeignet ist. Es gibt aber Schmelzglasuren, z. B. für Steatit, die dem Angriff mäßig konzentrierter Säure auf die Dauer widerstehen. Alkalische Lösungen bei erhöhter Temperatur und Konzentration bewirken eine allmähliche Zersetzung des Scherbens wie der Glasur. TiO_2-reiche Werkstoffe sind wesentlich beständiger gegenüber Alkalien als silikatische Werkstoffe. Hochgespannter Wasserdampf, etwa in Elektrodampfkesseln, wirkt ähnlich wie Lauge geringerer Temperatur und geringeren Druckes, indem die Oberfläche von Isolatoren langsam zermürbt wird. Schmelzende Alkalien bewirken eine schnelle Zersetzung. Salzniederschläge in der Nähe der Meeresküste und die verschiedensten Staubarten der Industrie greifen keramische Oberflächen nicht an.

Weiter ist bemerkenswert, daß die keramischen Werkstoffe durch Einwirkung hoher Temperaturen keine chemischen Veränderungen erfahren. Schon die hohen Entstehungstemperaturen von über 1200 °C, vielfach von 1300 bis

1400 °C und mehr, lassen diese ungewöhnliche Wärmebeständigkeit verständlich erscheinen. Da außerdem im Vergleich zu Metallen die Silikate erst bei wesentlich höheren Temperaturen Kristallwachstum und Neukristallbildungen zeigen, sind die keramischen Werkstoffe als frei von Alterungs- und Ermüdungserscheinungen auf Grund chemischer oder kristallografischer Umwandlungen zu bezeichnen. Wenn bei keramischen Isolatoren fälschlicherweise von Alterung und Ermüdung gesprochen wird, handelt es sich immer um Änderungen im Zusammenbau mit Metallarmaturen, bei denen die räumliche Anordnung der Teile zueinander sich ändert oder die metallenen oder Kittwerkstoffe altern, nicht aber um chemische Änderungen des keramischen Werkstoffes [79].

Eine Folge der chemischen Beständigkeit der keramischen Werkstoffe ist auch ihre Unveränderlichkeit durch elektrische Entladungen. Enthält der Werkstoff erhebliche Feldspatmengen und damit auch Alkali, so können bei erhöhter Temperatur und hoher Gleichspannung, wie sie etwa bei Gleichrichterisolatoren auftreten können, elektrolytisch hervorgerufene Veränderungen in Form von Alkaliabscheidungen an der Kathode eintreten. Titanoxidreiche Massen können bei Überschlägen hoher Leistung Lichtbogenspuren in Form dunkler Streifen zeigen, als Folge einer geringen oberflächlichen Sauerstoffabspaltung des TiO_2. Eine Verminderung der Güte ist damit nicht verbunden.

Auch eine Folge der guten chemischen Beständigkeit der keramischen Werkstoffe ist der Umstand, daß sie keine Veränderungen an Stoffen hervorrufen, die unter verschiedenen Bedingungen mit ihnen in Berührung stehen. Es ist bekannt, daß Porzellangefäße keinerlei Bestandteile an Wasser abgeben, das in ihnen gekocht wird, während z. B. aus vielen Gläsern und Metallen Ionen in darin befindliche wäßrige Flüssigkeiten übergehen.

Auch haben die keramischen Werkstoffe keine korrodierende Wirkung auf mit ihnen in Berührung stehende Metalle. Von den Werkstoffen der Gruppe 500 nach DIN 40685 getragene Heizleitermetalle werden im Bereich der praktisch vorkommenden Temperaturen von ihnen nicht angegriffen. Selbst wenn die Isolierstoffe durch einen gewissen Gehalt an Eisenoxid bräunlich gefärbt sind, ist das Eisenoxid nicht aggressiv, da es durch den Brand in Eisensilikat übergegangen ist, das die Metalle nicht mehr angreifen kann. Selbst Cr–Fe–Al-Heizleiter nach DIN 17470 werden durch tonerdereiche Silikate nach 20 × 10 h Erhitzung bei 1300 °C nicht angegriffen [2].

4. Prüfung technischer und elektrotechnischer keramischer Werkstoffe und Erzeugnisse

4.0 Allgemeines

Die technischen und elektrotechnischen keramischen Werkstoffe sind in DIN 40685 Blatt 1/VDE 0335 Teil 1/9.74 mit ihren kennzeichnenden Eigenschaften aufgeführt. Zur Prüfung Blatt 1/Teil 1 dieser Eigenschaftswerte besteht DIN 40685 Blatt 2/VDE 0335 Teil 2/9.74 VDE-Bestimmungen für keramische Isolierstoffe Prüfverfahren, nach denen die Prüfungen keramischer Werkstoffe einheitlich durchgeführt werden.

Die Prüfungen nach diesen Vorschriften werden an Werkstoffproben festgelegter Abmessungen ausgeführt und nicht an fertigen Erzeugnissen, z. B. Isolatoren. Festgestellte Werte gelten deshalb auch nur für die Probekörper und lassen sich nicht ohne weiteres auf Körper anderer Form und Größe übertragen. Sie dienen lediglich der Festellung der Art des Werkstoffes und dem Vergleich verschiedener Werkstoffe untereinander.

Wie in Deutschland die VDE-Vorschriften für die Prüfung fertiger Erzeugnisse keramischer Isolatoren bestehen, so haben die führenden Industrieländer in Europa Prüfvorschriften und Standards. In den USA bestehen Vorschriften der ASTM (American Society for Testing and Materials), die bei der American Standards Association Incorporated, New York und The American Institute of Electrical and Electronic Engineers, New York zu beziehen sind. Auch Canada hat eigene Vorschriften.

Daneben bearbeitet und veröffentlicht die Internationale Elektrotechnische Kommission (IEC) Prüfvorschriften und Normen von verschiedenen Isolatorengruppen, an denen fast alle Industriestaaten der Erde gemeinsam teilnehmen.

Das „Bureau Central de la Commission Electrotechnique Internationale" befindet sich 1, rue de Varembé, Genève (Suisse), wo die Publicationen bezogen werden können.

In Deutschland bestehen auch für fertige Erzeugnisse von keramischen Isolatoren VDE- und FNE-Vorschriften, Leitsätze, Regeln und Richtlinien. Allmählich kommt man dazu, bestehende Ländervorschriften mit den IEC-Vorschriften zu harmonisieren und weitere IEC-Vorschriften auf Grund bereits bestehender Ländervorschriften oder neu in „Spiegelkommissionen" zu erarbeiten.

Eine systematische Zusammenstellung aller Normblätter und Vorschriften, die sich auf keramische Werkstoffe, Isolierteile und Isolatoren beziehen, befindet sich im Informationsblatt Nr. 10, das von der technischen Kommission des Verbandes der Keramischen Industrie e. V. Fachgruppe „Technische Keramik" 8672 Selb (Bayern) herausgegeben ist und dort bezogen werden kann.

Man unterscheidet folgende Arten von Prüfungen:

Die *Stückprüfung* (routine-test), die dazu dient festzustellen, daß die geforderten Kennwerte erfüllt sind, um etwa vorhandene Werkstoffe- und Herstellungsfehler aufzufinden. Sie wird an jedem einzelnen Stück der Liefermenge vorgenommen. Die Verwendbarkeit eines einwandfreien Prüflings wird durch die Stückprüfung nicht beeinträchtigt.

Die *Stichprobenprüfung* (sample-test) dient zur Überwachung der laufenden Fertigung und zum Nachweis bestimmter Eigenschaften. Sie stellt über den Rahmen der Stückprüfung hinausgehende Anforderungen und weitere mechanische und elektrische Kenngrößen fest und wird an einzelnen, beliebig auszuwählenden Isolatoren bzw. Isolierkörpern repräsentativ für eine Gesamtmenge vorgenommen. Die Stichprobenprüfung kann die Verwendbarkeit der Prüflinge beeinträchtigen.

Die *Typenprüfung* (type test) dient dem Nachweis, daß der Isolierkörper oder Isolator festgelegten Bestimmungen entspricht. Die Typenprüfung besteht aus den in diesen Bestimmungen für den Isolatortyp zum Nachweis der einzelnen Anforderungen angegebenen Einzelprüfungen an Prüflingen, die nach Abschluß der Entwicklung aus der Fertigung entnommen sind. Die Typenprüfung kann die Verwendbarkeit des Prüflings beeinträchtigen.

Sowohl für die Überwachung der laufenden Fertigung und zur Vermeidung von eingetretenen Fehlern bei folgenden Stücken in der Einzelfertigung und auch in der Serien- und Massenfabrikation als auch für die Prüfung von Isolatoren und Isolierkörpern auf ihre Qualität bei der Abnahme kommen hinsichtlich der Intensität der Prüfung vom Grenzfall „keine Prüfung" über „Stichprobenprüfung" in verschiedenem Umfang bis zur „Stückprüfung" in Betracht. Es sei auf statistische Auswertungsverfahren und statistische Qualitätskontrolle besonders hingewiesen [18, 19, 84].

Erzeugnisse, die einen geringen Wert darstellen und deren Einsatz keine weittragenden Folgen hinsichtlich Zuverlässigkeit im Betrieb und Sicherheit gegen Gefahren bedeuten, können unter Umständen ohne zusätzliche Prüfungen zur Lieferung und zum Einsatz kommen, um dadurch Kosten zu sparen. Dabei verläßt man sich auf das mehr oder weniger sorgfältige Fertigungsverfahren, wobei Vertrauen zum Hersteller und Wertschätzung des Erzeugnisses die einzige Garantie sind.

Für Isolatoren und Isolierkörper, bei denen jedes Stück die Gewähr bieten muß, daß es den Anforderungen entspricht, ist die Stückprüfung die in Betracht kommende Prüfung.

Bei Stücken, die auf eine Forderung auf ausreichende Güte nicht verzichten können, bei denen aber der Ausfall einzelner Stücke betrieblich und sicherheitstechnisch vertretbar ist und bei denen mit Rücksicht auf Wirtschaftlichkeit sich eine Stückprüfung verbietet, wendet man eine Stichprobenprüfung an.

Diese kann darin bestehen, daß man nur einzelne Stücke den Lieferungslosen entnimmt, um sich an diesen einen Eindruck davon zu verschaffen, ob die gestellten Forderungen erfüllt sind.

Bei kleinen Stückzahlen zu liefernder Posten wird man an einer entweder allgemein (durch Vorschrift) oder durch Vereinbarung festgelegten Stückzahl oder auch festem Prozentsatz eine Stichprobenprüfung durchführen.

Da z.B. bei insbesondere größeren Geräteisolatoren diese Voraussetzung meist zutrifft und damit eine ausreichend gesicherte Aussage erreicht wird, ist in VDE 0674 für mechanische Prüfungen festgelegt, daß die vorgesehenen Prüfungen an mindestens 4 Prüflingen vorgenommen werden.

Siehe auch: DIN 55302 Statistische Auswertungsverfahren, Deutsche Arbeitsgemeinschaft für Statistische Qualitätskontrolle ASQ (AWF 4 beim AWF, Frankfurt).

4.1 Elektrische Prüfungen

4.1.1 Durchschlagspannung und Durchschlagfestigkeit

Zur Bestimmung der Durchschlagspannung und der Durchschlagfestigkeit, der Stehspannung und der n-Minuten-Prüfspannung zur Beurteilung der Spannungsfestigkeit von Isolierstoffproben als Vergleichsmessungen und Kennwertsmessungen gelten die Bestimmungen VDE 0303 Teil 2 und für keramische Isolierstoffe mit Vorrang die Bestimmung VDE 0335 Teil 2. Sinngemäß können diese Bestimmungen auch für Prüfungen an Isolierteilen für elektrische Betriebsmittel angewendet werden.

Bei Isolatoren nimmt bei Scherbendicke von 10 bis etwa 40 mm die Durchschlagfestigkeit mit zunehmender Scherbendicke ab (s. Abb. 3.20). Temperaturen von -30 °C bis $+40$ °C sind ohne Einfluß auf die Durchschlagfestigkeit der dichten keramischen Werkstoffe. Werden Betriebstemperaturen außerhalb des genannten Bereiches verwendet, so empfiehlt sich die Bestimmung der Durchschlagfestigkeit bei diesen Temperaturen.

Für die Durchschlagsprüfungen unter Öl ist die Verwendung von Transformatorenöl unzweckmäßig, weil bei Steigerung der Spannung die im Öl auftretenden Vorentladungen einen zu niedrigen Durchschlagswert des Isolators vortäuschen können. Besser geeignet sind Öle mit einem gegenüber Transformatorenöl geringeren Durchgangswiderstand, z.B. chinesisches Holzöl, Braunkohlenteeröl [30].

Bei großen Isolierkörpern ist es nach VDE 0674 Teil 1, § 15 für Hohlisolierkörper ohne Kleb- oder Garnierstellen empfohlen und für solche mit Kleb- oder Garnierstellen erforderlich, eine Stückprüfung der Wandungen und Kleb- und Garnierstellen auf Spannungsfestigkeit vorzunehmen. Die Höhe der Wechselspannung ist so zu wählen, daß eine Prüffeldstärke von mindestens 20 kV/cm entsteht.

Als Stichprobenprüfung sind Stützenisolatoren (Typ B und VDE 0446, Teil 1, § 4) mit Innenbefestigung und Kappenisolatoren nach VDE 0446 in gereinigtem und trockenem Zustand der Durchschlagprüfung zu unterziehen. Diese Prüfung kann mit Stoßspannung nach VDE 0433 Teil 3 oder mit Wechselspannung durchgeführt werden. Bei Stoßspannung ist der Isolator je 20 Spannungsstößen mit positiver und negativer Polarität auszusetzen. Der Scheitelwert der Stoßspannung soll den zweifachen Wert der Stehstoßspannung des Isolators haben. Bei Prüfung mit Wechselspannung werden die Prüflinge in einen Behälter mit flüssigem Isoliermittel von nach Möglichkeit einem Widerstand von 10^6 bis 10^7 $\Omega \cdot$m getaucht, das geeignet ist, Vorentladungen zu vermeiden. Dabei ist VDE 0446, Teil 1, § 28 (Durchschlagfestigkeit) zu beachten.

Die Prüfung auf elektromechanische Festigkeit wird bei Kettenisolatoren des Typs B aus keramischem Werkstoff nach VDE 0446, Teil 1, § 29 durchgeführt. Die elektrische Entladung dient dabei als Anzeige des mechanischen Fehlers.

Als Stückprüfung sind Ketten- und Stützenisolatoren des Typs B aus keramischem Werkstoff einer Wechselspannungsprüfung zu unterziehen nach VDE 0446, Teil 1, § 40. Bei Kettenisolatoren wird diese Prüfung nach der mechanischen Prüfung vorgenommen, um hierbei beschädigte Isolatoren auszuscheiden (Bottichprüfung). Die Prüfspannung soll etwa 95% der durch die Prüfanordnung gegebenen Trocken-Überschlagspannung betragen und ohne Unterbrechung mindestens 5 min anliegen.

4.1.2 Dielektrizitätszahl und dielektrischer Verlustfaktor

Die Ausführungen dieses Abschnitts sollten in Zusammenhang mit Abschnitt 3.1 (Elektrische Eigenschaften und Anforderungen) und den Abschnitten 5.2 und 5.5 betrachtet werden.

Für die Ermittlung der Dielektrizitätszahl (DZ) $\varepsilon_r' = \varepsilon_r$, des dielektrischen Verlustfaktors $\tan \delta$ und der dielektrischen Verlustzahl (DV) ε_r'' von Isolierstoffen gelten die Bestimmungen VDE 0303, Teil 4, die sachlich mit DIN 53483 übereinstimmen, wobei für Isolierstoffarten, für die besondere VDE-Bestimmungen vorliegen, diese mit Vorrang gelten. (Hierzu auch DIN 1324 Jan. 72 Elektrisches Feld, Begriffe).

Die dielektrischen Eigenschaften der Isolierstoffe hängen von verschiedenen äußeren und inneren physikalischen Einflüssen ab, z.B. Frequenz, elektrischer Feldstärke, Temperatur, Feuchte, mechanischen Spannungen, ionisierender Strahlung, Homogenität bzw. Isotropie. Insbesondere bei inhomogenen oder anisotropen Stoffen kann eine unterschiedliche Orientierung der Vorzugsrichtung in Bezug auf die Richtung der elektrischen Meßfeldstärke zu verschiedenen Meßergebnissen führen. Aus diesen Gründen sollte die Prüfung der dielektrischen Eigenschaften der Isolierstoffe den Bedingungen bei deren Anwendung in elektrischen Anlagen und Betriebsmitteln entsprechen. Darüber hinaus kann die Aufnahme der Frequenz- oder Temperaturabhängigkeit der Dielektrizitätszahl und des Verlustfaktors Aufschlüsse über die chemische und physikalische Struktur des Isolierstoffes geben. Für die Prüfung dielektrischer Eigenschaften können Messungen bei festgelegten Frequenzen und Behandlungen der Proben im Hinblick auf die Anwendung des Isolierstoffes durchgeführt werden. Als Frequenzen sind zu bevorzugen 50 Hz, 1 kHz und 1 MHz.

Als *Dielektrizitätszahl* ε_r (relative permittivity) eines Isolierstoffes gilt der Quotient aus der Kapazität C_x eines Kondensators — dessen Abmessungen klein sind gegenüber der Meß-Wellenlänge des Feldes innerhalb der Probe und bei dem der Raum zwischen den Elektroden völlig mit dem betreffenden Isolierstoff ausgefüllt ist — und der Kapazität C_0 der Elektrodenanordnung im Vakuum:

$$\varepsilon_r = C_x/C_0 \,.$$

Als *dielektrischer Verlustfaktor* $\tan \delta$ (dissipation factor) eines Isolierstoffes gilt der Tangens des Fehlwinkels (Verlustwinkels) δ, um den die Phasenverschiebung zwischen Strom und Spannung im Kondensator von $\pi/2$ abweicht, wenn das Dielektrikum des Kondensators ausschließlich aus dem Isolierstoff besteht.

Bei der Messung des dielektrischen Verlustfaktors werden Strom und Spannung als sinusförmig vorausgesetzt. Ihr Oberwellengehalt darf 1% nicht übersteigen.

In vielen Fällen und besonders bei höheren Frequenzen bereitet die Messung der Phasenverschiebung zwischen Strom und Spannung Schwierigkeiten. Die gegebene Definition des Verlustfaktors $\tan \delta$ läßt sich dann allgemein durch folgende ersetzen: Der Verlustfaktor eines Volumens ist der 2π-fache Quotient aus der in diesem Volumen in einer Halbperiode in Wärme umgesetzten und der darin reversibel gespeicherten mittleren elektrischen Energie.

Der Kehrwert des Verlustfaktors $\tan \delta$ wird als *Güte* oder *Gütefaktor Q* (quality factor) bezeichnet:

$$1/\tan \delta = Q \, .$$

Jeder verlustbehaftete Kondensator kann durch eine verlustfreie Kapazität und durch einen Widerstand dargestellt werden, der entweder als Parallel — oder als Reihenwiderstand aufgefaßt werden kann. Für beide Fälle ergeben sich verschiedene Werte der Kapazität und des Widerstandes:

$$C_\mathrm{p} = C_\mathrm{s} \frac{1}{1 + \tan^2 \delta} \, ; \quad R_\mathrm{p} = R_\mathrm{s} \frac{1 + \tan^2 \delta}{\tan^2 \delta} \, .$$

Hierin bedeutet: C_p und R_p Größen der Parallelersatzschaltung; C_s und R_s Größen der Reihenersatzschaltung. Der Verlustfaktor ist für beide Ersatzschaltpläne derselbe:

$$\tan \delta = \frac{1}{\omega C_\mathrm{p} R_\mathrm{p}} = \omega C_\mathrm{s} R_\mathrm{s} \, ,$$

wobei $\omega = 2\pi f$ und f die Frequenz ist.

Der Berechnung der Dielektrizitätszahl ist der Parallelersatzschaltplan zugrunde zu legen. Wenn ein Meßgerät die Ergebnisse als Reihenschaltung liefert und $\tan^2 \delta$ zu groß ist, um in den Formeln für C_p und R_p vernachlässigt zu werden, ist vor der Berechnung der Dielektrizitätszahl die Kapazität auf den Parallelersatzschaltplan umzurechnen. Die Kapazitätswerte C_p und C_s weichen voneinander ab:

um weniger als 1%, wenn $\tan \delta < 0{,}10$ und
um weniger als 0,1%, wenn $\tan \delta < 0{,}03$ ist.

Als dielektrische Verlustzahl ε_r'' (loss index) eines Isolierstoffes gilt das Produkt aus Dielektrizitätszahl ε_r und dem Verlustfaktor $\tan \delta$:

$$\varepsilon_\mathrm{r}'' = \varepsilon_\mathrm{r} \tan \delta \, .$$

Die komplexe Dielektrizitätszahl ε_r^* ist mit der Dielektrizitätszahl und der dielektrischen Verlustzahl wie folgt verbunden:

$$\varepsilon_\mathrm{r}^* = \varepsilon_\mathrm{r}' - \mathrm{j} \cdot \varepsilon_\mathrm{r}'' \, ; \quad \tan \delta = \frac{\varepsilon_\mathrm{r}''}{\varepsilon_\mathrm{r}'} \, ; \quad \varepsilon_\mathrm{r} = \frac{\varepsilon}{\varepsilon_0} = \frac{4\pi \cdot \varepsilon'}{4\pi \cdot \varepsilon_0} = \frac{\varepsilon'}{\varepsilon_0} = \varepsilon_\mathrm{r}' \, .$$

Die gegebene Definition läßt sich im Mikrowellengebiet durch folgende ersetzen: Die Dielektrizitätszahl ε_r eines (unendlich ausgedehnten verlustfreien)

Isolierstoffes ist das Quadrat des Quotienten der Ausbreitungsgeschwindigkeit c_0 einer ebenen elektromagnetischen Welle derselben Frequenz im Vakuum (Wellenlänge λ_0) und derjenigen c in einem betrachteten Isolierstoff (Wellenlänge λ_ε).

$$\varepsilon_\mathrm{r} = \left(\frac{c_0}{c}\right)^2 = \left(\frac{\lambda_0}{\lambda_\varepsilon}\right)^2.$$

Die Dielektrizitätszahl der Luft beträgt bei Raumtemperatur unter normalem Druck 1,00058, so daß mit genügender Genauigkeit die Kapazität der in Luft befindlichen Elektrodenanordnung benutzt werden kann. Die Dielektrizitätszahl gibt also mit hinreichender Genauigkeit an, um wieviel die Kapazität C_x eines Kondensators mit einem Dielektrikum größer ist als die Kapazität C_0 desselben Kondensators mit Luft.

Die elektrische Feldkonstante ε_0 (electric constant) beträgt 0,0885419 pF/cm. Die Dielektrizitätskonstante (permittivity) eines Isolierstoffes ist das Produkt aus der Dielektrizitätszahl ε_r und der Dielektrizitätskonstante des leeren Raumes ε_0:

$$\varepsilon = \varepsilon_\mathrm{r}\,\varepsilon_0.$$

4.1.3 Elektrische Widerstandswerte

Da Meßeinrichtungen für Widerstandsmessungen sich für alle Arten von Widerständen eignen, sind die Bestimmung des Durchgangswiderstandes R_D oder des spezifischen Durchgangswiderstandes ϱ_D, des Durchgangswiderstandes R_A bezogen auf die Flächeneinheit, des Widerstandes zwischen Stöpseln R_s und des Oberflächenwiderstandes bei Gleichspannung in VDE 303, Teil 3 zusammengefaßt worden, wobei die Festlegungen in VDE 0335 Teil 2 für keramische Isolierstoffe mit Vorrang gelten. Hier besonders erwähnt seien die Begriffserklärungen und einige Sonderheiten.

Als *Isolationswiderstand* gilt jeder elektrische Widerstand eines Isolierstoffes zwischen zwei Elektroden. Hierbei ist zu unterscheiden zwischen dem Isolationswiderstand im Innern und an der Oberfläche des Isolierstoffes. Der spezifische Durchgangswiderstand ϱ_D in Ω cm kann aus dem Durchgangswiderstand R_D als der Durchgangswiderstand eines Würfels von 1 cm Kantenlänge berechnet werden, wenn es die Gestalt der Elektrode und der Probe gestatten. Der Durchgangswiderstand R_A in Ω cm², bezogen auf die Flächeneinheit, ist das Produkt aus Durchgangswiderstand R_D und dem Nennwert der Elektrodenfläche.

Der Durchgangswiderstand keramischer Isolierstoffe ist von der Temperatur abhängig, so daß die Messung des Durchgangswiderstandes in Abhängigkeit von der Temperatur besonders für die Anwendung in Elektrowärmegeräten von Bedeutung ist. Messungen bei Temperaturen über 200 °C sind nur für keramische Isolierstoffe vorgesehen, da viele andere Isolierstoffe, wie z. B. Kunststoff, derartige Temperaturen nicht aushalten. Wegen der dabei vorhandenen Ionenbeweglichkeit wird der Durchgangswiderstand mit Wechselspannung von 50 Hz aus Strom und Spannung bestimmt. Beim Errechnen aus dem gemessenen Scheinwiderstand kann der vom Probekörper aufgenommene Blindstrom vernachlässigt werden, da er bei hohen Temperaturen im Verhältnis zum Wirkstrom klein ist. Der Scheinwiderstand ist in diesem Fall mit großer Annäherung gleich dem Wirkwiderstand. Bei niedrigen Temperaturen mit Scheinwiderständen

$< 10^8$ Ω muß jedoch der Wirkwiderstand errechnet werden aus der Messung von Dielektrizitätszahl und Verlustfaktor nach der Formel

$$\varrho_\mathrm{D} = \frac{1{,}8 \cdot 10^{12}}{f \varepsilon_\mathrm{r} \tan \delta}.$$

Dabei ist es zweckmäßig, die Widerstandswerte in Abhängigkeit von der Temperatur in einem Kurvenbild einzutragen, bei dem die Ordinate die Logarithmen des spezifischen Durchgangswiderstandes und die Abszisse die Werte $1/T$ angibt (T absolute Temperatur) [59, 64].

4.1.4 Lichtbogenfestigkeit

Die Prüfung dient zur Feststellung, in welchem Maße ein Isolierstoff durch Einwirkung des Lichtbogens dauernd oder vorübergehend an der Stromleitung teilnimmt oder wesentlich verändert wird. VDE 0303 Teil 5 „Bestimmung der Lichtbogenfestigkeit" besteht ebenso wie der für keramische Isolierstoffe geltende Abschnitt in VDE 0335 nicht mehr in der alten Form, in der 6 Stufen gebildet werden, die eine Bewertung von L_1 bis L_6 steigend darstellen, die aber ganz verschiedenartige Merkmale als leitende Brücke unter dem Lichtbogen und nach dem Erkalten und des Verhaltens in problematischer Folge für die Bewertung enthalten. Das bei keramischen Isolierstoffen fast einzig vorkommende Zerspringen ist in der Bewertungsstufe L_2 eingeordnet, ohne daß dafür eine Begründung oder Berechtigung besteht. Das verschiedenartige Verhalten gegen Lichtbogen von Isolierstoffen wie z.B. Kunststoffen und Keramik läßt sich in dieser Form als Stufenbewertung nicht verwenden und bedarf dringend einer Neubearbeitung. Dabei mögen verschiedene Maßstäbe geschaffen werden, die sich z.B. differenziert auf mechanische Zerstörung, thermische Zerstörung, elektrische Zerstörung der Isolierfähigkeit ohne Werturteil untereinander aufteilen und in Beziehung zur Verwendungsfähigkeit gesetzt werden.

4.1.5 Überschlag(spannung). Isoliervermögen. Fremdschicht

Für die Prüfung von Isolatoren müssen bestimmte Festlegungen erfolgen, da die vorkommenden Spannungen nach Verlauf, Dauer und Frequenz sehr verschiedenartig sind, und man eine vergleichbare Grundlage, aber auch die praktisch vorkommenden Verhältnisse berücksichtigende Mindestwerte haben muß.

Nach VDE 0111 sind Wechselspannungsprüfungen mit einer Frequenz zwischen 40 und 62 Hz durchzuführen.

Stoßspannungsprüfungen sind vorzugsweise und wenn nichts anderes festgelegt ist, mit einer Stoßspannung 1,2/50, d. h., mit einer Stirnzeit von 1,2 µs und einer Rückenhalbwertzeit von 50 µs vorzunehmen. Werden kürzere Stoßspannungen benötigt, so ist eine solche mit einer Stirnzeit von 1,2 µs mit einer Rückenhalbwertzeit von 5 µs anzuwenden.

Für Schaltspannungen sind noch keine Festlegungen getroffen. Sie sind bei IEC und bei VDE in Beratung. Für sie kommt ein Bereich für die Stirnzeit von 10 bis 1000 µs und für die Rückenhalbwertzeit 1000 µs bis 5000 µs in Betracht. Es wurde mit Spannungen 500/3000, 500/3500, 600/3000, 520/2600 gearbeitet, die sich auf die bisherigen IEC-Empfehlungen bezogen. Wegen der Festigkeits-

120   4. Prüfung keramischer Werkstoffe und Erzeugnisse

verringerung von Isolatoren bei kürzeren Stirnzeiten tendiert man heute zu kürzeren Werten mit Stirnzeiten von 100 bis 200 μs. Voraussichtlich wird als Prüfwelle sowohl in IEC als auch in VDE 200/2000 μs oder (250 ± 50) μs/ (2500 ± 1500) μs festgelegt werden.

Soweit geforderte oder angegebene Werte von Spannungen vom Luftzustand abhängen, gelten sie für einen Druck von 1013 mbar und eine Temperatur von 20 °C. Diesem Zustand ist die relative Luftdichte $d = 1$ zugeordnet. Beim Einstellen von Prüfspannungen und bei der Messung von Überschlagsspannungen ist der Einfluß der vom Wert $d = 1$ abweichenden relativen Luftdichte zu berücksichtigen.

Es gilt

$$d = \frac{p}{1013 \text{ mbar}} \cdot \frac{273 \text{ °C} + 20 \text{ °C}}{273 \text{ °C} + \vartheta}$$

mit p in mbar und ϑ in °C.

Bei der Angabe von Spannungswerten ist der Wasserdampfgehalt der Luft anzugeben, der bei der Spannungsprüfung gemessen wurde. In der Regel kann von einer Korrektur der gemessenen Spannungswerte abgesehen werden, wenn der Wasserdampfgehalt der Luft im Bereich von 8 bis 14 g/m³ lag. Bei niedrigeren oder höheren Werten ist eine befriedigende Korrektur nur dann möglich,

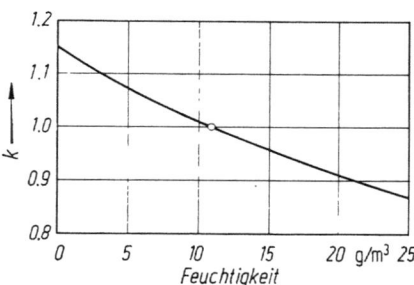

Abb. 4.1. Feuchtigkeits-Korrekturfaktor k. (In Europa geübte Praxis.)

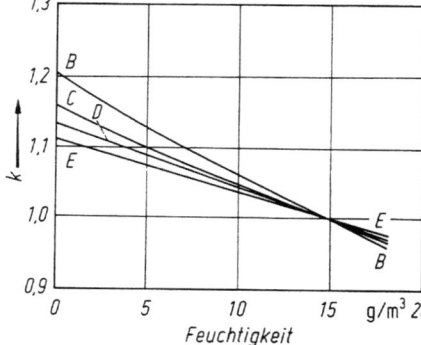

	Industrie-Frequenz	Standard Stoßspannung positiv	negativ
Stab-Funkenstrecken	B	C	D
Hänge-Isolatoren	B	C	D
Geräte-Isolatoren	B	D	E
Durchführungen	B	D	E

Abb. 4.2. Feuchtigkeits-Korrekturfaktor k. (In USA und Canada geübte Praxis.)
Für Spannungen unter 141 kV Spitzenwert ist der Korrekturwert umgekehrt proportional zur Spannung. Für Zeiten unterhalb 10 μs bis zum Durchschlag bei Spannungen oberhalb des 50%-Wertes ist die Korrektur mit der Zeit bis zum Durchschlag abgestuft.

wenn es sich um die Prüfung einfacher Isolieranordnungen handelt (reine Luftstrecken, Stütz- und Hänge-Isolatoranordnungen). Hierfür können die in IEC-Publikation 60 enthaltenen Korrekturkurven für die europäische Praxis (Abb. 4.1) und für die Praxis in USA und Canada (Abb. 4.2) benutzt werden. Der auf den Normalwasserdampfgehalt von 11 g/m³ bezogene Spannungswert ist das k-fache des Spannungswertes, bei dessen Ermittlung der Wasserdampfgehalt vom Normalwert abweichend war. Es entsteht die Frage, wie der heutige Stand der Brauchbarkeit der verschiedenen Verfahren für die Isolationsbemessung ist. International wird der Standpunkt vertreten, daß die Regenprüfung den Anforderungen bei Verschmutzung nicht gerecht wird. Die Einführung einer Fremdschichtprüfung ist notwendig. Man will sogar die Regenprüfung durch eine Fremdschichtprüfung ersetzen.

In der CIGRE wurden die bekannt gewordenen Fremdschicht-Prüfverfahren in Vergleichsversuchen überprüft. Die Ergebnisse stimmen teilweise überein, weichen bei einigen Verfahren aber noch voneinander ab. Trotzdem glaubt man, in dem Verfahren nach VDE 0448 und in dem englischen CERL-Verfahren zwei Methoden zu haben, die eine Prüfung sowohl bei Salzverschmutzung an der Meeresküste als auch bei Industrieverschmutzung mit künstlich aufgebrachten Schichten gestatten. Es bieten sich deshalb Prüfungen der Isolatoren getrennt nach den Gesichtspunkten ,,Salzverschmutzung" und ,,Industrieverschmutzung" an.

Jedoch besteht der Wunsch, in gemeinsamer Zusammenarbeit eine Versuchsmethode in der Richtung zu schaffen, daß durch Vervollkommnung des Salz-Nebel-Versuchs eine universelle Methode für künstliche Verschmutzung entwickelt wird. Über die Idee einer solchen Verallgemeinerung herrscht jedoch noch keine Einigkeit.

International sind also noch keine verbindlichen Empfehlungen, Bestimmungen oder Vorschriften vorhanden. Im Gültigkeitsbereich der Vorschriften des VDE bestehen bis auf weiteres die ,,Vorläufigen Richtlinien für die Untersuchung von Freiluft-Isolatoren für Anlagen und Wechselspannungen über 1 kV unter Fremdschichteinfluß" nach VDE 0443.

Für die elektrische Prüfung von Isolatoren müssen entsprechende Prüfanlagen zur Verfügung stehen. Es handelt sich dabei vornehmlich um Anlagen, die gestatten, die in Betracht kommenden Überschlagsspannungen zu erzeugen, und zwar Wechselspannungen von 50 Hz (40—62 Hz) und Stoßspannungen der genormten Charakteristik (1,2/50; 1,2/5). Da Schaltspannungen als Bemessungsgrundlage für die Isolation von elektrischen Anlagen an Bedeutung gewonnen haben, wird es erforderlich werden, daß auch Prüfgeneratoren dafür zur Verfügung stehen. Es müssen jedoch erst die Bestimmungen über die Bemessung der Isolierung gegen Beanspruchung durch Schaltspannungen, die in Vorbereitung sind, festgelegt sein.

Als empfohlene Daten für Prüftransformatoren sind in VDE 0433 Teil 1 ,,Bestimmungen für die Erzeugung und Anwendung von Wechsel- und Gleichspannungen für Prüfzwecke" Werte für Nennspannungen, Nennströme und Nennleistungen angegeben, (Abb. 4.3). Für die Durchführung der Prüfungen sei im übrigen auf die VDE-Vorschriften VDE 0446, 0674, 0433, 0111 und 0448 verwiesen.

Abb. 4.3. Hochspannungs-Prüffeld (Emil Haefely & Cie. AG, Basel).
Stoßspannungsgenerator 2400 kV, 60 kWs; Prüftransformatoren-Kaskade 1000 kV/1000 kVA; Meßfunkenstrecke 2000 mm Kugeldurchmesser; fahrbare Meßfunkenstrecke 0,5 m Kugeldurchmesser; Scheitelwertmeßgerät 1200 kV; Stoßpotentiometer 2400 kV.

Für Stoßprüfungen müssen Stoßgeneratoren zur Verfügung stehen, die die vorgeschriebenen Stoßspannungen nach den durch VDE 0433 vorgeschriebenen Kenndaten zu erzeugen gestatten. Angaben über Schaltung, Messung und Durchführung von Stoßspannungsprüfungen sind in VDE 0433 vorhanden (Abb. 4.4).

Als weitere Anlagen für die elektrische Prüfung von Isolatoren sind Einrichtungen für die Nachbildung von Fremdschichtbelägen mit Regen-, Sprüh- und Nebelanlagen und eventuell auch Kältekammern notwendig. Empfehlungen hierüber sind in VDE 0448 vorhanden.

4.2 Mechanische Prüfungen

Für die Prüfung keramischer Werkstoffe sind die „Bestimmungen für keramische Isolierstoffe" nach VDE 0335 maßgebend.

Für die Prüfung an Halbfertig- und Fertigerzeugnissen bestehen Bestimmungen VDE 0446 für Freileitungsisolatoren und VDE 0674 für Geräteisolatoren.

Die Isolatoren unterliegen je nach Art und Verwendung verschiedenartigen mechanischen Beanspruchungen. Dementsprechend sind von den folgenden Anforderungen und Prüfbestimmungen jeweils diejenigen auszuwählen, die den vorkommenden Beanspruchungen entsprechen und nach denen die Isolatoren geprüft werden können.

Abb. 4.4. Stoßspannungsgenerator 4 Mill. Volt, 200 kWs und Meßfunkenstrecke (Scheitelwertmeßgerät), Kugeldurchmesser 2000 mm (Emil Haefely & Cie. AG. Basel).

Grundsätzlich ist der Festigkeitsversuch an vollkommen zusammengebauten und betriebsmäßig ausgerüsteten Isolatoren auszuführen.

In den Fällen, in denen mechanische Stückprüfungen vorgeschrieben sind, die Isolatoren jedoch unarmiert geliefert werden, können behelfsmäßige Prüfungen durchgeführt werden. Da diese jedoch nicht in allen Fällen die Gewähr geben, daß die betriebsmäßige Armierung und der betriebsmäßige Einbau die gleichen Ergebnisse zeitigen, so ist in solchen Fällen eine Stückprüfung nach Armierung oder auch nach Zusammenbau des Gerätes vorzunehmen. Dabei ist auf weitgehende Angleichung der behelfsmäßigen Prüfung an die endgültige Prüfung Rücksicht zu nehmen, da die Gewährleistung sich in jedem Falle nur auf die jeweilige Prüfung beziehen kann.

Für die keramische Fertigung und den Konstrukteur elektrischer Geräte sind die Prüfungen an fertigen und halbfertigen Isolatoren wichtig, weil sie einerseits Festigkeitswerte ergeben, mit denen die Berechnungen und die Zweckmäßigkeit der Form und der Armatur nachgeprüft werden können und weil sie andererseits eine Kontrolle gestatten, ob die Fabrikation einwandfrei war.

4.2.1 Prüfung der Zugfestigkeit

Zur Bestimmung der Zugfestigkeit keramischer Werkstoffe werden die in den VDE 0335 hinsichtlich ihrer Abmessungen festgelegten Zugkegel mit konischen Fassungsstellen verwendet, die in Tempergußkappen mit Einspannpfannen für Zugklöppel montiert und in eine Zugprüfmaschine eingehängt werden. Die Durchführung der Prüfung erfolgt nach VDE 0335.

Die Prüfungen auf Zug werden normalerweise in Zerreißmaschinen vorgenommen. Da die Verbindung der Armatur mit dem Isolator nicht in allen Fällen durch eine lösbare Klemmverbindung, sondern häufig durch Eingießen der Armatur erfolgt, sind Stückprüfungen an Isolatoren nur dann durchführbar, wenn die Isolatoren armiert zur Auslieferung kommen. Für die Beurteilung der ordnungsgemäßen Herstellung ist aber wenigstens bei höher beanspruchten Isolatoren und dort, wo es auf größere Sicherheit ankommt, eine Stückprüfung erforderlich, so daß diese Gewähr von dem Lieferanten der keramischen Konstruktionsteile nur übernommen werden kann, wenn Lieferung der armierten Stücke, die in der Fabrik einer Stückprüfung unterzogen sind, erfolgt. In jedem Fall ist es notwendig, genaue Angaben über die Festigkeitswerte, wie mittlere Bruchlast und vor allem Stückprüflast, eventuell auch Betriebslast, zu machen. Angaben der Mindestbruchlast können ein spezielles Interesse haben, sollten jedoch nicht in Lieferungs- oder Abnahmevorschriften oder zur Beurteilung der Ware herangezogen werden.

4.2.2 Innendruckprüfung

Bei Schaltgeräten werden zur Steuerung und als Löschmittel unter Druck stehende Gase verwendet, die sich innerhalb von Isolatoren befinden. Diese Isolatoren müssen also für die auftretenden Drücke geeignet und geprüft sein. Sie müssen als Druckbehälter betrachtet werden, wobei allerdings die Volumina meist so klein sind, daß die behördlichen Vorschriften für sie keine besonderen Maßnahmen vorschreiben. Trotzdem muß bei jedem Isolator die notwendige Sicherheit gegen Bruch durch Innendruckbelastung vorhanden sein, da Schaltgeräte wertvolle und betrieblich sehr bedeutungsvolle Geräte darstellen. Auch muß im Interesse der Sicherheit für die notwendige Haltbarkeit der Isolatoren gesorgt werden. Es werden deshalb alle Isolatoren, die für derartige Zwecke verwendet werden, auf Innendruck geprüft. Die Prüfung soll aus Sicherheitsgründen wegen des geringeren Energieinhaltes mit Flüssigkeiten und nicht mit Gasen vorgenommen werden. Bei der Innendruckprüfung ist die Armierung manchmal ein Problem, weil die Isolatoren meist von den Geräte bauenden Firmen in die Geräte eingebaut und erst dort mit den Armaturen bestückt werden. Dadurch stößt die Abnahmeprüfung bei der Übergabe der Isolatoren an den Gerätebauer auf gewisse Schwierigkeiten. Es besteht die Möglichkeit, die Armaturen provisorisch aufzugießen und sie dann wieder zu entfernen. Man hilft sich häufig dadurch, daß man Armaturen aufbringt, die durch eine Längsverspannung mittels eines Bolzens auf dem Isolator befestigt werden. Dadurch tritt aber ein Fehler in der Prüfung insofern ein, als bei der Belastung die Axialkomponente durch den Spannbolzen aufgenommen wird. Man kann dem Rechnung tragen, indem man den Prüfdruck etwas höher wählt, da der Anteil der

Axialkomponente berechnet werden kann. Allerdings birgt diese Methode eine gewisse Unsicherheit in sich, weil Fehlerstellen unter Umständen auf Axialbeanspruchung anders reagieren als auf Radialzug. Die Erfahrung hat allerdings gezeigt, daß man unter vernünftiger Anwendung der Prüfmethode mit Axialverspannung zurechtkommt.

Die Durchführung der Prüfung erfolgt nach VDE 0674.

4.2.3 Prüfung der Druckfestigkeit

Über die Prüfung der Druckfestigkeit eines keramischen Werkstoffes sind Angaben in den Bestimmungen für „Die Prüfung keramischer Isolierstoffe", VDE 0335, enthalten.

Bei der Herstellung von auf Druck beanspruchten keramischen Formkörpern ist die Druckprüfung ein wesentlicher Bestandteil der Kontrolle. Sie ist nach VDE 0674 vorzunehmen. Da bei der Prüfung keramischer Erzeugnisse wegen ihrer hohen Druckfestigkeit große Kräfte auftreten, wird eine besonders sorgfältige Anpassung der Armatur an die Oberfläche verlangt. Eine geeignete Zwischenlage ist zu verwenden. Die hierfür notwendigen Voraussetzungen werden in den Abschnitten 5.1 und 6.1 näher behandelt. Die Prüfung erfolgt in Pressen bis zu 3000 t (30 MN) und mehr.

4.2.4 Prüfung der Biegefestigkeit

Auch über die Prüfung auf Biegefestigkeit von keramischen Isolierstoffen ist in VDE 0335 Näheres gesagt.

Die Biegeprüfung an keramischen Formkörpern erfolgt nach VDE 0674. Dabei soll die Prüfung so vorgenommen werden, wie sie der praktischen Verwendung entspricht. Diese ist meist so, daß die Formkörper an einem Ende fest eingespannt sind und die Biegekraft entweder am anderen Ende oder eventuell sogar noch an einem verlängerten Hebelarm außerhalb angreift.

Bei der Biegeprüfung (Umbruchprüfung) greift die Kraft rechtwinklig zur Isolatorachse an. Soweit nichts anderes vereinbart ist, liegt der Angriffspunkt um die Hälfte des Durchmessers des Zugorgans außerhalb der Stirnfläche des armierten Isolators.

Sondervereinbarungen über weiter außerhalb liegende Angriffspunkte können getroffen werden. Die Lage des Angriffspunktes soll möglichst der betriebsmäßigen entsprechen. Behelfsmäßige Prüfungen müssen mit Fußarmatur erfolgen. Die Kopfarmatur kann nach Vereinbarung wegbleiben. In diesem Falle ist ein flexibles Seil in der Mitte des Isolatorkopfes anzubringen und die Länge des wirklichen Hebelarmes rechnerisch zu berücksichtigen. Durch eine geeignete Unterlage, z.B. eine provisorisch aufgesetzte, eventuell nicht aufgekittete Kappe, muß für gleichmäßige Verteilung der Kraft auf die Oberfläche gesorgt werden. Brüche, die bei Verwendung provisorischen Kraftangriffs am Kopfe oder in dessen Nähe eintreten, deuten bei richtig ausgelegten Konstruktionen häufig auf schlechten Kraftschluß zwischen Armatur und Isolator hin und sollten nicht bewertet werden. Die Prüflast ist derjenige vereinbarte Wert der an der Kopfarmatur angreifenden Kraft, der weder die mechanischen noch elektrischen Eigenschaften beeinträchtigt, noch schädliche Deformationen verursacht. Gegebenenfalls ist eine mechanische Beschädigung durch eine nachfolgende elektrische Prüfung zu ermitteln.

Die gefährdetsten Teile des Querschnitts sind die auf Zug beanspruchten Querschnitte, während die auf Druck beanspruchten Querschnittsteile selbst bei Vorhandensein von Fehlstellen bei der Biegeprüfung unter Umständen nicht Anlaß zum Bruch geben. Stücke, die eine hohe Sicherheit verlangen, müssen daher in verschiedenen Winkelstellungen zur Richtung der angreifenden Kraft geprüft werden. Es hat sich als zweckmäßig und praktisch erwiesen, solche Stücke in drei um 120° versetzten Richtungen zu prüfen. Häufig genügt auch eine Prüfung in zwei um 180° versetzten Richtungen.

Von den Freileitungsisolatoren werden insbesondere die Stützenisolatoren mit Innen- und Außenbefestigung auf Biegung beansprucht. Für Freileitungsisolatoren gilt auch in bezug auf diese Prüfung VDE 0446.

4.2.5 Torsionsprüfung

Als Werkstoffprüfung nach VDE 0335 ist die Torsionsprüfung nicht vorgesehen. Für fertige Isolatoren erfolgt diese Prüfung nach VDE 0674. Einrichtungen oder Prüfmaschinen für die Torsionsprüfung sind an die Prüfungen und die zu prüfende Isolatorenzahl anzupassen. Zu beachten ist, daß die Prüfeinrichtung nicht zusätzlich ein Biegemoment auf den Isolator ausübt, da sonst keine einwandfreien Prüfergebnisse erhalten werden. Wenn die Betriebsbelastung eine Überlagerung von Torsions- und Biegebeanspruchung ist und eine entsprechende Vereinbarung für die Durchführung der Prüfung vorliegt, so kann das in der Prüfeinrichtung selbstverständlich zum Ausdruck kommen. Auch bei der Torsionsprüfung ist die Beachtung des Kraftschlusses zwischen Isolator und Armatur und eine möglichst gleichmäßige Übertragung der Kräfte von größter Bedeutung.

4.2.6 Prüfung der Schlagbiegefestigkeit

Die Prüfung der Schlagbiegefestigkeit ist in VDE 0335 Teil 2/9. 74 „Bestimmungen für keramische Isolierstoffe" nicht mehr behandelt. Grund hierfür ist die starke Streuung und die damit verbundene geringe Aussagekraft. Mit größer werdendem E-Modul sind bei Schlagbeanspruchung nur noch geringe Unterschiede zwischen den einzelnen keramischen Isolierstoffen festzustellen, vgl. hierzu 3.2.10.

4.2.7 Prüfung der Härte, Verschleißfestigkeit, Abriebfestigkeit, Mahlfestigkeit

Am verbreitetsten ist für spröde Körper die Ritzhärteprüfung nach Mohs, die auch in VDE 0335 für keramische Isolierstoffe empfohlen ist. Sowohl die zu untersuchenden Werkstoffe als auch die Vergleichsstoffe müssen in scharfkantigen Stücken vorliegen. Durch Ritzen des zu untersuchenden Steines am Vergleichskörper der Härteskala wird der Widerstand festgestellt, den die Spitze oder scharfe Kante des einen Stoffes dem Eindringen in den anderen Stoff entgegensetzt.

Wenn der zu untersuchende Stoff eines der Mineralien der Skala nicht ritzt und auch von diesem nicht geritzt wird, so haben beide die gleiche Härte. Ritzt der zu prüfende Stoff ein Mineral der Skala, wird er aber von dem nächststehenden Mineral der Skala geritzt, so liegt seine Härte zwischen beiden. Für die Härteskala hat man folgende Vergleichsmöglichkeiten nach Mohs:

Tabelle 4.1. Härte nach Mohs

1	Talk	6	Feldspat
2	Gips	7	Quarz
3	Kalkspat	8	Topas
4	Flußspat	9	Korund
5	Apatit	10	Diamant

Für schnelle Bestimmungen der Härte, und wenn die Mohssche Mineralskala nicht vorhanden ist, können folgende leicht greifbare Stoffe benutzt werden: Stoffe bis Härte 2 werden vom Fingernagel geritzt. Eine Kupfermünze hat die Härte 3. Fensterglas hat die Härte 5. Stoffe, die an Stahl Funken erzeugen, haben die Härte 6. Die Ritzspur hängt in gewissem Umfang von der Schärfe der vorhandenen Kanten ab.

Die Härtebestimmung nach Mohs ist nicht sehr genau, da die Tiefe der Ritzspuren nur mit aufwendigen optischen Methoden bestimmt werden kann. Außerdem ist in den letzten 4 Stufen die Stufung verhältnismäßig grob, und es ist häufig nicht möglich, feine Härteunterschiede festzulegen. Auch ergibt die Methode keine der Härte streng proportionale Meßgröße. Wenn sie trotzdem häufig angewendet wird, weil sie in ihrer physikalischen Aussage am zutreffendsten ist, so bevorzugt man manchmal andere Methoden, bei denen man mit Zahlenwerten operieren kann, ohne dabei aber immer die Gewähr zu haben, daß dabei gewisse angenommene physikalische Zusammenhänge zutreffen und eine sicherere Aussage gegeben ist.

Weitere Methoden, die für die Härteprüfung von Metallen verwendet werden, sind die

Härteprüfung nach Brinell DIN 50351, nach Vickers DIN 50133, Bl. 1 und 2, nach Rockwell DIN 50103, Blatt 1 in Zusammenhang mit ISO-Empfehlung ISO/R 80.

Sie kommen jedoch für keramische Werkstoffe nur bedingt in Betracht, weil bei der Brinellprüfung der zu prüfende Werkstoff wesentlich härter ist als das Material der Prüfkugel,
bei der Härteprüfung nach Vickers und Knoop Meßfehler und Ungenauigkeiten zu große Streuung der Härtewerte ergeben und die Ergebnisse deshalb wenig aussagekräftig sind und auch
bei der Rockwell-(Vorlast-) Härteprüfung bei Anwendung geringerer Belastungen die Streuung und damit die Ungenauigkeit groß und der ursächliche Zusammenhang zwischen Prüfverfahren und Härte problematisch ist. Sie wird in den meisten Ländern Europas und auch in Amerika und Asien verwendet. Die Rockwellprüfung ergibt vielleicht die geringste Meßunsicherheit.

Die Möglichkeit der Angabe von Zahlenwerten bei der Rockwellprüfung bedeutet noch keine Sicherheit für ihre Eignung bei der Prüfung auf Verschleißfestigkeit (z.B. bei keramischen Fadenführern), die Abriebfestigkeit (z.B. bei

Ziehsteinen in der Drahtindustrie), die Schleiffestigkeit (z. B. in der Schleifmittelindustrie) und die Mahlfestigkeit (z. B. bei Mahlkugeln, Mahlkörpern und Futtersteinen in Trommelmühlen). In allen diesen Anwendungsgebieten handelt es sich nicht um in jeder Beziehung vergleichbare Beanspruchungsweisen, die durch eine einzige Eigenschaft, die Härte, beurteilt und bewertet werden können. Die Eignung für diese verschiedenen Anwendungsgebiete läßt sich lediglich durch empirische Versuche unter jeweilig gleichen Bedingungen und Anpassung an die Praxis feststellen und klassifizieren.

Die Abriebfestigkeit spielt eine erhebliche Rolle, insbesondere bei keramischen Werkstoffen, die für Mahlzwecke verwendet werden. Bei diesen kann man dadurch Vergleichswerte bekommen, daß man Mahlkörper unter gleichen Bedingungen in Trommelmühlen scheuert oder auf schwingenden Flächen schüttelt. Das Maß des Abriebs ist dann ein Maß für die Abriebfestigkeit oder Verschleißfestigkeit. Auch können Vergleichswerte durch Bestrahlen mit Sandstrahlgebläsen unter gleichartigen Bedingungen erhalten werden.

4.3 Thermische Prüfungen

Thermische Prüfungen für keramische Werkstoffe werden zur Bestimmung der Werkstoffkennzahlen durchgeführt. In Betracht kommen dabei
die Abhängigkeit der elektrischen Kenngrößen von der Temperatur und
die Ermittlung der thermischen Konstanten, über die Festlegungen in VDE 0335 bestehen.

Hinsichtlich weiterer Wärmeprüfungen sei auf die entsprechenden IEC-Publicationen verwiesen.
79—4 Verfahren zur Prüfung der Entflammungs-Temperaturen.
79—8 Klassifizierung der maximalen Oberflächentemperaturen.
85 Empfehlungen für Klassifikation des Isoliermaterials für elektrische Maschinen und Apparate auf Wärmebeständigkeit.
216 Leitfaden für die Prüfverfahren zur Bestimmung der Wärmefestigkeit von elektrischen Isolierstoffen.

VDE 0304 behandelt Prüfverfahren zur Beurteilung des thermischen Verhaltens fester Isolierstoffe.

Da keramische Isolatoren bei sehr hohen Temperaturen hergestellt werden, sind sie auch gegen sehr hohe Temperaturen beständig. Im allgemeinen sind deshalb Prüfungen auf Temperaturbeständigkeit nicht erforderlich, mit Ausnahme einiger besonderer Fälle, die z. B. Heizleiterisolatoren für Temperaturen über 1000 °C betreffen. Infolge der Wärmedehnung der keramischen Werkstoffe treten bei Temperaturänderungen Spannungen auf, die zur Überbeanspruchung des Werkstoffes und zur Zerstörung des Isolators führen können. Dabei kommt es sehr darauf an, wie die örtliche Verteilung der Temperaturen im Isolator ist, und auch die zeitliche Temperaturänderung ist von wesentlicher Bedeutung. Dieses Temperaturfeld, das auch von den Werkstoffgrößen abhängt, ist rechnerisch und versuchsmäßig schwer zu erfassen, und betriebliche Vorgänge sind durch Prüfungen schwer nachzuahmen. Auch ist die Feststellung, ob ein Isolator durch eine Prüfung bei erhöhtem Temperaturen in kleinsten Teilen seines Gefüges bereits zerstört ist, meist nicht möglich. Man muß aber trotzdem über das Verhalten des keramischen Materials bei Temperaturwechsel wissen, ob es den betrieblichen Anforderungen gewachsen ist.

Das schwierigste Problem ist dabei, darüber zu entscheiden, inwieweit angenommene Prüfbedingungen den wirklichen betrieblichen Verhältnissen entsprechen. Die Ausführungen in Abschnitt 3.3.5 weisen nach, daß die Verhältnisse bei sehr kleiner Wärmeübergangszahl von denen bei sehr großer Wärmeübergangszahl sehr unterschiedlich und bei kleiner Wärmeübergangszahl sehr viel härter sind. (Zum Beispiel bedeutet die Abkühlung eines erwärmten Körpers durch direktes und schnelles Eintauchen in kaltes Wasser ein plötzliches Anlegen einer sehr kleinen Wärmeübergangszahl.) Praktisch kommt es nicht vor, daß ein Isolator so stark erwärmt und dann unmittelbar in kaltes Wasser getaucht wird. Die in der Praxis vorkommenden Temperaturveränderungen bestehen in Erwärmung des Isolators durch Sonneneinstrahlung und möglicherweise anschließender Abkühlung durch plötzlich einsetzenden kalten Regen. Temperaturschwankungen treten auch zwischen Tag und Nacht und durch besondere Witterungsverhältnisse auf. (In allen diesen Fällen erfolgt aber der damit verbundene Wärmeleitungsvorgang niemals in der Form einer sehr kleinen Wärmeübergangszahl, wie bei Berührung mit Flüssigkeiten, sondern mit mittlerer oder gar verhältnismäßig großer Wärmeübergangszahl, wie z. B. bei umgebender Luft.) Auch der Wärmeübergang durch Sonneneinstrahlung kann selbst bei vereisten Isolatoren niemals so hart sein, und auch starker Regen bedeutet noch lange keine unmittelbare und längere Berührung mit umgebender Flüssigkeit.

Will man also prüfen, wie es den Verhältnissen im Freiluftbetrieb entspricht, so braucht man einen vorher erwärmten Isolator keinesfalls plötzlich in kaltes Wasser oder den auf Außentemperatur befindlichen in heißes Wasser einzutauchen.

Solange Form, Abmessungen und alle sonstigen Verhältnisse dies erlauben und den Isolator nicht überbeanspruchen, kann man sich diese harte Prüfung gestatten. Man hat dann die Gewißheit, daß er den betrieblichen Freiluftbedingungen Stand hält.

Wenn man die Wärmeübergangszahl klein hält und dadurch die Bedingungen verschärft, wie es bei umgebender Flüssigkeit der Fall ist, und als Ausgleich dafür die Temperaturdifferenz kleiner hält, so ist dies nicht das gleiche, wie wenn man umgekehrt die Wärmeübergangszahl groß macht, wie es z. B. bei umgebender Luft der Fall ist, und dafür die Temperaturdifferenz größer wählt.

Temperaturwechsel von 20 bis 40 °C sind sicher schon obere im Freiluftbetrieb auftretende Grenzen. Wählt man Temperaturdifferenzen von 50 °C, so beinhaltet das eine erhebliche Sicherheitsspanne und 70 °C ist wesentlich mehr, als selbst unter ungünstigsten Freiluftbedingungen auftreten kann.

Die Versuche von Schuepp und Gion [71, 72, 73, 74], die vor allem an Großkörpern durchgeführt worden sind und die unter ungünstigsten Freiluftbedingungen vergleichsweise mit Temperatursturz im Wasserbad durchgeführt wurden, haben gezeigt, daß Tauchen ins Bad mit bestimmten Temperaturdifferenzen eine Temperatursturzbeanspruchung darstellt, wie sie im Freiluftbetrieb in dieser Schärfe niemals auftritt.

Bei Freileitungsisolatoren kann man sich Tauchen in Wasser, und relativ große Temperaturdifferenzen von 70 °C leisten, ohne daß die Gefahr von unkontrollierbarer Beschädigung besteht. Denn mögliche schädliche Spannungen liegen weit unterhalb des Bereiches der Bruchgefahr.

Dagegen ist bei größeren Körpern Gefahr größerer Spannungen gegeben, wenn zu hohe Temperaturdifferenzen stoßartig mit kleiner Wärmeübergangszahl, wie z. B. beim Eintauchen in Wasser, auftreten. Man muß also bei großen Körpern besonders die betrieblichen Temperatursturzverhältnisse in der Prüfung zugrunde legen.

Man war sich also klar darüber, daß man in den Prüfvorschriften für Geräteisolatoren insbesondere größerer Abmessungen die Prüfbedingungen niedriger ansetzen muß. Diese müssen zur Beurteilung der Form hinsichtlich ihrer Temperatursturzempfindlichkeit ausreichen und genügend streng sein, um die Eignung der Formen zu beweisen. Allerdings ist eine exakte Beurteilung, ob ein Körper bei einer vorgesehenen zerstörungsfreien Prüfmethode schon Vorbeanspruchungen erleidet, die für seine betriebliche Verwendung gefährlich sind und seine Festigkeit ungünstig beeinflußt, nicht immer leicht, weil Risse oder Sprünge häufig nicht ohne weiteres sichtbar sind. Durch geeignete Prüfverfahren kann jedoch meist das Auftreten solcher Fehler nachgewiesen werden.

Bezüglich der Durchführung der Prüfung sind zwischen den VDE- und den IEC-Bestimmungen gewisse Unterschiede vorhanden. Dabei ist hier der letzte Entwurf von VDE 0674 und die IEC-Publication 233 von 1967 (Test on large hollow procelains for use in electrical installations) zugrundegelegt. Man ist dabei, diese Vorschriften vollständig gegenseitig anzupassen. Beim praktischen Gebrauch sollte man auf jeden Fall die jeweilig gültigen Vorschriften heranziehen.

VDE 0674: Die Temperaturwechselprüfung wird in der Regel an nicht armierten Prüflingen durchgeführt.

Der Prütling ist (z. B. im Wasserbad oder im Ofen) auf eine Temperatur zu erwärmen, die es ermöglicht, die vorgeschriebenen Temperaturunterschiede beim Abschrecken zu erreichen.

Dabei ist also nicht vorgeschrieben, wann Erwärmung im Wasserbad oder im Ofen vorgesehen ist. Auch ist die Geschwindigkeit der Erwärmung nicht festgelegt.

Beim Erwärmungsvorgang dehnt sich das Material an den Oberflächen zuerst aus. Es entstehen hier Tangentialdruckspannungen, die wegen der hohen Druckfestigkeit des Werkstoffes weniger kritisch sind. Im Innern treten Radialzugspannungen auf. Bei der Abkühlung treten an den Oberflächen durch Zusammenziehen Tangentialzugspannungen auf und im Innern Radialdruckspannungen. Da Tangentialspannungen kritischer als Radialspannungen und Zugspannungen kritischer als Druckspannungen sind, so sind die Oberflächen bei Abkühlung am kritischsten beansprucht. Da die Beanspruchung mit dem Temperaturgradienten wächst, sind Intensität und Geschwindigkeit bei Erwärmung und besonders bei Abkühlung zu begrenzen und möglichst den Vorgängen in der betrieblichen Wirklichkeit anzupassen. Die Behandlung im Wasserbad bedeutet wegen des kleineren Wärmeübergangskoeffizienten eine engere

Kopplung an den Erwärmungs- bzw. Abkühlungsvorgang als die Behandlung in Luft (Ofen), die vorgeschriebene dreimalige Wiederholung der Prüfung einen erheblichen Zeitaufwand.

Als Abkühlvorgang läßt VDE 0674 alternativ
Eintauchen in kaltes Wasser für die Dauer von 15 Minuten;
Beregnen mit kaltem Wasser nach VDE 0433, Teil 5, für die Dauer von 15 Minuten
zu. Dabei werden gestaffelte Temperaturdifferenzen unterschieden nach Länge und Wanddicke der Prüfkörper und nach Eintauchen und Beregnen vorgeschrieben.

Tabelle 4.2

Stückgröße in mm[a]		Temperaturunterschied in K bei	
Länge	Wanddicke	Eintauchen	Beregnen
≤ 1200	≤ 30	50	entfällt
	> 30 bis 60	45	70
	> 60	35	50
> 1200	≤ 30	45	70
	> 30	35	50

[a] Bei Massivkörpern gilt als Wanddicke der größte Strunkhalbmesser.

IEC-Publication 233: Die Vorschrift läßt zwei Prüfmethoden zu, wovon die zweite bei Vereinbarung zwischen Hersteller und Verbraucher für Körper mit über 1200 mm Länge gilt.

Grundsätzlich unterscheidet sich IEC von VDE dadurch, daß bei IEC sowohl die Temperatursturzerwärmung als auch die Temperatursturzabkühlung durchgeführt wird.

Die erste Prüfung wird durch Eintauchen in Wasser mit gestaffelten Temperaturen vorgenommen, Temperatursturzerwärmung und Temperatursturzabkühlung erfolgen unmittelbar aufeinander und dauern beide 30 Minuten.

Als Kennzahl wird das Produkt aus Quadrat des Durchmessers und der Länge D^2L (cm³) verwendet, wobei D den größten äußeren Durchmesser über Schirm bedeutet.

Da für die Temperatursturzbeanspruchung nicht nur die Größenabmessungen, sondern auch eventuell vorhandene Querschnittsverdickungen, d. h. Wandstärken besonders an Übergängen maßgebend sind, so ist als Staffelungskriterium, nicht wie bei VDE einfach die Wanddicke, sondern der Durchmesser anzuwenden, der als größter Durchmesser dem Umriß eines Axialquerschnitts des Isolier-(Groß-)Körpers einbeschrieben werden kann (vgl. Abb. 4.5).

Für Körper, die länger als 1200 mm sind, kann die Prüfung nach Vereinbarung zwischen Lieferant und Verbraucher so durchgeführt werden, daß der Körper langsam durch Erwärmen mit warmer Luft oder warmem Wasser, Infrarotbestrahlung, usw. auf eine höhere Temperatur entsprechend der Tempera-

4. Prüfung keramischer Werkstoffe und Erzeugnisse

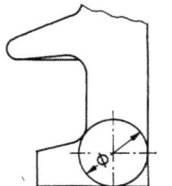 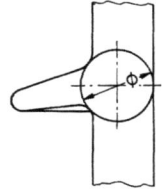

Abb. 4.5. Größter Durchmesser des Umrisses eines Axialquerschnitts eines Isolierkörpers.

Tabelle 4.3. Temperaturdifferenz t in K zwischen warmem und kaltem Wasser (vgl. Abb. 4.5. Temperaturdifferenz t in K für Dicken-Durchmesser Φ in cm)

D^2L in cm²	$\Phi \leq 2{,}3$	$2{,}3 < \Phi \leq 2{,}6$	$2{,}6 < \Phi \leq 3{,}2$	$3{,}2 < \Phi \leq 3{,}6$	$3{,}6 < \Phi \leq 4{,}3$	$4{,}3 \leq \Phi$
$D^2L \leq 164\,000$	60	55	50	45	40	35
$164\,000 \leq 410\,000$	55	55	50	45	40	35
$410\,000 \leq 655\,000$	50	50	50	45	40	35
$655\,000 \leq 900\,000$	45	45	45	45	40	35
$900\,000 \leq 1\,150\,000$	40	40	40	40	40	35
$1\,150\,000 < D^2L$	35	35	35	35	35	35

turdifferenz gebracht und 15 Minuten gehalten und dann mit kaltem Wasser 15 Minuten lang mit Regen von 3 mm/min künstlich beregnet wird.

Die Temperaturdifferenz soll betragen:

∅ (Dicke) [cm]	≤ 3	> 3
Temperaturdifferenz [K]	70	50

Die Prüfung soll 3 mal wiederholt werden.

Nach der Prüfung darf der Körper keinen Riß oder Sprung aufweisen. Wenn eine anschließend durchgeführte Wanddurchschlagsprüfung erfolgreich bestanden wurde, gilt die Temperaturwechselprüfung als bestanden. Der erfolgreich typen- oder stichprobengeprüfte Körper darf mitgeliefert werden.

Allgemein ist über die Durchführung von Temperaturwechselprüfungen folgendes zu sagen:

Temperaturwechselprüfungen werden als Typenprüfungen zur Feststellung der Eignung von keramischen und von Glasisolatoren durchgeführt.

Temperaturwechselprüfung als Stichprobenprüfung wird empfohlen und ist besonders zu vereinbaren. Ebenso werden Temperaturwechselprüfungen als Stückprüfungen nur auf Wunsch durchgeführt. Mit Temperaturwechsel geprüfte Isolatoren dürfen geliefert werden. Im allgemeinen werden nur nicht armierte Isolatoren einer Temperaturwechselprüfung unterzogen, jedoch können auf Grund besonderer Vereinbarungen auch armierte Isolatoren geprüft und geliefert werden.

Wenn keine andersartige Vereinbarung vorliegt, wird bei Stichprobenprüfungen ein Stück je Liefermenge und höchstens 1 ⁰/₀₀ geprüft.

Nach der Temperaturwechselprüfung empfiehlt es sich, zur Feststellung von Haarrissen die Isolatoren elektrisch, mechanisch oder/und mit Ultraschall zu prüfen. Darüber hinaus empfiehlt es sich, zur Erkennung von Rissen die Oberfläche mit einer geeigneten Farblösung zu bestreichen.

In diesem Zusammenhang sei darauf hingewiesen, daß durch eine Temperaturbehandlung in einem gebrannten keramischen Isolierkörper vorhandene innere Spannungen etwa analog dem Ausglühen von Metallen nicht beseitigt werden können.

4.4 Sonstige physikalische Prüfungen

Zur Prüfung der räumlichen und zeitlichen Unveränderlichkeit können im wesentlichen die in den vorstehenden Abschnitten beschriebenen mechanischen und elektrischen Prüfverfahren herangezogen werden. So ist z. B. die Messung des Längen-Ausdehnungskoeffizienten zur Prüfung der Volumenbeständigkeit anwendbar. Wenn nach dem Durchfahren einer oder mehrerer Temperaturschleifen ein Prüfstab wieder die Ausgangslänge aufweist, so ist der Schluß berechtigt, daß bleibende Veränderungen im Gefüge nicht eingetreten sind. Auch Messungen der Dichte nach längerem Verweilen auf der etwa um einige hundert Grad erhöhten Gebrauchstemperatur ist unter Umständen aufschlußreich. Handelt es sich um glasierte Teile, so kann eine Kontrolle auf Haarrisse in der Glasur wichtig sein, die man durch Anfärben mit alkoholischer Fuchsinlösung sichtbar machen kann. Sollte ein in fabrikneuem Zustand haarrissefreier Isolator im Laufe der Zeit diesen Fehler bekommen haben, so kann mit einer Gefügeänderung des Scherbens gerechnet werden. Bei glasierten porösen Scherben, wie Steingut, werden derartige Vorgänge gelegentlich beobachtet. Eine Kontrolle der Volumenbeständigkeit nach längerer Feuchtlagerung kann dazu dienen, die Neigung zu solchen durch Wasseraufnahme bewirkten Volumenänderungen frühzeitig zu erkennen. Bei Kondensatorbaustoffen sind durch die einschlägigen VDE-Bestimmungen Temperaturschleifen, Anwendung verschiedener Prüfklimate und anschließende Messungen einer eingetretenen Kapazitätsänderung vorgesehen. Prüfung der Gleichspannungsfestigkeit an rutilhaltigen Kondensatoren kann durch Dauerbeanspruchen mit Gleichspannung bei erhöhter Temperatur und anschließender Messung des Isolationswiderstandes, des Verlustwinkels oder Kontrolle auf eine eventuell aufgetretene Schwarzfärbung erfolgen. Ob ein keramischer Werkstoff sich für die Herstellung von Gleichrichterisolatoren eignet, kann dadurch geprüft werden, daß untersucht wird, ob sich an der Kathode einer mit 2 Metallscheiben belegten Platte nach Einwirkung hoher Gleichspannung und Temperatur im Lauf einiger Stunden ein alkalisch reagierender Belag gebildet hat. Sollte dies der Fall sein, so ist der Schluß berechtigt, daß der Scherben Alkali enthält, das durch einen Elektrolysevorgang aus dem Scherben herausgewandert ist.

Schließlich sind mikroskopische Prüfungen des Gefüges, röntgenographische Feinstrukturuntersuchungen etwa nach dem Debye-Scherrer-Verfahren, wichtige Untersuchungen, um die Beschaffenheit des keramischen Werkstoffes kennenzulernen.

Die Prüfung eines starkscherbigen Porzellanisolators auf bleibende Spannungen, die als Folge eines zu raschen Abkühlens nach dem Brande vorhanden sein können, ist nicht leicht. Bei Glas ist die Beobachtung mit polarisiertem Licht aufschlußreich. Bei keramischen Massen ist diese Methode nicht anwendbar. Man kann sich so helfen, daß man kurze Stückchen von Glasstäben mit der

Wärmedehnzahl des keramischen Materials an verschiedenen Stellen durch Aufschmelzen befestigt und die Glasstäbe dann mit polarisiertem Licht auf Spannungen prüft. Zeigen diese Druck- oder Zugspannungen, so kann man auf gleichartige Spannungen in den benachbarten Teilen des Isolators schließen.

Wichtiger als diese Untersuchung ist eine Prüfung des Zusammenpassens von Glasur und Scherben hinsichtlich ihres Ausdehnungsverhaltens. Dazu werden flache, einseitig glasierte Stäbe an einem Ende befestigt, am anderen Ende freitragend erwärmt. Sind die Wärmedehnzahlen beider Komponenten verschieden, so biegt der Stab sich durch. Aus dem Sinn der Durchbiegung kann man Schlüsse darauf ziehen, ob die Glasur Druck- oder Zugspannungen hat, aus dem Grad der Durchbiegung kann man die Höhe der Spannungen ermitteln. Da die Zug- und Biegefestigkeit sowie die Temperaturwechselbeständigkeit eines glasierten Isolators von der Spannung in der Glasur stark beeinflußt wird, ist die Kenntnis dieser Verhältnisse sehr wichtig.

4.4.1 Prüfung der Abmessungen

Für die Einhaltung von Abmessungen gelten allgemein die Toleranzen nach DIN 40 680 (vgl. Abschnitt 2.5), bei genormten Isolatoren die entsprechenden Angaben in den einschlägigen DIN-Blättern oder bei nicht genormten Isolatoren die in den Zeichnungen angegebenen Toleranzen. Für Freileitungs- und Fahrleitungsisolatoren bis 1000 V sowie für Fernmeldeisolatoren ist in VDE 0446 Teil 2 erwähnt, daß für die zulässigen Maßabweichungen, wenn nichts anderes vereinbart ist, DIN 40 680 bzw. $\pm (0{,}04\, l + 1{,}5)$ mm gilt, wobei l die Abmessung in mm ist. Für Freileitungs- und Fahrleitungsisolatoren über 1 kV ist besonders festgelegt, daß für die zulässige Maßabweichung, wenn nichts anderes vereinbart ist, folgendes gilt:

für Abmessungen $l \leq 300$ mm $\pm 0{,}04\, l + 1{,}5$ mm
> 300 mm $\pm 0{,}025\, l + 6$ mm.

Bei Langstabisolatoren darf die größte einseitige Achsabweichung des Isolierkörpers von der Geraden folgende Werte nicht überschreiten:

für Längen bis 750 mm   0,7% der Länge des Isolierkörpers
für Längen über 750 mm 0,6% der Länge des Isolierkörpers.

Seitens der IEC besteht die Publication 274 für Freileitungs-Isolatoren, die die gleichen Maßabweichungen festlegt wie VDE 0446.

Für Geräteisolatoren gilt nach VDE 0674 das im 1. Satz dieses Abschnitts Gesagte und nach IEC Publication 233 für große Gehäuseisolatoren die Festlegung, wie sie auch in VDE 0446 für Freileitungsisolatoren getroffen ist. Die Ausbiegung soll nicht größer als 0,8% von der Gesamtlänge des Gehäuseporzellans sein, wenn das Verhältnis von Höhe zu Innendurchmesser kleiner als 6 ist. Besondere Vereinbarungen zwischen Hersteller und Verbraucher sind zu treffen, wenn dieses Verhältnis gleich oder größer als 6 ist oder wenn die Form zu besonderen Schwierigkeiten führt. Die Ausbiegung ist als größter Abstand zwischen der Idealachse und der tatsächlich gekrümmten Achse anzusehen. Eine Methode zur Messung der Ausbiegung durch Montage auf einer Dreheinrichtung, so daß die Drehachse durch die Mittelpunkte der beiden Stirnflächen verläuft, wird in IEC Publ. 233 genauer beschrieben.

4.4.2 Oberflächenbeschaffenheit — Rauheit

Zu unterscheiden ist zwischen der Oberfläche poröser und der dicht gebrannter keramischer Werkstücke.

Da poröse keramische Isolierteile, die bis auf geringe Ausnahmen unglasiert bleiben, hauptsächlich in der Elektrowärmetechnik in eingebautem Zustand verwendet werden und an ihre Oberfläche keine weiteren Forderungen gestellt werden, ist ihre Beschaffenheit im allgemeinen von untergeordneter Bedeutung.

Bei Funkenschutzkammern ist eine durch gröbere Struktur vergrößerte Oberfläche, die sich günstig hinsichtlich der Löschung des Lichtbogens und der Unterbrechung des sich niederschlagenden Metalldampfes auswirkt, von Vorteil.

Werkstücke aus dem bearbeitbaren magnesiumoxidhaltigen porösen Typ KER 720 werden vornehmlich als Modellbauteile in Hochvakuumröhren verwendet. Mit Hilfe mechanischer Feinbearbeitungsverfahren erreicht man hohe Maßgenauigkeit und geebnete Oberflächen geringer Welligkeit.

Sonstige Anforderungen an die Oberflächenbeschaffenheit poröser keramischer Werkstücke werden kaum gestellt.

Normen hierüber sind nicht vorhanden.

Als offensichtliche Fehler bei Massenpreß-Installationsartikeln, die hauptsächlich durch unsachgemäße Brandführung entstehen können, sind Brandrisse oder Sprünge anzusehen. Soweit diese nicht durch eine Sichtprüfung erkennbar sind, lassen sie sich durch Einstreichen mit Fuchsin feststellen.

Beim Typ KER 111 (Preßporzellan) handelt es sich um einen dicht gebrannten Porzellanwerkstoff, der sich besonders für die wirtschaftliche Mengenherstellung von Niederspannungsisolierteilen eignet, dessen Oberfläche aber, bedingt durch das Herstellverfahren, Preßrisse aufweisen kann. Bei der Prüfung auf Dichte wird dementsprechend eine ganz geringe Wasseraufnahme festgestellt. Die Funktionstüchtigkeit der daraus hergestellten Niederspannungsisolierteile wird dadurch nicht beeinträchtigt.

Unglasiert verwendet man Werkstücke gewöhnlich nur, wenn keine größere mechanische oder atmosphärenbedingte Freiluftbeanspruchung vorliegt. Unglasierte Oberflächen sind weicher als eine glasierte Oberfläche und bei Porzellan und Feldspatsteatit durch eine gewisse Rauhigkeit gekennzeichnet. Beide Faktoren führen dazu, daß Verschmutzung und Handhabung die Oberfläche hinsichtlich der elektrischen Leitfähigkeit ungünstig beeinflussen. Nur bei Bariumsteatit (KER 221) ist die Oberfläche nach dem Brennvorgang schon so glatt, daß eine Verwendung ohne Glasur möglich ist. Dagegen ist eine Erhöhung der Oberflächenhärte damit nicht verbunden. Die Glasierung erfolgt bei Niederspannungsinstallationsteilen meist mit Muffelglasur in einem Zweitbrand, während bei Hochspannung Scharffeuerglasur, die beim Scherbenbrand gleichzeitig aufgebrannt wird, verwandt wird. Hochspannungstechnisch ist Muffelglasur meist nicht ausreichend.

An die Beschaffenheit der Oberfläche von Werkstoffen für Hochspannungszwecke, wie Freileitungs- und Geräteisolatoren, werden erhöhte Anforderungen gestellt.

DIN 40 686 „Oberflächen dichter keramischer Werkstücke, Richtlinien, Anforderungen" (April 1971) sagt über Oberflächenbeschaffenheit folgendes aus.

Die Oberflächen von Isolierkörpern und Isolatoren, z. B. die den Vorschriften VDE 0446 und 0674 entsprechen, dürfen keine Risse oder Sprünge haben. Die Oberfläche der glasierten Teile muß glatt ohne Blasen und Verunreinigungen, die Glasur selbst zusammenhängend sein. Bei Oberflächenfehlern ist zwischen Schönheitsfehlern und die Funktion beeinträchtigenden Fehlern zu unterscheiden. Schönheitsfehler sind bis zu einer Größe zulässig, die durch die nachfolgende Formel festgelegt ist.

Soweit es nicht durch das Setzen der Stücke im Ofen bedingt oder in Zeichnungen als unglasiert vorgesehen ist, werden folgende Größen für unglasierte Stellen zugelassen.

Isolierkörper für Geräteisolatoren (auch nach IEC-Publ. 233) größte zulässige Gesamtfehlerfläche:

$$1 + dl/1000 \text{ in cm}^2$$

größte zulässige Einzelfehlerfläche:

$$0{,}5 + dl/10^4 \text{ in cm}^2.$$

Isolierkörper für Freileitungsisolatoren (auch nach IEC-Publ. 274) größte zulässige Gesamtfläche:

$$1 + \frac{ds}{2000} \text{ in cm}^2$$

größte zulässige Einzelfehlerfläche:

$$0{,}5 + \frac{ds}{20\,000} \text{ in cm}^2.$$

Hierbei ist d der größte Schirmdurchmesser in cm, l die Gesamtlänge in cm, s die Kriechstrecke des Isolators in cm.

Je nach dem Behandlungs- oder Bearbeitungsverfahren kann bei keramischen Oberflächen mit folgenden unterschiedlichen Werten des Mittenrauhwertes R_a und der gemittelten Rauhtiefe R_z gerechnet werden:

DIN 40685 Typ	KER 220 und KER 221		KER 708	
Bearbeitungsverfahren	R_a [µm]	R_z [µm]	R_a [µm]	R_z [µm]
Ohne Bearbeitung nach dem Brand	1,0 −1,5	10−13	0,6 −1,0	5−8
geschauert (getrommelt)	0,5 −1,0	6−10	0,5 −0,8	3−6
maschinell poliert	−	−	0,2 −0,5	2−4
Hochglanz poliert	−	−	0,15−0,4	1,5−3
glasiert	0,05−0,15	>1,5	0,05−0,15	<1,5
Normalschliff	0,8 −1,5	7−12	0,6 −1,2	5−9
Feinschliff	0,6 −0,9	6−8	0,4 −0,7	3−5
Polierschliff bzw. Läppschliff	0,4 −0,6	4− 6	0,2 −0,5	2−4

Die Messung der Rauheitswerte erfolgt mit Hilfe von Tastschnittgeräten, auch Profilaufzeichner genannt. Eine Tastkugel (Diamantspitze) wird mit geringem Druck über die zu prüfende Oberfläche geführt und der zurückgelegte Weg über einen piezoelektrischen Aufnehmer oder einen induktiven Fühler in elektrische Werte umgewandelt, die verstärkt von einem Instrument angezeigt und als Tastschnittdiagramm aufgezeichnet werden [61].

Da verschiedene Parameter wie Tastspitzenradius, Wellenfilter, Grenzwellenlänge λ_c, Gesamtmeßstrecke sowie die Einzelmeßstrecke von ausschlaggebender Bedeutung für vergleichbare Meßergebnisse sind, ist eine Angabe dieser Größen unerläßlich bzw. wird die Einhaltung der in der Norm DIN 4768 Blatt 1, August 1974 „Ermittlung der Rauheitsmeßgrößen R_a, R_z, R_{max} mit elektrischen Tastschnittgeräten, Grundlagen, angegebenen Verfahrensgrößen dringend empfohlen.

Die Grenzwellenlänge λ_c und die Einzelmeßstrecke l_e sind gleich lang zu wählen. Als Gesamtmeßstrecke l_m ist die 5fache Länge der Grenzwellenlänge vorzusehen. Abweichungen sind gegebenenfalls beim Rauheitswert anzugeben.

Eine besondere funktionsbestimmte Art der Oberflächenbeschaffenheit stellen die Fassungsstellen für Isolierkörper von Hochspannungsisolatoren dar. (Abschnitt 5.1.4.).

4.4.3 Ultraschallprüfung

Die Ultraschallmethode hat sich zu einem nützlichen Verfahren für die Prüfung auf Gefügefehler, also Risse, Lunker, unganze Stellen und Porosität entwickelt, wie in den Abschnitten 4.4.4 und 4.4.5 ausgeführt wird.

Bezüglich der physikalischen Grundlagen, der Zusammenhänge zwischen den elastischen Konstanten mit den Ultraschallgrößen und der Ausbreitung von Schallwellen sei auf die Literatur [3, 4, 47, 7, 23, 24, 32, 34, 49, 50, 51, 52, 53, 54, 55, 57] verwiesen.

VDE 0446 schreibt für Isolatoren des Typs A aus keramischem Werkstoff eine Ultraschallprüfung vor, die Prüfung auf Fehlerstellen, Porosität und auf Brüche innerhalb der Kappe nach der mechanischen Prüfung umfaßt.

VDE 0674 läßt die Ultraschallprüfung als Porositätsprüfung zu, wenn der Zusammenhang zwischen Porosität und Schallgeschwindigkeit bzw. Schallabsorption bekannt ist.

Von den Vorschriften der Internationalen Elektrotechnischen Kommission enthält die Publikation 213 für Bahn-Vollkernisolatoren einen Hinweis, daß Ultraschallprüfungen zur Feststellung von Lunkern, Rissen oder Porosität vorgenommen werden können.

Die Deutsche Bundesbahn wendet die Ultraschallprüfung bei der Prüfung auf Gefügefehler und Porosität weitgehend an und gibt in ihren Technischen Lieferbedingungen Schallgeschwindigkeitsgrenzen für die Feststellung der Dichte an. Auch die Schweizer Bundesbahn bedient sich des Ultraschallverfahrens.

4.4.4 Gefügefehler

Wichtig ist die Feststellung von Lunkern, Aufrissen und Inhomogenitäten in der Struktur. Sofern solche Fehler zu Schwächungen der mechanischen oder elektrischen Festigkeit führen, können sie durch mechanische oder elektrische Prüfungen festgestellt werden.

Für die Prüfung der Wände und Garnierstellen von Isolatoren liegen Richtlinien in VDE 0674 vor.

Das Ultraschallverfahren hat zur Feststellung von Fehlern in keramischen Werkstoffen zusätzlich eine wertvolle Methode gebracht.

Das in der Keramik im allgemeinen verwendete Ultraschallverfahren ist das Impulsecho-Verfahren. Es sendet von einem Schallkopf einen Ultraschall-Impuls in den Körper, der an der entgegengesetzten Endfläche des Körpers reflektiert wird und zu dem gleichzeitig als Empfänger dienenden Schallkopf zurückläuft. Dabei treten im Strahlengang an Stellen, an denen sich die Dichte ändert, Zwischenechos auf, deren Länge aus der Lage im Verhältnis zum Bodenecho ermittelt werden kann. Auf diese Weise können Risse, Lunker und sonstige unganze Stellen ermittelt werden. Gestört werden diese Vorgänge durch Reflexion an Stellen, die formbedingt eine Endfläche für einen Teil des Schallstrahles darstellen, wobei die Amplitude des Echos von dem Energieanteil abhängt, der an dieser Störfläche reflektiert wird. Dadurch wird dem Schallstrahl Energie entzogen, die sich auch in einer kleineren Amplitude des Rückwandechos auswirkt.

Des weiteren entnehmen auch Fehlstellen im normalen Ultraschall Schallenergie durch Reflexion an die Ausgangsstelle oder durch Brechung, so daß durch solche Fehlstellen ebenfalls eine Verkleinerung des Rückwandechos auftreten muß. Man könnte also durch die Absorption, d. h. den Abfall der Amplitude bei Mehrfachechos, auf Fehler schließen. Jedoch ist diese Methode nicht sehr aussagekräftig, weil entsprechend den obigen Ausführungen manche andere Einflußgröße das Ergebnis unsicher macht. Damit und weil der Schallstrahl nicht vollkommen zylindrisch, sondern vom Schallkopf aus in Kegelform praktisch etwa unter einem Winkel von 3° bis 4° verläuft, ist nicht jede beliebige Form eines Isolators der Anwendung der Ultraschallprüfung zugänglich. Massive Zylinder nicht allzu großer Länge (bis 1 m und 2 m) und Hohlzylinder mit Wandstärken zwischen 25 mm bis 50 mm und mehr bei beschränkten Längen (je nach Wanddicke bis 800 mm und bei 40 bis 50 mm Wanddicke auch 1,5 m und etwa 2 m) sind für die Ultraschallprüfung geeignet. Bei dünnen Wanddicken tritt infolge des kegelförmigen Auseinandergehens teilweise Reflexion an der Außenwand und an den Schirmen ein und fälscht das Bild. Beispiele von Körperformen, die für die Ultraschallprüfung geeignet und solche, die dafür nicht geeignet sind, sind in Abb. 4.6 und 4.7 dargestellt. Es kann also die Ultraschallprüfung nicht grundsätzlich gefordert werden, sondern nur bei den Isolierkörpern, die sich mit einer weitgehend zylindrischen und genügend dickwandigen und nicht zu langen Form hierzu eignen. Auch müssen es Körper sein, die auf Grund ihres Herstellungsverfahrens genügende Voraussetzung für Homogenität, Fehlerfreiheit und Isotropie des Werkstoffes bieten. Bei einer einwandfreien Garnierstelle sind Fehl- und Trennungsstellen nicht vorhanden, so daß Reflexion bei der Ultraschallprüfung infolge Auftrennung nicht auftritt. Trotzdem ist das Ultraschallverfahren so empfindlich, daß Reflexion an Garnierstellen erfolgt, die durch die elektrischen und mechanischen Prüfungen den Nachweis erbracht haben, daß sie keine Schwächung bedeuten. Es wäre also

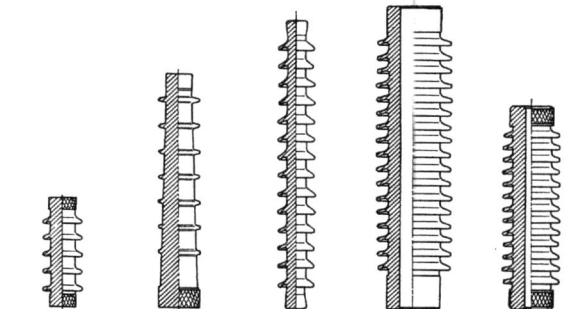

Abb. 4.6. Für Ultraschallprüfung geeignete Isolierkörperformen.

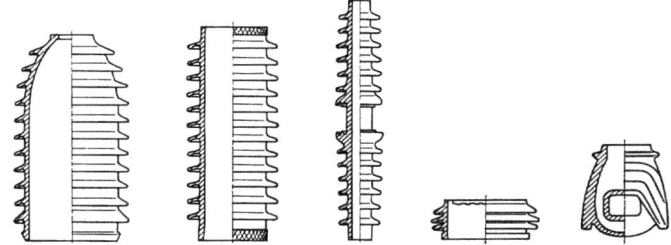

Abb. 4.7. Für Ultraschallprüfung nicht geeignete Isolierkörperformen.

nicht tragbar, wenn man lediglich auf Grund dieser Ultraschallanzeige solche Körper nicht verwenden würde, da sie keine Mängel hinsichtlich ihrer Verwendungsfähigkeit haben. Die Ultraschallanzeige ist auf einen geringfügigen Struktur- und Dichtigkeitsunterschied an der Garnierstelle zurückzuführen, der beim Aufschneiden des Körpers visuell nicht festzustellen ist.

Es muß darauf hingewiesen werden, daß Poren mit Durchmessern im Bereich von 1 bis 3 mm bei Frequenzen zwischen 1 und 4 MHz schon in den Abmessungen der Wellenlängen liegen. Eine Anzeige durch Fehlerecho erfolgt noch bis zu Abmessungen unterhalb 1 mm². Wie die Ausführungen über Streuung und Absorption jedoch zeigen, kann bei Abmessungen zwischen 1/10 bis 1/1 der Wellenlänge die Streuung dazu führen, eine aussagekräftige Ultraschallprüfung unmöglich zu machen, insbesondere bei stärker kristallinen Werkstoffen, die zu Anisotropie neigen.

Man kommt zu dem Ergebnis, daß Lunker, Risse, Poren und Strukturfeinheit bis zu Abmessungen zwischen etwa 0,1 und 0,5 mm das Ultraschallbild nicht beeinträchtigen und im Bereich zwischen 0,1 und 1 mm oder unterhalb 1 mm² nicht eindeutig feststellbar sind. Bei sehr sorgfältiger Beobachtung mögen Einzelfehler oberhalb 0,5 mm bis 1,0 mm unter günstigen Bedingungen erkennbar sein. Dabei ist aber Voraussetzung, daß der Schallstrahl gut gebündelt, der Querschnitt senkrecht zur Strahlrichtung und die Länge des Körpers nicht zu groß sind.

Wichtig für die Beurteilung der Brauchbarkeit eines Isolierkörpers ist die Frage, welche Formen und Abmessungen von Einschlußhohlstellen für die Verwendung gefährlich sind. Im allgemeinen besteht keine Gefährdung bei kleinsten

Einzelfehlstellen hinsichtlich der elektrischen Durchschlagfestigkeit auch über lange Zeiten gesehen. Glimmerscheinungen können sich in so feinen Hohlräumen nicht ausbilden, so daß Störeffekte für den Hochfrequenzbetrieb entfallen. Auch die Durchschlagfestigkeit einer Wandung oder eines Strunkes von für Isolatoren üblichen Abmessungen kann dadurch nicht herabgemindert werden. Damit bleibt im wesentlichen der Einfluß solcher Fehlstellen auf die mechanische Festigkeit. Fehlstellen unterhalb von 1 mm² Querschnitt spielen hinsichtlich der Schwächung des Querschnittes in bezug auf mechanische Festigkeit sicher keine Rolle. Bei größeren Fehlstellen dürfte die Form eines Einschlusses wichtig sein. Kugelförmige oder sonst im wesentlichen runde Hohlräume ohne spitze Ausläufer spielen auch in größeren Abmessungen bis zu 3 mm² und 5 mm² sicher keine die mechanische Festigkeit schwächende Rolle, auch über lange Zeiten gesehen. Denn solche Fehlstellenformen haben wegen ihres am Umfange gleichmäßigen Spannungszustandes keine Kerbstellenwirkung. Dagegen muß man linsenförmige und spitz auslaufende Fehlstellen vorsichtiger beurteilen. Bei ihnen besteht die Möglichkeit, daß die Kerbwirkung genügt, unterhalb der Prüflast einen Bruch herbeizuführen.

Hieraus wäre zu folgern, daß sicher Isolatoren mit größeren Fehlstellen, wenn sie „ungefährliche" Form haben, ohne Nachteile betrieblich verwendet werden können. Die große Schwierigkeit besteht aber darin, mit dem Ultraschallverfahren „gefährliche" von „ungefährlichen" Formen zu unterscheiden. Auch durch Beschallung von verschiedenen Seiten (Längs- und Querdurchschallung) ist bis jetzt keine Möglichkeit gegeben, solche Unterschiede festzustellen. Damit bleibt also vorläufig nur übrig, alle Fehlstellen über 1 mm² je nach Größe und Form des Isolators zu verwerfen, auch wenn, was sicher der Fall ist, dadurch ein Teil „ungefährdeter" und damit für den Betrieb geeigneter Isolierkörper verworfen wird. Dies muß sich dann im Preis für den Isolator auswirken.

Ein anderer Fall tritt auf, wenn Fehlstellen auch in abgerundeter Form gehäuft auftreten. Dies ist im allgemeinen Fall keine Frage der Porosität, die anschließend getrennt behandelt wird, sondern die Folge von Einschlüssen, die ausgebrannt sind. Bei stark überbranntem Scherben kann das sogenannte Aufkochen eintreten, was ähnliche Erscheinungen mit sich bringt. Solche „Haufen" zeigen sich im Ultraschallbild als Häufung von Echos. Je nach Flächengröße dieser Häufung und Größe der einzelnen Fehlstellen werden die Amplituden der Echos größer oder kleiner und treten auch häufiger oder seltener im Bereich des Oszillogrammes zwischen Anfang und Ende (Boden) des Isolators auf. Diese Echos als „echte Echos" sollte man von der „Grasbüschelerscheinung" unterscheiden, die meist sehr enge und häufig Echos kleinerer Amplituden ergeben und entweder auf Streuung oder auf Reflexionserscheinungen an Struktur- und Dichtigkeitsunterschieden oder -schwankungen des Werkstoffes zurückzuführen sind, die nicht als Fehlstellen oder Fehlstellenhäufungen, Porigkeit oder Porosität anzusehen sind. Die Trennung aller dieser Erscheinungen kann bis zu einem gewissen Grade nur bei großer Erfahrung erfolgen, ist aber ganz allgemein nicht immer mit Sicherheit möglich und läßt noch manches hinsichtlich seiner Deutung offen.

4.4 Sonstige physikalische Prüfungen

In diesem Zusammenhang mag nochmals darauf hingewiesen werden, daß verschiedene keramische Massen (die Porzellane verschiedener Zusammensetzung, Steatit usw.) infolge ihrer Unterschiede in der Struktur und ihrem mehr oder weniger kristallinen Aufbau sich in dieser Beziehung auch verschieden verhalten und auch darin gewisse Schwierigkeiten in der Deutung der Aufzeichnungen des Ultraschallgerätes liegen. Dabei wird selbstverständlich vorausgesetzt, daß diese Struktur- und Aufbauunterschiede den echten Eigenarten des Materials entsprechen und nicht Fehlerscheinungen, Verunreinigungen oder Anomalien auf Grund von Zusammensetzung nicht gewollter Rohstoffe oder falscher technologischer Behandlung sind.

An dieser Stelle müßte noch die Erscheinung der Scheibchenbrüche erwähnt werden. Ihre Ursache ist noch verhältnismäßig unklar. Im allgemeinen nimmt man an, daß Scheibchenbrüche Abtrennungen innerhalb der Kappe bei Stabisolatoren sind, die nicht zu dick sind, bei denen die Trennungsfläche häufig parallel zur Stirnfläche verläuft und nahe an der Stirnfläche beginnt. Im Laufe der Zeit heben sich weitere Scheiben infolge der durch den Wegfall des oberen Teiles des Konus verminderten tragenden Fläche und damit Erhöhung der spezifischen Kräfte ab. Dieser Vorgang wird immer intensiver und führt später zum vollständigen Abreißen des Strunkes entweder schon innerhalb der Kappe oder am Kappenrand. Wenn auch nicht bestritten werden kann, daß diese Erscheinung vorkommt, so ist die Mechanik des Scheibchenbruches problematisch. Seine Bildung durch einfache Überbeanspruchung durch seitlichen Druck auf die Konusflächen oder durch sehr hohe Zugkomponenten ist deshalb nicht verständlich, weil die Übertragung der für die Trennung des gesamten Querschnittes notwendigen Scherkräfte oder der hohen Zugkomponenten nicht recht möglich erscheint. Es bleibt deshalb nur das Vorhandensein von Fehlern, wie Aussplitterungen, oder durch Anbrennungen ursächlich eingepflanzte Fehler bei der Fertigung. Tatsache ist, daß solche Scheibchenbrüche aufgetreten sind, wobei bestimmte Porzellane besonders dazu neigen mögen.

Das Ultraschall-Echo-Impuls-Verfahren ermöglicht die Feststellung von Scheibchenbrüchen unter den Kappen des Isolators. Durch sogenannte Winkeleinstrahlung normaler Longitudinalwellen unter einem bestimmten Winkel von der Strunkoberfläche zwischen letztem Schirm und Kappenrand aus mittels eines Winkel-Schallkopfes, bei dem der Schwinger unter diesem Winkel angeordnet ist, in die gegenüberliegende Ecke des Isolators, die durch die Stirnfläche und die Konusmantelfläche gebildet wird, läßt sich durch Vergleich mit einem sicher keine Scheibchenbrüche aufweisenden Isolator durch ein früher auftretendes Echo oder durch sprunghaftes Auftreten von Echos feststellen, daß Trennungen, Aufsplitterungen oder Risse vorhanden sind. Abhebungen von 3 bis 4 mm sind dabei noch feststellbar.

Grundsätzlich ist die Durchstrahlung mit Röntgen- oder Elektronenstrahlung zur Erkennung von Lunkern und Rissen möglich. Die wirtschaftlichen Aufwendungen stehen jedoch nur in speziellen Fällen in einem angemessenen Verhältnis zu den erreichbaren Ergebnissen.

Das Röntgenverfahren wird manchmal für die Beurteilung von Garnierstellen angewendet. Hierbei ist jedoch Vorsicht am Platze, da es sehr empfindlich ist, auch schon geringste Strukturänderungen anzeigt und vorläufig keine eindeutige Beurteilung gestattet, inwieweit solche feinste Strukturunterschiede, die an den Garnierstellen zweifellos vorhanden sind, bereits praktisch merkliche Unterschiede in den mechanischen und elektrischen Festigkeitseigenschaften zeigen. Tatsache ist jedenfalls, daß das Röntgenverfahren schon anspricht, wenn der Scherben im praktischen Sinne noch als homogen anzusehen ist. Ob weitere Untersuchungen eine eindeutige Beurteilung für die Brauchbarkeit und Güte von Garnierstellen schaffen, muß abgewartet werden.

4.4.5 Porosität

Wenn man von Trägern der Heizdrähte für Elektrowärmegeräte absieht, sind Isolatoren für Isolierzwecke nur geeignet, wenn sie vollkommen dicht sind. Die Vorstellung, daß der dichte Zustand von keramischem Material erst durch die Glasur erreicht wird, ist falsch. Der Scherben selbst muß vollkommen dicht sein, und die Glasur hat im wesentlichen die Aufgabe, für eine glatte und harte Oberfläche zu sorgen, die Ansammlung von Schmutz verhindert. Scharffeuerglasuren für keramische Erzeugnisse sind härter als Glas. Es ist wichtig, die Dichtheit bzw. die Porosität von keramischen Werkstoffen sowohl an Prüfkörpern als auch an Fertigerzeugnissen bestimmen zu können.

In VDE 0335 sind Bestimmungen für die Prüfung der Saugfähigkeit und des Wasseraufnahmevermögens festgelegt. Diese Methoden sind für die Ermittlung der Dichtheit von Fertigerzeugnissen weniger geeignet. Die Schwierigkeit liegt darin, daß man den Isolator zerstören muß, um Scherben für die Prüfung zu bekommen. Prüfungen an ganzen Isolatoren verbieten sich meist wegen der vollständigen Bedeckung mit Glasur und wegen der meist sehr großen Abmessungen. Die in VDE 0446 und DVE 0674 vorgesehene *Fuchsinprobe* ist auch deswegen keine zerstörungsfreie Werkstoffprüfung. Mangels anderer Möglichkeiten wird sie jedoch meist verwendet, bedingt aber die Zerstörung des zu prüfenden Körpers.

Eine zerstörungsfreie Prüfung für Feuchtigkeitsaufnahme bzw. Dichtheit von keramischen Werkstoffen hat sich im *Ultraschallverfahren* gefunden.

Während für die Feststellung von Rissen, Lunkern und Trennstellen gewöhnlich das Echo als Anzeigemittel dient und aus der Absorption eventuell zusätzlich Rückschlüsse auf Größe der Fehler gezogen werden, dient als Anzeigekriterium für die Porosität die Absorption und mehr noch die Schallgeschwindigkeit. Es bestehen noch Meinungsverschiedenheiten darüber, welches Verfahren das günstigere ist. In Deutschland hat sich weitgehend die Schallgeschwindigkeit als Beurteilungsmerkmal durchgesetzt, während bei manchen Firmen und z. B. in der Schweiz und in anderen Ländern die Absorption zur Beurteilung herangezogen wird.

Das Absorptionsverfahren beruht darauf, daß die Schallenergie durch höhere Streuung, Reflexion und Absorption im weniger dichten Körper in geringerem Anteil zum Schallkopf zurückkommt als beim dichten Körper.

4.4.6 Gasdichtigkeit

Der keramische Scherben ist, ordnungsgemäße Herstellung vorausgesetzt, als gasdicht gegen höchste Drücke und gegen Vakuum anzunehmen.

Im Senderöhrenbau war der Werkstoff Glas seit Anbeginn dominierend bis mit immer steigender Sendeleistung durch die Verlustwärme eine Grenze erreicht war. Mit dem auch bei höheren Betriebstemperaturen verlustarmen keramischen Werkstoff Aluminiumoxid, der eine hohe Durchschlagfestigkeit sowie eine gute Wärmeleitfähigkeit aufweist, wurde es möglich, gesteigerte Forderungen der Röhrentechnik zu erfüllen. Das beim Glas verhältnismäßig einfache Problem der gasdichten Einschmelzung der Elektrodenzuführungen wurde bei der Aluminiumoxidkeramiktechnik durch Einbrennen von hartlötbaren Metallschichten nach dem Mangan–Molybdän-Verfahren in Verbindung mit geeigneten Metallpartnern wie Eisen–Nickel–Kobalt-Legierungen mit bestem Erfolg gelöst. Eine Hochvakuumdichtheit mit einer Leckrate von 10^{-9} mbar mal Liter je Sekunde wurde bis zu Temperaturen von 1200 °C erreicht. Die Prüfung wird mit einem Leckdetektor durchgeführt. Mit diesem Gerät ist es möglich, nicht nur die Gesamtleckrate festzustellen, sondern auch die austretende Menge eines Gases bei einem bestimmten Druck sowie die Stelle, an der ein Durchlaß erfolgt. Es werden die zu prüfenden Stoßstellen mit einer Sprühdose von außen abgetastet, um festzustellen, wo das Prüfgas eindringt. Massenspektrometer als Lecksuchgeräte sind imstande, Leckraten bis zu 10^{-11} mbar l/s und weniger anzuzeigen. Es gilt die Beziehung 1 mbar l/s = 0,1 Watt.

Bei stationär unter Druck stehenden Isolatoren für Druckluftschalter ist es unbedingt notwendig, daß der Scherben gasdicht ist und daß auch die Armatur gasdicht mit dem Isolator verbunden ist. Es hat sich deshalb als zweckmäßig herausgestellt, auch eine Prüfung auf Gasdichtigkeit vorzunehmen, die so durchgeführt werden kann, daß die Kittstellen und die Stirnflächen des Isolators mit einem Anstrichmittel genügender Oberflächenspannung überstrichen, der Isolator unter Druck gesetzt und eventuell einsetzende Blasenbildung beobachtet wird. Als Anstrichmittel kann z. B. Nekal-Lösung Verwendung finden. Eine andere Möglichkeit besteht darin, den unter Druck gesetzten Isolator in ein Wasserbad zu tauchen und festzustellen, ob Blasen aufsteigen. Eine solche Prüfung ist nur in besonderen Fällen erforderlich und muß deshalb vereinbart werden.

4.4.7 Armaturenprüfung

Die Armaturen sind ein so wichtiger Bestandteil der Isolatoren, daß auf ihre Prüfung hingewiesen werden muß. Für Freileitungsisolatoren ist in VDE 0446 die Zugprüfung als Stückprüfung festgelegt.

Auch die Verzinkung muß dem Freileitungsbetrieb gewachsen sein. Es ist eine Prüfung auf Verzinkungsgüte durchzuführen, wie sie in VDE 0210, Anhang, gemäß den Bedingungen für verzinkte Bauteile, angegeben ist.

Bei Geräteisolatoren wird der Werkstoff der Armaturen, des Eingußmittels und des Korrosionsschutzes zwischen Besteller und Isolatorenlieferanten vereinbart (hierzu Abschnitt 5.1.4.)

4.5 Chemische Prüfungen

Da die chemische Beständigkeit von keramischen Erzeugnissen in der Regel nicht zweifelhaft ist, kann in den meisten Fällen auf eine Prüfung verzichtet werden. Sollte eine Prüfung auf Säure- oder Laugenbeständigkeit doch einmal erforderlich sein, so kann nach dem Verfahren von Kallauner und Barta eine gewogene Menge eines zwischen den Sieben DIN 0,20 und 0,15 abgesiebten Grießes mit der in Frage kommenden Säure oder Lauge etwa eine Stunde gekocht werden. Die hierbei zersetzte Menge des keramischen Scherbens ist ein Maß für die Angreifbarkeit. Da es sich bei glasierten Erzeugnissen meist um die Beständigkeit der Glasur handeln wird, ist die Grieß-Methode vielfach nicht anwendbar. In diesem Falle wird eine Untersuchung nach DIN 12116 und DIN 52322 Entwurf Dez. 74 über die Prüfung von Laboratoriumsglas empfohlen, gemäß der ein nach 3stündigem Kochen auf einer Fläche von 200 cm^2 eingetretener Gewichtsverlust ein Maßstab für die Beständigkeit ist (hierzu auch VDE 0335).

4.6 Wartungs- und Behandlungsvorschriften sowie Gewährleistungsbedingungen

Isolatoren müssen nicht nur im Betrieb, sondern auch während der Lagerung und auf dem Transport ihren Eigenschaften entsprechend behandelt werden. Auch sind Angaben über Ursprungszeichen, Herstellungsdaten und technische Werte notwendig.

Für Gewährleistung und Haftung für Mängel bei Lieferung von Isolatoren sind die Bedingungen des Vereins der keramischen Industrie e. V., die auch in den Lieferungsbedingungen der Isolatorenlieferanten enthalten sind, maßgebend.

Bezüglich der rechtlichen Seite des Kaufvertrages, zu der auch Verpackung, Versand und Gefahrenübergang gehören, gelten Lieferungsbedingungen, die von den keramischen Werken in weitgehend einheitlicher Form herausgegeben werden.

Hinsichtlich der Bestätigung der für die Ablieferung von Werkstoffen vorgenommenen Prüfungen kommt gegebenenfalls DIN 50049 ,,Bescheinigungen über Werkstoffprüfungen" in Betracht.

5. Form und Konstruktion von keramischen Bauteilen

5.1 Isolatoren

Für die Formgebung von elektrokeramischen Bauteilen sind folgende Gesichtspunkte maßgebend: Eigenschaften der keramischen Werkstoffe, Technologie, elektrische und mechanische Anforderungen des Betriebes.

Dabei lassen sich Werkstoffeigenschaften und Technologie in ihren Auswirkungen auf die Formgebung häufig nicht trennen, während elektrische und mechanische Anforderungen vielfach gegensätzliche Ausführungsformen und deshalb Kompromißlösungen verlangen. Bei dem Konstrukteur elektrischer Apparate müssen sich deshalb die Erfahrungen auf dem apparatetechnischen Gebiet durch die Kenntnis des keramischen Werkstoffes ergänzen.

5.1.1 Einfluß der Werkstoffeigenschaften

Es ist zu bedenken, daß die Eigenschaften des fertiggebrannten keramischen Körpers sich von denen der ungebrannten Masse, die die Technologie bis zum Brande im wesentlichen bestimmt, stark abweichen. Es müssen also einige Gesichtspunkte erwähnt werden, die hierdurch bedingt sind. Die zu beachtenden Eigenschaften sind Sprödigkeit, Fehlen des Streckbereichs im Dehnungsdiagramm, Verhalten bei Stoß- bzw. Schlag- und großen räumlichen und zeitlichen Temperaturänderungen, großer Unterschied zwischen Zug- und Druckfestigkeit. Der große Unterschied zwischen Zug- und Druckfestigkeit weist den Konstrukteur darauf hin, daß es zweckmäßig ist, von der hohen Druckfestigkeit Gebrauch zu machen und seine Konstruktionen darauf einzustellen. Allerdings soll man auch bedenken, daß sich bei Beanspruchung der keramischen Werkstoffe auf Zug und Biegung nicht weniger sichere Konstruktionen ergeben als bei Beanspruchung auf Druck. Man muß die Dimensionierung auf die richtigen Festigkeitswerte abstellen. Die überkommene Vorstellung, daß man keramische Werkstoffe nicht auf Zug oder Biegung beanspruchen soll, ist überholt und nicht richtig; denn langjährige und umfassende Anwendung dieser Eigenschaft hat sich bewährt und weitgehende Sicherheit bewiesen. Es ist besser, mit den geringeren Zug- und Biegefestigkeitswerten zu arbeiten, als um jeden Preis Konstruktionen durchzuführen, die auf Druckfestigkeit aufgebaut sind. Man bekommt dabei unter Umständen Ausführungen, bei denen versteckte Zug- oder Biegebeanspruchungen auftreten, die nicht klar erkannt werden und die dann versagen. Wenn eine solche um jeden Preis auf Druck aufgebaute Konstruktion richtig ausgeführt ist, so bringt sie unter Umständen sehr schwere und räumlich zu große Lösungen mit sich, die auch unerwünscht sind. Auch ergeben sich

146   5. Form und Konstruktion von keram. Bauteilen

dabei häufig Schwierigkeiten, die elektrischen Anforderungen zu beherrschen, weil die notwendigen Abstände zwischen den Elektroden (Armaturen) nicht vorhanden sind. Es muß bei keramischen Werkstoffen also heißen: ,,Keine Angst vor Zug- und Biegebeanspruchungen, aber klare und übersichtliche Festigkeitsverhältnisse, richtige Beurteilung der Beanspruchungsart und Wahl der richtigen Festigkeitswerte."

Auf Biegung beanspruchte Querschnitte erfordern eine besonders sorgfältige Beurteilung der mechanischen Spannungsfelder und der Stellen höchster Spannungskonzentration. Ein z. B. mit einem Flansch versehener, auf Biegung beanspruchter Stützer (Abb. 5.1) wird gewöhnlich für den kritischen Querschnitt berechnet, der meist an der unteren Einspannstelle liegen mag. In Wirklichkeit

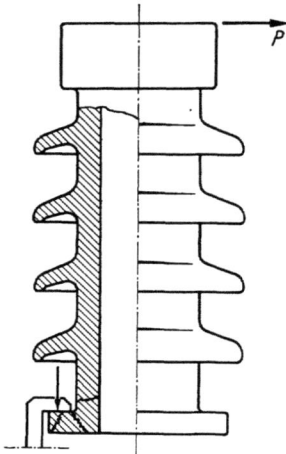

Abb. 5.1. Kritische Stellen der Beanspruchung eines auf Biegung beanspruchten Stützers.

liegt aber die gefährdete Stelle z. B. dort, wo der Flansch am Mantel ansetzt. Man spricht also einfach von einem fest eingespannten Körper, der auf Biegung beansprucht wird, und vergißt, daß die Einspannstelle und deren Umgebung unter Umständen viel höher auf Biegung oder auch auf Druck beansprucht wird und die als Kerbstelle wirkende Ansatzstelle des Flansches am Mantel eine gefährliche Schwächung darstellt. Beste Abrundung dieser Ansatzstelle und genaue Überprüfung der Stelle, an der Laschen oder Spannring angreifen, auf Biege- oder Druckkräfte und die Ausbildung der Auflagestellen der Spannmittel als großflächige Auflage garantierende Kraftschlußelemente sind deshalb erforderlich.

Man trägt der Sprödigkeit, Kerb-, Stoß- und Schlagempfindlichkeit des keramischen Werkstoffes am besten dadurch Rechnung, daß man Kraftübertragungen möglichst großflächig vornimmt. Dies erreicht man durch abgerundete Formen, Vermeidung von hervorstehenden Kanten und durch Zwischenlagen von deformierungsfähigen Stoffen, die einerseits für eine elastische Milderung des Stoßes oder Schlages sorgen und andererseits die Kräfte auf größere Flächen verteilen.

Bei den in der technischen Keramik verwendeten Körpern sind die Wanddicken im allgemeinen ziemlich groß, so daß sich Stöße und Schläge auf diese nicht so auswirken, daß die Wand und damit der Körper zu Bruch gehen. Weil sie aber meist auf kleinste Flächen übertragen werden, führen sie bei entsprechender Höhe der Kräfte zu Oberflächenbeschädigungen, insbesondere der Glasur, so daß die Körper dadurch unter Umständen unbrauchbar werden.

Durch die Sprödigkeit des Werkstoffes ist allgemein eine gewisse Kantenempfindlichkeit vorhanden. Alle Kanten sollten daher gut abgerundet sein, vgl. hierzu 3.2.10.

Hervorstehende Teile, wie vor allem die Schirme von Isolatoren, müssen auch wegen dieser Stoß- und Schlagempfindlichkeit so ausgebildet werden, wie es von der Technologie gefordert wird. Nicht zu große Ausladungen, genügende Schirmdicke, möglichst geneigte Schirmform, gut abgerundete, wulstige Tropfkante und eventuelle Versteifungsrippen sind mit Rücksicht auf die Stoß- und Schlagempfindlichkeit günstig. Hohe Temperaturen gefährden keramische Bauteile wegen der hohen Entstehungstemperatur im Brande gewöhnlich nicht. Empfindlichkeit besteht nur gegen stark veränderliche räumliche und zeitliche Temperaturfelder. Dabei muß also entsprechend dem dünnwandigen Teeglas die Wanddicke in angemessenen Grenzen gehalten werden. Dickwandige Körper sind thermisch empfindlicher als dünnwandige. Die thermische Empfindlichkeit von verschiedenen keramischen Werkstoffen kann verschieden sein, und man kann durch Auswahl geeigneter Massen verschiedene Empfindlichkeit gegen Temperaturwechsel erreichen. Auch die ganze Körperform, die Übergänge der verschiedenen Wandungen, unterschiedliche Scherbendicken usw. bedingen größere oder geringere Temperatursturzempfindlichkeit. Da diese Komponenten aber rechnerisch kaum zu erfassen sind, gehört Erfahrung dazu, um günstige Formen zu finden.

5.1.2 Einfluß der Technologie

Mit der Zusammensetzung der Masse verändert sich die Verformungsfähigkeit, und man muß entweder bei ihrer Zusammensetzung auf irgendwelche durch sonstige Notwendigkeiten bedingte Anforderungen an die Herstellungsverfahren Rücksicht nehmen oder bei durch sonstige Anforderungen vorgeschriebenen Massen diesen die Form anpassen. Für diese Probleme ist deshalb eine Abstimmung zwischen Konstrukteur und Keramiker erforderlich.

Die Formen bestimmen das Formgebungsverfahren weitgehend. Isolatoren der Hochspannungstechnik, die größere Abmessungen aufweisen, werden, wenn es sich um glatte Zylinder mit gleichbleibendem Kreisdurchmesser handelt, im Strangpreßverfahren hergestellt. Isolatoren konischer Form und solche mit Schirmen, Wülsten, Rippen, Kopf- und Fußsockeln werden, wenn sie aus stranggepreßten Formlingen (Hubeln) hergestellt werden, durch Abdrehen in lederhartem Zustand auf die gewünschte Form gebracht.

Wegen der Schwierigkeit, für große Durchmesser eine genügend homogene Struktur des stranggepreßten Hubels über den ganzen Querschnitt zu erreichen, und zur Vermeidung von Trocknungs- und Schwindungsrissen und -lunkern kann man mit solchen Hubeln nur Strunkdurchmesser (massiv) von 120 bis 250 mm und bei Verwendung von größten Pressen günstigenfalls von 300 bis maximal 500 mm Mantel-Außendurchmesser (hohl) erhalten. Isolatoren, die unter allen Umständen aus einem Stück ohne Verbindungsfugen durch Garnieren, Glasieren oder Kitten hergestellt werden sollen und deswegen stranggepreßter Hubel bedürfen, können demnach, dem heutigen Stande der in der keramischen Industrie installierten Pressen entsprechend, nicht über einen Mantel-Außendurchmesser von maximal 500 mm hergestellt werden. Bestrebungen sind immer im Gange, auch Hohlkörper größeren Durchmessers aus stranggepreßten Hubeln und damit aus einem Stück ungarniert zu drehen. Es erfordert dies Pressen besonders großer Abmessungen spezieller Konstruktion, die entsprechende Entwicklungsarbeit erforderlich machen und größeren Aufwand darstellen.

Wegen der begrenzten Durchmesserabmessungen und der Notwendigkeit, Isolatoren für höhere Spannungen entsprechend lang machen zu müssen, werden stranggepreßte und massive Isolatoren für höhere Spannungen (60 kV und darüber) ziemlich schlank, d. h., das Verhältnis von Länge zu Durchmesser wird relativ groß. Wie an anderer Stelle erörtert, können Schlankheitsverhältnisse, die größer als 5:1 bis maximal 7:1 sind, nicht stehend gebrannt werden. Stranggepreßte Isolatoren für höhere Spannungen müssen fast durchweg hängend gebrannt werden. Dadurch ist aber eine Grenze für das am Hängeboms hängende Gewicht gegeben und mit Rücksicht auf die im Brande anfangs noch weiche Masse ein Mindestmaß für den Querschnitt vorgeschrieben. Die Länge dieser Isolatoren ist also vom Querschnitt abhängig. Querschnitt bzw. Wandstärke sind aber häufig durch mechanische Anforderungen vorgeschrieben, so daß hierin eine Begrenzung der Länge und damit der Spannungsreihe für einteilige Isolatoren gegeben ist. Für die Belastung des Querschnitts im rohen, trockenen, dem sogenannten Weißzustand, kann man eine ,,Trockenbiege-, früher Rohbruchfestigkeit'' von etwa 15 bis 30 kp/cm² angeben.

Für die zulässige Belastung im weichen, teigigen Zustande beim Brennen sind Werte nicht leicht anzugeben, weil diese Funktionen des Temperaturganges beim Brennen sind. Sie hängen von den Brennverhältnissen und dem Verhalten der keramischen Massen in Abhängigkeit von Zeit und Temperatur ab. Für Belastbarkeit beim hängend und stehend Brennen für aus stranggepreßten Hubeln im Maschinenabdrehverfahren hergestellte Körper kann man folgende Richtwerte nennen:

für Porzellan massiv und hohl	0,6 bis 0,7 kp/cm²
für Steatit massiv	0,5 bis 0,55 kp/cm²
hohl	0,4 bis 0,45 kp/cm².

Die Werte für Steatit liegen wegen des kleineren Brennintervalls niedriger.

Bei zu hohen Belastungen besteht die Gefahr des Ausgrätschens am Fuß. Um das Gewicht des Körpers zu verringern, ist es vorteilhaft, die Wanddicke nach oben abnehmen zu lassen. Die Schirme bestimmen ebenfalls das Gewicht, so daß dicke, weit ausladende und stark profilierte Schirme besondere Anforderungen an die Standfläche stellen.

Bei im Maschinenabdrehverfahren hergestellten Körpern, die stehend gebrannt werden, ist nicht die Belastung der Standfläche, sondern die Gefahr des Krummwerdens die kritische Grenze, denn durch Zerstörung der Struktur des stranggepreßten Hubels durch Abdrehen und Bohren ist die Empfindlichkeit für Krummwerden erhöht.

Isolatoren größerer Durchmesser sind an das Einformverfahren gebunden, mit dem man aber Massivdurchmesser nicht größer als im Strangpreßverfahren herstellen kann, weil für solche Trocknungs- und Schwindungsrisse und -lunker auch nicht zu vermeiden wären. Dagegen kann man Hohlkörper im Einformverfahren bis zu ziemlich großen Durchmessern herstellen. Diese haben ihre Grenzen in den Hubelgewichten, die von Menschenhand noch bewältigt werden können. Die Hubel und Rohkörper dürfen nicht schwerer werden als sie von drei kräftigen Drehern und nicht allzu aufwendigen Hebe- und Transporteinrichtungen noch gehandhabt werden können. Man kann Durchmesser bis etwa 1,2 m, die in große Brennöfen noch einzubringen sind, auch im Einformverfahren noch beherrschen. Auch die Wandstärke ist weniger durch das Einformverfahren als durch das Brennen begrenzt. Allerdings ist sowohl für das Trocknen, besonders beim Beginn, wenn die Masse noch verhältnismäßig weich ist und großen Belastungen nicht standhalten würde, als auch im Erweichungszustand beim Brennen ein bestimmtes Mindestmaß der Wandstärke erforderlich, um den notwendigen Standquerschnitt zu bekommen. Zwischen Wandstärke und Durchmesser muß ein angemessenes Verhältnis bestehen. Längere im Einformverfahren herzustellende Körper müssen aus einzelnen eingeformten Teilen zusammengarniert werden. Dabei verlangt die Durchführbarkeit des Einformens Rücksichtnahme auf die Art der Unterteilung. Im allgemeinen lassen sich aber in jeder Schirmteilung Garnierfugen anbringen, so daß bei größeren Körpern und solchen mit größeren Durchmessern für jede Schirmteilung ein Einformteil vorzusehen ist. Bei zylindrischem Mantel und gleichem Schirmdurchmesser sind die Formen gleich, so daß sich eine gewisse Vereinfachung ergibt. Wohl ist wegen des verlangten gleichmäßigen Trockenzustandes für jeden Ring eine Form notwendig; jedoch brauchen die Modelle und Mutterformen zum Abguß der Arbeitsformen nur einmal angefertigt zu werden, und somit ergibt sich eine Ersparnis bei zylindrischer Form. Bei Körpern über 2 m Höhe empfiehlt sich aber gewöhnlich nicht, die Form von oben bis unten zylindrisch auszuführen, weil dadurch Kopflastigkeit auftritt und die Standfestigkeit im Brand ungünstig wird. Es treten dann leicht Verzug und Verkrümmungen ein. Es ist immer daran zu denken, daß der Körper beim Brennen weich und teigig ist und damit die Formfestigkeit sehr verringert wird. Hierauf muß Rücksicht bei der Gestaltung ausladender Teile genommen werden. Beispielsweise dürfen Schirmdurchmesser nur in angemessenem Verhältnis zum Manteldurchmesser stehen, d. h., die Schirmausladung darf gewisse Werte, die etwa bei 80 mm bis 100 mm bei Porzellan liegen mögen, nicht überschreiten. Dabei hängt es sehr davon ab, welche Dicke und Steifigkeit im Brand der Schirm hat und ob man ihm eventuell Versteifungsrippen, die als zweite Tropfkante ausgebildet werden können, geben soll. Andererseits hängt die Schirmdicke auch von der Wandstärke des Körpers ab. Sie darf von dieser nicht zu verschieden sein, weil zu dicke Schirme gegenüber der Wandstärke zu inneren Spannungen und damit zur Verminderung der Festigkeit gegenüber äußeren Kräften führen und zu dünne Schirme infolge der inneren Spannungen im Schirm zum Abplatzen und thermischer Empfindlichkeit neigen.

5. Form und Konstruktion von keram. Bauteilen

Wenn die *Schirmteilung* auch im wesentlichen durch elektrische Gesichtspunkte bestimmt ist, so spielen doch auch technologische Rücksichten bei ihr eine Rolle. Gegen große Schirmteilungen sind im allgemeinen vom Standpunkt der Technologie keine Einwendungen zu erheben. Dagegen ist der Kleinheit der Schirmteilung dadurch eine Grenze gesetzt, daß beim Abdrehen die Werkzeuge zwischen die Schirme eingreifen müssen und insbesondere bei größeren Schirmausladungen enge Räume entstehen würden, die keine einwandfreie Bearbeitung zulassen. Beim Einformen und Garnieren von größeren Körpern muß die Hand des Drehers zwischen den Schirmen noch beweglich sein, die Garnierstellen und den Außenmantel des Körpers noch erreichen und zwischen Schirmen und Mantel hantieren können. Die Schirmteilung hängt deshalb von der Ausladung, der Schirmdicke und der Schirmform ab, darf aber etwa 30 mm nicht unterschreiten.

Für das *Garnieren* ist zu beachten, daß die Garnierfläche genügend groß ist, um das Gewicht des darüberliegenden Teiles des Isolators aufzunehmen und eine mechanisch und elektrisch genügend feste Verbindung zu gewährleisten. Andererseits darf die Garnierfläche auch nicht zu groß sein, weil sonst die Wahrscheinlichkeit des Auftretens von Lunkern und nicht zusammengesinterten Stellen größer wird. Sie sind der Anlaß zum Aufreißen und nicht genügender mechanischer und elektrischer Festigkeit. Einwandfrei hergestellte Garnierstellen sind keine besonders gefährdeten Stellen hinsichtlich mechanischer und elektrischer Festigkeit, da beim Sintern tatsächlich ein einheitlicher Scherben erreicht wird.

Die Garnierstelle eines Kreisquerschnittes ist infolge der Dehnungs- und Schrumpfungserscheinungen beim Temperaturwechsel (Brand) wesentlich anfälliger in Bezug auf Reißen und „Aufgehen", so daß es immer ein Problem ist, einen solchen garnierten Querschnitt vollflächig zum Binden zu bringen. Diese Schwierigkeit besteht bei Ringquerschnitten auch größerer Wanddicke nicht.

Muß man einen Massivkörper aus Gründen des Krummwerdens oder wegen zu großer Schlankheit hängend brennen, so sind Garnierstellen besonders gefährdet, weil sie zu Beginn des Brennvorganges und in der Phase der hohen Temperaturen des Scharfbrandes keine genügende Festigkeit aufweisen, um das Gewicht des daran hängenden Körperteiles zu tragen. Garnierstellen erhalten genau wie die Körper selbst erst ihre endgültige Festigkeit, wenn der Sinterungsvorgang vollendet und bei der Abkühlung niedrigere Temperaturen erreicht sind.

Als Verfahren für im wesentlichen Hohlkörper, das innerhalb der Silikattechnik bleibt, bietet sich das Zusammenfügen mit Glasur an. Die Verwendung von Schlicker aus der gleichen Zusammensetzung wie der Scherben, das heißt eine Art Garnieren von gebrannten Körpern, verbietet sich deshalb, weil ein Absintern an einem bereits gebrannten Scherben keine elektrisch und mechanisch genügend feste Verbindung liefert. Außerdem vertragen gebrannte Körper nicht gut nochmals die gleiche hohe Temperatur, ohne daß sich thermische Risse oder sonstige Mängel zeigen. Glasur als Verbindungsstoff kann so eingestellt werden, daß das Schmelzen bei niedrigerer Temperatur erfolgt. Allerdings muß auch hierzu ein Ofen zur Verfügung stehen, der die Höhe des ganzen Körpers aufnimmt. Man kann damit Körper fertigen, die um das Schwindmaß höher sind als einteilig gebrannte Körper. Die Verbindung mit Glasur ist freiluftbeständig wie der Scherben selbst. Die elektrische und mechanische Festigkeit entspricht den Anforderungen.

Wenn die Höhen noch größer werden und noch größere Ofenhöhen nicht zur Verfügung stehen, kann man mit kalt oder bei niedrigen Temperaturen härtendem Kunststoff, wie Epoxydharze (Araldit-Gießharze), kleben. Sie ergeben ausreichende mechanische Festigkeit, und auch die elektrische Durchschlagfestigkeit ist gut. Da die Schichtdicken sehr klein sind, besteht keine Gefahr, daß solche Stellen („Edelfugen") im Laufe der Zeit infolge der verschiedenen Wärmeausdehnungskoeffizienten von Kunststoff und Keramik aufgehen. Dagegen kennt man noch nicht das Verhalten bei lang andauerndem Feuchtigkeitseinfluß. Man weiß, daß Kunststoff unter Feuchtgkeitseinfluß nicht absolut quellfrei ist. Ob aber bei hauchdünnen Schichten zwischen Keramik Quelleffekte auftreten, ist noch nicht erwiesen. Körper, die auf diese Weise zusammengefügt und einige Jahre unter Biegebeanspruchung durch das eigene Gewicht freitragend in Freiluft gelagert wurden, haben bis jetzt keine Hinweise ergeben, daß sich die Verbindung verschlechtert hat. Ob aber seitens des keramischen Herstellers ohne Risikobeteiligung seitens des Verbrauchers eine Gewähr für die Dauerhaltbarkeit übernommen werden kann, wird erst durch weitere Erfahrungen entschieden werden können.

Die Klebestellen können je nach den Erfahrungen des Herstellers als Stumpf-, Keilnut-, Innenkonus oder Außenkonusverbindung (Abb. 5.2) ausgebildet werden.

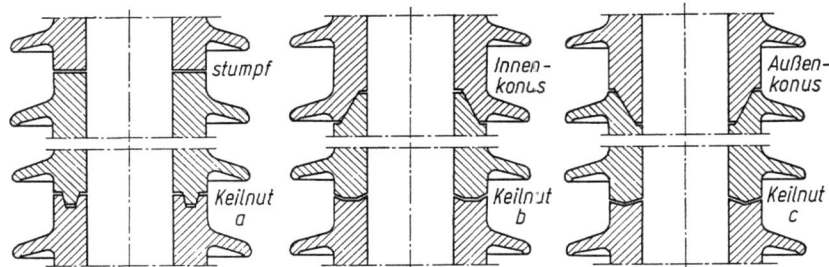

Abb. 5.2. Form der Verbindungsflächen bei glasierten und geklebten Großkörpern.

Durch Kittung zusammengefügte Isolatoren kann man nicht als „einteilig" bezeichnen, wohl aber durch Garnieren oder Glasieren zusammengefügte Körper.

Der einteilige Isolator kann infolge der Möglichkeit, ihn aus Formteilen zusammenzusetzen, in großen Längen hergestellt werden. Die Einrichtungen zum Formen, Abdrehen und Brennen solcher Körper begrenzen die Höhen.

Ist das Schlankheitsverhältnis Gesamtlänge zu Durchmesser zu groß, so besteht auch bei im Einformverfahren hergestellten Körpern die Gefahr des Krummwerdens beim Brennen. Je nach Masse und versteifenden Momenten (Wandstärke, Schirmform-, ausladung, -teilung, -wurzeldicke, usw.) sollte dieses Verhältnis 4:1 bis 5,5:1 oder 6:1 nicht überschreiten. Bei zusammenglasierten Körpern kann man mit dem Schlankheitsverhältnis bis auf etwa 11:1 gehen, weil die Teilkörper, die bereits den Scharfbrand überstanden haben, beim nachfolgenden Glasurbrand nicht so hohen Temperaturen ausgesetzt sind und deshalb keinen Weichzustand annehmen.

Kopflastigkeit sollte nach Möglichkeit vermieden werden. Die Wandstärke sollte bei Großkörpern nicht unter 35 mm bis 40 mm liegen. Im allgemeinen liegt sie bei 50 mm bis 60 mm. Wesentlich über 60 mm ist aus trocken- und brenntechnischen Gründen nicht empfehlenswert.

Die Wandstärke ist vorteilhaft unten größer als oben, damit eine genügende Standfläche vorhanden ist, die das darüberliegende Gewicht aufnehmen kann, ohne daß die zulässige Flächenpressung überschritten wird und damit die Gefahr des Ausgrätschens am Fuß entsteht. Nach oben abnehmende Wandstärke verringert das Gewicht, ohne den Widerstand gegen Krummwerden zu stark zu verkleinern. Abnahme des Durchmessers nach oben verringert ebenfalls das Gewicht und vermeidet Kopflastigkeit, die immer eine Gefahr für Krummwerden und Verziehen darstellt. Die dadurch entstehende konische Form des Mantels bedeutet die Anfertigung mehrerer Modelle und Formen und erhöht dadurch etwas die Kosten der Einrichtung. Diese fallen aber nur bei geringeren Stückzahlen ins Gewicht. Zweckmäßigerweise läßt man die Schirmausladung konstant, da konische Wände ohnehin verschiedene Formen der einzelnen Ringe verlangen und dadurch keine Verteuerung eintritt. Gleiche Außendurchmesser der Schirmfolge würden die Ausladung der Schirme nach oben erheblich vergrößern, damit Nachteile mit sich bringen und außerdem unschöne Formen ergeben. 380-kV-Überwürfe gehören heute zu den Abmessungen, die von einer darauf eingestellten keramischen Fabrik ohne besondere Schwierigkeiten hergestellt werden können.

Die größten Körper, die zur Zeit herstellbar sind, sind in garnierter Ausführung solche mit Gesamthöhen von etwa 4000 mm, entsprechend einer Betriebsspannung von etwa 400 bis 420 kV. Bei Körpern, die (aus Teilkörpern) im Garnierverfahren zusammengefügt bereits einem Scharfbrand unterzogen sind und dann in einem zweiten Glasurbrand zu einer größeren Einheit zusammengefügt werden, erreicht man 5200 mm entsprechend Betriebsspannungen von etwa 550 kV. Für Isolierkörper bis zu 750 kV bestehen zur Zeit noch keine Öfen, so daß man sie durch Zusammenfügen mit Kunststoff herstellen muß. Die erforderlichen Höhen von etwa 7000 mm kann man auf diese Weise erreichen. Die Durchmesser sind durch die Breite der Ofentür auf etwa 1200 mm begrenzt.

Grenzen für im Maschinenabdrehverfahren hergestellte Körper sind z. Zt. für Hohlkörper in Porzellan (Steatit wird kaum hergestellt)
für die Höhe etwa 2000 mm, für den Durchmesser über die Schirme etwa 600 mm; für Massivkörper,
in Porzellan für die Höhe 1600 mm und Strunkdurchmesser 220 mm bei Schirmausladung 80 mm,
in Steatit für die Höhe 1200 mm und Strunkdurchmesser 150 mm bei Schirmausladung 45 mm.

Isolatoren für höchste Betriebsspannungen werden gewöhnlich durch Zusammensetzen mehrerer Einheiten mit Metallarmaturen erhalten.

Alle Maßangaben beziehen sich auf den gebrannten Körper. Als Toleranzen müssen dabei die Grobtoleranzen nach DIN 40680 in Anspruch genommen werden.

Die Herstellung von keramischen Meßwandlerkörpern durch Gießen hat seine Bedeutung heute fast vollständig verloren, weil die Begrenzung der Betriebsspannung für solche Körper auf 30 kV oder maximal 45 kV ohnehin ein Gebiet bestreicht, das im allgemeinen nur für Innenraumgeräte in Betracht kommt.

Die Technologie der freigedrehten Körper verlangt Formen, die sich mit Handwerkzeugen auf Drehbänken oder mit Abdrehmaschinen aus gewöhnlich zylindrischen, stranggepreßten Hubeln abdrehen lassen.

5.1.3 Einfluß der elektrischen Anforderungen

Die Durchschlagfestigkeit der keramischen Werkstoffe ist im Verhältnis zur Luft hoch. Da ein Isolator fast immer in Luft gestellt ist, spielt die Grenzschicht zwischen Keramik und Luft eine wesentliche Rolle. Ihre Eigenschaften hinsichtlich Durchschlag der Luft und der Leitfähigkeit der Isolatoroberfläche sowie die Feldform sind für die Formgebung eines Isolators von ausschlaggebender Bedeutung.

Die Begriffserklärungen für Isolierkörper, Hohlisolierkörper, Massivisolierkörper, Isolatoren und Armaturen sowie die praktische Einteilung der Isolatoren in Typen A und B sind in VDE 0674 Teil 1/2.70 festgelegt.

Während bei Innenraumisolatoren die weiter oben erörterten Verhältnisse an den Grenzschichten Luft/Isolator für die Überschlagspannung maßgebend sind, spielt bei Freiluftisolatoren der Zustand der Isolatoroberfläche eine große Rolle. Sie wird durch das Wetter gegenüber dem sauberen Zustand stark verändert, und es sind Maßnahmen notwendig, die diesen Witterungseinflüssen Rechnung tragen. Eine glatte zylindrische Oberfläche ist deshalb nicht zweckmäßig, weil durch Regen zusammenhängende Wasserfäden auftreten, die die Isolation überbrücken und damit den Isolator außer Betrieb setzen.

Es sind also zwei Erscheinungen bei der Formgebung eines Isolators in elektrischer Beziehung zu beachten, nämlich die Unterbrechung solcher Wasserfäden und das Fremdschichtproblem, das besonders durch Staub in Industriegegenden oder durch Salzablagerung an den Meeresküsten auftritt.

Bei Freiluft-Energieversorgungs-Anlagen ordnet man zur Unterbrechung leitender Fäden Schirme an der Oberfläche an.

Für jeden Isolator gibt es eine günstigste *Größe der Schirme*. Sie hängt von der Leitfähigkeit des Regenwassers und vom Schirmabstand ab. Bei Stützisolatoren, die mit Regenwasser von 100 µS/cm beregnet werden, beträgt die günstigste Schirmausladung die Hälfte der Schirmteilung. Isolatoren mit kleineren Schirmen erreichen geringere Überschlagspannungen. Eine Vergrößerung der Schirmteilung bringt keine Verbesserung im elektrischen Verhalten des Isolators.

Die *Zahl der Schirme* hängt also von der Schirmteilung ab. Für ein Optimum zwischen Überschlagspannung und Kostenaufwand steht die Schirmteilung in einem bestimmten Verhältnis zur Schirmausladung. Dieses Optimum läßt sich durch größere Schirmzahl bei kleineren Schirmteilungen und entsprechend kleineren Schirmausladungen oder durch kleinere Schirmzahl und größere Schirmteilung und größere Schirmausladung erreichen. Dabei ist zu bedenken, daß bei

154 5. Form und Konstuktion von keram. Bauteilen

kleineren Schirmzahlen die größere Ausladung größeren Brennraum benötigt und damit höhere Kosten verursacht. Empfindlichkeit gegen Bruch und thermische Spannungen steigern bei großen Schirmausladungen den Ausschuß in der Fabrikation und damit die Kosten.

Man verwendet ausschließlich gleichmäßige Schirmteilungen, weil diese die günstigsten Überschlagspannungen ergeben. Da außerdem jeder Schirm eine gewisse Mindestdicke haben muß, bedeutet eine große Schirmzahl auch Verlust an Luft-, Isolier- und Kriechweglänge. Geringe *Schirmdicke* ist elektrisch günstig, jedoch setzen Bruchempfindlichkeit und Fertigungsverfahren hier eine bestimmte Grenze, die je nach der Ausladung etwa 15 bis 20 mm nicht unterschreiten soll.

Die Schirmneigung ist von geringem Einfluß auf die Überschlagfestigkeit. Man wählt sie meist zwischen 15° und 30° zur Horizontalen, manchmal auch noch größer.

Diese *Dimensionierung* der Schirme ist im wesentlichen auf die Regenverhältnisse abgestellt. Isolatoren im Freiluftbetrieb sind aber weiteren Einflüssen ausgesetzt, nämlich Befall mit Staub, einschließlich von Industriestaub oder Salz in der Nähe der Meeresküste. Fremdschichten aus metallisch leitenden Teilchen, z.B. Ruß, Graphit, und Metallstaub, spielen praktisch eine untergeordnete Rolle. Die größte Bedeutung haben Fremdschichten, die infolge Tau, Nebel oder Regen mit Feuchtigkeit durchtränkt und elektrolytisch leitend werden.

Da man die Kriechweglänge für besonders bedeutungsvoll hält, hat man vorgeschlagen, die Verschmutzungsarten zu klassifizieren und für jede *Verschmutzungsklasse Mindestkriechwege vorzuschreiben.*

Es sind folgende Klassen vorgeschlagen, denen die gleichzeitig aufgeführten Mindestkriechwege zugeordnet sind:

Klasse A: Gebiete ohne Industrie mit überwiegend landwirtschaftlicher bzw. forstwirtschaftlicher Bodennutzung.

Klasse B: Gebiete mit schwacher Verschmutzung sowie Gebiete, in denen die atmosphärischen Bedingungen durch häufige und starke Nebel ungünstig sind.

Tabelle 5.1. Kriechwege der RWE-Isolationsklassen [cm]

Klasse	Klasse			
	A	B	C	D
	Spezifischer Kriechweg cm/kV			
	1,7–2,0	2,2–2,5	2,6–3,2	3,8–5,0
380 kV	646–760	836–950	988–1216	1444–1900
220 kV	374–440	484–550	572–704	836–1100
150 kV	255–300	330–375	390–480	570–750
110 kV	187–220	242–275	286–352	418–550
60 kV	102–120	132–150	156–192	228–300
30 kV	51–60	66–75	78–96	114–150
20 kV	34–40	44–50	52–64	76–100
10 kV	17–20	22–25	26–32	38–50

Klasse C: Gebiete mit stark überlagerter Industrieverschmutzung.
Klasse D: Gebiete mit extrem ungünstigen Bedingungen.

Häufig werden die Schirme nur nach dem spezifischen Kriechweg konstruiert, und man glaubt dabei, eine umso höhere Überschlagspannung zu erhalten, je größer man diesen wählt. Dabei kann man aber auf Konstruktionen kommen, die in Bezug auf Herstellungsmöglichkeit und auf Wirksamkeit gegenüber den Fremdschichteinflüssen einschließlich einer Selbstreinigung nicht mehr praktisch brauchbaren und auch wirtschaftlich optimalen Verhältnissen entsprechen. Man sollte deshalb nicht einfach nur möglichst große spezifische Kriechwege fordern, sondern evtl. nachprüfen, ob solche Forderungen auch anders erfüllt werden können.

Mit den genormten Schirmprofilen nach DIN 43 115 und vertretbaren Schirmteilungen (Abb. 5.3) lassen sich ohne eine Verlängerung über das von der Stehstoßspannung festgelegte Maß der Bauhöhe kaum spezifische Kriechwege von mehr als 2,3 cm/kV erzielen. Mit gewissen Profilveränderungen (Abb. 5.4) ist es möglich, spezifische Kriechwege von 2,5 bis 2,6 cm/kV zu erreichen. Werden noch höhere Werte gefordert, so müssen spezielle Profile angewendet werden, wie sie als Beispiel in Abb. 5.5 und 5.6 dargestellt sind. Für diese ist aber besonders bei Neukonstruktionen gründlich nachzuprüfen, ob sie in der keramischen Technologie beherrschbar und für die in der Praxis auftretenden Verschmutzungsbedingungen erforderlich oder ausreichend sind. Häufig führt eine etwas größere Bauhöhe leichter und mit geringerem Aufwand zu einer besseren Beherrschung der jeweiligen Fremdschichtbedingungen. Nur wenn eine Vergrößerung der Bauhöhe wirtschaftlich nicht zu verantworten ist, sollte man eine Lösung über kompliziertere Schirmformen suchen.

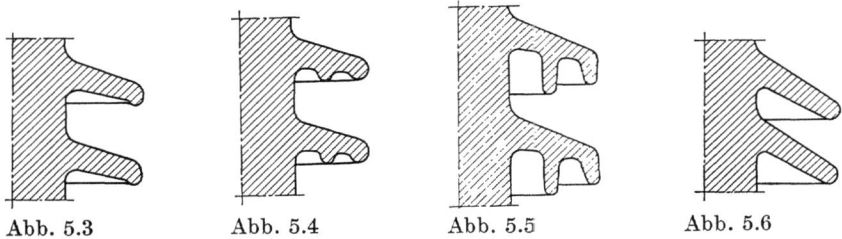

Abb. 5.3 Abb. 5.4 Abb. 5.5 Abb. 5.6

Abb. 5.3. Genormtes Schirmprofil nach DIN 48 115.

Abb. 5.4. Abgewandeltes DIN-Profil.

Abb. 5.5. Spezialprofil für Gebiete mit Salzfremdschichten (Herstellung im Einformverfahren).

Abb. 5.6. Spezialprofil für Fremdschichten hoher Schichtleitfähigkeit (Herstellung im Abdrehverfahren).

Für das Fremdschichtproblem ist auch wichtig, ob ein Isolator aus mehreren Teilen mit Zwischenarmaturen besteht. Beim zusammengesetzten Isolator, bei dem schon beim Trockenüberschlag die Tendenz zu kaskadenartigen Überschlägen und zur Zertrümmerung der den Zwischenflanschen benachbarten Schirme besteht, ist die kaskadenartige Zündung beim Oberflächenüberschlag unter Fremdschichteinfluß folgenschwer, weil die an den Zwischenflanschen sich bildenden, feststehenden Lichtbögen dem keramischen Material besonders gefährlich sind. Hinzu kommt, daß auch die Höhe der Überschlagspannung durch die Wirkung der Zwischenarmaturen absinkt, indem diese die Ausbildung stromdichter Zündbrücken in der Fremdschicht erleichtern. Hierin finden auch die selbst in Gegenden ohne besondere Verschmutzungsgefahr beobachteten „Sonnenaufgangs-Überschläge" an Isolatorenketten mit ihren freiliegenden Zwischenarmaturen ihre Erklärung, weil man darin Fremdschichtüberschläge erkennen kann, die infolge einer kaskadenartigen Entwicklung schon bei Betriebsspannung durchzünden können.

Da Fremdschicht grundsätzlich Verschlechterung von Isolation und Überschlag bedeutet, so muß man in Fällen, in denen man mit den aufgeführten Mitteln nicht zum Ziele kommt, eine Vergrößerung der Baulängen vornehmen.

Da für die einzelnen Anwendungsgebiete verschiedene Gesichtspunkte zu beachten sind, sollen die einzelnen Isolatorenformen betrachtet und dabei die elektrischen Verhältnisse herausgestellt werden.

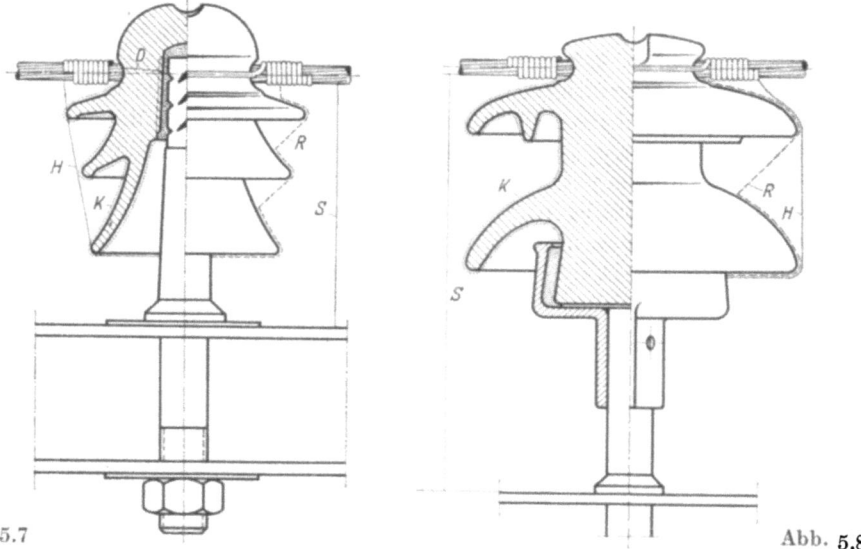

Abb. 5.7. Stützenisolator St nach DIN 48 004 (durchschlagbare Type) Typ B.
Abb. 5.8. Stützenisolator VS der Vollkernbauart (nicht durchschlagbare Type) Typ A.

Freileitungsisolatoren. Bei den Freileitungsisolatoren werden als Stützenisolatoren sowohl durchschlagbare als auch nichtdurchschlagbare Typen verwendet. Zu den durchschlagbaren Typen gehören die Stützenisolatoren St (früher Delta-Isolatoren) nach DIN 48004 (Abb. 5.7) bei denen eine Stütze in den Isolator hineinragt und die durchschlaggefährdete Stelle auf der im Porzellan verlaufenden direkten Verbindungslinie zwischen Leiterseil und Stütze liegt. Eine häufig verwendete Form ist unter der nicht genormten Bezeichnung VS-Stützen-Isolator bekannt (Abb. 5.8). Ein massiver Strunk wird durch eine Kappenstütze gefaßt. Elektrisch ist dieser VS-Isolator nicht durchschlagbar. Bei den

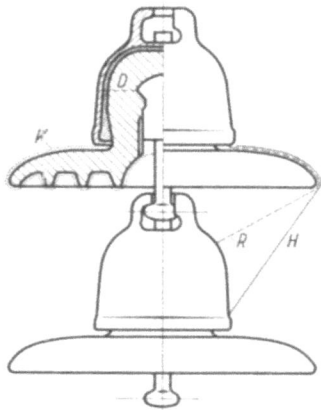

Abb. 5.9. Kappenisolator nach DIN 48 007 (durchschlagbarer Typ) Typ B.

für höhere Spannungen verwendeten Kettenisolatorentypen unterscheidet man die Kappenisolatoren nach DIN 48007 (Abb. 5.9), die international als Cap- and Pin-Type-Isulators bezeichnet werden. Sie sind durchschlagbar. Ihr Nachteil besteht darin, daß die elektrisch beanspruchte Zone gleichzeitig die Zone höchster mechanischer Beanspruchung ist. Ihre Abmessungen sind maßgeblich durch die mechanische Beanspruchung bestimmt. Bei der Bemessung des Kopfscherbens zwischen Kappe und Klöppel ist die Durchschlagfestigkeit des keramischen Werkstoffes zugrunde zu legen. Bei der äußeren Form ist dafür zu sorgen, daß die elektrische Überschlagspannung niedriger liegt als die Durchschlagspannung, d. h. die Schirmausladung sollte nicht zu groß sein. Allerdings soll sie so groß gewählt werden, daß der notwendige Kriechweg bei Verschmutzung, Vernebelung und Beregnung vorhanden ist. Da die Schirmoberfläche bei Beregnung als sichere Isolationsfläche wegfällt, kommt vor allem der Weg unterhalb des Schirmes für die Isolation in Frage. Dabei ist die Spannungsverteilung längs des Kriechweges ungleichmäßig.

Die Kappenisolatoren verlangen für höhere Spannungen wegen der gegebenen Durchschlag- und Überschlagfestigkeit einer Einheit eine größere Zahl von Gliedern, die für 110 kV 6 bis 8 Stück und für 220 kV 12 bis 14 Stück betragen.

Da Kappenisolatoren eine verhältnismäßig große Reihenkapazität haben, so ist die Spannungsverteilung an Kappenisolatoren gleichmäßiger als bei Vollkernisolatoren, bei denen die Reihenkapazität verhältnismäßig kleiner ist.

Bei Langstabisolatoren ist die Spannungsverteilung wegen der kleineren Längskapazität noch etwas ungleichmäßiger als bei den Vollkernisolatoren. Sie wirkt sich jedoch nicht so stark aus.

Für die Formgebung des VK-Isolators (Abb. 5.10) sind ähnliche Gesichtspunkte wie beim Kappenisolator maßgebend.

Da außerdem der verhältnismäßig hohe Armaturenanteil die Aufteilung in zu viele Einzelglieder bei Ketten für höhere Spannungen verbietet, ist der Vollkernisolator als 2-Schirm-Isolator ausgeführt. Die optimale Ausbildung ist durch langjährige Versuche empirisch festgestellt und nimmt darauf Rücksicht, daß ein großer Kriechweg, insbesondere bei Verschmutzung, die nötige Über-

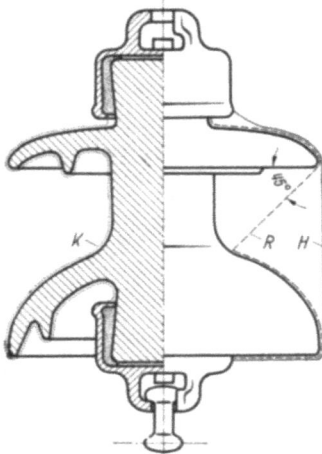

Abb. 5.10. Vollkernisolator VK (Motorisolator) nach DIN 48 006 (nicht durchschlagbarer Typ) Typ A.

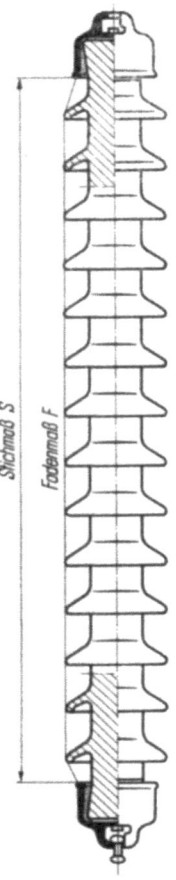

Abb. 5.11. Vollkernisolator VKL (Langstab) nach DIN 48 006 (nicht durchschlagbarer Typ) Typ A.

schlagsicherheit gewährleistet. Sonst liegt das Problem dieses Isolators, da er nicht durchschlagbar ist, auf dem Gebiet der mechanischen Festigkeit.

Der Langstabisolator (Abb. 5.11) stellt elektrisch gesehen einen Vollkernstützer dar. Für die Ausbildung der Schirmform sind deshalb grundsätzlich die gleichen Gesichtspunkte gültig wie beim Stützer. Während bei den Kappen- und Vollkernisolatoren die Schirme außer zur Vergrößerung des Kriechweges und zur Verhinderung der Bildung von zusammenhängenden Wasserfäden vor allem auch für die Erfüllung elektrischer Bedingungen, wie Vergrößerung der Überschlagspannung, Verlauf des Überschlaglichtbogens und der Verbesserung der Verteilung und Heraufsetzung der Glimmeinsatzspannung dienen, nähert sich bei Langstabisolatoren, wie auch bei Stützern, der Vorgang beim Überschlag dem bei Funkenstrecke Spitze—Spitze, bzw. Spitze—Platte, wobei der Isolierkörper zwischen den Armaturen im wesentlichen als Abstandhalter wirkt, der im Falle sauberer Isolatoroberfläche geringeren Einfluß auf den Überschlagvorgang besitzt.

Die Schirme erfüllen im wesentlichen die Aufgabe von Regendächern. Hinsichtlich ihrer Anordnung ist man deshalb freier als bei Kappen- und Vollkernisolatoren. Bei Langstabisolatoren dürften Einheiten bis etwa 120 cm Länge ein herstellungs- und anwendungstechnisches sowie wirtschaftliches Optimum darstellen. Entsprechend werden also für 110 kV 1 Langstab, für 220 kV 2 Langstäbe in Reihe und für 380 kV 3 Langstäbe in Reihe eingebaut. In den letzten Jahren ist es gelungen, die Fertigung von Langstabisolatoren von 2 und 3 m Länge zu beherrschen und ihre Anwendungsmöglichkeit und betriebliche Bewährung im In- und Ausland unter Beweis zu stellen, so daß damit zu rechnen ist, daß in Zukunft Hochspannungsleitungen für 220 kV und 380 (bis 420) kV mit solchen langen Langstabeinheiten ausgerüstet werden können.

Für längere Ketten als 200 cm ist die Überschlagspannung proportional dem Überschlagweg. Sie hat bis auf unbedeutende Abweichungen nach unten den gleichen Wert wie die Durchschlagspannung einer Spitzenfunkenstrecke, deren Spitzenabstand gleich dem Überschlagweg des Isolators ist.

Diese Regel wurde in verschiedenartigen Isolatorenketten der durchschlagbaren und nicht durchschlagbaren Grundform bis zu Schlagweiten von 4 m nachgeprüft. Bei den Schlagweiten über 4 m besteht die Proportionalität nicht mehr. Bis zu Betriebsspannungen von 400 kV kann die Bemessung der Isolatoren mit Hilfe des Überschlagweges längs der Kette bzw. der Schlagweite zwischen etwaigen Schutzarmaturen und der spezifischen Überschlagfestigkeit leicht mit dem Wert $u_{max} = 4,8$ kV/cm, $u_{eff} = 3,4$ kV/cm ermittelt werden.

Für die Bemessung ist deshalb nicht die Trockenüberschlagspannung, sondern die Regenüberschlagspannung oder bei ungünstigen Fremdschichtbedingungen Kriechweg und Formfaktor maßgebend.

Eine optimale Ausnützung der Baulänge wird bei den Kappenisolatoren trotz des Verlustes an Isolationslänge infolge der zahlreichen Metallzwischenarmaturen mit sehr weit ausladenden Schirmen erreicht. Bei den nicht durchschlagbaren Langstabisolatoren ebenso wie bei Stützen können mit demselben Erfolg weniger ausladende Schirme in größerer Anzahl angewendet werden.

Versuche, mit Stabilisierung der Spannungsverteilung durch galvanische Spannungssteuerung mit halbleitender Glasur die Spannungsfestigkeit bei ungünstigen Fremdschichteinflüssen zu verbessern, haben bisher zu keinen praktischen Erfolgen geführt.

Erwähnt sei, daß man auch daran gedacht und es gelegentlich angewendet hat, die Isolationsminderung durch betriebliche Maßnahmen, wie Reinigung der Isolatoren unter Spannung oder in spannungslosem Zustand und Einfetten der Isolatoroberfläche mit Siliconpräparaten, zu beeinflussen.

Somit bleibt als wesentliches Mittel, die Isolationsminderung zu beeinflussen oder besser gesagt außerhalb des Bereiches einer allzu nachteiligen Auswirkung zu bringen, eine optimale Isolatorlänge, eine günstige Bauform und damit zusammenhängend zweckmäßige Ausbildung und Anordnung der Schirme und des Kriechweges. Dabei spielt eine wichtige Rolle, mit diesen Mitteln auch eine gute Selbstreinigung zu erreichen.

Für den viel verwendeten Typ des Langstabisolators ist das Isolierverhalten verschiedener Bauformen unter natürlichen Fremdschichtbedingungen eingehend untersucht worden [93]. Die Ergebnisse mögen der Arbeit selbst entnommen werden.

Wenn man gegeneinander abwägt, ob Kappen- oder Langstabisolatoren als Freileitungsisolatoren günstiger sind, so sind folgende Gesichtspunkte zu bedenken:

Der Langstabisolator ist nicht durchschlagbar, während der Kappenisolator durchschlagbar ist. Damit fällt eine elektrische Zerstörung des Langstabisolators weg. Mechanisch ist der Langstabisolator auf Zug beansprucht. Bei Bruch des Isolators fällt die Leitung zu Boden. Bei Bruch des Kappenisolators, der durch mechanische oder elektrische Einwirkung hervorgerufen sein kann, bleibt die Leitung oben, wenn der keramische Kopf die Armaturen noch trägt. Bei elektrischen Durchschlägen, denen größere Stromstärken folgen, tritt u. U. Aufreißen und Bruch der Kappe und Ausbrennen des Klöppels ein, so daß in diesem Fall die Leitung ebenfalls zu Boden fällt. Wenn man leichte Leitungen, kleine Kurzschlußströme im Netz hat, kann eine mechanisch vollkommene Zerstörung des Kappenisolators bei elektrischem Durchschlag ausbleiben. Bei stark vermaschten Netzen, wie sie besonders in Deutschland vorhanden sind, wird durch die hohen Kurzschlußströme häufig Kappenbruch eintreten. Damit sind Kappenisolatoren zumindest unter solchen Verhältnissen weniger betriebssicher als Langstabisolatoren, was auch durch langjährige Störungsstatistiken bewiesen ist. Die verhältnismäßig geringen Ausfälle an Langstabisolatoren zeigen gute Betriebsbewährung. Bekannt gewordene größere Ausfälle sind nicht auf die grundsätzliche Form des Langstab- oder Vollkernisolators zurückzuführen, sondern waren durch Verwendung von ungeeigneten und nicht bewährten keramischen Massen und/oder Mängel in der Technologie (Verformungsverfahren, Garnieren, Trocknung, Brand) bei bestimmten Fertigungsserien begründet. Bei den heutigen Erkenntnissen und Aufwendung ausreichender Sorgfalt in der Fertigung sind Ausfälle auch nach sehr langen Betriebszeiten (>20 bis 30 Jahre) nicht zu erwarten.

Weitere Vorteile des Langstabisolators sind Fehlen der Zwischenarmaturen, dadurch keine Bildung von Kaskadenlichtbögen im Falle eines Isolatorüberschlages, wirtschaftliche Anwendung von Lichtbogenschutzarmaturen wegen des Fehlens bzw. der geringen Zahl der zur Anwendung kommenden Zwischenarmaturen und günstige Form für Selbstreinigung und gegen Verschmutzung bei Auftreten des Fremdschichtproblems.

Stations-, Anlagen- und Geräteisolatoren. Neben den Freileitungsisolatoren seien die als Stützer, Tragisolatoren, Gehäuseisolatoren und Durchführungen in elektrischen Anlagen vorkommenden Stationsisolatoren, die als Bauelemente für elektrische Geräte dienenden Trag- und Abspannstützer und die vorwiegend umhüllende Funktion erfüllenden Gehäuseisolatoren für Wand- und Geräte-Durchführungen, für Wandler und für sonstige Einbauten und die Durchführungen mit Keramik (evtl. zusammen mit gasförmigen oder flüssigen Isoliermitteln) als wesentlichen elektrisch aktiven Isolierstoff erwähnt.

Stützer als selbständige Isolatorengeräte („mit Eigenleben", d. h. armiert und einbaufertig für Stationsanlagen) werden heute überwiegend als Vollkernstützer eingebaut. Die oben beschriebenen Hohlformen sind nur noch in bereits bestehenden, älteren Anlagen zu finden. Der Vollkernstützer (für Betriebsspannungen bis 400 kV) besteht aus Einzelelementen von normalerweise bis zu etwa 1300 mm und in besonderen Fällen bis etwa 1600 mm Länge. Versuche, auch Stützer für 220 kV Betriebsspannung aus einem Element (von etwa 220 mm Länge) herzustellen, haben bisher nicht zum Erfolg geführt. Alle Normungsarbeiten und Ausführungsformen basieren auf Längen der Elemente im Bereich von 1200 mm. Aus diesen werden durch Zusammensetzen für 220 kV von häufig 2 Stück und für 380 kV von häufig 3 Stück aber auch 4 und 5 Stück, Aggregate für höhere Spannungen durch Verbindung mit Metallarmaturen hergestellt. Stützer für Betriebsspannungen von 550 kV und 750 kV aus Vollkernstützern sind nur für verhältnismäßig niedrige mechanische Beanspruchungen möglich. Da man wegen der elektrischen Probleme zu Hohlstützern nicht zurückkehren wird, bietet sich hierfür der aus massiven Langstabisolatoren aufgebaute Dreibockstützer an, bei dem weder unüberwindliche elektrische noch mechanische noch technologische Probleme auftreten (Abschnitt 6.1, Abb. 6.13, Abb. 6.14).

Neben diesen in großer Zahl benötigten Stützern als Isolatoren(-geräte) werden Isolatoren mit Stütz-, Trag-, Abspann-, Betätigungs- (Schub-, Zug- und Drehstützer) Funktionen als Bauelemente in elektrischen Geräten verwendet. Auch hierbei spielt der Vollstrunkisolator eine wesentliche Rolle. Die elektrischen und grundsätzlich auch mechanischen Verhältnisse sind die gleichen wie bei den Stützern als Isolatorengeräte.

Aber auch der Hohlisolator in den verschiedensten Formen und Abmessungen findet im Gerätebau Verwendung mit Stütz-, Trag- und Abspannfunktionen, häufig auch mit Behälteraufgaben für Gase und Flüssigkeiten (auch unter Druck), z. B. als Führungsrohre für Antriebs- und Steuerungszwecke (auch der Druckluft für die Lichtbogenlöschung bei Schaltern) oder Betätigungs-Isoliergestänge. Im allgemeinen wird die Wand solcher Hohlisolatoren weder quer noch längs sehr hoch auf Durchschlag beansprucht, weil die vorwiegend in der Längsrichtung verlaufenden Feldlinien in ihrer Feldstärke durch die parallel geschaltete Luftstrecke begrenzt sind. Die Wanddicken werden deshalb meist mit Rücksicht auf mechanische Anforderungen oder fabrikatorische Gegebenheiten bemessen.

Eine andere Stützerkonstruktion sind die mehrteiligen Stützer, die aus einzelnen Vollkernstützern oder, wie in Amerika, vorwiegend aus Weitschirmstützern durch Verbindung mit Armaturen aufgebaut werden. Sie haben den Nachteil, daß verhältnismäßig große Bauhöhen erforderlich sind und daß die Gefahr der Bildung von Kaskadenlichtbögen vorhanden ist (Abb. 5.12).

Bei Gehäuseisolatoren und besonders solchen großer Abmessungen für höhere Spannungen, die gewöhnlich aus Porzellan hergestellt werden, muß bei überwiegend vorhandener Querbeanspruchung des Isoliermantels, d. h. hohes Potential unmittelbar an der Innenwand und Erdpotential an der Außenwand, die Bemessung der Wanddicke nach Gesichtspunkten des elektrischen Durchschlags erfolgen. Häufig liegt aber das hohe Potential nur im Bereich des Isolatorkopfes, und die Feldlinien verlaufen überwiegend in axialer Richtung schräg durch den Mantel. Dieser durch die geometrische Form bedingte Feldverlauf wird vom potentialsteuernden elektrisch-aktiven Teil z. B. eines Meßwandlers noch im Sinne geringerer elektrischer Beanspruchung des keramischen Materials günstig beeinflußt.

162   5. Form und Konstruktion von keram. Bauteilen

 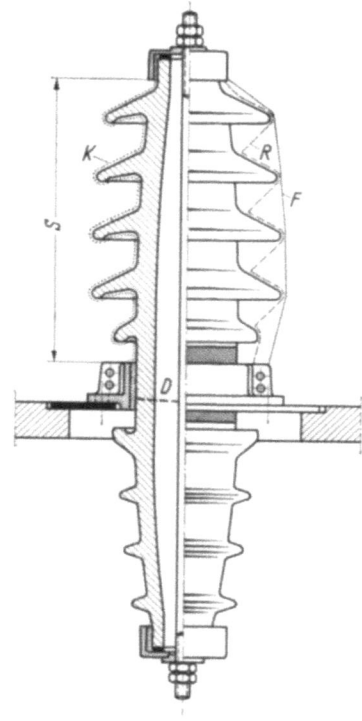

Abb. 5.12. Gliederstützer aus Vollkernisolatoren.   Abb. 5.13. Einteilige Durchführung.

Durchführungen. Die Durchführungen spielen als Ausführungsformen von Isolatoren (Abb. 5.13) eine wichtige Rolle. Das Problem der Durchführung ist elektrisch schwieriger als das des Stützers. Es kann einscherbig auf rein keramischem Wege nur für verhältnismäßig niedrige Spannungen, d. h. etwa 30 kV oder höchstens 60 kV, gelöst werden.

Die Durchführung wird in der aus dem Rohr entstandenen Form auf Durchschlag beansprucht. Die für Mittelspannungen bis 30 kV und eventuell 60 kV notwendige Durchschlagfestigkeit wird bei normalen Wanddicken, wie sie schon aus fertigungstechnischen Gründen erforderlich sind, ohne große Schwierigkeiten erreicht. Beachtet werden muß, besonders bei 30 und 60 kV, die Verhinderung der Gleitfunkenbildung, die bei durchschlagbaren Formen besonders kritisch ist. Keramisch kann man durch Anordnung von Ionensperren in Form von Schirmen oder Glimmwülsten günstige Ergebnisse erreichen. Die andere Möglichkeit, das Feld in der Durchführung zu steuern, liegt in dem Aufbau des Zwischenraumes zwischen Leiter und keramischer Außenwand. Durchführungen für die kleineren oder mittleren Spannungen beherrschen also die elektrischen Verhältnisse ohne allzu große Schwierigkeiten. Lediglich die Tatsache, daß eine Durchführung vom Flansch aus nach beiden Seiten den ausreichenden Überschlagweg aufweisen muß und damit für eine gegebene Spannung etwa doppelt so lang wird wie ein Stützer, macht fabrikatorisch etwas Schwierigkeiten, weil das Schlankheitsverhältnis (Länge zu Durchmesser) den Wert von 6 bis 7 möglichst nicht überschreiten soll, solange der keramische Körper stehend gebrannt wird. Da andererseits dem Außendurchmesser Grenzen gesetzt sind, kann man einteilige Durchführungen nur bis zu verhältnismäßig niedrigen Spannungen (≈ 45 kV) ausführen. Für höhere Spannungen müßten sie zweiteilig gebaut werden. Da außerdem die Beherrschung der elektrischen Verhältnisse, insbesondere im Bereich des Flansches meist besondere Steuerungsmaßnahmen des elektrischen Feldes erfordert und diese auf rein keramischem Wege nicht zu erreichen sind, dominiert heute noch die Kondensatordurchführung, bei der Metallfolieneinlagen (Nagelsche Klemme) die Steuerung des elektrischen Feldes übernehmen. Bei diesen Durchführungen fungieren die keramischen Körper als Gehäuse, die keiner großen elektrischen Beanspruchung auf Durchschlag ausgesetzt sind. Sie werden dann nach den Gesichtspunkten bei Stützern bemessen.

Für 60 kV und 110 kV hat man keramische Mehrrohr-Durchführungen gebaut, bei denen mehrere rohrförmige Körper ineinandergesteckt die entsprechende Durchschlagfestigkeit erreichen lassen. Die Zwischenräume zwischen den Rohren, die sich mit genügender Genauigkeit herstellen lassen, werden mit Füllmaterial ausgefüllt.

Nach den gleichen Gesichtspunkten müssen Geräteisolatoren zum Beispiel Durchführungs-Meßwandlerporzellane mit Querdurchgang gebaut werden, die Durchführungszwecke erfüllen. Sie können bis 30 kV und ausnahmsweise bis 45 kV gebaut werden und müssen wegen ihrer nicht rotationssymmetrischen Form im Gießverfahren hergestellt werden. Die notwendigen Wanddicken sind bei 10 kV mindestens 12 mm, 20 kV mindestens 17 mm, 30 kV mindestens 23 mm.

25 bis 30 mm stellen etwa die Grenze der im Gießverfahren lunkerfrei erreichbaren Wanddicken dar.

5.1.4 Einfluß der mechanischen Anforderungen. Armierung

Isolatoren sind heute im Elektrogerätebau ausgesprochene Konstruktions- und Bauelemente. Ihre Form wird durch die mechanischen Anforderungen des Betriebes und der Geräte, in denen sie zum Einsatz kommen, wesentlich beeinflußt. Deshalb haben Festigkeitsfragen auf die Formgebung großen Einfluß. Wenn auch die Festigkeitsprobleme der spröden keramischen Werkstoffe noch nicht besonders weitgehend erforscht sind, so hat man auf Grund der langen Erfahrungen mit keramischen Konstruktionsteilen den richtigen Maßstab für die Verwendung keramischer Isolatoren in elektrischen Geräten gefunden.

In elektrischen Geräten kommen häufig rein tragende Elemente, wie Stützer, Tragisolatoren und Fußisolatoren, zur Verwendung. Bei den auf Druck beanspruchten Isolatoren ist eine Anpassung an die Besonderheiten des keramischen Werkstoffes im allgemeinen nicht mit Schwierigkeiten verbunden, da man die hohe Druckfestigkeit in der Regel nicht bis zu ihrer Grenze ausnutzt.

Da Durchmesser und Wanddicken bei keramischen Bauteilen aus Gründen der Herstellung nicht sehr klein gewählt werden können, kommt eine Knickbeanspruchung kaum in Frage und braucht bei der Formgebung nicht berücksichtigt zu werden.

164   5. Form und Konstruktion von keram. Bauteilen

Die Festigkeitswerte für Zug haben bei keramischen Werkstoffen etwa nur $1/_{10}$ der Druckfestigkeit, und man hatte deshalb lange Zeit Bedenken, den keramischen Werkstoff auf Zug zu beanspruchen, zumal da früher die fabrikatorischen Einrichtungen noch nicht gestatteten, die erforderlichen Wanddicken mit genügender Gleichmäßigkeit herzustellen. Deshalb ging man den Weg, auch auf Zug beanspruchte Konstruktionsteile so zu bauen, daß die Keramik auf Druck beansprucht wurde. Dieses Konstruktionsprinzip hat den Nachteil, daß die Armaturen einander umfassen müssen, so daß meist Schwierigkeiten in elektrischer Beziehung hinsichtlich der notwendigen Schlagweiten entstehen, wenn die Konstruktion nicht zu unförmig werden soll. Unter Anwendung dieses Prinzips ist eine große Zahl von Isolatorenformen entstanden, die von dem auf Druck beanspruchten Zylinder- oder Konuskörper (Abb. 5.14) zu dem Hewlett-Isolator als Freileitungsisolator für Hochspannungsleitungen (Abb. 5.15) und dem Gurtbandisolator als Pardunen-Abspannisolator für Sendeanlagen (Abb. 6.60) führen. Auch beim Kappenisolator sind gewisse Teile auf Druck beansprucht, wobei allerdings Schub- und Scherbeanspruchungen hinzukommen. Als Vorteil dieser Typen wird ins Feld geführt, daß bei Zerstörung des Isolators das Zugelement noch hält und damit ein Einstürzen der Konstruktion oder ein Herabfallen einer Leitung verhindert.

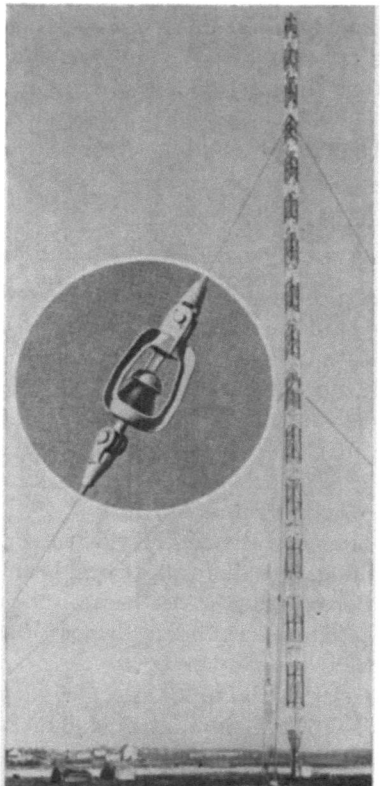
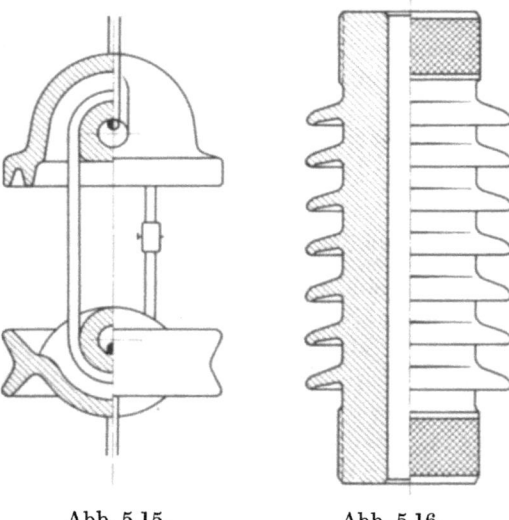

Abb. 5.15.   Abb. 5.16.

Abb. 5.15. Hewlett-Isolator.
Abb. 5.16. Schalterisolator für Innendruckbeanspruchung.

Abb. 5.14.
Pardunen-Abspannisolator (amerikanische Form).

Die Fortschritte mit festeren keramischen Werkstoffen und die gewonnene Sicherheit in ihrer technologischen Behandlung haben dazu geführt, daß man Keramik auch vorteilhaft auf Zug beanspruchen kann, wobei bei der Bemessung inzwischen gesteigerte Zugfestigkeitswerte zugrunde gelegt werden.

So hat sich der einfache Stab, der an den Enden mit Armaturen versehen ist, als keramisches Zugelement weitgehend durchgesetzt. Es entstanden der Stab- und Langstabisolator und der Vollkernisolator. Zerreißversuche ergeben, daß Massivstäbe gegenüber Hohlkörpern höhere Festigkeit aufweisen, so daß man den Vollkernstab für Freileitungsisolatoren, für Zugstangen usw. gern verwendet.

Eine Beanspruchungsart, die die Form ebenfalls wesentlich beeinflußt, ist der Innendruck. Bei Druckluftschaltern stehen die Isolatoren unter verhältnismäßig hohem Luftdruck, der das Material auf Zug in radialer und axialer Richtung beansprucht. Um die dabei auftretenden Kräfte bewältigen zu können, müssen Isolatoren mit möglichst kleinem Innendurchmesser und großen Wanddicken Verwendung finden (Abb. 5.16). Diese mechanischen Verhältnisse stellen hohe Anforderungen an die Herstellung solcher Isolatoren, da große Wanddicken im allgemeinen Schwierigkeiten hinsichtlich der Trockenschwindung und der Homogenität des Scherbens nach dem Brande und damit hinsichtlich einwandfreier Festigkeit ergeben. Aber auch diese Schwierigkeiten sind heute als überwunden anzusehen.

Eine besondere Gruppe von auf Innendruck beanspruchten Isolatoren gehört hinsichtlich der mechanischen Anforderungen zu den später erwähnten Gehäuseisolatoren. Es handelt sich um die im wesentlichen umhüllende Funktionen erfüllenden Endverschlüsse für Öl- und Druckkabel. Bei ihnen kommt zu den allgemeinen Forderungen auf Widerstandsfähigkeit gegen Beanspruchung durch Eigengewicht, Transportfähigkeit, Standfestigkeit und in gewissem Umfange auf Winddruck die auf genügende Festigkeit gegen den inneren Öl- oder auch Gasdruck hinzu. Zwar sind die aufzunehmenden Drücke im Bereich zwischen 2 und maximal 10 bar nicht hoch. Wenn man aber berücksichtigt, daß die Durchmesser solcher Isolatoren für 220 kV oder 380 kV Betriebsspannung etwa im Bereich von 400 bis 600 mm liegen und dadurch schon größere Radialzugbeanspruchungen auftreten, so muß bei der Dimensionierung berücksichtigt werden, daß sich diese Lasten den allgemeinen Beanspruchungen überlagern und dabei nicht zu vernachlässigende Anforderungen an die mechanischen Eigenschaften des Werkstoffes und die Abmessungen stellen.

Die überwiegende Zahl der Isolatoren im Elektrogerätebau ist auf Biegung beansprucht, wobei für Tragisolatoren im allgemeinen statische und für Betätigungsisolatoren auch dynamische Beanspruchung in Frage kommt. Da solche Stützer im allgemeinen an einem Ende eingespannt und am anderen Ende mit einer Biegekraft beansprucht sind, so muß man die äußere Mantelform parabolisch oder konisch verlaufend ausbilden, um möglichst günstige und leichte Körper zu erhalten. Dabei ergibt sich als Optimum für an der freien Stirnfläche angreifende Kräfte senkrecht zur Achse die parabolische Form, während für weiter außen angreifende Kräfte konische oder im Grenzfalle sogar zylindrische Formen das Optimum bilden.

166   5. Form und Konstruktion von keram. Bauteilen

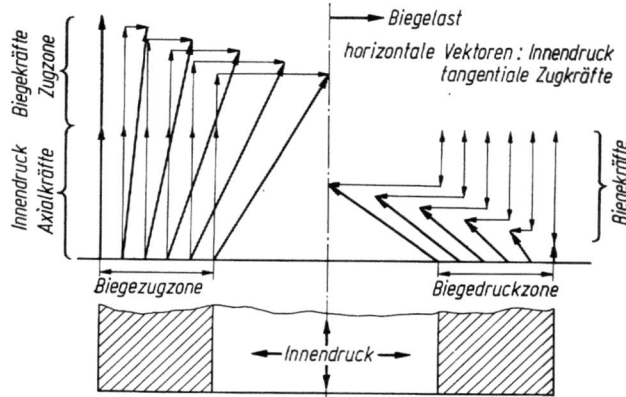

Abb. 5.17. Kräftediagramm eines auf Innendruck und Biegung gleichzeitig beanspruchten Isolierkörpers.

Für die Bemessung errechnen sich die Lastkomponenten eines gleichzeitig auf Innendruck und Biegung beanspruchten Isolierkörpers aus den Berechnungsformeln für Innendruck und Biegung (Abschnitte 4.2.2 und 4.2.4). Die Resultierenden der auf den Kreisquerschnitt einwirkenden Kräfte ergeben sich als Überlagerung der auf den Kreisquerschnitt einwirkenden tangentialen und axialen Zugkräfte aus dem Innendruck und den axial einwirkenden Zug- und Druckkräften aus der Biegung. Ein prinzipielles Kräftediagramm eines gleichzeitig auf Innendruck und Biegung beanspruchten Hohl-Isolierkörpers zeigt Abb. 5.17.

Bei Isolatoren mit abnehmendem Manteldurchmesser besteht die Frage, ob es günstiger ist, die Schirmaußendurchmesser für alle Schirme gleichzuhalten und damit eine zunehmende Schirmausladung zu haben, oder mit gleichbleibender Schirmausladung zu arbeiten und damit eine, auch hinsichtlich der Schirmaußendurchmesser, parabolisch oder konisch verlaufende Form zu erhalten. Für die zylindrische Ausbildung des Isolators, sowohl des Manteldurchmessers als auch des Schirmdurchmessers, spricht die Tatsache, daß man bei größeren, im Garnierverfahren hergestellten Isolatoren nur ein Modell benötigt, weil die Formen für die einzelnen Teilringe dann gleich sind. Es zeigt sich aber in der Fabrikation, daß dies nicht von ausschlaggebendem Vorteil ist, weil man ohnehin für jeden Ring eine besondere Form braucht und die Anfertigung der Modelle für die voneinander abweichenden Einzelringe keinen allzu hohen Aufwand bedeutet. Vorteilhaft ist auch das geringere Gewicht konischer Isolierkörper. Deshalb steht man heute auf dem Standpunkt, daß die zylindrische Form aus fertigungstechnischen und wirtschaftlichen Gründen nicht erforderlich ist, da die Kopflastigkeit und die Gefahr, daß die Isolierkörper im Brande krumm werden, bei zylindrischen Körpern größer ist als bei konischen oder bei parabolischen. So bevorzugt man heute, insbesondere auch bei größeren Körpern, solche Formen, bei denen der Durchmesser nach dem Kopf hin abnimmt.

Gehäuseisolatoren, die für Meßwandler und Trafodurchführungen und ähnliches in Frage kommen, sind meist mechanisch nicht besonders beansprucht.

Die Abmessungen sind normalerweise durch die Einbauten gegeben, und als Anforderungen an die Festigkeit kommen Eigengewicht, Transportfähigkeit und Standfestigkeit im Brennprozeß vor allem in Frage.

Häufig verwendet werden Isolatoren als Betätigungsorgane für Schalter, bei denen Biegebeanspruchung, Torsionsbeanspruchung und eventuell auch Zugbeanspruchung auftreten. Sowohl für Zugbeanspruchung als auch für Torsionsbeanspruchung kommt die zylindrische Form in Betracht, so daß Drehsäulen zur Betätigung von Trenn- und Leistungsschaltern meist massive Stabform haben. Nur bei sehr hohen Drehmomenten muß eventuell ein Isolator größeren Durchmessers und dann als Hohlisolator verwendet werden. Bis 800 mkg Drehmoment kommt man mit der Massivform bis 100 mm Durchmesser aus. Bei kleineren Drehmomenten verwendet man langstabähnliche Formen, wobei die Enden eine für die Übertragung der Torsionskräfte geeignete Ausführung erhalten müssen.

Armierung. Als Isolierkörper bezeichnet man einen keramischen Körper ohne Armatur, einen mit Armatur versehenen Isolierkörper gewöhnlich als Isolator. Isolierkörper, die ohne Armatur verwendet werden, bezeichnet man ebenfalls als Isolatoren. VDE 0674 definiert Armaturen als Befestigungsteile, die der mechanischen Kraftübertragung zwischen dem Isolierkörper und den mit ihm verbundenen Teilen eines Betriebsmittels dienen. Infolgedessen ist die Form der Armatur durch die mechanischen Anforderungen bestimmt. Da Armaturen aber auch elektrische Potentiale führen, richtet sich die Form gleichzeitig auch nach den elektrischen Verhältnissen.

Als Armaturen-Werkstoffe können je nach den konstruktiven Erfordernissen praktisch alle metallischen Konstruktionswerkstoffe verwendet werden. Die gebräuchlichsten Armaturenmaterialien sind folgende:

für geringere Festigkeitsanforderungen   Grauguß,
für höhere Festigkeitsanforderungen   Temperguß
für spezielle Anforderungen   Sphäroguß
(nach DIN 1693 Gußeisen mit Kugelgraphit)
als unmagnetisches und besonders leichtes Material
Aluminiumguß (Einteilung der Aluminiumgußlegierungen nach DIN 1714).

Die Stellen, die den Kraftschluß zwischen Armatur und Isolierkörper vermitteln, sind kritische Stellen, die besonders hohen Beanspruchungen ausgesetzt sind, und können das schwächste Glied in der Kräftekette sein, wenn nicht zweckentsprechende Formen zur Vermeidung von örtlicher Überlastung verwendet werden. Diese kritischen Stellen sind in der Regel die Enden des Isolators, an denen meist in engbegrenzten Bereichen größere spezifische Beanspruchungen auftreten. Der Ausbildung der Einspann- und Armierungsstellen — Fuß- und Kopfsockel — ist deshalb größte Sorgfalt zuzuwenden, da sonst auch noch so gutes und festes keramisches Material nicht ausgenützt werden kann.

Als wesentliche Faktoren wirken sich bei den spröden keramischen Werkstoffen deren Kerb- und Kantenempfindlichkeit, bei den zähen Werkstoffen der Armaturen deren Dehnungs- und evtl. auch Fließverhalten und bei den Zwischenstoffen (Zwischenlagen, Kitt- und Eingußmitteln) deren Festigkeits-, Abbinde-, Plastizitäts- und Elastizitätsverhalten aus. Dabei ist auch die Haftung

zwischen Armatur und Zwischenmittel und diesem und dem Isolierkörper von Bedeutung. Für den Kraftschluß sind folgende Komponenten entscheidend:
Art des Kraftangriffs an der Armatur,
Verhalten der Armatur,
Zwischenmittel (Eingußmittel) zwischen Armatur und -Isolierkörper, auch hinsichtlich des Verhaltens der Trennstellen,
Form und Abmessungen des Sockels des Isolierkörpers, seiner *Oberfläche* (Formschluß und Rauhigkeit) und hinsichtlich sonstiger Maßnahmen (Konus und Abrundungen) für seine optimale Gestaltung. Sie richten sich nach der Beanspruchungsart und sind an den entsprechenden Stellen behandelt.

Grundsätzlich unterscheidet man zwei Arten der Armaturenbefestigung, und zwar

a) die Befestigung mit einem Eingußmittel, die man auch kurz, aber nicht ganz treffend, als *Kittbefestigung* bezeichnet. Bei ihr erfolgt der Kraftschluß durch Scher- und Reibungskräfte, zu denen bei konusförmiger Ausbildung des Isolierkörperendes (Sockel) noch Druck- und Zugkomponenten hinzukommen.

b) die kittlose oder *Klemmbefestigung*, bei der eine Metallarmatur unmittelbar oder mit Zwischenlage auf dem keramischen Werkstoff aufliegt. Bei ihr wird der Kraftschluß durch Druck-, Zug- und Biegebeanspruchung des keramischen Werkstoffes und der Armatur erreicht.

Als *Eingußmittel* im „Kittverfahren" kommen verschiedene Kittmaterialien in Betracht.

Portlandzement. Meist wird hochwertiges Material (z.B. P 475) verwendet, das entweder „ungemagert" oder meistens „gemagert" verarbeitet wird. Die Herstellung des Zementmörtels erfolgt durch Mischung mit Quarzsand in einheitlicher oder auch gemischter Körnung zwischen 0,6 und 3,5 mm. Bei Kittstellen kleinerer Abmessungen wählt man im allgemeinen die Feinheit des Zementmörtels etwas größer als bei größeren Abmessungen, bei denen diese gröber sein darf und mit Rücksicht auf die Verringerung nachteiligen „Treibens" unter Umständen auch gröber sein soll. Der Zementmörtel wird mit Wasser zu einer zähen Masse angemacht, in die Kittfuge eingebracht und verdichtet. Die gekitteten Isolatoren verbleiben in der Kittlehre, bis die Kittung formfest geworden ist (etwa 24 Stunden). Anschließend müssen sie mindestens 14 Tage bis 3 Wochen unter feuchter Atmosphäre (manchmal auch im Wasserdampf) abbinden. Die Portlandzementschicht stellt nach vollkommener Abbindung ein verhältnismäßig sprödes Verbindungsglied hoher Festigkeit, aber auch großer Oberflächenhärte dar, das als relativ starr anzusehen ist. Da infolge geringfügiger Schwindung beim Abbinden und leichter Deformation bei Beanspruchung ein schwacher Verzug auftreten kann, liegen die Festigkeitswerte einer solchen spröden Anordnung ein wenig unter denen bei Verwendung von plastisch-elastischeren Materialien (Schmelzzement) und vielleicht auch rein plastischen (Blei). Wegen der langen Abbindezeit ist der Zeitaufwand in der Montage und der Bedarf an Kittvorrichtungen groß, wodurch die Kosten sich erhöhen. Bei Armaturen aus Aluminium und Leichtmetallen bilden sich beim Abbinden durch das Zementwasser Wasserstoffgase, die möglicherweise eine geringfügige Lockerung des Verbands herbeiführen und dann genauester Fixierung der Armatur entgegenstehen. Nach dem Abbinden ist Portlandzement gegenüber

Eisen und Metallen chemisch neutral, wetterbeständig, unbrennbar und temperaturbeständig. Damit sind Portlandzementkittungen für jedes Klima (sowohl Tropen als auch Polargebiete) geeignet. Das Eindringen von Feuchtigkeit in die Kittstellen kann, wie die Erfahrungen zeigen, nicht verhindert werden. In der Kittfuge selbst, in der ein enger Kontakt des Metalls mit Zementmörtel zustande kommt, ist bei Stahl eine Korrosion wegen der alkalischen Reaktion des Zementes nicht zu erwarten. Untersuchungen an älteren Stützern ergaben, daß Verbindungen von Graugußarmaturen mit Porzellan durch Portlandzement über mehrere Jahrzehnte einwandfrei standfest waren. Maßnahmen zum Schutz der Armatur gegen Korrosion sind notwendig.

Tonerdezement entwickelt beim Abbinden erhebliche Wärmemengen und erhärtet schnell. Als Vorteil gegen Portlandzement ist die kürzere Abbindezeit anzusehen. In seinen Festigkeitseigenschaften entspricht er weitgehend dem Portlandzement. Für Kappenisolatoren wird Tonerdezement ungemagert, bei Anlagen- und Geräteisolatoren mit Quarzsand gemagert eingesetzt. Er ist besonders hitzebeständig, verträgt ohne Schaden 300 °C und wird bei Isolatoren verwendet, die höheren Temperaturen ausgesetzt sind, wie z.B. bei Elektrofiltern.

Schmelzzement besteht aus einem Gemisch von reinem Schwefel und Quarzsand. Es wird auf 125—130 °C erhitzt und als Schmelze in die Kittfuge eingegossen. Vorwärmen des keramischen Isolierkörpers und der Armaturen ist zweckmäßig. Schwefelzement erhärtet schnell. Durch Erwärmen der Kittstellen lassen sich die Armaturen wieder vom keramischen Körper trennen. Schmelz- oder Schwefelzement ist für Betriebstemperaturen bis 90 °C geeignet. Bei hohen Umgebungstemperaturen (Tropen) ist er nicht zu verwenden. Er ist brennbar, und bei Auftreten von Kriechströmen und Kurzschlußlichtbögen besteht Brandgefahr. Da bei Verschmutzung an der Oberfläche der Kittfuge Funken- und Glimmentladungen auftreten können und dabei allmähliches Verbrennen des Schmelzzementes eintritt, bringt man einen Gießharz-Riegel an der Oberfläche der Kittfuge an, der das Brennen verhindert. Als Dichtung gegen Eindringen von Feuchtigkeit kann aber ein solcher Riegel nicht angesehen werden. Hinsichtlich seiner Beständigkeit, insbesondere im Freiluftbetrieb, ist er wie ein Anstrich zu bewerten, der von Zeit zu Zeit einer Erneuerung bedarf. Die mechanischen Eigenschaften des Schwefelzementes vor allem im Zusammenwirken mit dem keramischen Material, aber auch dem Armaturenmetall sind günstig. Er ist etwas weicher als Portlandzement und im abgebundenen Zustand nicht so spröde und oberflächenhart wie dieser. Infolge einer verbleibenden Restplastizität und einer gewissen Elastizität vermeidet er lokale Konzentrationen mechanischer Spannungen im Kittverband und bewirkt damit ein etwas günstigeres Festigkeitsverhalten des Gesamtisolators. Die wenigeren erforderlichen Kittvorrichtungen erbringen Kostenersparnis gegenüber Portlandzement. Während Verbindungen von Graugußarmaturen mit keramischen Isolierkörpern durch Portlandzement über mehrere Jahrzehnte einwandfrei waren, sind die Betriebserfahrungen mit Schmelz- oder Schwefelzement als nicht so günstig zu beurteilen.

Auf Grund von Untersuchungen [5] muß man die Folgerung ziehen, daß hinsichtlich der Verwendung von Schwefelzement trotz seiner in mancher Hinsicht günstigen Eigenschaften und technologischer Vorteile Vorsicht am Platze ist. Verwendung in tropischem Klima sollte ausgeschlossen sein. Im Freiluftbetrieb insbesondere zusammen mit Graugußarmaturen sollte Schwefelzementkittung möglichst nicht eingesetzt werden. Im Innenraumbetrieb dürften dann keine wesentlichen Bedenken bestehen, wenn die Betriebsräume dauernd temperiert gehalten werden und Kondenswasserbildung mit Sicherheit vermieden wird. Auch in diesem Fall sollte für einen häufigen und gegen Eindringen von Feuchtigkeit wirksamen Anstrich gesorgt werden.

Hartblei wird als Bleiantimonverbindung mit 90% Blei und 10% Antimon verwendet. Es wird im geschmolzenen Zustand verarbeitet. Dabei empfiehlt sich ein Vorwärmen von Isolierkörper und Armatur. Infolge seiner plastischen Eigenschaften paßt sich das Blei der Oberfläche des Isolierkörpers sehr genau an, wodurch eine sehr gleichmäßige Kraftverteilung in der Fassungsstelle zustande kommt. Infolge der Volumenänderung des heiß eingegossenen Bleis auf Grund der thermischen Ausdehnung ist es insbesondere bei zylindrischer Sockelausbildung und bei größeren Abmessungen schwierig, einen festen Sitz der Armatur zu erreichen. Bleikittung wird deshalb fast nur bei zugbeanspruchten Isolatoren mit konusförmigen Fassungsstellen kleinerer Abmessungen, wie z. B. Langstäben oder Vollkern-Isolatoren, angewendet. Bei schwellender oder wechselnder Belastung besteht die Gefahr der Lockerung der Armatur, was bei glattem Konus im allgemeinen keinen großen Nachteil bedeutet, weil sich die Armaturen bei Zugbeanspruchung und den guten plastischen Eigenschaften des Bleis leicht wieder festzieht und keine Gefährdung des keramischen Körpers gegeben ist. Wenn sich auch mit Blei eingegossene Armaturen bei Freileitungs-Vollkern- und Langstab-Isolatoren über sehr lange Betriebszeiten gut bewährt haben, so sind doch Bedenken aufgetaucht, daß Blei in langen Zeiten fließt und der Kraftschlußverband sich allmählich löst. Merkliche Schäden sind aber bis jetzt nicht aufgetreten, so daß man die weitere Entwicklung abwarten muß. Blei als Eingußmittel ist teuer, läßt sich aber schnell und ohne allzu großen Aufwand verarbeiten. Auf die Gefahr von Bleivergiftung mag hingewiesen sein.

Kunstharze, meist Epoxidharze, werden zu Kittzwecken nicht allzu häufig und dann überwiegend in gemagertem (gefülltem) Zustand verwendet. Es kommen die unterschiedlichsten Füllstoffe zur Anwendung. Sie dienen der Verkleinerung des großen Längen-Ausdehnungskoeffizienten der Kunstharze. Die stark von den keramischen und metallenen Werkstoffen abweichenden Ausdehnungskoeffizienten der Kunstharze und ihre hohe Klebekraft verlangen besondere Maßnahmen (Trennmittel). Kunstharzkitte für die Armierung von Isolatoren wurden bisher nur in Spezialfällen verwendet. Ihre Anwendung setzt sorgfältige Prüfung und Erfahrung voraus. Das Material ist relativ teuer, die Vorrichtungen für das Armieren kostspielig, die Aushärtung in warmen Räumen zeitraubend. Der trotz des Magerns vorhandene große Ausdehnungskoeffizient bedingt unter Umständen hohe mechanische Beanspruchung der Fassungsstelle, was entweder zum Reißen der Armatur oder zum Zersprengen des keramischen Körpers, besonders bei starken Temperaturschwankungen oder extremen Temperaturen führen könnte. Deshalb ist bei Verwendung von Kunststoffkittungen in Gebieten mit tropischem oder polarem Klima besondere Vorsicht geboten.

Bleiglätte ist ein Bleioxid, das erwärmt verarbeitet wird. Die Bleiglätte weist eine gewisse Wasserlöslichkeit auf. Sie greift Porzellan unter Bildung von Bleisilikat leicht an. Für im Freiluftbetrieb eingesetzte Isolatoren ist sie nicht verwendbar, sondern nur bei Innenraumisolatoren, bei denen Feuchtigkeitsaufnahme ausgeschlossen ist. Gedeckte Räume, die nicht temperiert sind und in denen Kondenswasserbildung möglich ist, wie z. B. Sammelschienenkanäle, gelten in diesem Sinne als Freiluftanlagen, für die Bleiglätte nicht eingesetzt werden darf. Bleiglätte ist leicht zu verarbeiten und erhärtet schnell. Sie ist giftig und die Personen, die sie verarbeiten, müssen Handschuhe tragen. Vorschriften über Verarbeitung von Blei sind zu beachten.

Die wichtigsten physikalischen Daten der gebräuchlichsten Kittwerkstoffe sind in Tabelle 5.2 zusammengestellt.

Wichtigste physikalische Daten der gebräuchlichsten Kittwerkstoffe: Elastizitätsmodul für alle Zemente und Blei etwa 10^5 kp/cm² und für Kunstharzkitte etwa 10^3 kp/cm².

Tabelle 5.2

Kitt-Werkstoff	Zulässige Zugscherfestigkeit kp/cm²	Zulässige Pressung kp/cm²	Längen-Ausdehnungskoeffizient zwischen 10 und 100 °C $1/K$
Portlandzement	70— 90	150—200	$10- 20 \cdot 10^{-6}$
Tonerdezement	70— 90	150—200	$10- 20 \cdot 10^{-6}$
Schwefelzement	50— 80	100—150	$30- 50 \cdot 10^{-6}$
Bleilegierung	70—100	200—300	$25- 30 \cdot 10^{-6}$
Kunstharzkitt	100—200	100—200	$30-100 \cdot 10^{-6}$

Armaturen werden als formstabile Ringe oder Schalen (evtl. mit Rippenversteifungen) hergestellt. Der Innendurchmesser der Armatur ist so zu wählen, daß die fertigungsbedingten Maßabweichungen des Isolierkörpers (Fertigungstoleranz) beherrscht werden. Die Kittspaltbreite beträgt 5 bis 10 mm. Bei großen Isolierkörper-Durchmessern können jedoch Kittfugen von 10 bis 20 mm notwendig werden. Die Dicke der Kittfuge ist im Einzelfall von der Beschaffenheit des Kittwerkstoffes und seinen Eigenschaften abhängig und wird darüber hinaus von der Art des Einfüllvorganges bestimmt. Bei Kunststoffkittungen, wenn sie in Spezialfällen angewendet werden, muß die Dicke der Kittfuge klein gehalten werden, weil der große Längen-Ausdehnungskoeffizient des Kunststoffes bei Kittfugen größerer Dicke die Gefahr des Sprengens der Armatur oder zu hoher Druckkräfte auf den Isolierkörper mit sich bringt. Da die verhältnismäßig großen Toleranzen (Grobtoleranz) des Isolierkörpers dies nicht ohne weiteres gestatten, ist in solchen Fällen eine Nachbearbeitung der Fassungsstelle durch Schleifen mit z. B. Rillenschliff notwendig. Nachteil dabei kann sein, daß die glasierte Oberfläche oder die natürliche Brennhaut dabei beseitigt wird und dadurch ihr festigkeitsverstärkender Einfluß wegfällt. Die Innenoberfläche der Armatur kann bei Biegungsbeanspruchung durch Rillen oder Sägezähne und bei Torsionsbeanspruchung durch Taschen oder Längsnuten ein Profil erhalten, das den Formschluß zwischen Kitt und Armatur verbessert. Die Armatur mit einem Boden zu versehen, auf dem der Isolierkörper aufsitzt, ist im Sinne günstigen Festigkeitsverhaltens und vorteilhafter Beanspruchung des keramischen Teiles der Fassung zu empfehlen. Wenn dies wegen erforderlicher Zugänglichkeit nicht möglich ist, sollte man vor allem bei hohen Beanspruchungen wenigstens einen Stützring unten an der Armatur vorsehen.

Aus Kostengründen oder auch, weil die Kräfte zu beherrschen sind, wird die Armatur aber auch häufig innen zylindrisch evtl. mit entsprechender Profilierung ausgeführt. Die Wandstärke der Armatur ist genügend groß zu wählen, damit die oben geforderte Formstabilität gewährleistet ist. Über die Kragenhöhe der Armatur bzw. die Einkittiefe sei auf die Ausführungen im Abschnitt 5.1.6 hingewiesen.

Dem Oberflächenschutz der Armaturen, besonders beim Freilufteinsatz, kommt besondere Bedeutung zu. Da die Armaturen äußeren Korrosionseinflüssen unterliegen und eine Feuerverzinkung mit einem Farbanstrich sich als wirksamer Korrosionsschutz bewährt hat, so empfiehlt sich für hochbeanspruchte Armaturen Temperguß (Mindestqualität GTW 40) ganz besonders, der einwandfrei feuerverzinkt werden kann, während man sich in anderen Fällen mit Spritzverzinkung behelfen muß. Die Armaturinnenseite ist vor dem Eingießen des Kittmittels mit einer Steinkohlenteerpech-Epoxidharzkombination zu streichen, um beim Abbinden des Portlandzementes eine Reaktion mit dem Zink zu verhindern. Dieser Anstrich ist auch zwischen Isolierkörper und Kittschicht auf den Isolierkörper aufzubringen, wo er als elastisches Polster wirkt. Beide Anstriche sollen dünn aufgetragen (Schichtdicke zwischen 30 und 50 μm) werden, damit keine Lockerung auftritt. Obgleich damit keine absolut sichere Abdichtung gegen Eindringen von Feuchtigkeit zu erreichen ist, sollte auch bei Portlandzement nach dem Abbinden die Kittoberfläche mit einem Steinkohlenteerpech-Epoxidharzanstrich (Stärke rd. 100 μm) angestrichen werden, der auch von Zeit zu Zeit wiederholt werden sollte. Die feuerverzinkte Armatur muß mit einem dauerhaften Farb-Schutzanstrich versehen werden, der im Rahmen der laufenden Wartung ebenfalls zu erneuern ist. Bei Graugußarmaturen, insbesondere für Klemmbefestigung, die auch manchmal nach der Anlieferung durch die Gießerei noch nachbearbeitet werden müssen, verwendet man entweder Spritzverzinkung oder einen dauerhaften mehrfachen Farbanstrich oder beides als Oberflächenschutz für die Armaturen. Als Distanzscheiben darf nicht Pappe, sondern nur Material verwendet werden, das gegen Feuchtigkeit beständig und selbst nicht hygroskopisch ist. Für Armaturen aus Aluminiumlegierungen hat sich die Eloxierung als geeigneter Korrosionsschutz erwiesen.

Dem *Fassungsende* des Isolierkörpers wird je nach Art der mechanischen Belastung eine besondere Form gegeben, um einen formschlüssigen Verband zwischen Armatur und Isolierkörper zu erreichen. In den meisten Fällen werden die Fassungsenden der Isolierkörper glasiert. In besonderen Fällen wird zur Erhöhung der Oberflächenrauhigkeit durch Absanden (mit Quarzsand oder Stahlsplitt) mattiert oder aufgerauht. Bei Klemmarmaturen mit geringen Biegebelastungen der Isolierkörper kann auch die glasurfreie Brennhaut gewünscht werden. Allseitige Glasierung, besonders bei Hohlisolatoren, ist vorteilhaft, weil durch Absättigung eventueller Spannungszustände an der Oberfläche die Festigkeit des Scherbens erhöht wird. Bei Notwendigkeit rauherer

Oberfläche empfiehlt sich deshalb eine allseitige Glasierung und nachträgliches Aufrauhen durch Sandstrahlen.

Als Ausführungsarten der Bund- oder Fassungsoberflächen zur Herstellung der notwendigen Oberflächen- und Formrauhigkeit dienen die in Abb. 5.18 dargestellten Riffelung, Splittung, rechteckige Schleifriefen, Wellenprofil (profilierte Rillen), feine Schleifriefen. Die Ausführungsarten Riffelung, Splittung und Wellenprofil sind in DIN 48108 (Fasungsstellen für Isolierkörper) genormt.

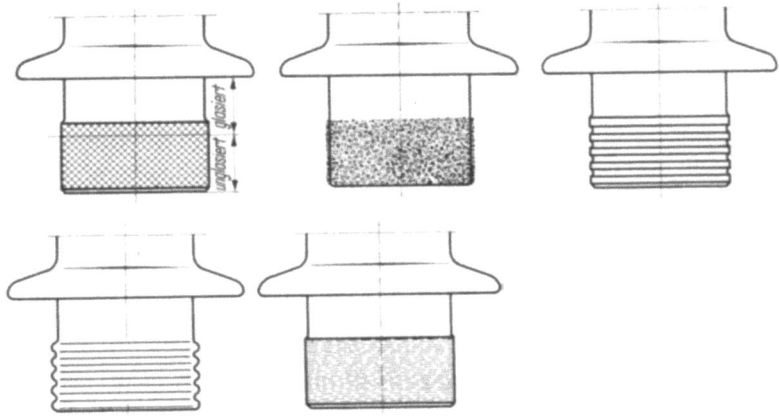

Abb. 5.18. Ausführungsarten der Bundoberflächen von Isolatoren (Riffelung, Splittung, Schleifriefen, profilierte Rillen, Wellen, feine Schleifriefen).

Für die Riffelung mit den Bezeichnungen ,,Riffelung 3 DIN 48108" und ,,Riffelung 5 DIN 48108" bestehen in Blatt 1 zwei Nenngrößen mit verschiedenen Teilungen, Erhöhungen der Pyramiden, Abrundungsradien am Pyramidengrund und an der Pyramidenspitze.

Die Ausführung der Splittung, die bezüglich Korngröße, Kornform und Glasierung der Wahl des Herstellers oder der Vereinbarung überlassen ist, ist in DIN 48108, Blatt 2 dargestellt und wird mit ,,Splittung S" bezeichnet. Für das Wellenprofil, DIN 48108, Blatt 3, bestehen 8 Größen mit der Numerierung 1 bis 8. Davon sind die Größen 1 bis 5 Einfach-Wellenprofile und die Größen 6 bis 8 Zweifach-Wellenprofile. Form der Welle, Anordnung der Wellen auf dem Sockel und Abrundungsradius sind in der Norm im einzelnen festgelegt. Die Fassungsstellen sind glasiert und müssen DIN 40686 (Oberflächen dichter keramischer Werkstücke) entsprechen. Als Schutz gegen Verdrehen dienen zwei bis vier gleichmäßig auf den Umfang verteilte Längsnuten. Die Bezeichnung für ein Wellenprofil, z. B. 6, ist ,,Wellenprofil W 6 DIN 48108".

Die übrigen Ausführungsarten sind nicht genormt. Rechteckige Schleifriefen sollten insbesondere bei auf Biegung hoch beanspruchten Isolatoren nicht verwandt werden, weil das scharfkantige Profil ungünstige Kerbwirkung ergibt und dadurch die Festigkeit der Fassungsstelle stark herabgesetzt wird. Feine Schleifriefen werden verwendet, wenn die Grobtoleranzen für die Armierung zu groß sind. Durch das Schleifen der Fassungsstellen mit feinen Schleifriefen erreicht man eine beliebig enge Toleranz und eine gewisse günstige Rauhigkeit.

174   5. Form und Konstruktion von keram. Bauteilen

Bei Übertragung von Druckkräften tritt im Kraftschluß Armatur-Isolierkörper keine andere Beanspruchungsart auf als reine Druckbeanspruchung. Hierbei kommt es vor allem darauf an, die Kräfte gleichmäßig auf die Angriffsfläche zu verteilen. Das erreicht man am besten durch eine starre Armatur, einen ebenen Schliff und eine Zwischenlage, die sich durch Plastizität der Oberfläche anpaßt und durch Elastizität einen dauernden Schluß herbeiführt. Blei sowie organische plastische Stoffe sind hierfür weniger geeignet als Gummi oder, im Falle großer Kräfte, Weichkupfer. Bei sehr großen Kräften, wie z. B. bei den Fußisolatoren von Funktürmen ist außerdem zu empfehlen, die Armaturteile und die Isolatorstirnflächen zu schleifen.

Sattel- und Eierisolatoren (Abb. 5.19), Gurtbandisolatoren (Abb. 6.59 u. 6.60) Nierenisolatoren (Abb. 5.20 u. 5.21), Hewlett-Isolatoren (Abb. 5.15), die der Übertragung von Zugkräften dienen, beanspruchen das keramische Material auf Druck, während die Armatur die Zugbeanspruchung übernimmt. Bei den Sattel-, Eier- und Hewlett-Isolatoren werden im allgemeinen keine besonderen Vorsichtsmaßnahmen hinsichtlich der Auflage und der gleichmäßigen Verteilung der Kräfte auf den keramischen Werkstoff ergriffen (Abb. 5.22). Meist liegen die Bänder und Seile unmittelbar auf der unebenen Glasuroberfläche auf. Auch die Oberflächen der Armaturen selbst sind nicht besonders bearbeitet und damit uneben. Außerdem sind die Bänder starr und schmiegen sich nur unvollkommen an. Dadurch treten leicht punktförmige Beanspruchungen auf. Man kann dem durch plastische und elastische Unterlagen abhelfen. Wenn die mechanischen Beanspruchungen nicht übermäßig hoch sind, kann man sich aus wirtschaftlichen Gründen mit unmittelbarer Auflage der Armatur abfinden. Man

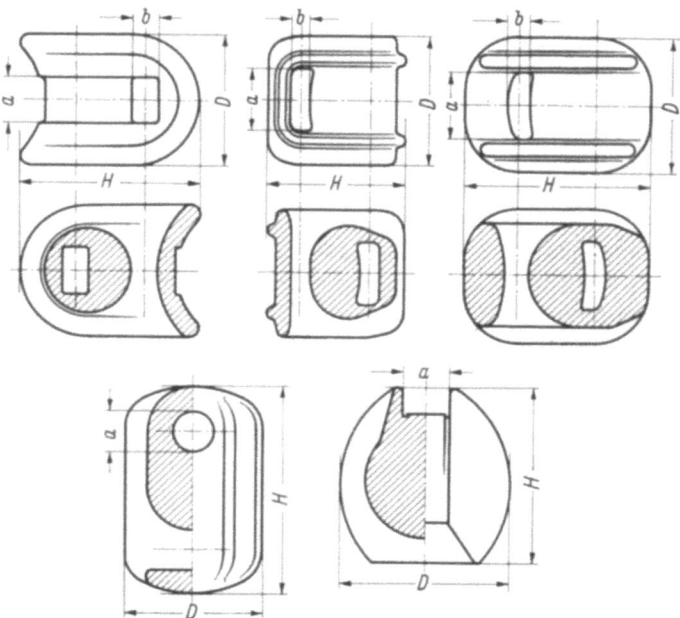

Abb. 5.19. Auf Druck beanspruchte Isolatoren der Sattel- und Eiertype.

5.1 Isolatoren 175

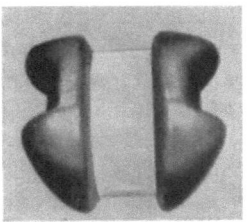
Abb. 5.20

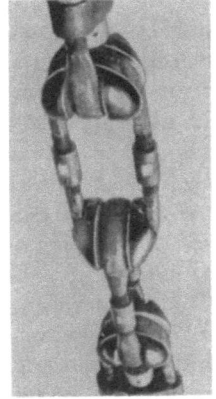
Abb. 5.21

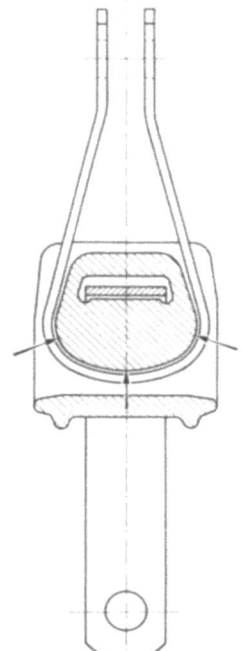
Abb. 5.22

Abb. 5.20. (Pardunen-)Nierenisolatoren mit geschliffener Auflagefläche für Armatur.
Abb. 5.21. (Pardunen-)Nierenisolatorgehänge.
Abb. 5.22. Sattelisolator mit Bandeisenarmatur.

darf aber nicht verwundert sein, wenn bei Festigkeitsversuchen die erreichten Werte niedrig gegenüber gut bearbeiteten oder mit Zwischenlagen versehenen Übertragungsflächen liegen. Bei Isolatoren, bei denen Seile Verwendung finden, ist die Auflage etwas günstiger, vermeidet jedoch örtliche Überbeanspruchung nicht vollständig. Außerdem haben Seile den Nachteil, daß sie wegen der großen Oberfläche leichter korrodieren. Bei großen Lasten muß man für eine einwandfreie Verteilung der Kräfte sorgen, und so werden die zylindrischen Flächen bei Gurtbandisolatoren (Abb. 6.60) geschliffen. Dabei erreicht man eine satte großflächige Auflage der Armatur, die wesentlich besser ist als die Auflage einer Schelle aus Bandeisen auf der unebenen, glasierten Oberfläche eines Sattelisolators. Man erreicht bei solchen Gurtbandisolatoren außerordentlich hohe Festigkeitswerte, wie sie für Pardunenabspannungen von Funktürmen mit 10 bis 100 t verlangt werden.

Bei auf Zug beanspruchten Isolatorentypen, wie vor allem Freileitungs- und Geräte-Abspannisolatoren, ist das Problem des Kraftschlusses zwischen Armatur und Isolator schwieriger. Der Kraftangriff erfolgt parallel zur Oberfläche und kann deshalb nur durch Reibung oder durch Druckwirkung auf das Isolatorende erreicht werden. Bei zylindrischer Ausbildung ist deshalb zwischen Armatur und Isolator eine genügend große Reibung notwendig, die den Kraft-

176   5. Form und Konstruktion von keram. Bauteilen

angriff ermöglicht. Für die Herstellung größerer Rauhigkeit sind die beschriebenen Maßnahmen für die Ausbildung der Fassungsenden zu berücksichtigen. Dabei werden die Bohrungen ebenfalls mit Splitt versehen, so daß das Eingußmittel besser haftet und Kappe und Klöppel genügend fest sitzen. Die Befestigungsart, die sich bei den Langstäben gut bewährt hat, ist die konusförmige Verdickung der Enden, auf denen die Kappe durch Keilwirkung zusammen mit dem Ausgußmittel festgehalten wird (Abb. 5.11). Diese Keilwirkung kann man auch für Innenkittung bei Kappenisolatoren anwenden. Der deutsche Kappenisolator hat eine Hinterdrehung zur Aufnahme des Klöppelkopfes und der Stützkonstruktion. Bei Vollkernisolatoren hat sich die konische Ausbildung der Enden als Außenbefestigung gut bewährt. Hierbei kommt es allerdings darauf an, daß der Konuswinkel richtig ausgebildet ist, damit die Kraftkomponenten das Material in günstiger Weise beanspruchen. Damit die Flächenpressung einen kritischen Wert nicht überschreitet, muß der Durchmesser und die Konuslänge genügend groß und der Konuswinkel (gegen Achsrichtung) möglichst klein sein. Bei einer ungünstigen Wahl dieser Größen kann Überbeanspruchung eintreten, die sich durch sogenannte Scheibchenbildung auswirkt, d. h., das keramische Material reißt im Konus quer zur Achse. Dadurch erfolgt Ausfall von tragender Oberfläche, Zunahme der Beanspruchung und meistens weiterer Bruch in Form von Scheibchen innerhalb der Kappe. Als günstige Konuswinkel haben sich solche von 6° bis 14° herausgebildet. Erfahrungsgemäß soll die Konuslänge nicht wesentlich kleiner sein als der kleinere Konusdurchmesser. Untersuchungen zeigen, daß leicht geschwungene Flanken des Konus oder zylindrischer Auslauf des Fassungsendes günstige Beanspruchung ergeben.

Für die Biegebeanspruchung, die vorwiegend bei Geräteisolatoren vorkommt, ist die Armaturenbefestigung beim Kraftschluß Armatur/Isolator an der nicht eingespannten Stelle meist nicht kritisch, da die Armatur und die Übertragungsstelle weniger beansprucht werden. Einer höheren Beanspruchung dagegen unterliegt die der fest eingespannten Stelle. Bei dieser Beanspruchungsart werden die beiden grundsätzlichen Befestigungsarten angewendet, und zwar Befestigung durch Einguß und kittlose Klemmbefestigung.

Bei der Klemmarmatur ist darauf zu achten, daß die Form des Klemmwulstes am Isolator so ausgeführt ist, daß keine zu große Biegebeanspruchung des Wulstes selbst auftritt und daß die Druckfläche so geneigt ist, daß die Unterstützungsfläche möglichst gleichmäßig und in der Mitte belastet wird. Die Abb. 5.23 zeigt, wie ein Klemmwulst richtig und falsch ausgeführt ist. Die Armatur wird als Vollring ausgeführt, wenn es möglich ist, sie über die Schirme aufzubringen. Ist der Schirmaußendurchmesser so groß, daß der Schirm den Klemm-

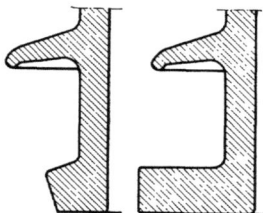

Abb. 5.23. Ausbildung des Klemmwulstes, links richtig und rechts falsch.

wulst überdeckt, so muß ein zweiteiliger Ring verwendet werden. Bei diesen Armaturen ist sehr darauf zu achten, daß sie hinreichend starr und entsprechend massiv konstruiert sind. Bei der zweiteiligen Ausführung muß die Verbindungsstelle, die meist durch Schrauben hergestellt wird, so stark ausgeführt sein, daß auch diese Stelle als starr angesehen werden kann. Eine Klemmbefestigungsart, die auch verwendet wird, besteht aus einzelnen Knacken, die auf den Umfang verteilt mit Schraubenbolzen befestigt werden und auf eiserne Zwischenringe oder plastisch-elastische Unterlagen über den Umfang des Klemmwulstes verteilt aufliegen. Hierbei ist sehr darauf zu achten, daß alle Knacken gleichmäßig angezogen werden, damit keine örtliche Überbeanspruchung auftritt (Momentenschlüssel ist dabei zu empfehlen, gibt allerdings keine volle Gewähr für gleichmäßigen Anzug). Hinsichtlich der Berechnung der Beanspruchung solcher Stützer sei darauf hingewiesen, daß nicht nur der auf Biegung beanspruchte Querschnitt oberhalb der Armatur an der fest eingespannten Stelle berücksichtigt wird, sondern daß auch die Beanspruchung des Bundes auf Druck und Biegung beachtet werden muß.

Eine weitere Befestigung, die sich bei auf Biegung beanspruchten Stützern bewährt hat, ist ein Kegelschliff mit einem Hohlkupferring als Zwischenlage. Dieser Kegelschliff hat höhere Festigkeitswerte ergeben als eine Hohlkehle, die einen Krümmungsradius hat, der etwas größer ist als der des beigelegten Kupferringes.

Stützer werden auch mit Innenarmatur ausgerüstet, weil dadurch an Bauhöhe gewonnen und der Überschlagwert vergrößert wird. Diese Innenarmaturen wirken sich auf die Beanspruchung des Isolierkörpers nachteilig aus. Im allgemeinen ist der Stützer gleicher Spannung mit Innenarmierung teurer als mit Außenarmierung. Es zeigt sich ferner, daß hinsichtlich der erreichbaren Umbruchwerte Grenzen gesetzt sind, weil Bodendicke zwischen den beiden Elektroden des Stützers und Tiefe des Armaturenloches gewisse Mindestmaße nicht zu unterschreiten gestatten, so daß, wenn man die verlangten Werte erreichen will, auch gewisse Baulängen aus mechanischen Gründen und aus Gründen der Durchschlagsfestigkeit erforderlich sind. Diese Schwierigkeiten können durch keramische Werkstoffe höherer Festigkeit überbrückt werden.

Innenarmaturen kann man auch durch Klemmung befestigen. Gewöhnlich sind hierbei Hinterdrehungen mit eng tolerierten Konusflächen notwendig. Die Einhaltung dieser Toleranzen und eine gleichmäßige Anlage der Armatur führt dabei unter Umständen zu Schwierigkeiten, so daß man auch bei der Innenbefestigung wieder dazu übergeht, die Armaturen durch Einguß zu befestigen.

Bei Innendruck kommt es darauf an, eine genügende Abbdichtung durch die Armatur zu erreichen und eventuell Axialkräfte durch die Armatur aufzunehmen. Im allgemeinen kann man durch Schleifen der Stirnflächen und durch Dichtungszwischenlagen aus Gummi oder ähnliche Abdichtungen die höchsten heute für Druckluftschalter in Frage kommenden Drücke beherrschen. Die Armatur wird am Isolator durch Eingießen mit Zement oder Schmelzzement befestigt, wobei die Länge der Armatur auf die Kräfte abgestimmt sein muß. Im allgemeinen reichen aber schon Längen von 100 bis 120 mm aus.

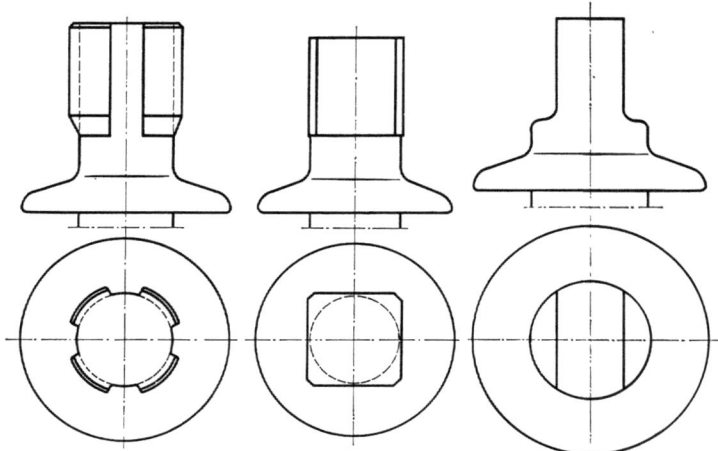

Abb. 5.24. Verdrehungssicherung bei Torsionsisolatoren (Nuten, Vierkant, planparallele Abflachung).

Auf Torsion beanspruchte Stützer müssen eine Verdrehungssicherung der Armatur gegen den Isolatorkörper aufweisen, die die Torsionskräfte übernimmt. Bei dieser Befestigung, die in Abb. 5.24 dargestellt ist, muß darauf geachtet werden, daß zwischen Armaturenleiste und Isolatornute genügend Eingußmaterial vorhanden ist, sonst würde durch örtliche Überbeanspruchung vorzeitiger Bruch erfolgen.

5.1.5 Zusätzliche Bemerkungen speziell über Niederspannungsisolatoren

Für die Formgebung von Niederspannungsisolatoren gelten im allgemeinen die gleichen Gesichtspunkte wie bei Hochspannungsisolatoren. Infolge der niedrigen Spannungen sind ihre Abmessungen durchweg kleiner. In vielen Fällen werden Niederspannungsisolatoren in wesentlich größeren Mengen benötigt als Hochspannungsisolatoren, so daß die Wirtschaftlichkeit noch mehr in den Vordergrund tritt. Da für Niederspannungsisolatoren ebenfalls Porzellan und Steatit Verwendung finden, beeinflussen die Eigenschaften dieser Werkstoffe auch hier die Form. Der große Unterschied in der Druck- und Zugfestigkeit hat im Anfang zur Entwicklung von Isolatorenformen geführt, bei denen der keramische Werkstoff möglichst auf Druck beansprucht wurde. Da die elektrischen Spannungen niedrig lagen, traten Schwierigkeiten hinsichtlich der notwendigen Überschlagwege im allgemeinen nicht auf, und man konnte den Glockenisolator in verhältnismäßig kleiner Form, wie in den genormten Niederspannungsisolatoren N 95 nach DIN 48150 und in den RM-Typen nach DIN 48140, 48141, 48145 ausbilden. Auch die Durchschlaggefahr ist bei kleinen Betriebsspannungen nicht groß und kleine Wanddicken reichen zur Isolation aus. Neben der Glockenform werden die Sattel- und Eiertypen (Abb. 5.19) häufig verwendet (DIN 48156), bei denen Schellen- oder Seilarmaturen schlingenförmig ineinandergreifen und den keramischen Werkstoff dazwischen auf Druck beanspruchen.

Mit zunehmender Beherrschung des Werkstoffes konnte man auch hier auf Formen übergehen, die den Werkstoff auf Zug und auf Biegung beanspruchen (Hakenisolator Abb. 6.48). Die Zugisolatoren mit Seil- oder Schellendurchbrüchen und auch mit Kappen ausgerüstet finden heute als Abspannisolatoren Verwendung.

Aber auch der durchschlagbare Schäkelisolator nach DIN 48154 (Abb. 5.25) bei dem ein Bolzen mit einem Bügel eine Druckbeanspruchung des keramischen Werkstoffes bedingt, und Klemmen nach DIN 46262 und DIN 46266 unterscheiden sich grundsätzlich von den Formen in der Hochspannungstechnik nicht.

Abb. 5.25. Schäkelisolatoren, armiert.

Die Forderung auf Billigkeit verlangt in manchen Fällen die Herstellung im Preßverfahren mit Stahlmatrizen, wobei für Porzellan im wesentlichen das Feuchtpreßverfahren und für Steatit das Trockenpreßverfahren angewandt wird.

Es muß darauf hingewiesen werden, daß die elektrischen und mechanischen Anforderungen, die man an solche im Preßverfahren hergestellte Isolatoren stellen kann, wegen des weniger dichten Gefüges geringer sein müssen als bei im teureren Drehverfahren hergestellten Isolatoren. Im übrigen ist das Preßverfahren seinem Wesen entsprechend gut für breite, aber niedrige Formteile und weniger gut für meist höhere Formen aufweisende Isolatoren geeignet.

Es müssen also die elektrischen Anforderungen bei der Wahl des Herstellungsverfahrens in Rechnung gestellt werden. Dadurch ist häufig auch die Form bedingt, weil Gießverfahren, Drehverfahren oder Preßverfahren verschiedene Forderungen an die Formgebung stellen.

Die mechanischen Forderungen spielen insofern eine Rolle, als sie nicht durch mechanische Grenzbeanspruchungen sondern mehr durch Wirtschaftlichkeitsfragen beeinflußt sind. Schleifen für die Auflageflächen der Armaturen kommt im allgemeinen wegen des hohen Preises nicht in Frage, aber auch Zwischenlagen werden meist zu teuer, und man muß sich damit begnügen, die Festigkeit nur so hoch einzusetzen, daß auch punktförmig aufliegende Armaturen den Isolator nicht zu Bruch bringen. So liegen bei Sattelisolatoren die verhältnismäßig starren Bandschellen unmittelbar auf der unebenen Glasurfläche ohne ausgleichende Zwischenlagen. Die Form des Isolators muß man deshalb so groß wählen, daß auch eine als unvollkommen anzusprechende Kraftübertragung zwischen Armatur und Isolator keine Überbeanspruchung ergibt. Auch eine durch Einpressen befestigte Armatur bedingt im allgemeinen einen unvollkommenen Kraftschluß zwischen Armatur und Körper.

5.1.6 Bemessung

Da Isolatoren elektrische und mechanische Aufgaben erfüllen, so sind elektrische und mechanische Daten die für ihre Bemessung notwendige Grundlage.

Ein Isolator besitzt ein unterschiedliches Isoliervermögen, je nachdem ob er durch Wechselspannung von Industriefrequenz (50 Hz), durch innere Überspannungen (Schaltspannungen) oder durch äußere Überspannungen (Stoßspannungen — Gewitterüberspannungen), und ob er trocken oder beregnet beansprucht ist, wobei der kombinierte Einfluß von Beregnung und Überlagerung von Fremdschichten auf der Oberfläche (besonders der Schirme), also Feuchtigkeit und Verschmutzung, noch hinzukommt.

Nach VDE 0111 müssen Betriebsmittel und also auch Isolatoren die festgelegten Werte der Nennstehwechselspannung im trockenen, fabrikneuen Zustand aushalten. Auch dürfen bestimmte Stoßpegel nicht unterschritten werden, so daß die den Reihen und damit den höchsten dauernd zulässigen Betriebsspannungen zugeordneten Stehwechselspannungen und Stehstoßspannun-

Tabelle 5.3. Zuordnung der Nennstehwechselspannung und Stehstoßspannung entsprechend den Kennwerten nach IEC und VDE

		IEC-Publ. 273			VDE 0111 (Gr. F.)				
		Freiluft		Innenraum				S	N[c]
U_{NBS} kV	U_{NWS} kV$_{eff}$	L_{Km} mm	H mm		U_m kV	R	P_u kV	W_p mm	
60	27	120	190	120	7,2	6	50	50	60
75	35	190	215	130	12	10	60	60	85
95	45	280	255	175	17,5	15	75	85	115
125	55	385	305	225	24	20	95	115	155
150	55	410	355	—	—	—	—	—	—
145[d]	65	—	—	—	27,5	25	125	155	180
170	75	580	445	310	36	30	145	180	220
200	75	680	475	—	—	—	—	—	—
250	105	835	560	500	52	45	190	240	305
235[a]									
300[a]									
325	140	1160	770	620	72,5	60	250	330	400
380	150	1345	870	—	—	—	—	—	—
450	185	1600	1020	—	125	110 E	380	530	650
550	230	1970	1220	—	125	110	450	650	750
650	275	2300	1500	—	170	150 E	550	700	830
750	325	2595	1700	—	170	150	650	900	1000
900	395	3250	2100	—	250	220 E	750	1100	1210
1050	460	3545	2300	—	250	220	900	1350	1450
1175	510	4060	2650	—	—	—	—	—	—
1300	570	4460	2900	—	—	—	—	—	—
1425	630	4900	3150	—	420[b]	380 E	1300	2100	2300
	680[a]								

[a] VDE.
[b] Für Isolatorketten VDE gilt 630 kV.
[c] Für N entspricht der untere Stoßpegel P_u der Nennstehstoßspannung U_{NBS}.
[d] Für Wechselstrombahnen (VDE).

gen gleichzeitig eingehalten werden müssen. Bei den Reihenspannungen bis 220 kV ist im allgemeinen die Stehwechselspannung kritisch. In der IEC-Publ. 273 (Normung von Stützern) wird die Stehstoßspannung als kennzeichnende elektrische Bemessungsgröße verwendet.

Tabelle 5.3 zeigt die Zuordnung der Nennstehwechselspannungen und Stehstoßspannungen zu den entsprechenden Kennwerten nach IEC-Publication 273 und VDE 0111 (Gruppe F).

Für Tabelle 5.3 und die folgenden Tabellen 5.4 und 5.5 werden als Kurzzeichen verwendet:

U_{BS} Stehstoßspannung,
U_{NBS} Nennstehstoßspannung,
U_{NBSE} Nennstehstoßspannung gegen Erde,
U_{NWS} Nennstehwechselspannung,
U_{NWSE} Nennstehwechselspannung gegen Erde,
U_{SS} Stehschaltspannung,
N_{NSS} Nennstehschaltspannung,
U_{NSSE} Nennstehschaltspannung gegen Erde,
U_m Höchste dauernd zulässige Betriebsspannung
U_{Lm} do. zwischen Leiter und Leiter,
$U_{Em} = 1/\sqrt{3} \cdot U_m$ do. zwischen Leiter und Erde,
R   Reihe (VDE),
E   Anlagen mit wirksam geerdetem Netzsternpunkt (verringerte Isolation) (auch Kennzeichen für Reihe),
S   Anlagen, bei denen Bauart oder besondere Schutzmaßnahmen sicherstellen, daß niedrigere obere und untere Stoßpegel nicht überschritten werden (Reihenkennzeichen),
N   Anlagen mit den höheren oberen und unteren Stoßpegeln (Reihenkennzeichen)
P_u Unterer Stoßpegel,
W_P Schlagweite der Pegelfunkenstrecke,
L_{Km} Mindestkriechweglänge,
W_{NSSE} Trennstreckenschlagweite nach Forderung durch Nennstehschaltspannung, $(1,15^1 \cdot U_{NSSE})$,
W_{S+W} Trennstreckenschlagweite nach Forderung durch Nennstehschaltspannung und Nennstehwechselspannung überlagert ($U_{NSSE} + U_m \sqrt{2}/\sqrt{3}$),
W_{NBS} Trennstreckenschlagweite nach Forderung durch Nennstehstoßspannung $(1,15^1 \cdot U_{NBSE})$,
   Isolatorbauhöhe nach Forderung durch
H_{NBS} Nennstehstoßspannung   sauber,
H_{NSS} Nennstehschaltspannung   sauber,
H'_{NBS} Nennstehstoßspannung   mittlere Verschmutzung,
H'_{NWS} Nennstehwechselspannung gegen Erde   mittlere Verschmutzung.

Mit der Koordination der Schaltspannungen mit den Betriebsspannungen und den Stoßspannungen und mit der Empfehlung von Richtwerten, die für die Bemessung und Prüfung von Betriebsmitteln in Bezug auf Schaltspannungen in Parallele zu VDE 0111 und IEC-Publikation 71 zugrunde gelegt werden sollen, beschäftigt sich seit längerer Zeit das Technische Komitee (TC) 28 „Isolationskoordination" der IEC. Für Anlagen mit Betriebsspannungen im Bereich

---

[1] Reduktionsfaktor entsprechend einer Abnahme der Nennsteh-(Stoß- und Schalt-)Spannungen um 10 bis 20% (mittel 15%) als Folge von Verschmutzung.

182   5. Form und Konstruktion von keram. Bauteilen

Tabelle 5.4. Zuordnung von Richtwerten für höchste Betriebsspannungen U_m zu Nennstehschaltspannungen U_{NSEE} und Nennstehstoßspannungen U_{NBS}

U_m kV	$\dfrac{U_{NSSE}}{U_m} \cdot \dfrac{\sqrt{3}}{\sqrt{2}}$	U_{NSSE} kV	$\dfrac{U_{NBS}}{U_{NSSE}}$	U_{NBS} kV	Variante $\dfrac{U_{NBS}}{U_{NSSE}}$	U_{NBS} kV
300	3,05	750	1,13 / 1,27	850	1,1	825
	3,45	850	1,12	950	1,2	900
362	2,86		1,24	1050	1,06	975
	3,20	950	1,12		1,145	
420	2,76		1,24	1175		
	3,06	1050	1,12	1300		
525	2,45		1,24	1300		
			1,36	1425		
	2,74	1175	1,11 / 1,21	1300 / 1425		
	1,885		1,32	1550		
765	2,19	1300	1,10 / 1,19 / 1,38	1425 / 1550 / 1800		
	2,28	1425	1,09 / 1,26 / 1,47	1550 / 1800 / 2100		
	2,48	1550	1,16 / 1,26 / 1,55	1800 / 1950 / 2400		
1100	1,86	1675	1,61₅	2700	1,58	2850
	2,00	1800	1,56	2800		
	2,17	1950	1,54	3000	1,46	
1500	1,71	2100	1,57	3300		
	1,83	2250	1,53	3450		
	1,96	2400	1,56	3750		

$U_m = 300$ bis 765 kV werden Nennstehschaltspannungen U_{NSS} erörtert, die in Tabelle 5.4 in Abhängigkeit von U_m für die Beanspruchung Leiter gegen Erde angegeben sind. In Anlehnung an diese Vorschläge sind hier auch erste Richtwerte für die maximalen Betriebsspannungen $U_m = 1100$ und 1500 kV zur Diskussion gestellt. Vorschläge für Nennstehschaltspannungen für das Isoliervermögen Leiter gegen Leiter liegen z. Zt. noch nicht vor.

Bei der Isolationsbemessung von Höchstspannungsanlagen werden statistische Überlegungen zunehmend an Bedeutung gewinnen. Sie sollen dazu dienen, das Überschlagrisiko in Abhängigkeit vom gewählten Isolationspegel abzuschätzen. Eine Bedeutung hat dies aber nur für eine äußere Isolation, die nach einem Durchschlag ihre Isolierfähigkeit wiedergewinnt. Bei der inneren Isolation eines Betriebsmittels (Meßwandler, Hochspannungstransformator), das keinen klimatischen und atmosphärischen Einwirkungen ausgesetzt ist, ist ein innerer Durchschlag grundsätzlich zu vermeiden und demzufolge eine Isolationskoordination gegen Überspannungen nach statistischer Abschätzung des Überschlagrisikos nicht angebracht. Messungen der Schaltüberspannungen zeigen, daß die Überspannungsfaktoren näherungsweise einer Normalverteilung folgen, was auch in etwa für das Überschlagverhalten der äußeren Isolation gilt. Unter diesen vereinfachenden Voraussetzungen kann man das Fehlerrisiko ermitteln.

Das Interesse gilt zumeist den Halte- oder Stehspannungswerten und weniger den Durchschlagswerten. Die Stehspannung ist dabei die durch statistische Begriffe geeignet definierte untere Grenze des Streubereiches der Prüfspannung, unterhalb der ein Überschlag nur noch im Umfange der statistischen Festlegung auftritt. Für höchste Sicherheit bzw. eine sehr genaue Anpassung an die untere Steh-Streugrenze sind bei Anwendung statistischer Verfahren entweder genauere Untersuchungen über die Gültigkeit der Normalverteilung und andere evtl. in Betracht kommende Extremwertfunktionen notwendig, oder es ist, wie es häufig praktisch erscheint, ein Sicherheitszuschlag zu machen, der nur sehr klein zu sein braucht, um mit der Stehspannung vollkommen und mit aller Sicherheit unterhalb des Streubereiches zu liegen.

Bei der Verwendung von Werten und Kurven für die elektrische Bemessung von Isolationen muß beachtet werden, daß diese Daten Stehwerte darstellen. Bei Wechsel- und Stoßspannung sind die Streuungen der Prüfwerte meist klein und die Ermittlung der Stehwerte ist mit ausreichend hoher Sicherheit möglich. Bei Schaltspannungen ist hingegen der Unsicherheitsbereich vielfach beträchtlich, so daß damit im Bereich hoher Spannungsebenen, in denen die Schaltspannungen die kritischen elektrischen Bemessungsgrößen sind, sorgfältige und z. Zt. noch im Gange befindliche umfangreiche Untersuchungen zur Festlegung der Stehspannung erforderlich sind. Hierzu und bezüglich der statistischen Behandlung sei auf die einschlägigen Veröffentlichungen verwiesen [20, 25, 26]. Unter hohen Betriebsspannungen versteht man neuerdings alle Spannungen von 500 kV an aufwärts und teilt sie nach angelsächsischem Sprachgebrauch in die beiden Gruppen

„Extra High Voltage" (EHV) — 500 kV bis 765 kV
mit den Betriebsspannungswerten 525 kV und 765 kV und
„Ultra High Voltage" (UHV) — über 765 kV —
mit den diskutierten Betriebsspannungswerten 1100 kV und 1500 kV.

Für EHV- und UHV-Projekte sind die durch Schaltvorgänge verursachten Überspannungen sowie die Verschmutzungsbedingungen die wesentlichen Bemessungsgrößen. Hierfür liegen für den EVH-Bereich schon gewisse Unterlagen vor, während für den UHV-Bereich eine ausreichende Grundlage noch nicht vorhanden ist und noch Untersuchungen notwendig sind, wenn die in einigen Ländern in Planung befindlichen Versuchseinrichtungen zur Verfügung stehen. Betriebserfahrungen und Messungen in bestehenden 500- und 700-kV-Anlagen werden gewisse Unterlagen auch für den UHV-Bereich liefern, wie z. B. die

184   5. Form und Konstruktion von keram. Bauteilen

statistische Verteilung der Schaltspannungen nach Höhe und Häufigkeit sowie Erkenntnisse im Hinblick auf die aus Verschmutzungsgründen notwendige Ausführungsform der Isolatoren.

Tabelle 5.5. Bemessung von Trennstrecken und Isolatorsäulen

U_m kV	U_{NBSE} kV	U_{NSSE} kV	Trennstreckenschlagweite			Isolatorbauhöhe			
						sauber		mittlere Verschmutzung[a]	
			W_{NSSE} m	W_{S+W} m	W_{NBS} m	H_{NBS} m	H_{NSS} m	H'_{NBS} m	H'_{NWS} m
525	1425	1050	3,0	3,5	3,0	2,9	3,2	3,6	4,3
	1550	1175	3,6	4,0	3,3	3,1	3,8	3,9	4,3
765	2100	1300	4,3	5,2	4,4	4,2	4,5	5,3	6,3
	2250	1425	5,0	5,8	4,8	4,5	5,2	5,6	6,3
	2400	1550	5,8	6,3	5,0	4,8	5,9	6,0	6,3
1100	2700	1675	6,3	(8,5)	5,7	5,4	6,6	6,8	9,2
	2850	1800	7,2	(9,1)	6,0	5,7	7,5	7,1	9,2
	3000	1950	(8,5)	(10,0)	6,3	6,0	(8,5)	7,5	9,2
1500	3300	2100	(9,5)	(13,0)	6,9	6,6	(9,6)	8,3	12,5
	3450	2250	(10,7)	(14,0)	7,2	6,9	(11)	8,6	12,5
	3750	2400	(11,7)	(15,0)	7,9	7,5	(12,5)	9,4	12,5

[a] Schichtleitfähigkeit $x_F \approx 10\ \mu S$

In Tabelle 5.5 sind für Höchstspannungen Richtwerte für Schaltspannungen, die für die Bemessung und Prüfung von Betriebsmitteln empfohlen werden, für Trennstrecken und Isolatoren von Einsäulen-Trennschaltern zusammengestellt. Die zum Teil durch Versuche ermittelten und zum Teil extrapolierten Werte sind teilweise durch Betriebserfahrungen bestätigt, teilweise bedürfen sie noch weiterer eingehender Untersuchungen, so daß sie nur orientierenden, bzw. vorläufigen Charakter haben können. Für ähnliche Isolieranordnungen sind sie verwendbar. Im Bereich höchster Spannungen sind sie jedoch nur mit Einschränkungen zu benutzen. Zahlenangaben, die durch Versuche nur mangelhaft gestützt sind, sind in Klammern gesetzt. Für saubere Isolation bestimmt ebenfalls die verlangte Stehschaltspannung die Abmessungen. Eine Bauhöhe von 10 m ist nur mit großem Aufwand zu verwirklichen, zumal eine solche Säule rund 5 m über dem Erdboden aufgestellt werden sollte, um die notwendigen günstigen Feldverhältnissen zu erhalten. Es ist auch deshalb eine erhebliche Unterdrückung der Schaltspannung notwendig, um zu technisch vernünftigen Abmessungen zu kommen.

Bei der Auslegung der äußeren Isolierung von Hochspannungsgeräten nach den derzeitigen nationalen (VDE 0111) und internationalen (IEC-Publ. 71) Bestimmungen gilt die Forderung ausreichenden Isoliervermögens gegenüber den betriebsmäßigen Spannungsbeanspruchungen trotz aller Bedenken und z. Teil auch gegenteiligen Betriebserfahrungen als erfüllt und damit äußere Fremdschichteinflüsse und, soweit vorhanden, Alterung mit berücksichtigt, wenn die Freiluft-Isolierung im Neuzustand auch unter Beregnung der Nenn-Stehwechselspannung standhält.

Die Regenprüfung bei Wechselspannung, die in Ermangelung einer genügend aussagekräftigen Fremdschichtprüfung immer noch Anwendung findet, ist auch für Geräte der niedrigeren Spannungsreihen kein absolut sicheres Kriterium für die Güte der Isolation unter Fremdschichteinfluß. Regen wird von Seiten des Energieversorgungsbetriebes in der Regel als von Vorteil empfunden, da verschmutzte Isolatoren dabei gesäubert werden. Von der Prüfung von Freiluft-Isolatoren unter Fremdschicht-Einfluß und ihrer dementsprechenden Bemessung verspricht man sich für die Zukunft mehr. Die Richtlinien VDE 0448 wurden für Gebiete mit vorwiegend industrieller Verschmutzung aufgestellt. Die Ergebnisse lassen sich aber unter gewissen Voraussetzungen auf andere Verschmutzungsarten und -bedingungen übertragen und werden auch zum Vergleich mit den Ergebnissen des Salznebel-Verfahrens und für das Verhalten von Isolatoren in küstenferneren Gebieten herangezogen.

Für die Bemessung ist eine befriedigende Kenntnis der wirklichen Verschmutzungsbedingungen notwendig, die durch die mittlere Schichtleitfähigkeit $\varkappa_F$ am Aufstellungsort gekennzeichnet ist. Da hinreichend sichere Unterlagen für die im Betrieb zu erwartende Verschmutzung kaum vorhanden sind, können Betriebserfahrungen in bestehenden Netzen wertvolle Beiträge für die Bemessung der Isolierung auch für zukünftige höhere Spannungen liefern.

Mit den in VDE 0448 definierten Begriffen und den Abmessungen eines Isolators lassen sich spezifische Kriechweglängen in Abhängigkeit von der Schichtleitfähigkeit und dem Isolatordurchmesser als weiterer Einflußgröße ermitteln, die Vergleichsmaßstab für verschiedene Isolatoren sein können, wenn die Isolatorformen weitgehend übereinstimmen. Ein Vergleich der spezifischen

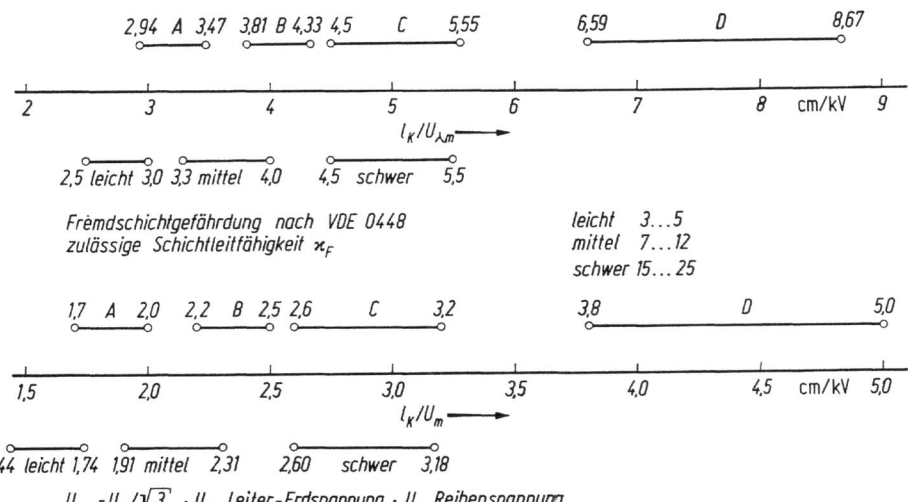

Abb. 5.26. Spezifischer Kriechweg der Verschmutzungsgruppen. Gruppe A: Gebiete ohne Industrie mit überwiegend landwirtschaftlicher bzw. forstwirtschaftlicher Bodennutzung. Gruppe B: Gebiete mit schwacher Verschmutzung und ungünstigen atmosphärischen Bedingungen durch Nebel. Gruppe C: Gebiete mit stark überlagerter Industrieverschmutzung. Gruppe D: Gebiete mit extrem ungünstigen Bedingungen.

186   5. Form und Konstruktion von keram. Bauteilen

Kriechwege zwischen den Verschmutzungsgruppen „leicht", „mittel" und „schwer" in Anlehnung an VDE 0448 und den Gruppen A, B, C und D nach dem sonst häufig verwendeten Einteilungsverfahren, ist für die Langstabform und in gewisser Annäherung auch für die Form des Massiv-Freiluftstützers verwendbar und in Abb. 5.26 dargestellt.

Bei der zukünftigen Entwicklung gilt es, sämtliche Einflußfaktoren und das Ausfallrisiko in ihren Auswirkungen zu überprüfen und evtl. auch bei den üblichen 220- und 380-kV-Anlagen zu berücksichtigen. Aus Abb. 5.27 über die

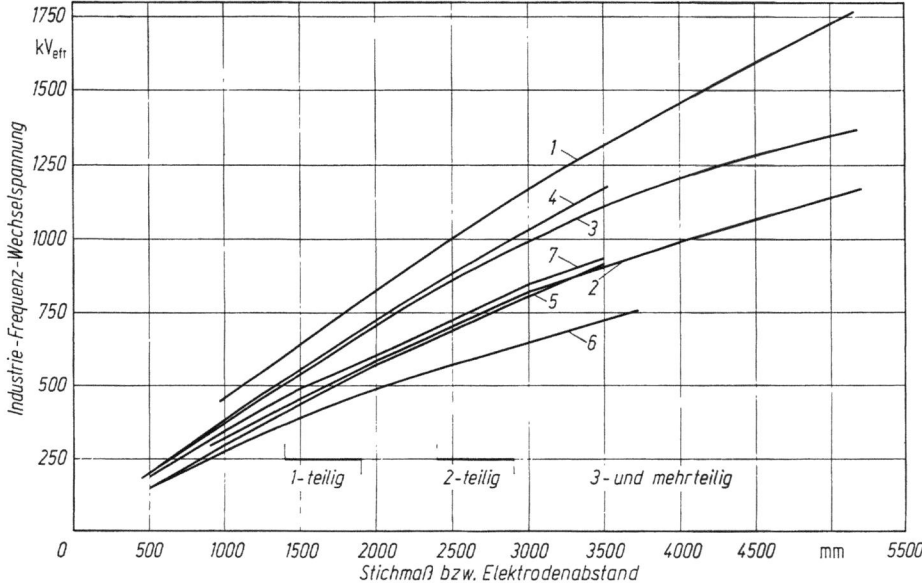

Abb. 5.27. Industrie-Frequenz-Wechselspannung in Abhängigkeit vom Stichmaß (bei mehrteiligen Isolatoren Summe der Einzelstichmaße) bei Isolatoren (Stützer und Hohlisolatoren ohne potentialführende Einbauten) bzw. vom Elektrodenabstand bei Funkenstrecken.
1 Spitze — Spitze trocken; 2 Spitze — Platte trocken; 3 Überschlagspannung trocken (gemessen Deutschland); 4 Überschlagspannung trocken (gemessen Japan); 5 Überschlagspannung beregnet (Angaben Japan); 6 Stehwechselspannung beregnet (gemessen Deutschland); 7 Stehwechselspannung trocken (berechnet nach Überschlagspannung trocken und Annahme der Relation Stehwechselspannung beregnet 6 zu Überschlagspannung beregnet 5).

erforderlichen Baulängen in Abhängigkeit von der Nennspannung geht hervor, daß Abmessungen der gebräuchlichen 380-kV-Isolatoren durchaus für 500-kV-Netze in Frage kommen. Bei drastischer Verkleinerung der Isolierlängen, jedoch mit wirksamen Vorkehrungen, die Schaltspannungen stark zu begrenzen, würden bei uns gebräuchliche 380-kV-Isolatoren sogar für 765-kV-Netze eingesetzt werden können. Die Verwirklichung dieser Aspekte erfordert Verbesserungsmaßnahmen in aller Breite, zu denen eventuell auch neue Isolator- und Schirmformen und z. B. auch die Verwendung von Konstruktionselementen aus Isolierstoff an Stelle von Metallen zählen, um bei gleichen äußeren Abmessungen die Isolierwege bei Mastkonstruktionen und Hochspannungsgeräten zu vergrößern. Wesentlich verkleinerte Isolierlängen sind darüber hinaus möglich, wenn die umweltbedingten klimatischen Einflüsse des Betriebsortes vollständig ausgeschaltet würden, was durch den Einsatz von vollisolierten gekapselten Schaltanlagen erreicht werden könnte.

Man hat daran gedacht, die Bauhöhe von Stützern und Freileitungsisolatorenketten zu verringern bzw. bei gegebener Bauhöhe die Stehspannung zu erhöhen dadurch, daß man Steuerarmaturen (z. B. in Form von Ringen) verwendet, die den Sättigungsvorgang, d. h., den Anstieg der Kennlinie [$U_{steh} = f$ (Bauhöhe)] bei großen Schlagweiten vermindert. Erfahrungen darüber liegen noch nicht in größerem Umfange vor. Wohl haben Untersuchungen an einigen Isolatorformen im Bereich bis etwa 400 kV einen gewissen Effekt ergeben, bei dem auch festgestellt wurde, daß es auf die Abmessungen und die Stellung des Steuerringes ankommt. Ob aber durch die dabei vorhandene Verkürzung der Überschlagslänge hierdurch viel erreicht wird und in anderer Beziehung nicht Nachteile entstehen, müßten Untersuchungen auf breiterer Basis erst ergeben [56].

Auf Isolations- und Isolatorenfragen bei *Hochspannungs-Gleichstrom-Übertragungs-Anlagen* soll in diesem Buch nicht ausführlicher eingegangen werden, da für westeuropäische Verhältnisse Entfernungen und Leistungen, die für die elektrische Energieübertragung mit Gleichstrom in Betracht kommen, nicht zu erwarten sind, und die in außereuropäischen Ländern bestehenden Versuchsanlagen noch nicht über genügend fundierte Betriebserfahrungen verfügen [9, 10, 11]. Erwähnt sei, daß die Isolierung der Betriebsmittel einer HGÜ in ähnlicher Weise durch äußere und innere Überspannungen beansprucht wird wie bei einer Drehstromübertragung. Zusätzlich tritt eine periodische innere Überspannung als Folge der Kommutierung auf. Über die Freileitung einlaufende Wanderwellen werden durch Glättungsdrosseln in vielen Fällen gedämpft; sie können aber auch durch Resonanzvorgänge verstärkt werden.

Die Überschlagsverhältnisse und das Isoliervermögen der Isolatoren kann in ähnlicher Weise beurteilt werden wie bei Wechselstrom, wobei die Spannungswerte als Effektivwerte bei Gleichstrom höher sind. Betrachtungen der Kriechwegbemessung der Freileitungs- und Freiluftisolatoren haben die Erkenntnis gebracht, daß gegenüber der Verschmutzung bei Wechselspannung noch zusätzlich kleinste Schmutzteilchen auftreten, die durch das Gleichspannungsfeld auf der Isolatoroberfläche abgelagert werden. Die auf in der Luft schwebende Schmutzteilchen wirkenden Hauptkräfte, nämlich Wind und Erdbeschleunigung, werden bei Gleichspannung durch die im Gegensatz zu Wechselspannung immer in einer Richtung wirkenden Kräfte des elektrischen Feldes verstärkt, so daß wahrscheinlich der Kriechweg eines Gleichspannungsisolators größer sein müßte als der eines Wechselspannungsisolators, wenn man die Gleichspannung mit dem Effektivwert der Wechselspannung vergleicht. Allerdings wurde bisher festgestellt, daß der spezifische Kriechweg allein keine Aussage über die Spannungsfestigkeit zuläßt. Die Wirksamkeit des Kriechweges ist verschieden, und die Form des Isolators spielt eine maßgebende Rolle.

Eine hohe Überschlagfestigkeit haben Isolatoren, die längs des Kriechweges gleichmäßig verteilt Trockenbänder bilden. Die dadurch entstehenden Lichtbogenfußpunkte führen wegen der Konzentration des Strömungsfeldes in der benachbarten Fremdschicht zu einer starken Widerstandserhöhung und tragen so zur Stabilisierung vorwachsender Lichtbögen bei.

Die somit dringend notwendige Trockenbandbildung wird begünstigt, wenn in Gebieten geringen Isolatordurchmessers, wie z. B. an Klöppeln von Kappenisolatoren oder an Langstabisolatoren mit geringem Strunkdurchmesser, eine hohe Leistungsaufnahme, bezogen auf die Fremdschichtfläche, erzwungen wird. Die Bemessung der Isolatoren nach dem Kriechweg oder dem Formfaktor erfaßt aber diese die Überschlagfestigkeit steigernde Maßnahme nicht. Ein langer Kriechweg und auch ein großer Formfaktor ergeben also nur dann einen gegen Fremdschichtüberschlag sicheren Isolator, wenn bei der Gestaltung auf die gleichmäßig verteilte Trockenbandbildung geachtet wird. Die Zahl der trockenbandbildenden Teilungen und andere Abmessungen der Bauform sind mit Hilfe der Rechnung optimierbar.

H. Härer [31] behandelt den Fremdschichtüberschlag und auch den Einfluß der Feldsteuerung auf die Schmutzablagerung. Den Ausführungen über die elektrische Bemessung von Isolatoren, die sich weitgehend auf in Zukunft notwendig werdende Spannungsebenen ab 525 kV beziehen, seien für die derzeitig vorhandenen Spannungen bis 420 kV verwendbare Unterlagen für die elektrische Dimensionierung von Isolatoren beigegeben.

Da *bis etwa 220 kV Betriebsspannung* die Wechselspannung kennzeichnende Größe für die Bemessung von Isolatoren ist, so sind hierfür im Bereich bis etwa 380 kV/420 kV Betriebsspannung und Isolatorenbauhöhen bzw. Elektrodenabstand bis etwa 3500 mm die Kurven für die Abhängigkeit der Wechselspannung vom Stichmaß bei Isolatoren und vergleichsweise Elektrodenabstand bei Funkenstrecken in Abb. 5.27 für den praktischen Gebrauch zusammengestellt. Auch hieraus ergibt sich, daß die Werte für Elektroden Spitze-Platte trocken und für Isolatoren-Überschlagspannung beregnet und Stehwechselspannung trocken dicht beieinander liegen und folgende Werte haben:

Stichmaß bzw. Elektrodenabstand mm	Überschlagspannung (Feldstärke) Stichmaß bzw. Elektrodenabstand kV/cm
1000	3,0—3,45
2000	2,9—3,05
3000	2,7—2,85

Dabei entsprechen die jeweilig unteren Werte der Überschlagspannung beregnet an Isolatoren, die mittleren Werte der Überschlagspannung der Funkenstrecke Spitze — Platte und die höheren Werte den errechneten Stehwechselspannungen trocken an Isolatoren.

Die für die Bemessung von Isolatoren in Betracht kommenden Werte der Stehwechselspannung beregnet ergeben sich aus der Kurve 6 in Abb. 5.27.

Der elektrischen *Bemessung* von Isolatoren, die *nach der Stehstoßspannung* für die Betriebsspannungen im Bereich von 220 kV bis 420 kV und grundsätzlich in IEC Publ. 273 erfolgt, mögen die Kurven (Abb. 5.28) dienen, in denen Meßwerte an Isolatoren aus Frankreich, der Schweiz und Deutschland zusammengefaßt sind. Es ergibt sich hieraus, daß die Stehstoßfeldstärke im gesamten

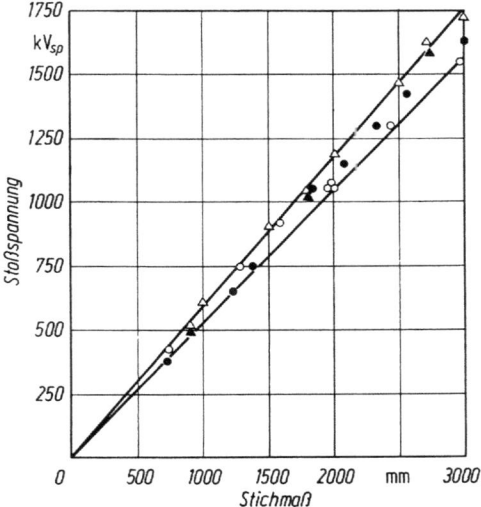

Abb. 5.28. Stehstoßspannung in Abhängigkeit vom Stichmaß bei Isolatoren.

Bereich bis 3500 mm Stichmaß und für alle Einzelmeßwerte zwischen 5,2 kV/cm und 5,9 kV/cm liegt. Die Verwendung von Werten an der unteren Grenze um 5 kV/cm bis 5,2 kV/cm gewährleistet volle Sicherheit für ausreichende Stichmaße. Die in Deutschland festgestellten Werte sind als Überschlagwerte angegeben. Daraus sind unter Abzug von 5% die Stehwerte errechnet. Es ergibt sich gute Übereinstimmung.

Die Isolations- und Überschlagverhältnisse dienen wesentlich der Bemessung der Längen der Isolatoren. Da aber die mechanischen Forderungen nur durch Armaturen erfüllt werden können, die gewisse Ausmaße in Richtung der Isolation haben und diese um so größer werden, je höher die mechanische Beanspruchungsfähigkeit der Isolatoren sein muß, so überlagern sich die elektrischen und mechanischen Forderungen in Bezug auf die Längs- und Höhenbemessung der Isolatoren. Daraus folgt, daß Standardreihen, wenn sie optimale Bedingungen erfüllen sollen, nicht unabhängig von der mechanischen Beanspruchung nur für Spannungsreihen ausgelegt werden können, sondern auch nach mechanischen Beanspruchungen unterteilt werden müssen. Die Standardreihen der Stützer nach IEC (Publ. 273/1968), die in ihren Längsabmessungen nur nach Stoßspannungsgruppen unterteilt sind und gleiche Längen unabhängig von der Umbruchfestigkeit haben, erfüllen also optimale Verhältnisse nicht, wobei zugegeben werden muß, daß die Anzahl der genormten Elemente bereits ziemlich groß ist und eine weitere Unterteilung nach Umbruchkräften zu einer vielleicht nicht vertretbaren Vielzahl von Normalelementen führt, wodurch eine Standardisierung illusorisch werden würde.

Klemmkonstruktionen für den Kraftschluß verwendet man heute und wohl auch nicht ausschließlich nur noch bei großen Hohlisolatoren, wie sie als Überwürfe für Meßwandler, für Transformatoren- und Wanddurchführungen mit Steuerung durch Kondensatorbeläge, für Kabelendverschlüsse und für Kopplungskondensatoren eingesetzt werden. (Abb. 6.29 bis 6.47). Sonst haben sich auch aus Gründen der Wirtschaftlichkeit Kittkonstruktionen durchgesetzt.

Beim Geräteisolator greift die Last häufig oberhalb des Isolatorkopfes an, so daß der Körper gleicher Festigkeit bei dieser Belastungsweise sich sehr der Zylinderform nähert. Schwere Aufbauten, dynamische Beanspruchung und hohe Kurzschlußleistungen der Netze verlangen hohe Sicherheit der Festigkeit am Kopf.

Bei konischen Isolatoren bringen kleinere und leichtere Armaturen am Kopf nicht so viel Vorteil, weil die Kopfbelastung und die Anschlußmaße gewisse Mindestabmessungen der Kopfarmaturen voraussetzen. In Sonderfällen kann man durch eine Verstärkung des Sockels des keramischen Körpers als kritische Belastungsstelle eine gewisse Angleichung an die vom Kopf zum Fuß zunehmende Belastung erreichen. Jedoch hat die Praxis gezeigt, daß verhältnismäßig krasse Querschnittsübergänge sich hinsichtlich ihrer Festigkeit nicht besonders günstig auswirken.

Unterschiedliche Auffassungen bei den Beratungen über günstigste Längen und Armaturenhöhen gehen auf verschiedene Bewertung der Einflußfaktoren und durch Tradition begründete Vorstellungen zurück und waren durch gewisse Zugeständnisse an eine vernünftige Begrenzung der Typenzahl diktiert.

Die Meinungen über die notwendige Einkittlänge für außen gekittete Stützer mit keramischen Isolierkörpern gehen auseinander. Da ein fester Zusammenhang zwischen Einkittlänge und Biegebeanspruchung besteht, geht die Einkittlänge als bestimmender Faktor in die Bauhöhe ein. Eine Arbeit von Zeibig [100] geht für die maximale Biegebeanspruchung eines Stützers von der bekannten Beziehung

$$\sigma_{b\max} = \frac{32Fl_1}{\pi d^3}$$

aus und führt zur Berücksichtigung der im Fassungsbereich durch die Querkraft hervorgerufene Scherbeanspruchung, die im allgemeinen Fall nicht mehr nach der bekannten Formel

$$\tau = \frac{4Fl_1}{\pi d^3 l}$$

zu ermitteln ist, einen empirisch festgestellten Korrekturfaktor α ein, der die konstruktive Ausführung der Fassung, elastische, plastische und Festigkeits-Eigenschaften sowie Klebkraft des Kittwerkstoffes und die Oberflächen-, Material- und Formrauhigkeit des Fassungssockels des Isolierkörpers und der Armatur-Innenwand berücksichtigen soll. Es ergibt sich dabei eine Formel für die am Stützerkopf senkrecht angreifende Last F in kp, die das Einkittverhältnis $h = l/d$ enthält:

$$F = \frac{\pi d^3 \sigma_r}{32 l_1} \frac{h}{\sqrt{\left(\frac{\alpha}{8}\right)^2 + h^2}}$$

Hierin bedeutet

d der tragende Strunkdurchmesser in cm,
l_1 die Stützerhöhe (abzüglich der Höhe der Fußarmatur) in cm,
l die Einkittiefe der Fußarmatur in cm,
σ_r die Biegefestigkeit des keramischen Werkstoffs in kp · cm^{-2},
α Korrekturfaktor (für normale Stützerarmatur = 8).

Bei niedrigem Einkittverhältnis gelangt man also wohl zu Stützern mit niedriger Bauhöhe, vergibt aber die Möglichkeit einer guten Werkstoffausnutzung. Selbst bei Verwendung von Massen mit sehr hoher mechanischer Festigkeit ergeben sich Grenzen nach unten für das Einkittverhältnis. Da eine gewisse Vergrößerung der Einkittlänge nur wenig in die Vergrößerung der Stützerbauhöhe eingeht, jedoch dadurch die Bruchlast je nach dem Strunkdurchmesser sich sehr stark erhöht, so sollte geprüft werden, wie sich dies auf die Geräte- und Anlagekosten auswirkt. Man kann dabei unter Umständen für die Stützerfestigkeit durch ein kleines Zugeständnis in der Bauhöhe hinsichtlich der Senkung der Stützerkosten viel erreichen.

Stützer aus Keramik sind

für Innenraum und für
10 kV, 20 kV und 30 kV
  mit umfassender Armatur (Kappenstützer)
    nach DIN 48100, 48101, 48102,
  mit aufliegender Armatur
    nach DIN 48133, und für
60 kV nach DIN 48129,

für Freiluft und für
10 kV, 20 kV und 30 kV
  mit umfassender Armatur (Kappenstützer)
    nach DIN 43632, und für
60 kV nach DIN 48119,
genormt.

Die Stützer höherer Spannungen sind
für 110 kV
  Innenraum in DIN 48130 (Reihe 110 S) und
  Freiluft in DIN 48120 (Reihe 110 N),
für 220 kV
  in DIN 48123 (Reihe 220 N),
für 380 kV
  in DIN 48... Entwurf Juli 67 (Reihe 380 NE)
enthalten.

In Publication 273 der IEC sind elektrische Kenndaten und mechanische Werte und Einbaumaße (z. B. Stützerbauhöhen und Befestigungskreisdurchmesser) für Innenraum-Stützisolatoren (Kennzeichen J), Freiluft-Zylinder-Stützisolatoren (Kennzeichen C) und Elemente von Kappen-Sockelisolatoren für Freiluft-Stützisolatoren (Kennzeichen E) standardisiert.

Ausgang für die Berechnung der Stützerhöhe ist das Stichmaß (oder evtl. Fadenmaß), das sich, je nachdem, ob Stehwechselspannung oder Stehstoßspannung als geforderte Größe gilt, aus Abb. 5.27 oder Abb. 5.28 ergibt. Die Bauhöhe setzt sich aus der Summe von Stichmaß und Gesamtarmaturenhöhe zusammen. Als kritische Stelle der Biegebeanspruchung hat die Oberkante der Fußarmatur zu gelten. Bei einteiligen Stützern ist die Höhe der Kopfarmatur und bei mehrteiligen Stützern zusätzlich die Höhe aller Zwischenarmaturen zum Stichmaß zu addieren, um den wirksamen Hebelarm, bzw. das Biegemoment zu ermitteln.

Hohlisolatoren nicht allzu großen Durchmessers und größerer Wanddicke werden nach dem gleichen Verfahren berechnet. Die Einkittiefen sind wie oben zu ermitteln. Handelt es sich um Isolatoren, die durch Innendruck bedingte überlagerte Komponenten auf Radial- und Längszug aufweisen, so sind die resultierenden Beanspruchungen der Berechnung zugrunde zulegen. Infolge von in solchen Fällen vorhandenen Kräften in Achsrichtung treten Scherkräfte auf, die über Oberflächen- und Formreibung der den Kraftschluß bildenden Elemente (Isolierkörper-Verbindungsmittel-Armatur) übertragen werden müssen und für die bei gegebenen Reibungskoeffizienten Mindestgrößen der Reibungsflächen und damit bei bekanntem Strunk- bzw. Manteldurchmesser Einkitthöhen aus dieser Betrachtung ergeben.

Hohlisolatoren größerer Durchmesser und relativ zum Durchmesser geringerer Wanddicken, wie sie bei Groß-Gehäuseisolatoren vorliegen, sind kaum besonders hohen Biegebelastungen ausgesetzt. Auch sind die Widerstandsmomente meist so groß, daß sich hohe Biegebeanspruchungen des keramischen Werkstoffes nicht ergeben, zumal große Ringflächen hieraus resultierende kritische Übergangszonen von Zug- auf Druckspannung und umgekehrt nicht in dem Maße aufweisen, wie dies bei Ring- oder Kreisquerschnitten mit kleineren Durchmessern der Fall ist. Zug- und Druckzone sind auf die entgegengesetzten Seiten der Ringfläche verhältnismäßig getrennt aufgeteilt, so daß klarere Spannungsverhältnisse vorhanden sind. Deshalb spielt auch die Einkittiefe als den Kraftschluß beeinflussender Faktor nicht die gleiche kritische Rolle wie bei hoch beanspruchten Stützern. Sie wird deshalb auch im allgemeinen nicht im Verhältnis zum Durchmesser, sondern in Bezug auf die Zylinderoberfläche so bemessen, daß die Haftung durch Reibung und damit vorhandene Scherkräfte groß genug sind.

Die sich als Endergebnis zeigenden Werkstoffbeanspruchungen nach DIN 40685 liegen bei den geforderten Kenndaten der Standardstützer im Normbereich und können also in der keramischen Fertigung erfüllt werden. Lediglich die 220-kV-Stützer für 1000 kp und 1250 kp und die 380-kV-Stützer für 1000 kp und 1200 kp nach DIN liegen an der oberen Grenze des Erreichbaren, bzw. überschreiten diese, während die Stützer nach IEC-Publication 273 innerhalb des durch DIN 40685 gegebenen Biegefestigkeitswertebereichs liegen. Erklärung dafür ist, daß bei diesen DIN-Stützern die Bauhöhen nicht nach den für die Stehstoßspannungen notwendigen Stichmaßen, sondern nach wesentlich strengeren Kriechwegbedingungen ausgerichtet sind, als bei IEC. Dies bedingt größere Bauhöhen und entsprechend größere Biegemomente.

5.2 Hochfrequenz-Isolierteile und -Isolatoren

In der Elektrotechnik fand zuerst wegen seiner guten isolierenden Eigenschaften Porzellan Verwendung. In der Hochfrequenztechnik konnte es jedoch keine Bedeutung erlangen, weil die Verluste bei höheren Frequenzen hoch sind und Erwärmung des Isolierstoffs auftritt, was nicht nur Energieverlust bedeutet, sondern auch die übrigen elektrischen Eigenschaften, wie Durchgangswiderstand und Durchschlagfestigkeit, verschlechtert und in Bezug auf Stromkreise Dämpfung und Streuung, bzw. Bandbreite vergrößert und damit Empfindlichkeit, Güte und Trennschärfe verringert.

Isolieranordnungen von Elektroden mit dazwischen liegendem Dielektrikum kommen als Isolatoren und Kondensatoren vor. Für die Definitionen von Feldkonstante, Dielektrizitäts- oder Permittivitätszahl (relative permittivity) ε_r, Dielektrizitätskonstante oder Permittivität (permittivity) ε, Dielektrizitätskonstante des leeren Raumes ε_0, dielektrischer Verlustfaktor (dissipation factor) $\tan \delta$, Güte oder Gütefaktor (quality) Q und die Kapazitätswerte bei Parallel- oder Reihen-Ersatzschaltung, deren Relation zueinander, ihre Beziehung zu Wirk- und Verlustleistung und ihre Abhängigkeit von Leitungs- und Relaxationswiderstand sind in DIN 1324 und DIN 53483 festgelegt.

In der Hochfrequenztechnik soll das Dielektrikum als Isolierung eine kleine Dielektrizitätszahl ε_r, für Kondensatoren jedoch häufig ein großes ε_r, auf alle Fälle aber kleine Verlustfaktoren aufweisen.

Steatit erfüllt die Forderung auf kleine Verlustfaktoren in vielen Fällen. Jedoch kommen besonders im Röhrenbau keramische Werkstoffe aus fast reinen Oxiden zum Einsatz.

Bereits unter 1.3 ist auf das Zustandsdiagramm des Dreistoffsystems $MgO-Al_2O_3-SiO_2$ (Abb. 1.1) hingewiesen. Für Niederfrequenz kommen im allgemeinen normale Feldspatsteatite vor, die gegenüber Porzellan einen etwa 10mal niedrigeren Verlustwinkel haben und für Isolatoren der Hochfrequenztechnik bis etwa 1 MHz gut zu verwenden sind. Sie haben den Vorteil, daß sie sich auch für verhältnismäßig große Stücke verformen und brennen lassen, so daß aus diesem Feldspatsteatit Abspannisolatoren, Fußisolatoren, Durchführungsisolatoren bis zu den größten Abmessungen hergestellt werden können.

Die alkaliarmen Sondersteatite, bei denen der Feldspat durch Bariumkarbonat ersetzt wird und die unter den Namen Frequenta und Calit vorkommen, haben gegenüber dem Feldspatsteatit nochmals einen etwa 10mal niedrigeren Verlustwinkel. Diese Bariumsteatite werden deshalb besonders bei Frequenzen über 1 MHz bevorzugt verwendet. Allerdings haben sie den Nachteil, daß sie sich zu größeren Körpern nicht verarbeiten lassen. Die sonstigen Eigenschaften sind bei den Bariumsteatiten mindestens gleich wie die bei den Feldspatsteatiten.

Zu den Feldspat- und Bariumsteatiten, die als hauptsächliche kristalline Phase eine bestimmte Modifikation des Magnesiummetasilikates, das als Klinoenstatit bezeichnet wird, enthalten, kommt eine weitere für die Hochfrequenztechnik wichtige Gruppe, deren Steatitversatz mit Magnesiumoxid angereichert wird und bei der sich als Kristallphase das Magnesiumorthosilikat bildet, das als natürliches Mineral den Namen Forsterit hat. Keramische Stoffe auf Forsteritbasis zeichnen sich durch einen noch geringeren Verlustfaktor, einen größeren spezifischen elektrischen Widerstand bei höheren Temperaturen und einen relativ hohen Längen-Ausdehnungskoeffizienten aus. Letzterer liegt in der gleichen Größenordnung wie der von Titan, so daß spannungsfreie Verbindungen zwischen Titan und Forsteritkeramik hergestellt werden können. Allerdings muß in Anbetracht des hohen Längen-Ausdehnungskoeffizienten eine geringere Temperaturwechselbeständigkeit in Kauf genommen werden.

Neben den keramischen Stoffen auf der Basis von Magnesiumsilikat werden in neuerer Zeit auch Stoffe mit hohem Aluminiumoxid- und Berylliumoxidgehalt in der Hochfrequenztechnik und besonders im Röhrenbau verwendet. Besonders das Aluminiumoxid wird den Forderungen nach besten mechanischen und thermischen Eigenschaften im Mikrowellenbereich gerecht. Dabei bedingt die gegenüber Forsterit noch bessere Wärmeleitfähigkeit des Aluminiumoxides eine größere Temperaturwechselbeständigkeit.

Nachteilig wirken sich die höheren Kosten bei der Herstellung von oxidkeramischen Stoffen aus, die vor allem durch die erforderlichen hohen Sinterungstemperaturen bedingt sind.

Eine noch weit höhere Wärmeleitfähigkeit hat Berylliumoxid, das in dieser Hinsicht bereits den Metallen gleicht. Einer weitergehenden Verwendung stehen bisher der hohe Preis und gewisse Schwierigkeiten bei der technologischen Behandlung infolge der Giftigkeit seiner Rohstoffe entgegen [21].

Die Formen und Formgebungsverfahren und die Konstruktion von Isolierteilen für die Hochfrequenztechnik sind weitgehend durch die Verarbeitungsmöglichkeiten und die dafür geeigneten Verfahren bestimmt.

Die in diesem Abschnitt erwähnten keramischen Stoffe begründen ihre Eignung für die Hochfrequenztechnik darauf, daß sie mit den bekannten Formgebungsverfahren die Teile herzustellen gestatten, die für die in Abschnitt 6.3 genannten Anwendungsgebiete benötigt werden. Mit Ausnahme des Feldspatsteatits sind die möglichen Abmessungen bei den anderen Werkstoffen begrenzt und gewisse Formen wegen geringer Plastizität nicht herstellbar.

Als wichtige sonstige Eigenschaften, die Konstruktion und Form bestimmen, seien genannt:

Niedrige dielektrische Verluste im gesamten Frequenzbereich, hohe elektrische Durchschlagfestigkeit und hoher spezifischer Durchgangswiderstand, hohe mechanische Festigkeit, bei Aluminiumoxid besonders hohe Wärmeleitfähigkeit, die wichtig für die schnelle Abführung von Verlustwärme ist, und eine bessere Temperaturwechselbeständigkeit als die meisten dichten keramischen Isolierstoffe.

Als technologische Verfahren kommen für Feldspatsteatite und zum Teil auch Bariumsteatite das Drehen, das Gießen zur Anwendung. Für kleinere Teile, auch aus Forsterit, kommen die anderen üblichen Verfahren, wie Strangpressen, Trocken- und Naßpressen in Stahlmatrizen, in Betracht.

5.3 Installations- und Elektrowärmeteile

5.3.0 Allgemeines

Keramische Installations- und Elektrowärmeteile werden im Trocken-, Feucht- oder Naß- und Strangpreßverfahren hergestellt. Nicht so häufig angewandte Fertigungsverfahren, wie Gießen, Drehen, Spritzgießen, isostatisches Pressen werden hier nicht besonders behandelt.

Um Schwierigkeiten in der Fabrikation zu vermeiden, ist es angebracht, eine Reihe von Regeln bei der Konstruktion zu beachten, wobei auf die Herstellungsverfahren und die nachfolgenden Fertigungsgänge (Brennen, Schleifen, Glasieren) Rücksicht zu nehmen ist. Die Konstruktionshinweise werden außer den allgemeinen Ausführungen durch Falsch-Richtig-Beispiele mit beigefügten Erläuterungen gegeben.

Für die Anfertigung der Matrizen und Mundstücke gelten als gültige Unterlage nur Zeichnungen. Es ist aber in jedem Falle, zumal bei schwierigen Teilen, vorteilhaft, auch Modelle, Muster und Paßteile an den Hersteller einzusenden.

Ist die Konstruktion nach den vorstehenden Richtlinien festgelegt, so ist es sehr zweckmäßig, wenn sie noch mit dem Hersteller durchgesprochen wird.

5.3.1 Grundregeln

Im allgemeinen gelten gleiche Grundregeln der Formgebung für Trockenpressen und Feuchtpressen.

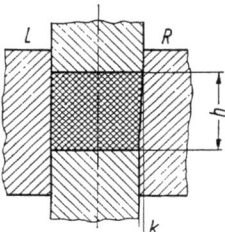

53.1

Vollständig zylindrische Preßform, wie auf der linken Seite L dargestellt, ungeeignet. Erforderliche Aushebeschräge (Konizität) $k = 0,5\%$ der Körperhöhe h; je zur Hälfte (vom Zeichnungsmaß ausgehend) nach Maximal- bzw. Minimalseite verteilt. Gesamtdifferenz zwischen Körperober- und -unterseite also 1% der Körperhöhe.

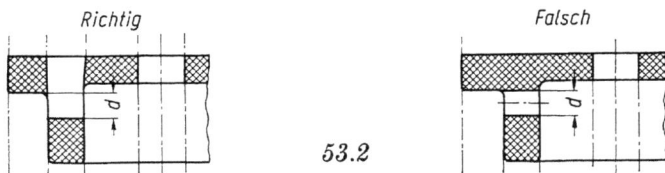

53.2

Das seitliche, nach oben durchgezogene Loch, der linksstehenden Abbildung entsprechend, wird durch in Preßrichtung beweglichen Stempel geformt. Damit wird ein schneller Preßvorgang und ein einfaches Werkzeug erzielt. Die Toleranz für das Maß d (Nennmaß der Durchbruchweite) ist jeweils mit der Herstellerfirma abzusprechen.

Runde seitliche Löcher, der rechtsstehenden Abbildung entsprechend, können natürlich auch gebohrt werden. Zusätzlicher Arbeitsgang verteuert Artikelpreis, gewährleistet aber die Einhaltung einer kleineren Toleranz (nach Vereinbarung mit Hersteller oder nach DIN 40 680) für den Nenndurchmesser d des Loches. Jedoch muß mit einer Ovalität von der Größe der Differenz zwischen Durchmesser- und Höhenschwindung (etwa 2% der Nennmaße) gerechnet werden.

Andersartig als rund profilierte seitliche Löcher und Aussparungen können, wenn sie im Bereich der oberen Hälfte bis zur Mitte der Gesamthöhe des Körpers und rechtwinklig zur Preßrichtung liegen, mittels in dieser Richtung beweglichen Stempeln (Schiebern) eingepreßt werden. Man vermeide aber, wenn möglich, diese Ausführung, da sich Matrize und Preßvorgang verteuern. Bezüglich der Toleranzen gilt auch für diese Ausführung das im zweiten Absatz Gesagte.

Richtig		Falsch
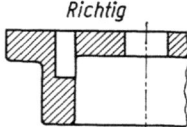	53.3	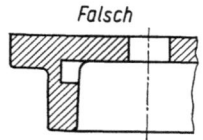
Die seitliche Innenaussparung, nach oben durchgezogen, wird durch Stempel im Werkzeug geformt. Damit wird ein einfacher Preßvorgang und ein billigeres Werkzeug erzielt.		Innere Aussparung kaum ausführbar; teures Werkzeug.
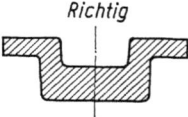	53.4	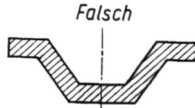
Ohne Schrägen gutes Pressen bei gleichmäßigem Gefüge.		Schrägen in Preßteilen ergeben leicht undichtes Gefüge.
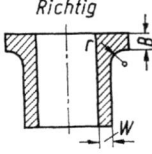	53.5	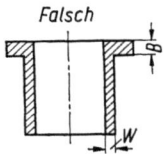
Ausgerundete Ecke an der Unterseite des Bundes vermeidet Kerbwirkung. Für Körper in der Größenordnung, welche sich noch für eine Verpressung eignen, ist anzustreben, daß Wand- und Bundstärke so groß wie möglich gehalten werden.		Scharfkantig abgesetzter Bund ergibt Bruchanfall; zu schwache Wand läßt sich nicht auspressen.
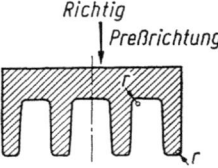	53.6	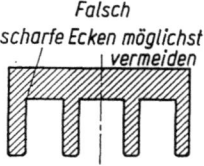
Leichte Konizität, deren Wahl möglichst dem Hersteller zu überlassen ist, erleichtert das Ausstoßen. Kleine Radien in Versenken erhöhen die Festigkeit.		Schwache senkrechte Wände erschweren das Ausstoßen. Schroffe Querschnittsübergänge (scharfe Ecken) in Versenken erhöhen Bruchgefahr und Rißbildung, pressen sich schlecht aus und reißen beim Ausstoßen oder im Brande.

5.3 Installations- und Elektrowärmeteile

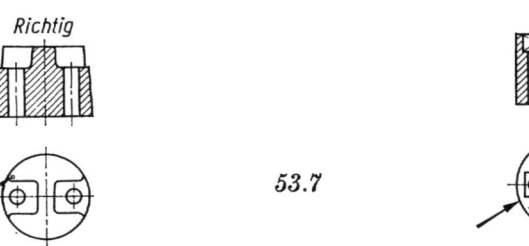

53.7

Anschraubversenke nach Möglichkeit nach außen offenhalten. Versenkkanten leicht verrunden.

Wandstärke der Vierkantversenke zu schwach; Wandung reißt oder bricht.

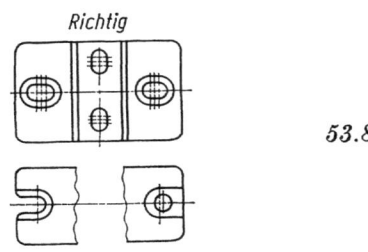 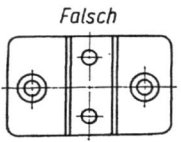

53.8

Langlöcher gleichen Maßabweichungen aus. Mit ihnen läßt sich eine Differenz der Abmessungen des keramischen Körpers gegenüber dem Abstandsmaß der Schrauben ausgleichen. Je nach Wanddicke zwischen Versenk oder Loch gegenüber der Außenkante werden nach außen geöffnete Anschraubversenke bzw. Löcher bevorzugt.

Rundlöcher bedingen Paßschwierigkeiten in den Abständen und führen leicht zu Montageschwierigkeiten.

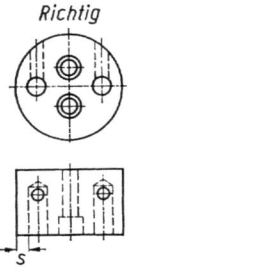 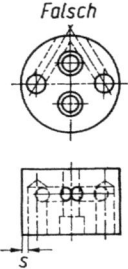

53.9

Parallelliegende Seitenlöcher gestatten Pressung mit Seitenschiebern. Bei zu bohrenden seitlichen Löchern ergibt diese Ausführung einen billigeren Arbeitsgang. Wandstärke s so groß wie möglich vorsehen.

Seitenlöcher überschneiden sich. Anbringung nur durch Nachbohren am vorgebrannten (verglühten) Stück möglich. Wanddicke s zu gering.

198   5. Form und Konstuktion von keram. Bauteilen

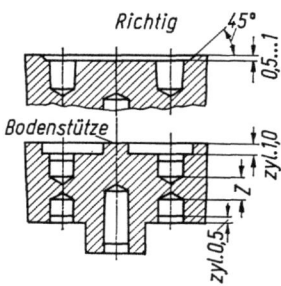
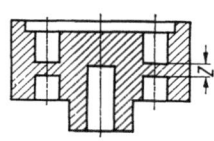

53.10

Leicht konische Löcher lassen sich besser ausstoßen. Gewölbte oder dachförmig abgeschrägte Lochböden saugen nicht. Bodenstütze (Mitte) vermeidet Durchsenkung. Noch besser ist die Ausführung wie darüber dargestellt mit einer geringeren Aussparungstiefe, die wie in 53.11 auszubilden ist.

Zylindrische Löcher und ebene Böden bedingen schlechtes Ausstoßen. Ohne Bodenstütze Gefahr des Durchsenkens. Zwischenmaß Z (Bodendicke) zu gering.

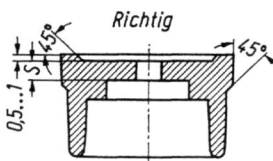
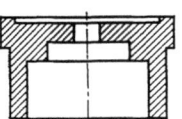

53.11

Leicht abgerundete Kanten lassen sich gut auspressen; Glasurfehler werden vermieden. Steilflächen angeschrägt nach 53.4. Die Bodenstärke S so stark wie möglich halten. Die Aussparung an der Oberseite des Körpers möglichst nur 0,5 bis 1 mm tief vorsehen. Der Rand ist an seiner Innenseite unter 45° abzuschrägen; ebenso der Absatz in der Mantelform des Körpers.

Senkrechte Steilflächen lassen sich schlecht ausheben. Glasuren laufen an den scharfen Kanten ab; Scherben scheint durch. Rechtwinkliger Absatz in der Mantelform des Körpers ist bei geringer Differenz zwischen Ansatz- und Außendurchmesser schlecht im Preßverfahren ausführbar, kann aber durch Abdrehen des Körpers erhalten werden; dadurch höherer Preis.

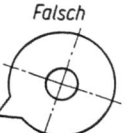

53.12

Pfeil als Zeichen auf Oberfläche erhaben, ergibt billiges Werkzeug.

Durch vorstehende Pfeilspitze teures Werkzeug und mehr Bruchanfall.

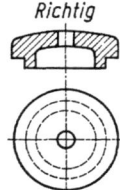
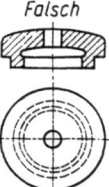

53.13

Rundkörper ohne Hinterdrehung ergibt billiges Werkzeug.

Rundkörper mit Hinterdrehung ergibt teuere Ausführung.

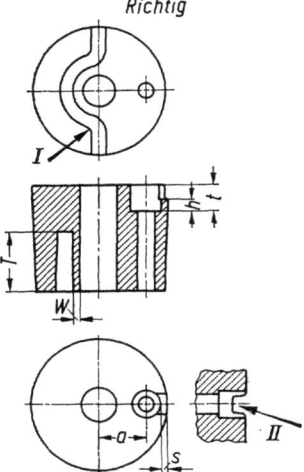

53.14

Hohe, dünne Wände (W) werden in das Matrizenunterteil gelegt. Der mit Pfeil I bezeichnete Kanal hat eine für Matrizenanfertigung ungünstige Form. Je geringer die Tiefe T des Kanals ist, um so günstiger wird das für den Preßvorgang so wichtige Wandstärkenverhältnis. Schlecht auszupressende dünne Wände im Oberteil der Matrize setzt man zweckmäßig wie dargestellt ab (s. Pfeil II). Bei kleineren Körpern sollte $h = t/3$ sein. Eventuell Abstand a reduzieren.

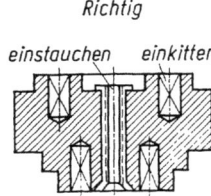

53.15

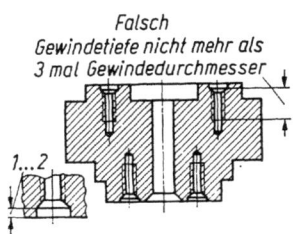

Gewinde sollen, wenn möglich, in Metalldübel, welche eingekittet oder warm eingestaucht werden können, eingeschnitten werden. Auskünfte über die zweckmäßige Ausbildung der Dübel gibt der Hersteller.

Metrisches und Zollgewinde ist teuer; Blechschraubengewinde nach DIN 7970-74 oder Holzschraubengewinde nach DIN 95-97 billiger. (Gilt nur für Trockenpressung.) Die 1 bis 2 mm tiefen Versenke vermeiden ein Ausbrechen der Keramik.

5.3.2 Trockenpressen

Das Trockenpressen ist das rationellste Formgebungsverfahren für Steatit- und Oxidmassen. Voraussetzung ist eine für das Trockenpressen geeignete Form des Werkstückes. Trockengepreßte Teile besitzen eine glatte Oberfläche, Form- und Lageabweichungen sind gering.

Im Trockenpreßverfahren können Grundplatten mit Ausmaßen bis 400 mm² und Leisten oder Schaltstangen bis 500 mm Länge gepreßt werden, bei denen aber die Höhe nicht über 50 mm betragen sollte. Beim Trockenpressen wird die Verdichtung und Ausformung der Preßmasse durch die Senkrechtbewegung des Oberstempels zum Unterstempel erreicht. Die Masse kann beim Einschütten in den Füllraum alle Hohlräume des Unterstempels bereits ausfüllen und läßt sich bei Niedergehen des Oberstempels gut verdichten bzw. auspressen, wenn die Hohlräume nicht zu eng sind. Im Oberstempel dagegen muß die Masse in den Hohlräumen desselben in die Höhe steigen, was infolge des Eigengewichtes und der auftretenden Reibung nur bis zu einem gewissen Grade erreicht werden kann. Daraus ergibt sich die Notwendigkeit, daß diejenige Seite des Preßlings, die hohe Trennwände und tiefe Versenke oder Rippen aufweist, in das Unterteil der Matrize gelegt und die glatte Seite vom Oberstempel geformt wird. Tiefe Aussparungen auf beiden Seiten sind deshalb zu vermeiden, und Trennwände sollten nicht unter 1,5 mm dick sein. Seitliche Bohrungen oder Profillöcher lassen sich im Trockenpreßverfahren nur sehr schwer einpressen. Wo solche nicht zu vermeiden sind, sollten möglichst runde gewählt werden, da sich diese nachträglich in die ungebrannten Körper leicht einbohren lassen. Die Formkörper sollen möglichst rund gestaltet werden, da dadurch geringere Werkzeugkosten entstehen.

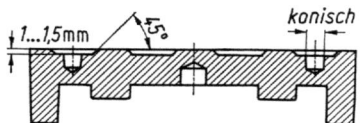

53.16

Die Figur zeigt einen typischen Trockenpreßkörper. Mit diesen Stempeln lassen sich Löcher und Aussparungen nur in Richtung des Preßdruckes herstellen. Es läßt sich hier eine Verbilligung der Herstellung der Werkzeuge erzielen, wenn die Versenke und Vertiefungen, die durch das Oberteil geformt werden, soweit wie möglich konisch ausgebildet werden, da sich hierdurch ein leichtes Abheben des Oberstempels vom Preßling ohne besondere Vorrichtungen ermöglichen läßt.

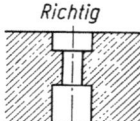 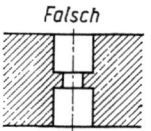

53.17

Eine geringe obere Einsenktiefe ergibt einen ausreichend starken Boden ohne Risse.

Der Boden zwischen den Versenken ist zu schwach und wird deshalb überpreßt. Dadurch entsteht Rißbildung.

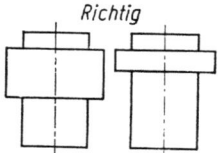 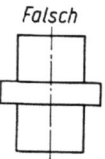

53.18

Eine geringe Einpressung von oben ist durchführbar.

Zu tiefes Einpressen des Oberstempels führt zu einer Überpressung des Bundes und einer zu leichten Pressung der oberen Körperhälfte. Nur durch Nachbearbeitung herstellbar.

5.3 Installations- und Elektrowärmeteile

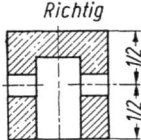 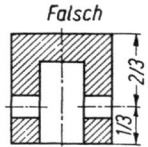

53.19

Seitliche Bohrungen in der Körpermitte und darüber können mit Schieber hergestellt werden.

Seitliche Bohrungen in der unteren Körperhälfte sind durch Schieber kaum, sondern nur durch Nachbearbeitung herstellbar.

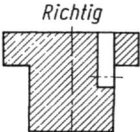 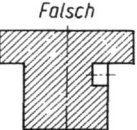

53.20

Ein zusätzlicher Stempel im Oberteil öffnet den Körper zur Seite und erspart den Schieber.

Sacklöcher sind nur mit Seitenschieber herstellbar. Seitenschieber bedeuten ein teures Werkzeug und geringere Preßleistung.

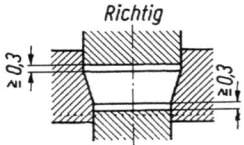 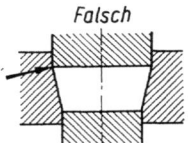

53.21

Zylindrische Ansätze am Preßteil ergeben einwandfreie Kanten und schonen das Werkzeug.

Der Oberstempel der Matrize stößt in Preßstellung gegen den konisch verlaufenden Teil der Form (Pfeil).

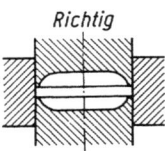 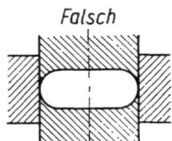

53.22

Zylindrische Fläche mit kleinem Absatz am Preßteil ist herstellbar, schont das Werkzeug, ergibt sauberen Übergang und vermeidet messerscharfe Kanten des Preßstempels.

Hier stoßen zwei scharfe Stempelkanten aufeinander; nicht ausführbar im Preßverfahren, nur durch Zusatzbearbeitung möglich (Preisverteuerung).

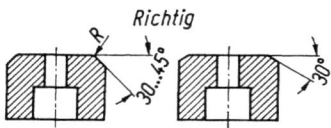 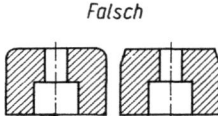

53.23

In der dargestellten Art können Kanten gebrochen werden (kurze Facette).

Eine abgerundete oder spitzwinklige Körperkante ergibt scharfe (lange) Facetten am Stempel, die leicht ausbrechen.

5. Form und Konstruktion von keram. Bauteilen

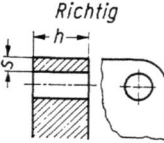 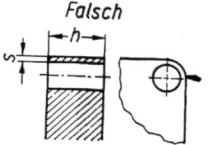

53.24

Das Verhältnis $s:h$ muß ausreichend sein.

Höhe h mm	Wandstärke s mm
bis 10	$\frac{h}{4}$, mindestens jedoch 1 mm
über 10–20	$\frac{h}{5} \ldots \frac{h}{6}$
über 20	Bei kleinerem Wandstärkenverhältnis als $\frac{h}{6}$ von Fall zu Fall mit dem Hersteller zu vereinbaren.

Das Loch befindet sich zu nahe an der Außenkante. Die Wanddicke ist zu schwach. Wandung reißt oder bricht.

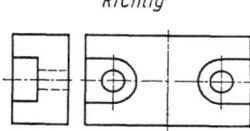 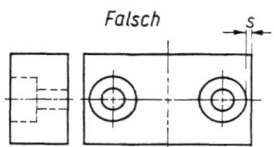

53.25

Die Einsenkung ist nach außen ganz geöffnet.

Die Wand s ist zu schwach und neigt zur Rißbildung.

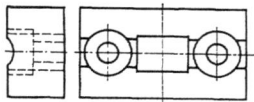

Eine Mulde verkürzt die schwache Wand und verhindert Risse.

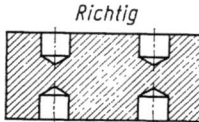 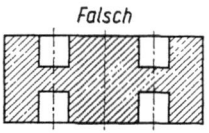

53.26

Spitze Stifte im Werkzeug erreichen einen ausreichenden Materialfluß beim Formen von Sacklöchern und vermeiden eine Überpressung.

Ebene Böden in Sacklöchern führen zu Überpressungen.

Richtig 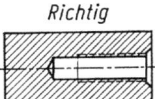 *Falsch*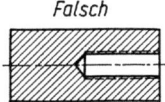

53.27

Der Gewindeanschnitt bricht nicht aus. Platz für den Bohrstaub und Gewindeauslauf ist vorhanden.

Der Gewindeanschnitt bricht leicht aus. Der Platz für den Bohrstaub und Gewindeauslauf fehlt.

Richtig 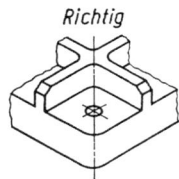 *Falsch*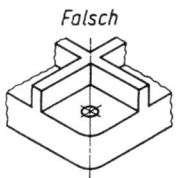

53.28

Rundungen an den Kreuzungspunkten der Stege vermindern Rißgefahr. Die Rippenenden werden zweckmäßigerweise etwas abgeschrägt, um Bruchanfall zu vermindern. Die Größe und Neigung der Abschrägungen sollte der Hersteller bestimmen.

Scharfe Ecken an den Schnittpunkten der Stege neigen zur Riß-(Schnitt-)bildung, scharfe Ecken an den Rippen führen zur Beschädigung vor und nach dem Brande.

Richtig Scherbelwand 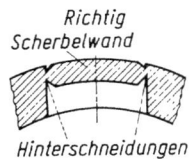 *Falsch Scherbelwand*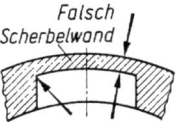

Hinterschneidungen

53.29

Starke Ausschlagwände (Scherbelwände) vermeiden Brandrisse; Hinterschneidung sichert leichtes und glattes Ausschlagen. Ausschlagwände für Ausführung in Steatit wegen der hohen Festigkeit des Werkstoffes ungeeignet.

Dünne Ausschlagwände reißen oder ziehen sich ein. Fehlen der Hinterschneidung führt zu Kantenbruch beim Ausschlagen.

Richtig 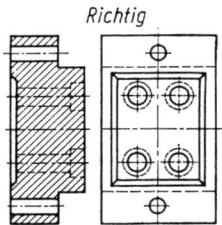 *Falsch*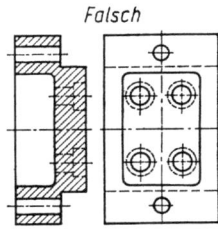

53.30

Hier ist eine einfache und unkomplizierte Pressung möglich.

Wird eine Vertiefung nur angebracht, um Keramikmaterial zu sparen, so ist dies falsch, da ein teures Werkzeug notwendig ist und der Preßvorgang kompliziert wird.

5.3.3 Feucht- oder Naßpressen

Formteile von sehr unregelmäßiger Gestalt werden zweckmäßig im Feuchtpreßverfahren gefertigt. Die Feuchtpressung erfordert keine so häufige Unterteilung des Werkzeuges, da die plastifizierte Masse die Hohlräume in der Matrize leicht ausfüllt und dabei tiefe Aussparungen und dünne Begrenzungswände gut ausgepreßt werden können. Auch Körper mit Innen- und Außengewinde lassen sich pressen.

Tonreiche, plastische Massen, z. B. Porzellan und temperaturwechselbeständige Massen (DIN 40685) werden bevorzugt naß verpreßt. Dieses Formgebungsverfahren ist für die rationelle Massenfertigung von Isolierteilen geeignet. Vorteile sind preisgünstige Werkzeuge und die Möglichkeit, auch komplizierte Formen wirtschaftlich herzustellen.

Aus dem Feuchtpreßverfahren geht die große Menge des Preßporzellans für Niederspannung und Installation hervor, ferner die besonders kompliziert gestalteten Isolier- und Haltekörper für die Zwecke der Elektrowärme und Gasbeheizung. Im Gegensatz hierzu liegt der Schwerpunkt der Steatitherstellung für Installation und Hochfrequenz auf seiten des Trockenpreßverfahrens. Das Feuchtpreßverfahren bildet jedoch eine unentbehrliche Ergänzung auch für die Technik der Steatitverformung. Ein kleiner Vorteil des Feuchtpreßverfahrens liegt im niedrigeren Preise der Matrize. Dies ist jedoch ein Vorteil, der nur bei kleiner Auftragsmenge Bedeutung besitzen kann. Bei großen Stückzahlen ist stets die Anwendung der Trockenpressung anzustreben. Tatsächlich ist die Entwicklung so verlaufen, daß das Trockenpreßverfahren gerade aus den Bedürfnissen und Möglichkeiten der Steatitfabrikation erwachsen ist. Das feucht gepreßte Steatit steht in seiner Maßhaltigkeit hinter dem trocken gepreßten stets zurück. Die Schwindung für Steatit-Feuchtpreßteile beträgt 14 bis 16% gegenüber nur etwa 8% im Trockenpreßverfahren. Feuchtpressung ist anzuwenden, wenn die Formkörper tiefe Höhlungen und dünne Begrenzungswände besitzen, wenn Gewinde außen oder gar innen anzubringen sind oder komplizierte Formen seitlicher Vorsprünge und Aussparungen vorliegen. Einfache Konstruktionsregeln lassen sich daher für das Feuchtpreßverfahren nicht mit derselben Allgemeingültigkeit aufstellen wie für das Trockenpreßverfahren.

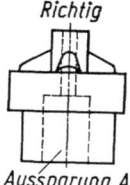
Richtig
Aussparung A

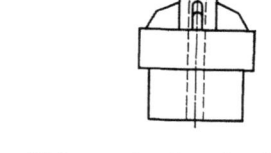
Falsch

53.31

Diese Abbildung zeigt einen Körper, der sich nur im Feuchtpreßverfahren herstellen läßt. Rippen möglichst niedrig und stark vorsehen. Zum Trockenpressen nicht geeignet, da die Masse schlecht hoch steigt und die Rippen sich nicht fest auspressen. Ein Ausgleich der Wandstärken (dem schnelleren Trocknen nützlich) kann durch Anbringung einer Aussparung A erzielt werden.

Hohe und schwache Rippen empfindlicher gegen Stoßbeanspruchung, trocknen früher als massiger Querschnitt und reißen.

5.3 Installations- und Elektrowärmeteile

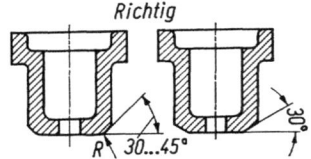 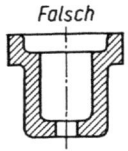

53.32

Eine Abschrägung von 30—45° mit oder ohne Radius ergibt stabile Stempel.

Verrundungen, die einen scharf auslaufenden Stempel ergeben, sind zu vermeiden.

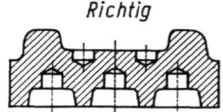 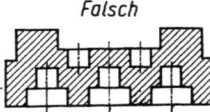

53.33

Abgerundete Ecken in Versenken, und konische Stege sind preßtechnisch günstig.

Scharfe Ecken in Versenken und nicht konische Stege sind preßtechnisch ungünstig.

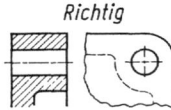 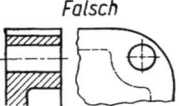

53.34

Gleichmäßige Wanddicke verhindert Risse.

Das Loch befindet sich zu nahe an der Außenkante. Die schwache Wand reißt.

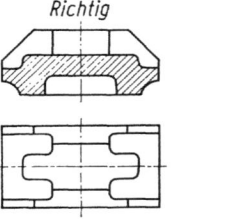 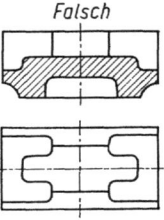

53.35

Abgeschrägte Wände sind unempfindlicher.

Schwache freistehende Wände brechen aus und verziehen sich.

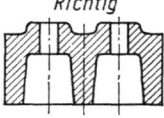 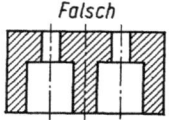

53.36

Körper mit gleichmäßigen Querschnitten, konischen Wänden und abgerundeten Kanten erleichtern das Auspressen und das Ausstoßen.

Ungleichmäßige Querschnitte, senkrechte Wände und schroffe Querschnittsübergänge können zu Rissen führen.

206   5. Form und Konstruktion von keram. Bauteilen

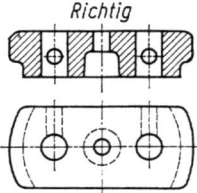 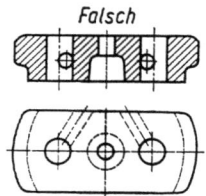

53.37

Parallel laufende Seitenlöcher lassen sich mit Seitenschiebern einformen.

Die Seitenlöcher überschneiden sich. Ein Anbringen ist nur durch Nachbearbeitung möglich.

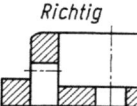 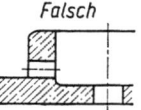

53.38

Das seitliche nach unten durchgezogene Loch wird durch Stift im Werkzeug geformt. Damit wird einfaches Werkzeug und schneller Preßvorgang erzielt.

Seitliches Loch bedingt teures Werkzeug mit Seitenschieber. Preßvorgang wird damit sehr verlangsamt.

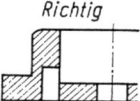 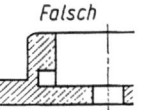

53.39

Die seitliche Innenaussparung, nach unten durchgezogen, wird durch Stift im Werkzeug geformt. Damit wird einfaches Werkzeug und schneller Preßvorgang erzielt.

Innere Aussparung kaum ausführbar; sehr teurer Oberstempel.

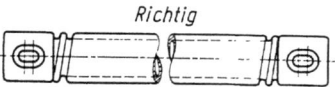 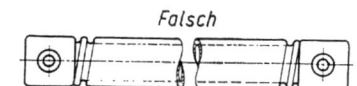

53.40

Langlöcher gestatten einen Ausgleich der Maßabweichungen in den Lochabständen.

Rundlöcher führen leicht zu Montageschwierigkeiten.

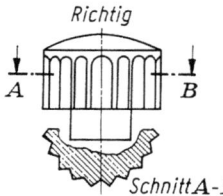 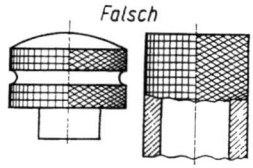

53.41

Grobe Rändelung in Preßrichtung (senkrecht) einfach und deshalb billig.

Kordel oder Kreuzrändel für Trockenpreßverfahren ungeeignet; läßt sich aber, wenn Körper ein koaxial zum Kordeldurchmesser liegendes Loch zur Aufnahme und genügende Wandstärke besitzt, in lederhartem Zustande aufbringen. Nur für **Strangpreßverfahren**.

Richtig 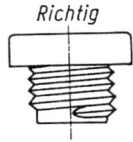 *Falsch*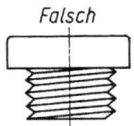

53.42

Der Gewindeauslauf in der dargestellten Form ist fertigungstechnisch leichter ausführbar. Die Bildung einer scharfen Kante wird vermieden. Die der Abbildung entsprechende Ausführung ist nur im Feuchtpreßverfahren möglich.

Gewinde bis zum letzten Gang ausgeschnitten; Kante bricht aus. Gewindeauslauf muß in einem besonderen Arbeitsgang verputzt werden; dadurch höherer Preis.

5.3.4 Strangpressen

Stranggepreßt werden Achsen, Rohre sowie Rund- und Flachprofile, die nach dem Trocknen auf die benötigte Länge angeschnitten werden. Länge und Wanddicke werden von der Brennmöglichkeit begrenzt.

Richtig 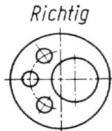 *Falsch*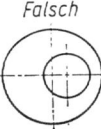

53.43

Querschnitt mit gleichmäßiger Wanddicke verhindert Verzug und Risse.

Einseitige große Wanddicke ergibt Verzug durch ungleichmäßigen Materialfluß und Risse durch ungleichmäßige Trocknung.

Richtig 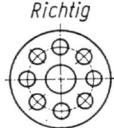 *Falsch*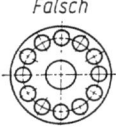

53.44

Ausreichende und annähernd gleiche Wanddicke verhindert Risse.

Zu dünne Wände führen zu Rissen.

Richtig 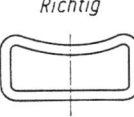 *Falsch*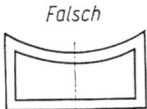

53.45

Abgerundete Ecken werden gut ausgeformt.

Scharfe Ecken und Kanten werden schlecht ausgeformt.

Richtig 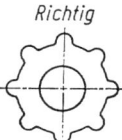 *Falsch*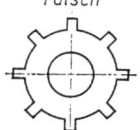

53.46

Verrundungen verhindern Risse und Ausbrüche.

Scharfe Ecken und Kanten führen zu Rissen und Beschädigungen.

208   5. Form und Konstruktion von keram. Bauteilen

53.47

Die Löcher im starken Querschnitt bedingen annähernd gleiche Wanddicken.

Ungleiche Dickenverteilung hat Strangverwindung zur Folge. Masse fließt durch engeren Durchlaß im Mundstück langsamer.

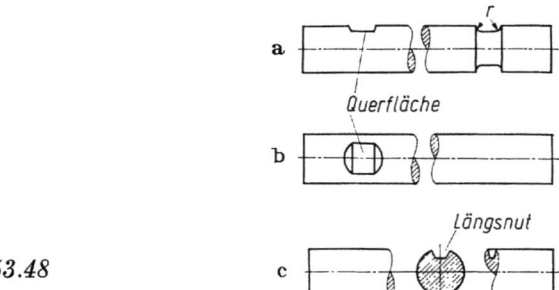

53.48

Soll ein geschliffener Stab mit Aussparungen versehen sein, wie sie zur Halterung und festsitzenden Verbindung mit Metallteilen erforderlich sind, so sind folgende Regeln zu beachten: Eine Längsnut nach c) läßt sich unschwer schon im Strangpreßvorgang anbringen, doch verhindert sie die Anwendung eines einfachen und billigen Nachschleifverfahrens der Achsenmantelfläche. Eine Längsnut nachher einzuschleifen, ist gleichfalls nicht zu empfehlen, da hierfür Profilscheiben erforderlich sind, die sich leicht abnutzen und die Form nicht halten. Eindrehung einer Kreisnut ist möglich, schwächt jedoch den Querschnitt (a), rechts) und erzeugt eine schwache Stelle mit erhöhter Bruchgefahr. Das beste ist der nachträgliche Einschliff einer oder auch mehrerer kleiner Querflächen nach a) und b), linke Seite. Die Einschliffe sollen kleine Verrundungen bis 0,5 r aufweisen, weil Schleifscheiben mit scharfen Kanten nicht standhalten.

Die höchste Maßgenauigkeit ergibt sich selbstverständlich dann, wenn alle kritischen Abmessungen eines Formstückes der Schleifbearbeitung am fertiggebrannten Stück unterliegen.

5.3.5 Brennen

Um die nach den verschiedenen Verfahren fabrizierten Rohlinge einwandfrei brennen zu können, sollten folgende Hinweise beachtet werden.

53.49

Ebene Auflagefläche erspart den Brennboms.

Dem Körper fehlt eine ebene Auflagefläche. Deshalb kann er nur mit einem Hilfsmittel (Brennboms) gebrannt werden.

5.3 Installations- und Elektrowärmeteile

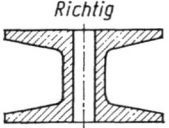
Richtig

Falsch

53.50

Durch Verstärkung der Wand kann Verzug vermieden werden.

Dünne, freistehende Wände verziehen sich beim Brennen.

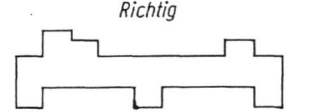
Richtig

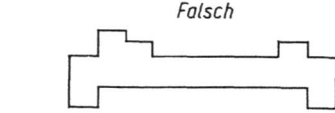
Falsch

53.51

Zusätzlicher Auflagepunkt verhindert Durchbiegung.

Sind die Auflagepunkte zu weit voneinander entfernt, so kann sich der Boden beim Brennen durchbiegen.

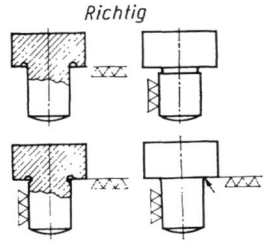
Richtig

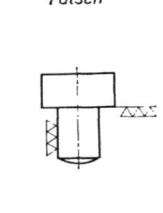
Falsch

53.52

a) die eingepreßte Schleifrille am Übergang vom Zapfen zum Bund ermöglicht ein einwandfreies Schleifen der Bundfläche.

b) zum Schleifen der Mantelfläche des Zapfens muß die Schleifrille durch Nachbearbeitung des Rohlings angebracht werden (Verteuerung).

c) sollen die Bundfläche und die Mantelfläche des Zapfens geschliffen werden, so ist eine durch Nachbearbeitung angebrachte Schleifrille notwendig.

d) wenn ein unterschiedlicher Radius zwischen Bund und Zapfen nicht stört, so können beide Flächen ohne Rille geschliffen werden.

Eine scharfkantige Ausführung ist aufwendig. Die Schleifscheibenkanten nützen sich außerordentlich schnell ab.

5.3.6 Schleifen

Keramik kann grundsätzlich geschliffen werden. Schleifen hat meistens den Zweck, besonders enge Toleranzen (z. B. Paßmaße) oder ebene Auflageflächen zu erreichen. Im allgemeinen muß bei ungeschliffenen Körpern mit einer Toleranz für die zulässige Durchbiegung von 0,5% des größten Längenmaßes (Diagonalmaß) gerechnet werden.

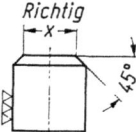 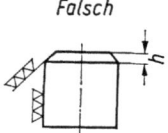

53.53

Erfolgt eine Vermaßung wie oben angegeben, und darf die Höhe der Facette streuen, dann ist ein Anschleifen der Facette nicht notwendig.

Wird die Einhaltung des Maßes h verlangt, so muß die Facette nach dem Schleifen der Mantelfläche ebenfalls angeschliffen werden.

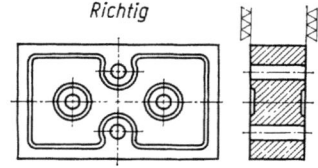 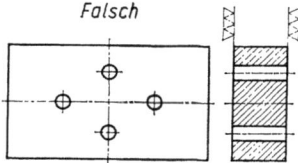

53.54

Schleiferhöhungen vermindern die Schleifkosten.

Bei Grundplatten in einheitlicher Dicke wird das Schleifen wegen der großen Schleiffläche teuer.

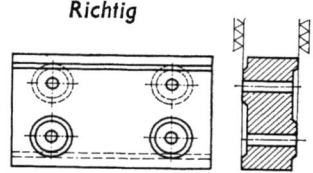 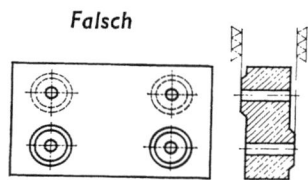

53.55

Gegenpunkte am Körper erleichtern den Schleifvorgang. Die Planparallelität kann gut eingehalten werden.

Einseitige Schleiferhöhungen ergeben eine schlechte Aufnahme beim Schleifen. Planparallelität ist schwer zu erreichen.

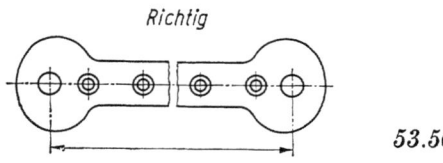 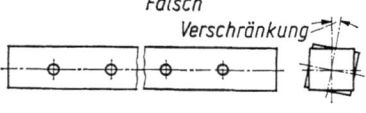

53.56

Enge Toleranzen für die Lochabstandsmaße lassen sich durch Einbohren mittels Diamantbohrer einhalten.

Achsen mit über die ganze Länge verteilten Bohrungen und über 400 mm lang, die nicht mehr gepreßt, sondern durch Strangpressen gefertigt werden, sind schwer herzustellen. Die Abstände der Bohrungen können unterschiedlich ausfallen. Verschränkungen des Profils und damit der Bohrungsachsen sind möglich.

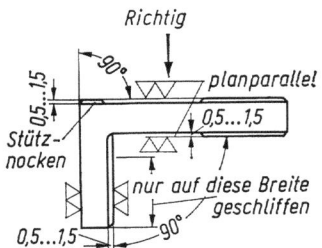 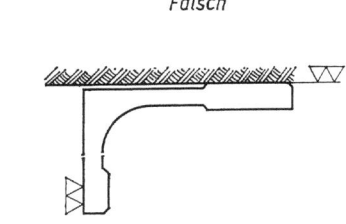

53.57

Die Schenkel von winkelartigen Körpern sollten jeweils so stark wie nur irgend möglich gehalten werden. Schleifflächen sind je nach Größe des Körpers 0,5 bis 1,5 mm erhaben vorzusehen. Die Größe der Schleifflächen ist auf ein Mindestmaß zu reduzieren. Stützflächen erleichtern das Aufspannen und ermöglichen einen Planparallelschliff und Rechtwinkligkeit der Flächen. Wenn Preßrichtung der Pfeilrichtung entspricht, ist die erhöhte Schleiffläche an der Innenseite des kürzeren Schenkels wie dargestellt durchzuziehen. Ist, durch die Abmessungen des Körpers bedingt, eine andere Preßrichtung günstiger, so sind die Schleifrippen der Preßrichtung anzupassen.

Der dargestellte Winkel ist infolge seiner schwachen Schenkel und sonstigen konstruktiven Ausbildung für eine keramische Fertigung ziemlich ungeeignet. Seine Anfertigung wäre nur mit einem sehr hohen Preis möglich.

5.3.7 Glasieren

Bei keramischen Preßteilen kann die Oberfläche auch glasiert werden, wenn sie besonders glatt sein soll.

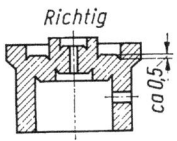 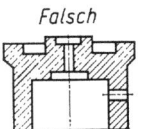

53.58

Durch Glasurrillen entstehen ebene Montageflächen und keine Glasurwülste.

Ohne Glasurrillen ergeben sich leicht unebene Montageflächen durch Glasurwülste.

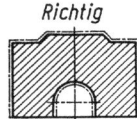

53.59a

Eine glasurfreie Fläche ist vorhanden. Die Glasur kann ohne Schwierigkeiten eingebrannt werden.

Richtig 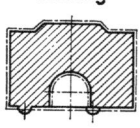   53.59   **Falsch**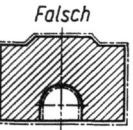

Eine glasurfreie Dreipunktauflage ermöglicht ein Einbrennen der Glasur ohne Boms.

Glasurfreie Standfläche fehlt. Der Körper brennt auf der Brennunterlage fest.

53.60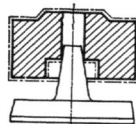

Soll ein Artikel außen vollständig glasiert werden, ist ein Brennboms erforderlich. Dies bedeutet Verteuerung.

5.4 Aluminiumoxidteile [36, 37, 38, 78, 80]

Die Oxidkeramik nimmt im Rahmen der technischen Keramik eine gewisse Sonderstellung ein. Sowohl in Bezug auf die Rohstoffe als auch hinsichtlich der Technologie, aber auch der Formgebung, Konstruktion und Anwendungsgebiete gibt es Abweichendes und Besonderes, so daß es zweckmäßig ist, die Abschnitte über die Oxidkeramik abzutrennen und in 1.7, 5.4 und 6.5 zusammenhängend zu behandeln.

Die Aluminiumoxid-Keramik zeichnet sich durch folgende Eigenschaften aus:

1. Sie hat sehr niedrige dielektrische Verlustfaktoren bis zu höchsten Frequenzen. Als Richtwert sei angegeben $\tan \delta = 0{,}2 \cdot 10^{-3}$ bis $0{,}5 \cdot 10^{-3}$ (DIN 40685).
2. Hohe Durchschlagfestigkeit und hoher Durchgangswiderstand kennzeichnen die sehr guten elektrischen Isoliereigenschaften.
3. Die hohe Reinheit des Werkstoffes durch Herstellung aus reinen Rohstoffen garantiert chemische Stabilität der Teile. Dies ist von Bedeutung für Isolierteile, die mit anderen Substanzen in Berührung kommen, beispielsweise bei Grundplatten für integrierte Schaltungen für das Belegen mit Metallschichten, Widerstandschichten usw.
4. Isolierteile aus Aluminiumoxid-Keramik zeigen sehr hohe mechanische Festigkeit. Die Festigkeitswerte betragen etwa das Doppelte der Steatit-Gruppe und etwa das Vierfache von Porzellan.
5. Isolierteile aus Aluminiumoxid-Keramik zeichnen sich durch eine sehr hohe Wärmeleitfähigkeit aus, sie beträgt etwa das 8- bis 10fache der von Steatit. Diese Eigenschaft ist wichtig für die schnelle Abführung der Verlustwärme.
6. Aluminiumoxid-Keramik besitzt eine bessere Temperaturwechselbeständigkeit als die meisten anderen dichten keramischen Isolierstoffe. Lediglich Porzellan bildet eine Ausnahme, da es durch seine kleine Wärmedehnung ebenfalls eine recht gute TWB besitzt.

Rohstoffe. Für die Herstellung von Al_2O_3-Keramik werden in der Regel kalzinierte — d. h. in einem Brennprozeß mit Temperaturen von über 1000 °C (bei dem die Teilchen reagieren, ohne dichtzusintern, behandelte Tonerden verwendet. Tonerde gewinnt man aus Bauxit. Dies führt zur Bildung der stabilen Modifikation, dem α-Aluminiumoxid, das in der Natur als Mineral Korund bekannt ist. Kalzinationstemperatur und -dauer bestimmen die Reaktionsfähigkeit der Tonerde. Die Wahl des Rohstoffes hängt von den zu erzielenden Eigenschaften des Endproduktes ab. Für ein Produkt mit z. B. 86% Al_2O_3 müssen nicht die gleichen Anforderungen an die Reinheit der Rohstoffe gestellt werden, wie für ein Produkt mit 98 bis 99,7% Al_2O_3. Hochwertige Rohstoffe haben ungefähr folgende Analyse:

Al_2O_3	99,5 bis 99,9%	Fe_2O_3	0,03 bis 0,01%	B_2O_3	< 0,1%
SiO_2	0,12 bis 0,03%	Na_2O	0,15 bis 0,04%	CaO, MgO	< 0,1%

Besonders wichtig für die Charakterisierung einer Tonerde ist ihr Na_2O-Gehalt. Er darf den oben angegebenen Wert nicht überschreiten, da sich sonst die dielektrischen Eigenschaften des Endproduktes verschlechtern. Von großer Bedeutung für die Reaktionsfähigkeit der Tonerde ist neben der Kalzinierungstemperatur die Endkristallitgröße und zwar derart, daß mit Verminderung der Kristallitgröße, d. h. Vergrößerung der aktiven Oberfläche die Reaktionsfähigkeit ansteigt.

Zum Mahlen der kalzinierten Tonerde auf die gewünschte Kristallitgröße bedient man sich folgender Methoden: Trommelnaßmühlen, Trockentrommeln, Strahlmahlen, Schwingmühlen. Naßgemahlene Tonerden sind weniger reaktionsfähig als trocken gemahlene, da an den Grenzflächen der Kristallite eine leichte Hydratisierung stattfindet. Die Schwindung ist bei naß aufbereiteter Tonerde größer als bei trocken gemahlener.

In bestimmten Fällen setzt man auch sogenannten Schmelzkorund als Rohstoff in der Aluminiumoxid-Fertigung ein. Die Rohtonerde wird im Lichtbogenofen niedergeschmolzen, wobei die Verunreinigungen teils verdampfen, teils ausschmelzen, so daß ein ziemlich reines Produkt resultiert. Der Keramiker spricht bei einem solchen über einen Schmelzprozeß erhaltenen Produkt von Korund und unterscheidet hiervon die Tonerde, die nur geglüht ist und deshalb in ihrem technologischen Verhalten von Korund deutlich abweicht. Im Sinne des Mineralogen sind allerdings beide Produkte gleich, sie weisen übereinstimmend die Kristallstruktur des Korundes auf.

Als Zuschlagstoffe für die Al_2O_3-Massen werden hauptsächlich verwendet: Erdalkalien, Ball Clay, China Clay, Bentonit, Speckstein, Wollastonit, Siliziumdioxid und als färbende Bestandteile: Titanoxid, Kobaltoxid, Chromoxid und Manganoxid. Diese Stoffe beeinflussen die Verarbeitungseigenschaften der Aluminiumoxidmassen und außerdem in starkem Maße die Eigenschaften des Endproduktes.

Der Versatz von Aluminiumoxid-Massen enthält neben der Tonerde und einem eventuellen Anteil an Korund noch Zuschläge. Sie verleihen der Masse die für die Formgebung nötigen plastischen Eigenschaften (z. B. Tone) oder wirken als Flußmittel und erleichtern hierdurch den Dichtbrand. Als Plastifizierungszuschläge verwendet man bei Korundkeramik in erheblichem Umfang auch organische Stoffe.

Je nach der Art und Menge der Zuschläge erhält man ein breites Spektrum von Werkstoffen. In der Normung werden jedoch zu den Werkstoffen auf Aluminiumoxid-Basis nur Stoffe gerechnet, deren gesamter Gehalt an Al_2O_3 85% übersteigt. In diesem Fall liegen nämlich entsprechend dem Zustandsdiagramm Al_2O_3–SiO_2 mehr als 50% des Aluminiumoxids in freier Form vor.

Die vielfältigen Anforderungen an die Werkstoffe, die unterschiedlichen Formgebungsverfahren und der Wunsch nach möglichst geringen Produktionskosten haben zu einer Vielzahl von Aluminiumoxid-Werkstoffen geführt. In DIN 40 685 hat man daher die Werkstoffe mit hohem Al_2O_3-Gehalt, die früher als Typ KER 710 einheitlich behandelt wurden, in Typen mit steigendem Tonerdegehalt und unterschiedlichen Eigenschaften unterteilt (KER 706, 708.1, 708.2, 710).

Aufbereitung. Die Tonerden und Korunde werden in den meisten Fällen bis zur gewünschten Korngröße gemahlen, mit Zuschlagstoffen vermischt und für die Verarbeitung vorbereitet. Ähnlich wie beim Vormahlen der Tonerden besteht die Möglichkeit, trocken oder naß zu mahlen. Zur Zeit ist die Naßmahlung gebräuchlicher. Als Mahlkörper werden Kugeln oder Rollen aus Al_2O_3 verwendet. Zur Vermeidung von Verunreinigungen müssen die Trommelmühlen mit Gummi oder ähnlichem ausgekleidet sein. Wie erwähnt, hat die Naßmahlung gewisse Nachteile, da sie die Reaktionsfähigkeit der Tonerde vermindert und die Schwindung erhöht.

Hart und Hudson [33] fanden, daß die Trockenmahlung höhere Rohdichten im ungebrannten und gebrannten Zustand als bei Naßmahlung ergibt. Bei Trockenmahlung erhält man in kurzer Zeit Massen, welche bei relativ niedrigen Temperaturen zu höheren Rohdichten sintern.

Die Naßmahlung bietet den Vorteil, daß der aus der Mühle kommende Schlicker — mit organischen Bindern und Gleitmitteln versetzt — gleich auf einem Zerstäubungstrockner zu einem rieselfähigen Korn versprüht werden kann. Es ist zu unterscheiden die Aufbereitung von:

1. Trockenpreßmassen. Wegen der fehlenden Plastizität können Al_2O_3-Massen nicht „pur" verpreßt werden. Vor dem Sprühen werden sie deshalb mit Plastifikatoren, Bindern und Gleitmitteln versetzt. Es sind dies die in der Keramik üblicherweise verwendeten Stoffe, wie Dextrin, Methylcellulose, Äthylcellulose, Polyvinylalkohol, Wachse usw.

Bei der Auswahl der Plastifizierung ist zu beachten, daß sie den Anteil an unerwünschten Beimengungen — wie z. B. Na_2O — nicht übermäßig erhöhen.

2. Strangpreßmassen. Diese werden von der Trommelnaßmühle weg mittels Filterpressen auf 20 bis 35% Wassergehalt gebracht, in Trockenkammern getrocknet, in Schlagkreuzmühlen zerschlagen und anschließend in Knetern mit Z-förmigen Mischarmen mit Plastifizierungs- und Gleitmitteln sowie Wasser zu einer homogenen, strangpreßbaren Masse aufbereitet. Eine Verarbeitung der in der Filterpresse abgepreßten Masse direkt zu Hubeln ist nicht möglich, da die zum Strangpressen unbedingt benötigten Plastifizierungsmittel — vor dem Abpressen zugegeben — sämtliche Filtertücher verstopfen würden.

3. Spritzpreß- bzw. Spritzgießmassen. Die gemahlene, abgetrocknete und zerschlagene Masse wird in beheizten Mischern mit 10 bis 25% organischen Plastifizierungs- und Gleitmitteln versetzt. Diese sind ähnlich aufgebaut wie die in der Dekorationstechnik von Glas-Email u. a. angewendeten Thermoplaste. Im französischen Patent Nr. 1.466.697 wird die Verwendung von

8 bis 12% Polyäthylen und
3 bis 10% Aluminiumstearat geschützt.

Ebenfalls werden gebraucht: natürliche und synthetische Harze und Wachse, Cellulose-Derivate, Butyrate und verschiedene Lösungsmittel.

Die Plastifizierungsbestandteile müssen sehr sorgfältig aufeinander abgestimmt werden. Von großer Bedeutung sind Schmelzpunkt, Siedepunkt, Viskositätsverhalten über den in Frage kommenden Temperaturbereich (50 bis 130°C) und Wärmekontraktion. Die Binder, wie Polyäthylen, Polystyrol u. a. sollen dem gespritzten Körper eine gute Festigkeit beim Ausstoßen aus dem Werkzeug verleihen, während es die Aufgabe der Weichmacher und Gleitmittel ist, die Binder besser zu verteilen, den Übergang in die flüssige Phase zu erleichtern und die innere Reibung der Masse sowie die Wandreibung im Spritzzylinder und in der Form herabzusetzen. Ein übermäßiger Anteil an Weichmachern und Gleitmitteln verhindert die Aushärtung des Spritzlings und verringert dadurch die Spritzgeschwindigkeit.

Obwohl die Formgebung der feuerfesten Oxide grundsätzlich mit den Methoden der traditionellen Keramik übereinstimmen, also das Strangpressen mit nachfolgendem Abdrehen, das Trocken- oder Halbfeuchtpressen in Stahlmatrizen, das Gießen, das isostatische Pressen in Gummiformen und das Spritzpressen in Verbindung mit thermoplastischen Kunststoffen möglich ist, muß doch der höhere Aufwand berücksichtigt werden, der durch die Härte des Rohstoffes, seine fehlende Plastizität und seine hohe Sintertemperatur bedingt ist. So empfiehlt sich die Verwendung von Hartmetall für die Werkzeuge, um einem zu schnellen Verschleiß durch die harten Kristallkanten, auch mit Rücksicht auf den hohen erforderlichen Preßdruck, vorzubeugen. Viele gegeneinander bewegte Stempel, wie sie sonst beim Pressen vielfach abgesetzter Körper üblich sind, sollte man daher vermeiden. Bei kleinen Stückzahlen und komplizierten Formen empfiehlt sich das Herausarbeiten aus vorgepreßten Blöcken. Das sonst in der keramischen Industrie wenig verbreitete Spritzgießen ist bei der Formgebung von Aluminiumoxidteilen sehr üblich. Dabei werden dem Material thermoplastische Kunststoffe zugesetzt, die der Masse bei erhöhter Temperatur eine Fließfähigkeit verleihen. Daher läßt sich das Material in einem von den organischen Kunststoffen her bekannten Prozeß bei erhöhter Temperatur unter Druck in eine Metallform einpressen, in der es beim Abkühlen erstarrt. Mit diesem Verfahren kann man auch komplizierte Teile formen, bei denen die anderen Formgebungsverfahren nicht zum Ziele führen. Die Kunststoffbindung wird vor dem Brennen der Teile durch Ausheizen zerstört.

Brand. Die Wahl der Ofenart hängt von der Größe und Form des herzustellenden Artikels ab. Kammeröfen werden zum Brand von größeren Artikeln bei längerer Branddauer benutzt, während kleinere Massenartikel innerhalb 12 bis 36 Stunden im Tunnelofen gebrannt werden. Rohre und Stäbe größerer Länge müssen wegen der Einhaltung der Durchbiegungstoleranzen hängend in Schachtöfen gebrannt werden.

Entsprechend den hohen Anforderungen, die an Al_2O_3-Keramik gestellt werden, vor allem in Bezug auf Gleichmäßigkeit der Qualität, muß die Sinterung immer unter gleichbleibenden Bedingungen vonstatten gehen, was nur durch voll-geregelte Öfen gewährleistet wird. Eine elektronische Steuerung sämtlicher Regelorgane ist eine Grundbedingung zur Erreichung dieses Ziels.

Üblicherweise wird in oxydierender Atmosphäre gebrannt, jedoch wird zur Erlangung von besonderen Eigenschaften auch Schutzgasatmosphäre angewendet. Die oben erwähnten hohen Temperaturen stellen große Anforderungen an Ofenmaterial und Brennbehelfe. Die Brenntemperatur wird im wesentlichen von Art und Menge der Zuschlagstoffe und Beimengungen bestimmt. Der hohe Schmelzpunkt von Al_2O_3 (2025 °C) wird durch sie in den technisch beherrschbaren Bereich von 1500 bis 1800 °C erniedrigt, in welchem die Oxidkeramik dicht sintert. Weitere Hilfen zur Erniedrigung der Sintertemperatur sind eine bessere Feinmahlung und eine Erhöhung der Reaktionsfähigkeit durch Trockenmahlung. Im gleichen Sinne wirkt eine Erhöhung der Rohdichte im ungebrannten Zustand.

Im Gegensatz zur konventionellen Keramik hat die Al_2O_3-Keramik nur einen sehr geringen Anteil an Glasphase, die eine große Bedeutung für die Metallisierbarkeit der Keramik hat.

Neben der absoluten Sinterungstemperatur kommt dem Brennzyklus besondere Bedeutung zu. Durch Veränderung der Aufheizgeschwindigkeit, der Haltezeit bei Maximaltemperatur und der Abkühlgeschwindigkeit können vor allem Kristallgröße, Metallisierbarkeit, Säure- und Laugenbeständigkeit, Temperaturwechselbeständigkeit und Wärmeleitfähigkeit, Abrieb- und mechanische Festigkeit beeinflußt werden.

Die hohe Brenntemperatur von 1700 bis 1800 °C macht einen hohen Aufwand an Brennstoffen, an hochfeuerfesten Öfen und Brennhilfsmitteln erforderlich.

In den USA wurde ein spezielles Brennverfahren für Aluminiumoxid entwickelt, bei dem man die vorgebrannten Teile nochmals bei Temperaturen zwischen 1800 °C und 1900 °C in einer Wasserstoffatmosphäre brennt. Hierdurch werden die im Aluminiumoxid in geringer Menge enthaltenen geschlossenen Poren beseitigt. Das so behandelte Aluminiumoxid kommt in seinen Eigenschaften Korundeinkristallen nahe, obwohl es polykristallin ist; so ist es beispielsweise ungewöhnlich lichtdurchlässig.

Der Entwicklung reaktionsfähiger Tonerden, die sich ohne Erhöhung des Flußmittelanteils bei niedrigeren Sinterungstemperaturen dichtbrennen lassen, steht als gewisses Hindernis entgegen, daß solche Tonerden meist eine hohe Schwindung beim Brennen aufweisen. Niedrige Brenntemperatur, d. h. geringe Brennkosten, und kleine Schwindung, d. h. gute Maßhaltigkeit der fertigen Teile, schließen sich bis zu einem gewissen Grad gegenseitig aus.

Die Formhaltigkeit im Brande ist besser als bei den flußmittelreichen Keramiken der Gruppen 100 und 200 nach DIN 40685, da weniger schmelzflüssige Anteile bei den erforderlichen Sintertemperaturen entstehen. Die erzeugte Ware umfaßt vorwiegend Kleinteile; auch große Stücke können hergestellt werden. Die Oberflächengüte der Sintertonerde ist ausgezeichnet. Glasierte Flächen sind daher in den meisten Fällen nicht notwendig, können aber vorgesehen werden.

Die Einhaltung von Feintoleranzen durch Schleifen nach dem Brand ist möglich. Die Schleifkosten sind aber wegen der großen Härte (9 nach Mohs) sehr hoch. Als Schleifmittel kommt praktisch nur Diamant in Betracht.

Die Forderungen nach geringen Herstellungskosten bei bestimmten Teilen haben allerdings in manchen Fällen zu einer so erheblichen Verbesserung der Oberflächengüte und Maßhaltigkeit im ungeschliffenen Zustand geführt, daß man heute Rauhtiefen von weniger als 1 µm auf der Brennhaut und extrem niedrige Maßabweichungen erreichen kann [81, 78, 70].

Metallisierungsverfahren. Die in der Elektrotechnik verwendeten Werkstücke aus Aluminiumoxid müssen metallisiert werden, um sie mit anderen Keramik- oder mit Metallteilen durch Löten verbinden zu können. Diese Lötverbindungen müssen nicht nur mechanisch sehr stabil, sondern in vielen Fällen auch über lange Zeiträume hinweg hochvakuumdicht sein. Da sich diese hohen Anforderungen im allgemeinen mit Weichlötungen nicht erfüllen lassen, muß die Metallisierungsschicht auf der Keramik hartlötbar sein. Eine solche Schicht bringt man meist nach dem Molybdän-Mangan-Verfahren auf. Die Haftfestigkeit hängt dabei nicht nur von den Auftragungs- und Einbrennbedingungen ab, sondern auch von den Nebenbestandteilen im keramischen Material. Im allgemeinen lassen sich Aluminiumoxid-Teile mit einem gewissen Glasphasenanteil leichter metallisieren als Teile aus hochreinem Korund. Bei den letzteren läßt sich die Haftfestigkeit durch den Zusatz von glasbildenden Bestandteilen zu dem Metallisierungspräparat verbessern. Zur Verbesserung der Lötbarkeit bringt man auf die Molybdänschicht entweder auf elektrolytischem Weg oder durch Auftragen einer Nickeloxid-Paste mit nachfolgendem Einbrennen in reduzierender Atmosphäre noch eine Nickelschicht auf. Auch das chemische Vernickelungs-Verfahren wurde schon für diesen Zweck eingesetzt.

Als Lote kommen vorzugsweise Silber, Kupfer oder Legierungen dieser Metalle in Betracht. Die Lötung wird im Schutzgas aus Wasserstoff oder Formiergas durchgeführt. Je nach der Konstruktion des Bauteils führt man Umfassungslötung, Stumpflötung mit oder ohne keramischem Gegenring oder Innenlötung aus.

Das Metall, mit dem die Keramik verbunden wird, soll in seinem Wärmedehnungsverhalten dem keramischen Werkstoff möglichst nahekommen, damit nur geringe Spannungen auftreten. Für eine Verbindung mit hochtonerdehaltigen Werkstoffen erfüllen diese Forderung gewisse Eisen-Nickel-Kobalt-Legierungen, die in Deutschland unter der Bezeichnung „Vacon", in Amerika unter dem Namen „Covar" bekannt sind. Kupfer kann ebenfalls als Metallpartner verwendet werden, da es die resultierenden Spannungen aufgrund seiner Duktilität bis zu einem gewissen Grad abzubauen vermag.

Neben dem beschriebenen Lötverfahren wurde auch ein Verfahren entwickelt, bei dem man auf eine vorherige Metallisierung der Aluminiumoxid-Teile verzichten kann. Dabei wird auf die Keramikoberfläche Titanhydrid aufgebracht und dann direkt gelötet. Die Voraussetzung für ein gutes Ergebnis bei diesem Verfahren ist jedoch der Ausschluß von Sauerstoff während des Lötprozesses, da nur das titanhaltige Lot, das sich bei der Zersetzung des Hydrids bildet, nicht aber eventuell entstandenes Titanoxid die Keramik gut benetzt.

Die Lötung wird deshalb in einer Edelgasatmosphäre oder noch besser im Hochvakuum durchgeführt. Die Art des Prozesses erlaubt eine Durchführung beim Keramikhersteller nur dann, wenn armierte Teile geliefert werden sollen.

In einer Variante dieses „Aktivlot-Verfahrens" werden titan- oder zirkoniumhaltige Lote verwendet, die die Keramik so gut benetzen, daß eine feste Verbindung des Lotes mit der blanken, unmetallisierten Keramikoberfläche gewährleistet ist. Auch hier muß während des Lötprozesses Sauerstoff vollständig ausgeschlossen werden.

Als Metallpartner für Aluminiumoxid kann man bei Verwendung des Aktivlot-Verfahrens neben den oben angeführten Legierungen auch Titanteile verwenden. Titan hat nicht nur einen niedrigen Ausdehnungskoeffizienten, der dem des Aluminiumoxids nahekommt, sondern es wird auch von den Loten sehr gut benetzt und gibt deshalb mechanisch stabile Verbindungen.

5.5 Keramikkondensatoren

Da in Kapitel 3 über „Eigenschaften" und in Kapitel 4 über „Prüfung" spezielle Bemerkungen für keramische Kondensatoren nicht gemacht sind, sollen hier einige Ausführungen dazu gebracht werden. Auf die im Abschnitt 5.2 „Form und Konstruktion" gemachten Bemerkungen über isolierende Dielektriken sei Bezug genommen. Die Kapazität eines Kondensators ist von der Fläche A der Elektrodenbeläge und ihrem Abstand d und der Dielektrizitätszahl ε_r abhängig.

Für die Verwendung als Dielektrikum eines Kondensators wünscht man sich eine große Kapazität bei kleinen Abmessungen, die durch eine möglichst große Dielektrizitätszahl erreicht wird. Für das Dielektrikum von Kondensatoren ist die Durchschlagfestigkeit eine wichtige kennzeichnende Größe. Je höher die Spannung (bzw. Feldstärke) ist, die ein Dielektrikum aushält, um so leistungsfähiger ist der Kondensator, weil die Dicke des Dielektrikums zwischen den Elektroden des Kondensators seine Kapazität bestimmt und seine Leistung proportional dem Quadrat der angelegten Spannung und der Kapazität ist. Im allgemeinen nimmt bei keramischen Stoffen die Durchschlagfestigkeit mit wachsender Dicke des Dielektrikums etwas ab, ohne daß bei Niederfrequenz die Kennzeichen des Wärmedurchschlags gegeben sind. Bei Hochfrequenz dagegen wird häufig Wärmedurchschlag beobachtet. In diesem Bereich nimmt die Durchschlagfestigkeit mit zunehmender Temperatur merklich ab.

Die Durchschlagfestigkeit der Werkstoffe der Steatitgruppe kommt derjenigen guten Hochspannungsporzellans gleich. Diejenige der tonsubstanzspecksteinhaltigen Werkstoffe ist geringer, die der rutilhaltigen Baustoffe etwa halb so groß. Bei Gleichspannung und Niederfrequenz unterliegen die Sonderstoffe der Steatitgruppe dem reinen elektrischen Durchschlag, oberhalb 10^4 Hz jedoch dem Wärmedurchschlag. Infolge der Zunahme der dielektrischen Verluste nimmt die Durchschlagfestigkeit sämtlicher Stoffe im Frequenzgebiet des Wärmedurchschlages mit wachsender Frequenz ab.

Die früher üblichen Formen von Wickeln aus imprägniertem Papier, Kunststoffolien oder von Glimmerpaketen ließen sich auf keramischem Wege nicht herstellen. Die hohe Dielektrizitätszahl der neuen keramischen Werkstoffe gestattet es, mit kleineren metallbelegten Oberflächen für gegebene Kapazitätswerte auszukommen und auch größere Wanddicken der dielektrischen Stoffe anzuwenden, als es bisher üblich war. Das stranggepreßte Rohr ist eine zweckmäßige Form für Kondensatoren. Sie gestattet, für keramische Begriffe sehr schwache Wanddicken zu erzeugen. 0,3 bis 0,5 mm starke Rohre von 4,6 und 8 mm Durchmesser und Längen von 10 bis 40 mm erwiesen sich als zweckmäßig, da die einfache in sich geschlossene Form trotz der dünnen Wand eine hohe mechanische Festigkeit verbürgt (Abb. 5.29). Als Halm- oder Zwerg-

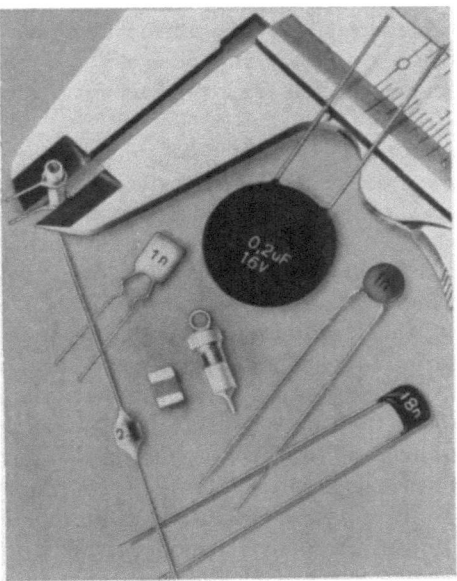

Abb. 5.29. Keramik-Miniatur-Festkondensatoren (Werkfoto: Draloric-Electronic GmbH).

kondensatoren verwendet man Röhrchen von 1,7 bis 3 mm Durchmesser. Für die Anbringung der Metallbeläge bot sich das Aufbrennen von Edelmetallpräparaten an, das aus der keramischen Dekorationstechnik bekannt ist. Auch für die Anwendung dieses Verfahrens ist die Röhrchenform sehr zweckmäßig, da ein Aufstecken auf kleine rotierende und mit dem flüssigen Edelmetall befeuchtete Bürsten für das Anbringen des inneren Belages, das Aufstreichen der äußeren Elektrode mittels Pinseln sehr einfach und billig auszuführen ist. Für Röhrchen mit besonders kleinem Innendurchmesser kann man den Innenbelag auch durch Einsaugen der Versilberungsflüssigkeit durch den Innenraum sehr langer Rohre aufbringen, die man dann nachträglich auf die geforderten Längen zerschneidet. Derartige Rohrkondensatoren werden mit Drahtanschlüssen versehen, für die der Innenbelag um eine Kante herumgezogen und die belagfreie Isolierstrecke außen einige Millimeter von der Kante entfernt, die zweite Isolierstrecke zum anderen Ende innen angebracht ist. Eine zweite Anschlußart nach dieser

Norm sind angelötete Fahnen. Auch Kondensatoren in Scheibenform von 4 bis 12 mm Durchmesser sind in Anwendung. Üblich sind auch viereckige Formen in der Größe von $1,5 \times 1,5$ bis 12×12 mm. Derartige Scheiben eignen sich sowohl für das Strangpreßverfahren, bei dem Bänder gezogen und Scheiben ausgestochen werden, wie auch für das Trockenpressen. Die Wanddicken liegen bei diesen Formen zwischen 0,2 und 2 mm, in den meisten Fällen bei 0,6 mm. Für kleine Kapazitäten von 0,3 bis 7 pF eignen sich kleine trocken gepreßte Zylinder von 3 bis 5 mm Durchmesser und etwa 6 mm Länge, die auf den beiden Kreisflächen versilbert und mit angelöteten Anschlußdrähten versehen sind. Die Festkondensatoren dieser drei Arten werden durch einen Lack- oder Kunststoffüberzug gegen Verschmutzung und Feuchtigkeitseinflüsse geschützt. Die Rohrform eignet sich auch für Durchführungskondensatoren, die mit einem Flansch versehen direkt einlötbar sind oder mit einer äußeren Gewindehülse zum Einschrauben in ein Chassis oder mit einem äußeren Drahtanschluß gefertigt werden.

Die Entwicklung der HF-Technik geht immer mehr in die Richtung auf Schaltungen in gedrängter, wenig Raum erfordernder Bauweise. Im Rahmen dieser Miniaturisierung werden die elektrischen Bauelemente immer kleiner. Die Folienherstellung aus keramischen Dielektriken wurde verbessert, d. h. man lernte dünne, biegsame Bänder mit Wandstärken von weniger als 0,1 mm herzustellen. Diese nach dem Brand äußerst zerbrechlichen Gebilde sind nur mit größter Schwierigkeit zu metallisieren und mit Anschlüssen zu versehen. Man bringt daher vor dem Brand Schichtelektroden aus einer Palladium- oder Platinsuspension auf, die während des Dichtbrandes des keramischen Scherbens bei Temperaturen zwischen 1250 und 1400 °C zu einer festhaftenden, leitfähigen und lötbaren Metallschicht sintern. Die Folien werden durch Gießen oder Sprühen einer dünnen Suspension der anorganischen Grundstoffe in Wasser oder organischen Lösungsmitteln, der Harze, Netzmittel und Weichmacher zugesetzt sind, auf einer glatten Unterlage aus Glas oder Kunststoffolien als gleichmäßig dünne Schicht hergestellt. Nach dem Trocknen können sie von der Unterlage abgezogen, metallisiert, geschnitten und als Stapel zu sogenannten Vielschichtkondensatoren oder Multilayers gebrannt werden. Derartige Vielschichtkondensatoren ergeben auf engem Raum hohe Kapazitätswerte (z. B. als monolithische „Flip-Chip"-Kondensatoren mit Kapazitätswerten von 2200 bis 100000 pF bei Abmessungen von nur $3,3 \times 3,3 \times 2,0$ mm³).

Eine weitere Möglichkeit zur Herstellung von Kondensatoren mit hoher Kapazität und kleinen Abmessungen wurde durch die Entwicklung sogenannter Sperrschichtkondensatoren gefunden [41, 67, 102]. Hierbei geht man von reduzierend gebrannten Rutil- oder Titanatkörpern aus, bei denen ein Teil der Ti^{4+}-Ionen zu Ti^{3+}-Ionen reduziert sind. Diese Sauerstoffleerstellen sind als Elektronendefektstellen aufzufassen, die nicht an ein bestimmtes Ion gebunden und damit unter dem Einfluß einer elektrischen Spannung beweglich sind. Das heißt, daß damit der Isolator aus Ti^{4+}-Ionen zu einem Halbleiter wird. Werden derartige Körper nachträglich in den Oberflächenschichten oxidiert, die Sauerstoffleerstellen also beseitigt, so erhält man einen leitfähigen Kern mit isolierenden Oberflächen, deren Schichtstärke von der Temperatur und der Zeit der Nachoxidation abhängt. Mit Metallbelägen auf den entgegengesetzten Oberflächen derartiger Körper ergeben sich 2 in Reihe geschaltete Kondensatoren von hoher Kapazität. Die Nachoxidation kann z. B. zusammen mit dem Aufbrennen von Silberbelägen erreicht werden. Eine dieser isolierenden Oberflächen kann entfernt oder kurzgeschlossen werden, so daß sich ein Einfachkondensator mit doppelter Kapazität ergibt [IEC-Publ. 324 (1970), Ceramic dielectric capacitors Type 3].

Eine Weiterentwicklung dieser Technik führte zu den sogenannten intergranularen Sperrschichtkondensatoren (intergranular barrier layer Capacitors), bei denen durch eine Dotierung des Bariumtitanats, z. B. mit Antimonoxid, die Kriställchen in halbleitenden Zustand überführt werden (N-Leitung); durch eine zusätzliche Dotierung, z. B. mit Kupfer und Eisen wird auf der Oberfläche eine isolierende Haut erzeugt. Hierdurch können sehr hohe Kapazitätswerte erreicht werden. Es sind in der Literatur scheinbare Dielektrizitätszahlen von 50 000 bis 300 000 beschrieben worden. (H. Löbl u. H. Schmickl; Sibatit 50 000 — ein neuer Werkstoff für keramische Kondensatoren. bauteile report 12 (1974) 6 bis 9.)

Angaben über spezifische Kapazität, Verlustwinkel, Durchgangswiderstand und Nennspannung macht die folgende Tabelle [48].

Spezifische Kapazität pF/mm³	$\tan \delta \times 10^{-4}$	Durchgangswiderstand Ohm	Nennspannung V
500— 700	400—500	10^8–10^9	25
800—1000	400—600	10^6–10^8	12

Als *regelbare Kondensatoren* sind die Formen des Scheiben- und des Rohrkondensators (Abb. 5.30) entwickelt worden. Beim Scheibentrimmer nutzt man die Formstarrheit des Materials aus, die es gestattet, zwei oder mehr Scheiben

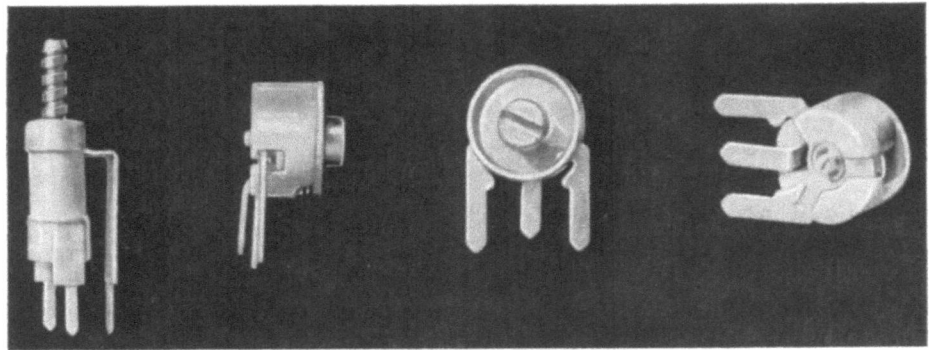

Abb. 5.30. Keramik-Trimmerkondensatoren (Werkfoto: Stettner & Co).

mit einem Mittelloch drehbar miteinander zu vernieten, ohne daß die Ebenheit der plangeschliffenen, dünnwandigen Platten durch den Nietdruck oder die Federspannung beeinträchtigt wird. Der Rotor kann je nach der erforderlichen Regelkapazität und dem gewünschten Temperaturkoeffizienten der Kapazität aus dem geeigneten keramischen Dielektrikum hergestellt werden. Das Trockenpressen gestattet die Herstellung des Rohlings in Vielfachmatrizen. Die Endwandstärke von 0,25 bis 0,45 mm kann allerdings durch Pressen nicht erreicht werden. Dazu ist ein Abfräsen im verglühten Zustand oder ein Abschleifen nach dem Fertigbrand erforderlich. Man kann die beiden Flächen des Rotors und Stators so gut plan schleifen, daß nahezu die in der Optik geforderte Planheit erreicht wird.

Eine weitere keramisch zweckmäßige Form des Regelkleinkondensators ist der Rohrtrimmer. Entweder verwendet man glatte Röhrchen als Dielektrikum, auf deren geschliffener Außenfläche beispielsweise eine Metallhülse verschiebbar angeordnet ist, oder man benutzt als bewegliche Elektrode eine im Innern des Rohres beweglich angeordnete Spindel, die durch ein Muttergewinde in der Statorarmatur geführt wird.

Außer den beschriebenen Keramikkondensatoren, die genormt sind, gibt es noch Abarten, etwa die sogennanten Tonnen-, H- oder Perl-Kondensatoren, die im wesentlichen Zylinderform haben, mit mehr oder weniger tiefen Einsenkungen in den beiden Zylindergrundflächen. Diese Arten werden aus gepreßten oder stranggepreßten Zylindern durch Ausbohren oder Ausfräsen der Versenke hergestellt, haben also auch Formen, die sich keramisch gut fertigen lassen.

Man unterscheidet zwei Gebiete der keramischen Kondensatoren:
Kleinkondensatoren oder Nachrichtenkondensatoren,
Leistungskondensatoren.

Die Kondensatorenkeramik ist in zwei Gruppen eingeteilt, die sich in bezug auf chemische Zusammensetzung und elektrisches Verhalten wesentlich voneinander unterscheiden.
Sie werden in

Typ I entsprechend VDE 0560, Teil 17
DIN 41920 und
IEC Publication 108 (1967) Recommendations
for ceramic dielectric capacitors type 1 und

Typ II entsprechend VDE 0560, Teil 17,
DIN 41920 und
IEC Publication 187 (1967)
Ceramic dielectric capacitors type 2 eingeteilt.

Der *Typ I* hat einen hohen Gehalt an Titandioxid. Die Dielektrizitätszahl ε_r hat Werte bis 500. VDE 0560/17 gilt für Blindleistungen = Nennleistungen bis 200 var.

Der Typ I zeichnet sich durch hohe Kapazitätsstabilität und enge Kapazitätstoleranzen, geringe dielektrische Verluste auch bei hoher Frequenz, weitgehend lineare und reversible, definierte, positive oder negative Abhängigkeit der Kapazität von der Temperatur (also konstante Temperaturkoeffizienten), vernachlässigbar geringe Abhängigkeit der Dielektrizitätszahl von Spannung und Frequenz und hohen Isolationswiderstand aus.

Der Typ I wird auch als NDK-Keramik bezeichnet, weil die Dielektrizitätszahl niedrige Werte von ε_r bis 500 darstellt.

Die Keramik des Typs I bietet die Möglichkeit, Temperaturkoeffizienten der relativen Dielektrizitätszahl ε_r in beliebiger Stufung zwischen

$$TK = +\,100 \cdot 10^{-6}\,K^{-1} \text{ und } -5600 \cdot 10^{-6}\,K^{-1}$$

herzustellen. Aus wirtschaftlichen Gründen empfiehlt DIN 41920 eine Beschränkung auf Standardwerte.

Es besteht eine Aufteilung des Typs I in Typ I A, der Keramiksorten mit eingeengten TK_ε-Toleranzen umfaßt, die in erster Linie für Schaltungen bestimmt sind, in denen die Temperaturstabilität der Schaltkreise hier besonders kritisch ist.

Typ I B enthält Keramiksorten, deren TK so toleriert ist, daß eine ausreichende Temperaturkompensation von Schwingkreisen gewährleistet ist.

Der *Typ II* gründet sich auf einen hohen Gehalt an Barium- und/oder Strontiumtitanat, und seine charakteristischen Eigenschaften sind dadurch wesentlich bestimmt. Die Dielektrizitätszahl ε_r liegt zwischen 1000 und 15000. Man bezeichnet sie deshalb auch als HDK-Keramik. VDE 0560/17 gilt für Blindleistungen = Nennleistungen bis 10 var.

Sie hat den Vorteil großer Kapazitäten bei kleinen Kondensatorabmessungen und hohen Isolationswiderstandes. Die Stabilität der Kapazität ist geringer und die Verluste größer. Der Verlauf der Abhängigkeit der Dielektrizitätszahl ε_r von der Temperatur ist nicht linear. Die Dielektrizitätszahl ε_r wird von der Spannung beeinflußt und zeigt einen Alterungseffekt. Die Abhängigkeit von der Frequenz ist gering. Manchmal wirkt sich günstig aus, daß steigende Temperatur und steigende Spannung ihren Einfluß auf das ε_r teilweise kompensieren.

Die Prüfung und Messung erfolgt nach VDE 0560, Teil 17.

Die IEC-Publikation 108 (1967) „Recommendations for ceramic dielectric capacitors Typ I" bezieht sich auf feste keramische Kondensatoren von Typen, die speziell für Resonanzkreise geeignet sind oder für andere Anwendungsgebiete, für die niedrige Verluste und hohe Kapazitätsstabilität wesentlich sind. Sie erfassen nicht Kondensatoren für Nenn-(Blind-)Leistungen über 200 var und gelten für Nachrichtengeräte und Schaltungen von elektronischen Geräten, die ähnlich arbeiten.

Die Publikation legt die Anforderungen fest, die zur Beurteilung der mechanischen, elektrischen und klimatischen Eigenschaften solcher Kondensatoren dienen, beschreibt Prüfungsmethoden und legt einen Farbcode zur Kennzeichnung der Kapazitätswerte und Toleranzen fest. Außerdem enthält sie Empfehlungen zur Gruppeneinteilung für die Eignung der Kondensatoren entsprechend den Bedingungen nach Publikation 68, die die Rahmengrundlagen der Prüfmethoden für elektronische Bauteile und elektronische Geräte festlegen.

Die IEC-Publikation 187 (1967) Ceramic dielectric capacitors type II gilt für Festkondensatoren aus keramischen Kondensatorwerkstoffen des Typs II, die zur Verwendung in Nachrichten-, elektronischen und ähnlich arbeitenden Geräten und Anlagen bestimmt sind. Sie legt die allgemein geltenden Anforderungen für die Beurteilung der elektrischen, mechanischen und klimatischen Eigenschaften der Kondensatoren fest, beschreibt Prüfmethoden und Empfehlungen für Standardabmessungen und Gruppeneinteilungen entsprechend den Bedingungen, die ihre Eigenschaften erfüllen können.

Von der Industrie werden die verschiedensten Formen unter den Bezeichnungen Rohr-, Scheiben-, Plättchen-, Würfel-, Rechteck-, Trapez-, Perl-, Doppel-, Stand-Kondensatoren, Durchführungs-Rohr- und Scheibenkondensatoren, Impuls-Rohr- und Berührungsschutz-Rohr- und Scheibenkondensatoren und als regelbare bzw. einstellbare Trimmerkondensatoren, Scheibentrimmer und Rohrtrimmer angeboten. Sie haben die verschiedensten Formen und Abmessungen, die verschiedenartigsten Anschlüsse mit Drähten und Blechfahnen, eine wählbare Lackierung je nach der Verwendung, die verschiedenen Werkstofftypen Typ I und Typ II und Temperaturkoeffizienten und Toleranzen.

Die Auswahl muß nach den Firmenkatalogen erfolgen, wobei der Verwendungszweck bzw. die geforderten Eigenschaften im einzelnen angegeben werden müssen.

Neben den keramischen Hochfrequenz-Kleinkondensatoren umfassen die keramischen Leistungskondensatoren für Hochfrequenz ein Sondergebiet der Elektrokeramik. Unter *Hochfrequenz-Leistungskondensatoren* versteht man Kondensatoren für Spannungen über 1 kV (Scheitelwert) und einer Leistung von über 0,2 kvar. Sie bestehen aus einem Dielektrikum aus einem Werkstoff der Gruppe KER 221, KER 331, KER 311 oder KER 310 nach DIN 40685 oder aus Glimmer mit Abmessungen, die die Abfuhr der Verlustwärme durch freie Konvektion und Strahlung gewährleisten. In diesem Buch werden nur die Leistungskondensatoren mit keramischem Dielektrikum behandelt.

IEC-Empfehlungen oder ausländische Normen für keramische HF-Leistungskondensatoren bestehen nicht. Die IEC-Publikation 110 (1959) ,,Recommandations for power capacitors for frequencies between 100 and 20000 Hz (c/s)", die sich nicht auf Verwendung in Energieverteilungsanlagen bezieht, gilt auch für andere als keramische Kondensatoren und für Wechselstromkreise mit Frequenzen zwischen 100 und 20000 Hz zur Korrektur von Leistungsfaktoren, Änderung der Stromkreischarakteristik und Frequenzanpassung. Sie bezieht sich nicht auf keramische Leistungskondensatoren für Hochfrequenz (über 10000 Hz).

Jedoch sind keramische Leistungskondensatoren solche des Typs I im Sinne von IEC-Publikation 108 (also geeignet zur Verwendung in Schwingkreisen).

Als VDE-Vorschriften für keramische Hochfrequenz-Leistungskondensatoren bestehen

VDE 0560 Teil 1/12.69 und
Teil 10/10.64 und

als Normen für Hochfrequenz-Leistungskondensatoren mit Nennspannungen über 1 kV und Blindleistungen über 0,2 kVA[1].

DIN 41900 (1968) Technische Werte;
DIN 41901 (Jan. 1964) Rohr- und Topfkondensatoren mit verstärktem Rand;

---

[1] DIN 41341 war zunächst für die technischen Werte keramischer Kleinkondensatoren gedacht und enthielt einige, allerdings für die Anwender unzureichende Angaben über keramische Leistungskondensatoren. Die DIN 41370 bis 41376 für Kleinkondensatoren sind nicht mehr gültig. Sie sind durch DIN 41920 ersetzt, die den IEC-Empfehlungen angepaßt sind. Für Leistungskondensatoren ist DIN 41903 nicht mehr gültig und DIN 41904 durch DIN 41905 ersetzt.

5.5 Keramikkondensatoren

DIN 41902 (Jan. 1964) Topfkondensatoren mit Wulstrand;
DIN 41905 (Jan. 1964) Plattenkondensatoren mit Wulstrand.

Hochleistungskondensatoren sollen eine möglichst hohe elektrische Leistung haben. Diese Leistung ist durch Strom und Spannung bzw. Phasenwinkel und zulässige Temperatur begrenzt. Die Temperatur hängt von der Erwärmung und der Abführung dieser Wärme an die Umgebung ab. Um eine möglichst hohe Leistung zu erreichen, müssen keramische Werkstoffe Verwendung finden, die einen möglichst kleinen Verlustfaktor aufweisen. Es kommen daher für Hochfrequenz-Leistungskondensatoren die Werkstoffe KER 221, KER 310 und KER 311 in Betracht, die als wesentliche Eigenschaften große Dielektrizitätszahl ε_r, geringen Verlustfaktor, geringe Veränderung der Dielektrizitätszahlen mit der Temperatur, der Spannung und der Frequenz aufweisen sollen.

Zur Bemessung und Kennzeichnung von Kondensatoren sind Begriffe nach DIN 41900 festgelegt. Die Norm enthält auch die Betriebsbedingungen und Eigenschaften bei den verschiedenen Anwendungsklassen nach DIN 40040.

Die relativ dünnen Kondensatorschichten werden auf Durchschlag beansprucht. Deshalb ist die Durchschlagsfestigkeit des dielektrischen Materials im gesamten vorkommenden Spannungs-, Frequenz- und Temperaturbereich, in denen solche Kondensatoren betrieben werden, für die Betriebssicherheit von besonderer Wichtigkeit.

Bei allen Bauformen von Hochleistungskondensatoren für höhere Nennspannungen müssen die Randfelder besonders beachtet werden. Man beherrscht sie dadurch, daß man den Rand des Kondensatorbelages entsprechend ausbildet. Maßnahmen hierfür sind:

a) Eine Überdeckung des leitenden Randes mit einer Schicht isolierenden, durchschlagfesten Materials möglichst hoher Dielektrizitätszahl, damit bei Verwendung von Kondensatordielektriken hoher Dielektrizitätszahl die auftretende Randfeldkonzentration herabgemindert wird. Diese Maßnahme empfiehlt sich bei niedrigeren Spannungen (Abb. 5.31a u. b).

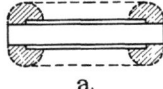 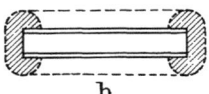  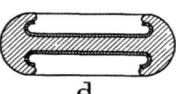

a　　　　　　b　　　　　　c　　　　　　d

Abb. 5.31 a—d. Randausbildung bei Kondensatoren.

a) u. b) Mit oder ohne Abdeckung der Randzone durch Dielektrikum guter Durchschlagfestigkeit und möglichst hoher Dielektrizitätszahl (→ aktives Dielektrikum) (DBP Nr. 889036 Kl. 21 g Gr. 10_{02}) mit leitendem Belag bei a) vom Rande zurückgesetzt und bei b) scharf bis zum Rand vorgezogen; c) verstärkter Rand (Eckrand); d) Wulstrand.

b) Zurücksetzung det leitenden Randes vom Rand des Dielektriums oder Herausführung des leitenden Kondensatorbelages, so daß er genau mit dem Kondensatordielektrikum abschneidet. Dadurch wird das Randfeld in der dem dielektrischen Kondensatormaterial benachbarten Luftraum herabgesetzt, so daß dieser nicht so hoch beansprucht wird (Feldform!), (Abb. 5.31 a u. b).

c) Verstärkung des Randes so, daß der Rand der leitenden Belegung senkrecht zum kürzesten Luftweg abschließt und der Anschluß zur Verstärkung gut abgerundet ist (Eckrand), (Abb. 5.31c).

226   5. Form und Konstruktion von keram. Bauteilen

d) Für höhere Spannungen empfiehlt sich die Ausbildung eines Wulstrandes mit ausreichender innerer Krümmung und Führung des Randes der leitenden Belegung bis zur um 180° abgewandten Richtung gegen den kürzesten Überschlagsweg (Wulstrand), (Abb. 5.31d).

Diese Maßnahmen gelten für alle Kondensatorformen, wie Scheiben (Platten), Rohre (Zylinder), Töpfe.

Bei den genormten Formen finden nur (wegen der höheren Spannungen) der Wulstrand und der verstärkte Rand (Eckrand) Anwendung. Platten-, Topf- und Rohr-Kondensatoren mit keramischem Fuß weisen höhere (DIN 41905, Abb. 1) Spannungssicherheit gegenüber einer geerdeten Montageplatte auf. Bei 50 mm Bauhöhe dieses Fußes beträgt bei Verwendung üblicher Metallschrauben die Überschlagsspannung bei 1 MHz etwa 35 kV, so daß gegenüber den Nennspannungen der Kondensatoren stets hohe Sicherheit vorhanden ist. Sollte in Sonderfällen eine höhere Überschlagsspannung gegen Erde verlangt werden, so könnte bei Verwendung von Schrauben aus Isolierstoffen (Kunststoff) ein um 30% höherer Wert erreicht werden. Noch höhere Spannungen können durch einen isolierten Aufbau beherrscht werden.

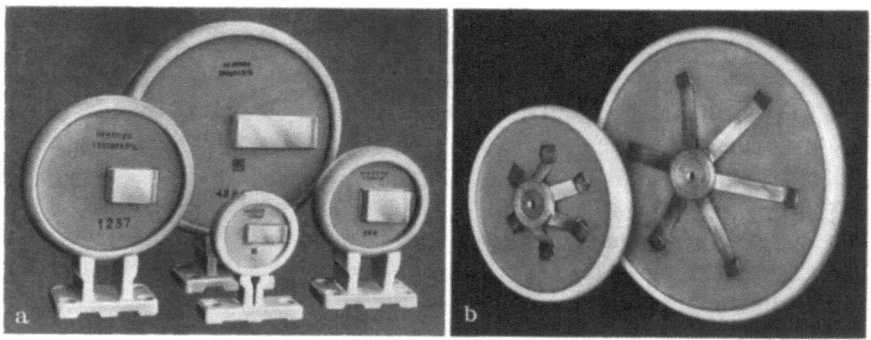

Abb. 5.32a u. b. Plattenkondensatoren mit Wulstrand.
a) auf Keramikfuß; b) mit Sechsbein-Armatur.

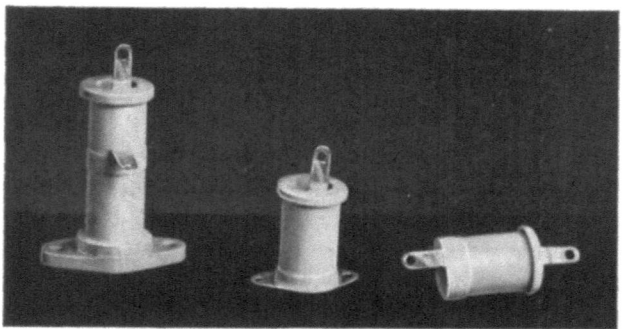

Abb. 5.33. Eckrand-Rohrkondensatoren mit Fahnenanschluß, keramischem Fuß und Blechfuß.

5.5 Keramikkondensatoren

Abb. 5.34. Zylinderkondensator (C = 3 pF bis C = 120 pF).

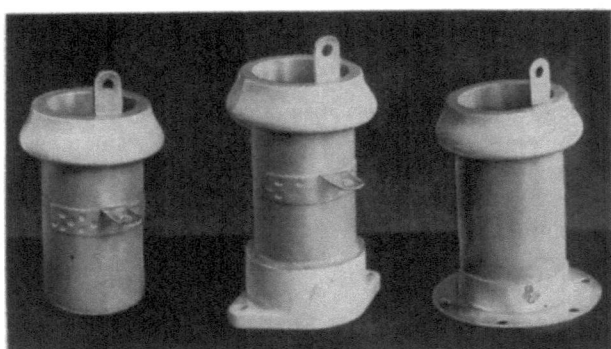

Abb. 5.35

Abb. 5.36

Abb. 5.35. Topfkondensatoren mit Fahnenanschluß, keramischem Fuß und Blechfuß.

Abb. 5.36. Topfkondensator (C = 50 pF bis C = 6000 pF).

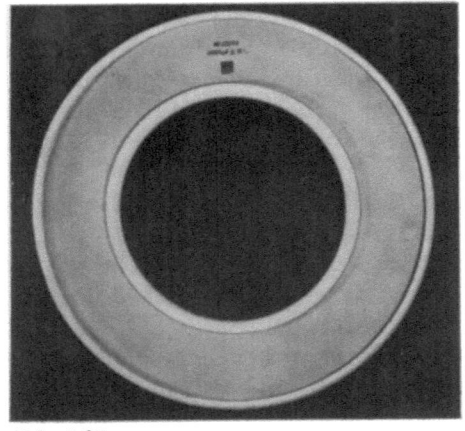

Abb. 5.37

Abb. 5.38

Abb. 5.37. Ringkondensator mit Wulstrand aus KER 310, Durchmesser 400/220 mm, C = 10000 pF.

Abb. 5.38. Luftgekühlter Freiluft-HF-Kondensator.

Für die Beherrschung der entstehenden Wärmeenergie sind eine genügend große Wärme abführende Fläche und damit ausreichende Abmessungen des Kondensators erforderlich. Die genormten Größen sind für verschiedene Leistungen geeignet. Neben den genormten Formen kommen Sonderkonstruktionen gleicher Form mit größeren Abmessungen und entsprechend größeren Leistungen zur Anwendung (Abb. 5.36). Auch andere Formen kommen vor, wie z. B. Ringkondensatoren nach Abb. 5.37 und Zylinderkondensatoren (Durchführungsform) nach Abb. 5.34 wobei Ringkondensatoren mit Durchmessern von 400/220 mm bis 10000 pF sich bereits bewährt haben. Die erwähnten Kondensatoren sind für Innenraumbetrieb vorgesehen.

Kondensatorbaustoffe für Hochfrequenzkondensatoren sind in der freien Atmosphäre beständig. Ihre Metallarmaturen und die metallischen Kondensatorbeläge müssen einen geeigneten Korrosionsschutz erhalten, der in gewissen Abständen erneuert werden muß (Schutzlack und Kunststoff; Silikonkantenschutz).

Bei für Freiluftanlagen geeigneten Kondensatoren muß der Wulst so gestaltet werden, daß sich kein Regenwasser darin ansammeln kann. Eine ausgeführte Form ist in Abb. 5.38 dargestellt.

Die Armaturen müssen stark genug ausgeführt werden, um beim Einbau auch als Halterung dienen zu können.

Außerdem müssen sie den auftretenden Betriebsstrom ohne wesentliche Erwärmung beherrschen.

Verwendung finden bei Töpfen Flansche außen am Topfboden und Sockel aus leitendem Material und aus Keramik. Die Anschlüsse erfolgen an Lötfahnen, an Schellen und an Innenelektroden am Wulstrand. Zylinderkondensatoren führt man bei Verwendung als Durchführungskondensatoren mit Flanschen, Lötfahnen und Bolzen aus. Plattenkondensatoren erhalten als Anschlüsse Lötfahnen (Bänder) und sogenannte Spinnen, die als 3-Bein und 6-Beinarmaturen je nach Stromstärke und Größe der Platte ausgeführt werden. Die Halterung erfolgt entweder an den Spinnen, oder man setzt bei Bändern die Platten hochkant auf glasierte keramische Sockel. Dadurch kann man ein höheres Potential gegen Erde erreichen. Über die einzelnen genormten oder von den Firmen angebotenen speziellen Ausführungsformen und Armierungen geben die Kataloge Auskunft. Eine Übersicht geht aus den Abb. 5.32 bis 5.38 hervor. Auch sei auf DIN 41900 bis 41905 verwiesen.

Für die Prüfung von HF-Leistungskondensatoren gelten die Regeln für Kondensatoren VDE 0560 und speziell Teil 10 für Hochfrequenz-Leistungskondensatoren. Die infolge der elektrischen Verluste entstehende Wärmeenergie muß abgeführt und die obere Grenztemperatur darf nicht überschritten werden.

Die in DIN 41900 bis DIN 41905 genormten Leistungskondensatoren gehören zu der Gruppe der durch freie Konvektion und Strahlung gekühlten Kondensatoren mit (unerzwungener) Luftkühlung. Dabei soll die abzuführende Verlustwärme, bezogen auf die wärmeabführende Oberfläche in cm^2 in keinem Fall, an keiner Stelle und zu keiner Zeit höher als 0,5 Watt werden.

Die zulässige Leistung eines Kondensators kann durch erzwungene Kühlung, einen Luftstrom, gesteigert werden. Die Belastbarkeit mit Luftstromkühlung

Abb. 5.39. Wassergekühlter keramischer HF-Leistungskondensator (Werkfoto: Draloric-Electronic GmbH).

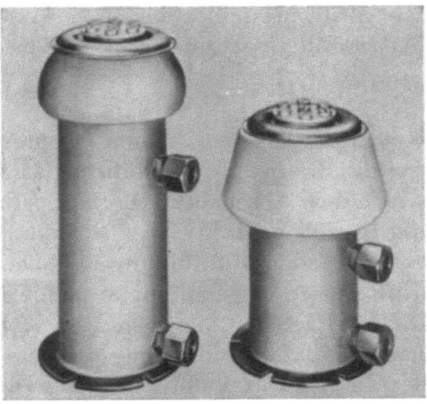

Q_K (kVA) gegenüber der Dauergrenzleistung ohne künstliche Luftbewegung Q_g (kVA) bei einer Luftgeschwindigkeit W (m/sec) kann aus der durch Erfahrung ermittelten Formel

$$Q_K = Q_g \left(1 + \frac{2}{3} W\right)$$

errechnet werden.

Eine bessere Ausnutzung der Belastbarkeit eines keramischen Kondensatordielektrikums kann man durch Kühlung mit einer Flüssigkeit (in der Regel Wasser) erreichen. Wassergekühlte Kondensatoren sind als Töpfe und Zylinder ähnlich den luftgekühlten Formen entwickelt worden (Abb. 5.39).

Wegen der starken Kühlwirkung des meist im Durchlaufverfahren als Kühlmittel verwendeten Wassers können solche Kondensatoren ein Vielfaches der Leistung gleicher luftgekühlter Typen aufnehmen. Sie sind nicht genormt, sondern Sonderkonstruktionen der verschiedenen Herstellerfirmen. Die meist gebauten Topfkondensatoren führt man sowohl mit Innen- als auch mit Außenkühlung aus. Zylinderkondensatoren werden mit Vorteil innen gekühlt.

Andere Kühlmittel als Wasser sind z. Zt. noch nicht in Anwendung gekommen, weil für die verhältnismäßig kleinen Einheiten solcher Kondensatoren der Aufwand in wirtschaftlichen Grenzen bleiben muß. Dagegen bildet die Wasserkühlung in HF-Generatoranlagen keine Komplikation, da für die Kühlung von Röhren usw. ohnehin Wasser zur Verfügung steht.

Im allgemeinen reichen Kühlwassermengen von 1 bis 2 l/min aus, um ein Vielfaches der Verlustwärme von luftgekühlten Kondensatoren abzuführen, so daß es möglich ist, Kondensatoren für Nennleistungen über 1000 kVA zu bauen, deren Abmessungen sich nicht wesentlich von den luftgekühlten gleicher Abmessungen unterscheiden.

Bei einem richtig ausgelegten Kühlsystem kann erreicht werden, daß bei einer Druckdifferenz von 1 bar mindestens sieben Liter Wasser pro Minute durchfließen können. Die höchstzulässige Temperatur des abfließenden Kühlwassers sollte +60 °C sein. Bei einem Temperaturunterschied von 5 °C zwischen zu- und abfließendem Kühlwasser besteht zwischen erforderlicher Wassermenge M (l/min) und der am Kondensator anliegenden Scheinleistung Q (kVA) $\approx$ Blindleistung (kvar) die Beziehung

$$M = 1{,}45 \cdot Q\,.$$

Für spezielle Anlagen ist eine Nachrechnung, bzw. versuchsmäßige Kontrolle notwendig. Die Kühlwasserführung ist so aufzubauen, daß vor dem Einschalten und nach dem Abschalten der HF-Spannung die Kondensatoren vollständig mit Wasser gefüllt sind. Wenn z. B. in HF-Anlagen mit schwankender Wärmeabgabe die Kondensatorkühlung in Reihe geschaltet ist, so ist darauf zu achten, daß die Daten eingehalten werden. Die Härte des Kühlwassers soll maximal 10 *D.H.* (DIN 19640) betragen, um Kalkablagerungen in den Leitungen gering zu halten. Daß zur Kühlung sauberes Wasser zu verwenden und bei auftretenden Temperaturen unter 0°C im Falle der Stillegung von Anlagen Entfernung des Kühlwassers aus den Leitungen erforderlich ist, sollte eine Selbstverständlichkeit sein.

6. Anwendung technischer und elektrotechnischer keramischer Erzeugnisse

6.1 Hochspannungstechnik

Die Gebiete der Hochspannungstechnik, in denen die Elektrokeramik ihre besondere Anwendung findet, sind die Freileitungen für die Energieübertragung, die Fahrleitungen für Vollbahnen, für Straßenbahnen und Obusse sowie für Grubenbahnen, ferner auch Kranleitungen, wobei allerdings die letzten Anwendungsgebiete, mit Ausnahme der Vollbahn-Fahrleitungen, meistens in das Gebiet der Niederspannungstechnik mit Spannungen unter oder um 1000 V fallen.

Besonders wichtig wegen der Vielzahl der Formen und speziellen Anwendungsmöglichkeiten ist das Gebiet der Geräteisolatoren.

Endlich darf das Gebiet der Isolatoren, die für Sendeanlagen benötigt werden, nicht vergessen werden.

6.1.1 Freileitungsisolatoren

Für Mittelspannungen findet der Stützenisolator Verwendung. Die Mittelspannungsverteilungsnetze müssen unter den verschiedensten Bedingungen betrieben werden und wirtschaftlich sein. Deshalb muß bei der Projektierung nicht nur auf technische, sondern auch auf wirtschaftliche Gesichtspunkte geachtet werden, zumal bei den Mittelspannungsleitungen manchmal die technische Beanspruchung nicht hoch ist und man durch Wahl genügender Sicherheit zu Isolatoren- und Anlagenformen kommen kann, die im Preise niedriger liegen. In Mittelspannungsnetzen finden die Stützenisolatoren (St — früher VDH nach DIN 48004 und VS) Verwendung (vgl. Abschnitt 3.1).

Der Stützenisolator St ist durchschlagbar. Mechanisch ist er, je nachdem, ob die Stütze bis fast zum Bund in das Stützenloch des Isolators hineinragt, auf Druck oder auf Biegung oder kombiniert auf Zug und Druck beansprucht. Zur Erhöhung der Durchschlagfestigkeit wurde die einfache HD-Type in eine verstärkte Type umgewandelt, bei der das Stützenloch nicht so tief und dafür der Scherben sowohl am Kopf als auch an den Wandungen wesentlich verstärkt ist. Dadurch verändert sich die Druckbeanspruchung in eine Biegebeanspruchung. Die Tatsache, daß der Stützenisolator durchschlagbar ist und damit elektrisch versagen kann, hat dazu geführt, das Vollkernprinzip auch bei den Stützenisolatoren anzuwenden, und es sind die Kappenstützenisolatoren oder auch Massivstützenisolatoren gebaut worden. Diese weisen auf der Stütze eine Kappe auf, in die der Massivtrunk des Stützenisolators eingegossen ist. Bei diesen Isolatoren ist der keramische Werkstoff auf Biegung beansprucht. Ein elektrischer Durchschlag ist ausgeschlossen. Solche Isolatoren wurden zunächst in Anlehnung an die Vollkern-Hängeisolatoren mit einem oder zwei weit ausladenden Schirmen versehen, um die Bauhöhe begrenzt zu halten und den notwendigen Überschlag- und Kriechweg zu bekommen. Diese Vollkern-Stützenisolatoren haben sich gut bewährt. Die elektrische Betriebssicherheit hat mehr und mehr Veranlassung gegeben, sie in weiterem Umfange anzuwenden. Insbesondere die Entwicklung in Richtung des Isolators mit längerem Strunk und kleineren Schirmausladungen, also etwas größerer Bauhöhe, hat dazu geführt, auch diesen Vollkern-Stützenisolator als Stabisolator herzustellen, der in fertigungstechnischer Beziehung große Vorteile aufweist. Wegen der hierbei in den Vordergrund tretenden mechanischen Beanspruchung finden keramische Werkstoffe hoher Festigkeit mit besonderem Vorteil Verwendung (z. B. Steatit oder Sonderporzellane).

In der Abb. 6.1 ist ein Vollkern-Stabstützenisolator dargestellt. Der Grund, weshalb der Stützenisolator auch heute noch eingebaut wird, liegt darin, daß er eine Seilanordnung oberhalb der Traverse bedingt, wobei Masthöhe eingespart wird.

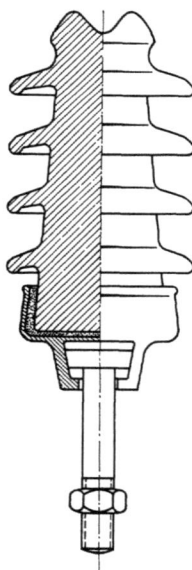

Abb. 6.1. Vollkern-Stabstützenisolator.

Die Verstärkung an Abspannstellen und an Weg- und Bahnüberquerungen wird meist durch zwei parallel angebrachte Stützenisolatoren erreicht.

Die Führung des Leiterseiles erfolgt am Isolatorkopf vorbei durch die Halsrille. Die Befestigung wird mit einem Wickelbund durchgeführt. In dieser verhältnismäßig starren Befestigung des Seiles am Kopf des Isolators glaubt man, gewisse betriebliche Nachteile erkannt zu haben, dadurch, daß unter Umständen Schwingungsbrüche des Seiles als Ermüdungsbrüche auftreten. Deshalb wird als Vorteil des Längsbund- oder des Mittelbundisolators die verhältnismäßig elastische Befestigung des Seiles angesehen. Diese Mittelbund- bzw. Längsbund-Isolatoren haben ein bzw. zwei Löcher im Kopf, durch die die Befestigungsseile geführt werden. Sie können auch als Stützenisolator gebaut werden, jedoch bildet man ihn heute fast durchweg als Vollkern- oder Vollkern-Stabisolator, letzteren mit etwas größerer Bauhöhe und kleineren Schirmdurchmessern, aus. Auch bei dieser Form können höhere Festigkeiten gut ausgenutzt werden. Die Stützenisolatoren haben auch im Mittelspannungsgebiet eine Konkurrenz in den Hängeisolatoren gefunden. Die Beanspruchung des Stützenisolators auf Biegung, die verhältnismäßig schwere Konstruktionen verlangt, hat dazu geführt, den Kettenisolator für die Aufhängung von Mittelspannungsleitungen mehr und mehr einzuführen, so daß dieselben Typen, die in größerer Zahl aneinandergehängt als Hochspannungsisolatoren verwendet werden, auch mit einzelnen Gliedern für die Mittelspannungsnetze in Frage kommen.

Der am weitesten verbreitete Isolator für Freileitungen war der Kappenisolator, bei dem ein Klöppel in eine Höhlung des keramischen Körpers hineinragt und der dadurch gebildete keramische Kopf von einer Metallkappe überdeckt wird. Diese Kappentype ist eine durchschlagbare Type, bei der die mechanische Beanspruchung des keramischen Werkstoffes nicht klar definiert ist. Die Form des Klöppels und des Klöppelloches hat eine Entwicklung hinter sich. In Deutschland wurde fast durchweg der Isolator mit hinterschnittenem Klöppelloch verwendet, in das der Klöppelkopf eingegossen oder eingeklemmt wird. In Amerika hat man ein zylindrisches oder leicht konisches Klöppelloch gewählt, das zum Teil innen mit einer Splitthaut zur besseren Haftung des Eingußmittels versehen wurde. Die Klöppel weisen stufenförmige Absätze auf, um eine genügende Befestigung im Eingußmittel zu erreichen.

Mit Rücksicht auf die Durchschlaggefährdung des Kappenisolators und weil inzwischen Isolatoren in ihrem Gefüge und ihrer Homogenität einwandfrei so hergestellt werden können, daß eine Beanspruchung auf Zug ohne weiteres vertretbar ist, wurde der Vollkernisolator entwickelt. Zu diesem Erfolg hat auch die Weiterentwicklung der Prüfverfahren beigetragen. Da zunächst eine Fertigung von langen Isolatoren in einem Stück nicht möglich war, wurde das Prinzip des Kettenisolators beibehalten und ein nicht durchschlagbarer Vollkernisolator mit zwei Kappen und Konusstrunk ausgeführt. Da dieser Isolator für höhere Spannungen zu Ketten zusammengesetzt wird und man vermeiden mußte, daß wesentlich größere Baulängen für diese Ketten zustande kommen, war es notwendig, den durch die Kappen verlorengehenden Isolations- bzw. Überschlagweg durch ziemlich weit ausladende Schirme zu ersetzen. Es entstand dadurch der Zweischirm-Doppelkappenisolator, allgemein auch Vollkern- oder Motorisolator (nach Patenten der Motor-Columbus AG, Schweiz) genannt. Er ist elektrisch verhältnismäßig günstig und wird in der Form des VK 60, des VK 45 und als größere Typen des VK 75 und VK 85 verwendet. Er bietet in diesen Formen auch keine besonderen Fertigungsschwierigkeiten.

Überlegungen, Einheiten für höhere Spannungen zu schaffen und Zwischenarmaturen weitgehend zu vermeiden, haben zur Entwicklung des Langstabisolators geführt. Die Vervollkommnung der keramischen Fertigung gestattet heute, Langstabisolatoren mit Längen von 1100 und 1200 mm in größten Serien herzustellen. Auch die Fertigung von Langstabisolatoren für Spannungen von 150 kV, 220 kV und 380/420 kV mit Längen in einer Einheit von 1800, 2400, und über 3000 mm hat man in den Griff bekommen und in größeren Stückzahlen eingebaut. Dabei haben sich im In- und Ausland gute und befriedigende Betriebsergebnisse gezeigt. Bedenken, daß sich bei solchen langen Einheiten von Langstabisolatoren große Schwierigkeiten in der keramischen Fertigung, in der Handhabung bei der Montage der Hochspannungsleitungen und im Betriebsverhalten zeigen würden, haben sich nicht bestätigt. Es war nämlich zunächst befürchtet worden, daß zu große Längen solcher starrer Isolatoren Elemente darstellen könnten, bei denen durch Schwingungsvorgänge an den Leitungen bei Wind und Eislastabwurf, usw. der keramische Werkstoff des Isolators oder auch die Armaturen und Leitungsseile übermäßig beansprucht werden. Diese Befürchtungen haben sich bei inzwischen in Hochspannungsleitungen eingebauten und betriebenen größeren Stückzahlen solcher langen Einheiten nicht bestätigt, so daß in der Zukunft ihrer Verwendung nichts im Wege stehen wird. Der Langstabisolator in Einheiten von 1000 bis 1200 mm für 110 kV und mit 2 und 3 Einheiten in Reihe für 220 und 380 kV hat sich betriebsmäßig bestens bewährt. Es bestätigt sich, daß die Anwendung des Baukastenprinzips beim Langstabisolator technisch und wirtschaftlich vorteilhaft ist. Die Form des Langstabisolators als massiver Strunk und mit einer variierbaren Zahl von Schirmen verhältnismäßig kleiner Ausladung ist keramisch fabrikationsmäßig günstig, und man hat durch Variation der Schirmausladung und der Zahl der Schirme beste Möglichkeiten, den Langstab den elektrischen Erfordernissen anzupassen. So existieren Langstabisolatoren für 20 kV aufwärts bis zu 110 kV, mit Schirmzahlen nach den verschiedenen Längen von 6 bis 35, wobei die Schirmteilung entsprechend zwischen 75 und 37 mm liegt.

Hinsichtlich des derzeitigen Standes der Entwicklung sei auch auf Abschnitt 5.1.3 verwiesen. Statt des früheren 14-schirmigen Langstabisolators für 110 kV haben sich jetzt der 22-schirmige und für 60 kV statt des 9-schirmigen der 14-schirmige Isolator gleicher Länge als Standardtypen durchgesetzt. Die Verwendung von keramischen Werkstoffen höherer mechanischer Festigkeit hat dazu geführt, mit dem Strunkdurchmesser auch bei 110-kV-Typen auf 60 mm herunterzugehen.

Große Schirmzahlen und kleine Schirmteilung wählt man vor allem dann, wenn großer Kriechweg notwendig ist, d. h. wo das Fremdschichtproblem besonders ausschlaggebend ist, also in Gebieten besonderer industrieller Verschmutzung sowie Salzablagerung an Meeresküsten und bei Nebelbildung.

Stab- und Langstabisolatoren sind nach DIN 48006 genormt. Es existieren aber noch eine Vielzahl von Sondertypen mit anderen Varianten der Schirmzahl, Baulänge und Schirmteilung. Die Schirmausladung hat sich mit etwa 37 mm bereits als verhältnismäßig feststehend herausgebildet. In den Abb. 6.2, 6.3, 6.4 und 6.5 sind Freileitungen mit Langstabisolatoren dargestellt.

Das Fremdschichtproblem ist nicht in allen Fällen durch Vermehrung der Schirmzahl und damit Erhöhung des Kriechweges zu meistern. In schwierigen Fällen muß auch die Baulänge größer gewählt werden. Man kann die Einheit eines Langstabes verlängern oder mehrere kürzere hintereinanderschalten. Auch kann man so weit gehen, zwei Langstäbe für 110 kV, also die Typen L 75/

22 bzw. L 85/22, die Nebelausführung NL 75/27 bzw. NL 85/27 oder auch für 220 kV 2 Langstäbe L 75/22 bzw. L 85/22 oder L 75/27 bzw. L 85/22 mit einem weiteren L 75/14 bzw. L 85/14 in Reihe zu verwenden. Das ist allerdings häufig nicht vertretbar und auch nicht durchführbar, weil man diese Isolatorbauhöhe in Leitungen, die für 110 kV ausgelegt sind, und den dazugehörigen Masthöhen nicht unterbringen kann. In solchen Fällen hat man den Ausweg gewählt, einen Normalisolator für die entsprechende Spannung, also z. B. für 110 kV den L 75/14 oder L 75/27, als Hängeisolator zu verwenden und anschließend nach den beiden Seiten in Richtung des Seiles je einen gleichen Langstabisolator in der Abspannlage anzubringen, so daß dadurch Bauhöhe nicht verlorengeht, sondern lediglich die Überbrückungsschleife wie bei einer Abspannung auch an den Hängemasten angebracht werden muß. Dadurch hat man einen langen Isolationsweg, der für alle vorkommenden Fälle ausreichen dürfte. Wenn ein zu weites Ausschlagen von Leitungen in seitlicher Richtung verhindert werden soll, wählt man die V-Aufhängung zweier gleichartiger, parallelgeschalteter Isolatoren, die in der Richtung der Masttraverse, also quer zur Seilrichtung angeordnet wird. Man findet diese Anordnung häufig bei den Speiseleitungen von Vollbahnen, die parallel den Fahrdrähten zur Verstärkung der Querschnitte und zur gestaffelten Einspeisung in das Fahrleitungsnetz geführt werden. Eine solche Anordnung ist in Abb. 6.5 dargestellt. Die Verwendung von schweren Leitungen und Bündelleitern hat zu einer Ausnutzung von keramischen Werkstoffen besonders hoher Festigkeit geführt, die ihrerseits eine Angleichung der

Abb. 6.2. Mit dreigliedrigen Langstabisolatorendoppelketten ausgerüsteter Gittertragmast einer 380-kV-4fach-Drehstrom-Bündelleitung (2 Systeme).

236 6. Anwendung keramischer Erzeugnisse

Abb. 6.3. Mit Langstabisolatoren ausgerüsteter Weitausleger — Gitter-Winkelabspannmast mit 220 kV — zweigliedrigen Doppel-Langstabketten und 2fach-Bündelleitungen.

Abb. 6.4. Abspanngittermastkopf mit zwei 380 kV-Drehstromsystemen von 4fach-Bündelleitungen mit dreigliedrigen 3fach-Langstabisolatorenabspannketten.

Festigkeit der Armaturen an die hohen Festigkeiten des keramischen Werkstoffes notwendig machen.

Bei schweren Leitungen für höchste Spannungen und Mehrfach-Bündelleitern reichen die mit einer Langstabkette oder mit einfacher Kette anderer Isolatoren (Vollkern, Kappen) erreichbaren Festigkeitswerte nicht aus. Es wer-

6.1 Hochspannungstechnik 237

Abb. 6.5. Weitausleger-Gittertragmast mit 110 kV- und 220 kV-Horizontal-2fach-Bündelleitungsdrehstromsystemen mit ein- und zweigliedrigen Langstabisolatorenketten in Hänge- und Quer-V-Anordnung der am Mast geführten Phase der Langstabdoppeltragketten. (Werkfoto: Bayernwerk AG).

Abb. 6.6. 380-kV-4fach-
-Langstabisolatoren-
Abspannkette einer
Vierer-Bündelleitung
(Werkfoto: RWE).

den hierfür 2, 3 und 4 Ketten parallel geschaltet. Solche Anordnungen erfordern Ausgleichsmöglichkeiten bei den Armaturen mit Rücksicht auf die Längentoleranzen und Vorsorge zum Lastenausgleich bei Bruch einzelner Isolatorketten. Daraus ergeben sich ziemlich schwere Konstruktionen, wie z. B. in Abb. 6.6 dargestellt ist.

Neben den Hängeisolatoren und Stützern, meist in Vollkernausführung, findet für die Aufhängung von Freileitungen eine weitere Form des Stützers in

238   6. Anwendung keramischer Erzeugnisse

Abb. 6.7. 110-kV-Leitungsaufhängung („Portra"-System) auf Holzmast mit Steatit-Massivstützern (Werkfoto: Starkstrom-Anlagen-Gemeinschaft).

dem „Portra"-System (Patent Vogelsang — Starkstrom-Anlagen-Gemeinschaft) Verwendung vor allem beim Aufbau auf Holzmasten für Leitungen bis 110 kV, die bei niedrigen Baukosten als Übergangslösungen gedacht sind (Abb. 6.7).

6.1.2 Fahrleitungsisolatoren

Als Fahrdrahtspannung bei Vollbahnen finden Spannungen von 3000 V, 15 kV (16 $^2/_3$ Hz) und 25 kV (50 Hz) Verwendung. Nachdem Triebmotoren für die Frequenz von 50 Hz kein Problem mehr darstellen, besteht die Tendenz, bei großen Entfernungen und der für einen wirtschaftlichen Betrieb von elektrischen Strecken notwendigen Auslastung mit den dafür erforderlichen zu übertragenden Leistungen Fahrdrahtspannungen von 25 kV bei 50 Hz allgemein dann anzuwenden, wenn man nicht durch umfangreiche bestehende Anlagen anderer Spannung festgelegt ist.

Für die Isolation kommen Spezialisolatoren in Frage. In den Bahnunternehmen findet man sowohl den auf dem durchschlagbaren Kappenisolator-

Abb. 6.8. Fahrleitungs-Stabisolatoren der Deutschen Bundesbahn (Hänge-, Abspann-, Ausleger-, Streckentrenn-Isolatoren).

6.1 Hochspannungstechnik 239

prinzip als auch auf dem durchschlagbaren Durchführungsprinzip aufgebauten *Spezialkappenisolator* und auch den *Diabolo-Isolator*. Es sei erwähnt, daß die Isolatoren dieser Kappen- und Diabolotype in elektrischer Beziehung den Kappenisolatoren bei Freileitungen gleich sind. Daß solche Isolatoren zu elektrischen Durchschlägen geführt haben, hat besonders stark auf die Verwendung von nicht durchschlagbaren Stabisolatoren hingewiesen. Die Betriebserfahrungen mit solchen Stabisolatoren haben gezeigt, daß die keramische Fertigung in der Lage ist, Isolatoren zu liefern, die eine derartige mechanische Sicherheit

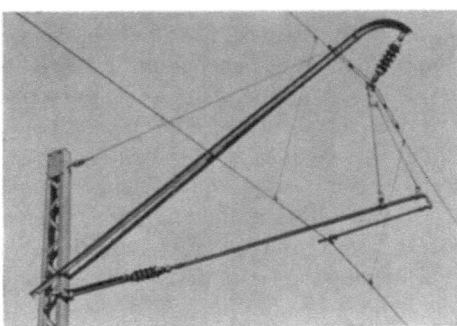

Abb. 6.9. Fahrleitungsausleger der DB mit Stabisolatoren.

Abb. 6.10. Vollkern-Fahrleitungsisolatoren in Hänge- und Abspannlage und als Streckentrennisolatoren.

240   6. Anwendung keramischer Erzeugnisse

zeigen, daß Betriebsstörungen auf Grund von Isolatorenausfällen heute zu den Seltenheiten gehören. Besonders die Deutsche Bundesbahn hat sich auf den Vollkernstabisolator eingestellt und spezielle Typen für die Spannungen von 15 kV und 25 kV entwickelt (Abb. 6.8). Auch bei Streckentrennerisolatoren hat sich die massive Ausführung als Stabisolator gut bewährt. Diese Isolatoren zeigen Abb. 6.9 eingebaut in den Ausleger einer Fahrleitung und Abb. 6.10 in einen Streckentrenner.

6.1.3 Geräteisolatoren

Das Gebiet der Geräteisolatoren ist hinsichtlich der Vielzahl seiner Typen und Anwendungsmöglichkeiten bedeutend, weil Geräteisolatoren für praktisch alle Geräte der Hochspannungstechnik Verwendung finden. Hierbei ist zwischen Isolatoren zu unterscheiden, die mit Armaturen ausgerüstet oder bei geeigneter Ausbildung des Kopfes auch ohne Armatur Anschluß- und Befestigungsmöglichkeiten bietend selbständige Isolatorengeräte darstellen, und solchen, die Stützer-, Halte-, Trag-, Betätigungs-, Abspann- oder Gas- und Luftführungsaufgaben in Geräten erfüllen. Gehäuseisolatoren dienen der Unterbringung von elektrisch und magnetisch aktiven Teilen oder ganzen Geräten. Hierzu gehören auch die Isolatoren, die kapazitiv gesteuerten Durchführungen oder Öldurchführungen als Umhüllung dienen. Durchführungen mit keramischen Werkstoffen als dielektrisch bzw. isolierend aktive Isolierkörper bilden eine besondere Gruppe.

Stützer finden Anwendung in Stationsanlagen sowohl zur Bildung von Stützpunkten bei Verbindungsleitungen als auch zum Tragen der Sammelschienen.

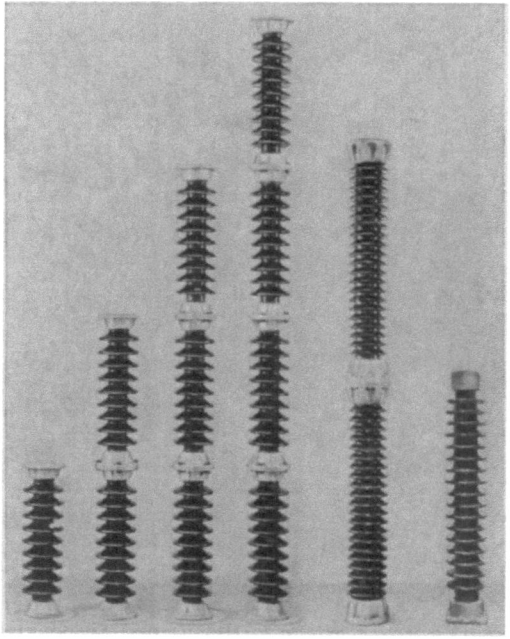

Abb. 6.11. Massiv-(Zylinder)-Stützer ein- und mehrteilig.

Diese Stationsstützer, deren Konstruktion im Kapitel 5 beschrieben ist, werden in Innenraumanlagen und in Freiluftanlagen verwendet.

Sie sind für Innenanlagen nach DIN 48100 bis 48102 für die Mindest-Umbruchkraftgruppen 375 kp, 750 kp, 1250 kp und die Spannungsreihen 1 bis 45, nach DIN 48129 und 48130 für die Gruppe 800 kp und die Reihen 60 S und 110 S, für Freiluftanlagen nach DIN 43632 für die Gruppe 375 kp und die Reihen 10 bis 30, nach DIN 48119 und 48120 für die Gruppe 800 kp und die Reihen 60 N und 110 N, nach DIN 48123 für die Gruppen 800 kp, 1000 kp, 1250 kp und die Reihe 220 N und nach DIN-Entwurf für die Gruppen 800 kp, 1000 kp, 1200 kp und die Reihe 380 NE genormt, finden aber auch in anderen und abgewandelten Formen Verwendung (Abb. 6.11). Die genormten Stützer über 110 kV sind 2teilig und über 380 kV 3teilig und alle als Massivstützer ausgeführt.

International sind als Standards von Massivstützern die Hauptabmessungen (Höhe, Durchmesser, Armaturen, Anschlußmaße) und für die genormten Steh-Stoßspannungen bis 325 kV für Innenraum und die Mindest-Umbruchkraftgruppen 1800 N, 3750 N, 7500 N und 15000 N und für die genormten Stehstoßspannungen bis 1675 kV für Freiluft und die Gruppen 2000 N, 4000 N, 6000 N-

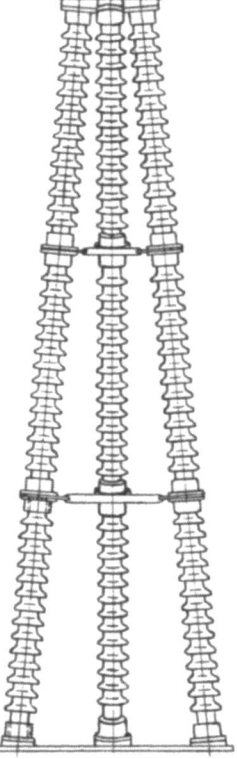
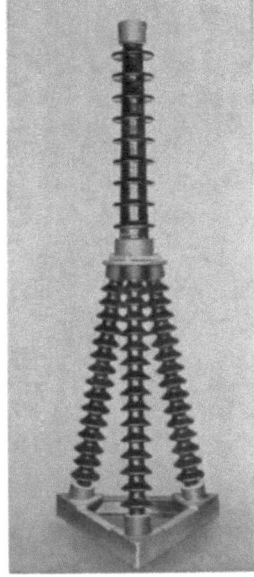

Abb. 6.12. Dreibockstützer aus 3 dreiteiligen Langstabsäulen und Stützer mit 3 Langstabisolatoren als Dreibockfuß.

242   6. Anwendung keramischer Erzeugnisse

Abb. 6.13. 380 kV-Sammelschienen-Stützer aus 3 Einzelelementen.

Abb. 6.14. Allwellensperre auf Dreibockstützer und Kopplungs-Kondensator in 220-kV-Anlage (Werkfoto: Dielektra).

8000 N und 10000 N (ab 900 kV nicht 2000 N) in der IEC-Publication 273 festgelegt. Hier finden sich auch Standards für Stützer aus Elementen mit Sockel und Kappe.

Werden Stützer benötigt, denen die Normtypen hinsichtlich der Spannung und der mechanischen Beanspruchung nicht gewachsen sind, so wird man Massivisolatoren spezieller Konstruktion verwenden. Hohlkonstruktionen, bei denen technologisch größere Längeneinheiten (Spannung) und größere Widerstandsmomente (mechanische Kräfte) erreichbar sind, setzt man heute kaum noch ein. Auch der Massivstützer gestattet Konstruktionen, mit denen praktisch beliebige Widerstandsmomente und Höhen erreichbar sind (Abb. 6.13). Als Dreibockkonstruktion evtl. in Kombination mit einzelnen Stützersäulen können die vorkommenden Spannungen in Anlagen bis 750 kV und die hier auftretenden Biegemomente beherrscht werden, so daß dieser Dreibockstützer Eingang in Anlagen über 400 kV gefunden hat (Abb. 6.12).

Abbildung 6.14 zeigt in einer 220-kV-Anlage eine Allwellensperre montiert auf einen Dreibockstützer. Daneben steht ein aus vier gleichen Einheiten bestehender Kopplungskondensator, der auch in einem einteiligen Gehäuseisolator untergebracht und auf den die Allwellensperre unmittelbar aufgebaut werden kann.

Stützer in genormter oder auch spezieller Ausführung werden bei Geräten sehr häufig verwendet. So werden Trennschalter in vielen Fällen auf genormte Stützer aufgebaut. Die Stützer dienen dabei als Tragisolatoren, auf die Kontakte und Schaltarme montiert sind. Sie sind meist auf Biegung oder auch Torsion beansprucht, sofern nicht nur eine gewisse dynamische Beanspruchung durch den Schaltvorgang auftritt.

Abbildung 6.15 zeigt zwei Trennschalter für Mittelspannung, bei denen Stützer und Schaltstangen verwendet sind.

Abb. 6.15. Stützer als Tragisolatoren bei Mittelspannungstrennschaltern mit keramischen Schaltstangen als Betätigungsisolatoren (Werkfoto: Elin, Wien).

244   6. Anwendung keramischer Erzeugnisse

Bei Mittelspannungs-Trennschaltern wird das Trennmesser meist durch Zug oder Druck über einen Isolator geschwenkt, der wegen der zu großen Abmessungen und des zu hohen Gewichts selten als ein genormter Stützer, sondern meist in der speziellen Form einer Schaltstange verwendet wird. Solche Schaltstangen massiv aus Steatit oder Porzellan haben entweder runden oder rechteckigen Querschnitt und an beiden Enden Verstärkungen mit Bolzenlöchern.

Da diese Schaltstangen möglichst leicht sein sollen, so kommen hierfür keramische Werkstoffe hoher Festigkeit zum Einsatz. Die Abstände der Bohrungen zur Aufnahme der Drehbolzen verlangen enge Toleranzen.

Mit durch Vollstrunk-Isolatoren betätigten Schwenktrennmessern werden auch Lasttrennschalter für Freiluft-Anlagen gebaut (Typenreihe 10 N, 20 N, 30 N für 400 A bis 1250 A).

Abb. 6.16. Dreh-Lasttrennschalter mit Rohrlöschkammern für Freiluft-Anlagen (Werkfoto: Concordia Sprecher Schaltgeräte GmbH).

Da das Schwenktrennmesser, auch wenn es nicht senkrecht zur Schalterebene, sondern in der Schalterebene geschwenkt wird, insbesondere für höhere Spannungen von 60 kV und 110 kV meist verhältnismäßig sperrig baut, so hat man den Drehtrenner entwickelt. Bei ihm wird das Trennmesser, das auf dem Kopf eines ein Torsionsmoment ausübenden Drehstützers befestigt ist; mit seinen beiden Enden auf beiderseitig angeordnete Stützer eingedreht, auf denen die Kontakte angeordnet sind und von denen die Anschlußleitungen abgehen. Auch Lasttrennschalter werden nach diesem Prinzip gebaut (Abb. 6.16).

Ein anderes als Zweistützer-Drehtrenner bezeichnetes Prinzip beruht darauf, daß zwei gegenüberstehende Stützer mit fest angebauten Kontaktarmen im ganzen drehbar oder mit je einem Kontaktarm an einem Drehlager auf jedem von ihnen angeordnet sind. Bei letzterem besteht das Trennmesser aus zwei die mechanischen Kräfte auf die Verklinkung des Kontaktsystems übertragenden Stahlprofilträgern und Kupferblechstrombahnen, die zusammengeschwenkt werden und einen Trenner mit geringen Abmessungen für höchste Spannungen und Kurzschlußbeanspruchungen bilden (Abb. 6.17).

In der Form des *Scheren-* oder *Greifertrenners* ist eine Bauweise des Trennschalters gefunden worden, die besonders für höchste Spannungen in Frage kommt und wegen der Kontaktgebung von unten mittels eines scheren-

6.1 Hochspannungstechnik 245

Abb. 6.17. Drehtrennschalter in geschlossenem Zustand in einer Schaltanlage (Werkfoto: BBC-Mannheim).

Abb. 6.18. Scherentrenner Bewegungsphasen der Scherenholme während einer Schaltung (Werkfoto: AEG).

artigen Mechanismus raumsparend wirkt. Bei ihm ist die Schere auf eine Stützersäule aufgebaut, die nur als Träger wirkt und damit das Gewicht der aktiven Teile aufzunehmen hat. Als Betätigungsisolator wirkt dieser Stützer nicht. Er wird auch nicht wesentlich auf Biegung beansprucht, sondern muß nur den Erschütterungen während des Schaltvorganges gewachsen sein (Abb. 6.18).

Das Anwendungsgebiet, das am eindrucksvollsten die Bedeutung der Isolatoren für Geräte zeigt, ist das Gebiet der Leistungsschalter, insbesondere für die höchsten Spannungen. In einer Schaltanlage sieht man einen Wald von Isolatoren in der verschiedenartigsten Verwendungsweise.

Die Entwicklung des Leistungsschalterbaues in Richtung ölarmer Schalter, Druckluft-, Druckgas-, Expansions- und Schwefelhexafluorid-(SF_6)-Schalter haben die Verwendung von Öl stark eingeschränkt. Damit sind die Isolatoren selbst tragende Konstruktionsteile des Schalters und Gehäuse für den Schaltmechanismus geworden. Sie enthalten außer den elektrisch aktiven Teilen auch ruhende und strömende unter Druck stehende Luft, Gase oder Flüssigkeit. Damit haben sich auch Isolatoren spezieller Art entwickelt, die all den Funktionen, die in einem Leistungsschalter vereinigt sind, entsprechen müssen. Leistungsschalterisolatoren werden verwendet als Tragkonstruktionen, Betätigungsisolatoren für mechanische Steuerung, Gehäuseisolatoren, in denen Steuerungs- und Löschmittel, wie Luft, Gase oder Flüssigkeiten, geführt werden und die dauernd oder während des Schaltvorganges unter Druck stehen, und solche, die die Trennkontakte enthalten und die bei den modernen Höchstspannungsschaltern Vielfachunterbrechung aufweisen, so daß eine größere Zahl in Reihe geschaltet ist. In letzter Funktion dienen sie meist gleichzeitig dazu, die Stelle zu umgeben und zu isolieren, an der die Löschung des Lichtbogens durchgeführt wird. Sie werden als *Löschkammerisolatoren* bezeichnet. Die Notwendigkeit der Steuerung der Spannungsverteilung bei Vielfachunterbrechung macht Steuerungsmittel, wie Kondensatoren und Widerstände, erforderlich, die ebenfalls in oder auf Isolatoren untergebracht werden.

Daß von diesen Funktionen in jedem Leistungsschalter ein größerer Teil oder alle zur Anwendung kommen, erklärt die Vielzahl der Isolatoren in einer Schaltanlage.

Die modernen Druckluft- und Druckgas-Leistungsschalter werden als Gerüstkonstruktionen gebaut, deren Verspannung aus einer Mehrzahl von gleichartigen Isolatorelementen besteht. Der Tragisolator besteht je nach der Spannung aus ein bis drei oder auch mehr übereinandergesetzten und durch Metallarmaturen verbundenen Einzelelementen.

Den Aufbau zeigt ein 245-kV-Schalter der BBC-Type DMVF mit einer Ausschaltleistung von 16 GVA, die durch Änderung der Widerstände bzw. Anbau von zusätzlichen Kammern auf 30 GVA erhöht werden kann (Abb. 6.19).

Isolatoren, die als Stützer oder Tragisolator und gleichzeitig als Luftführungsrohr dienen, haben die mechanische Beanspruchung auszuhalten, die durch den Aufbau und das Gewicht bedingt ist. Darüber hinaus stehen sie unter einem Innendruck, entsprechend dem Schaltbetätigungsdruck und dem für die Löschung notwendigen Luftdruck, der etwa 25 bar betriebsmäßig beträgt. Diese Isolatoren werden mit 60 bar bzw. 90 bar geprüft und sind für Druckbruchlasten ausgelegt, die zwischen 130 und 200 bar liegen.

Abb. 6.19. 245-kV-Schalter, BBC-Typ DMVF, eingebaut in Schaltanlage Gösgen/Schweiz. Die Ausschaltleistung von 16 GVA kann durch Änderung der Widerstände bzw. durch Anbau von zusätzlichen Kammern auf 30 GVA erhöht werden (Werkfoto: BBC-Baden).

Abb. 6.20. 765-kV-Druckluft-Schalter, BBC Typ DLF, Ausschaltleistung 35 GVA (Werkfoto: BBC-Baden).

248   6. Anwendung keramischer Erzeugnisse

Die schlanken und bei hohen Spannungen sehr langen Säulen haben vor allem am Fuß sehr hohe Biegekräfte aufzunehmen, die in sehr vielen Fällen durch die für die Herstellung dieser Isolatoren verwendeten hochfesten keramischen Massen beherrscht werden. Trotzdem reichen die Festigkeitswerte nicht in allen Fällen aus, und man verspannt die Säulen zwischen Stellen gleichen Potentials mit Rundeisen und diagonal durch Stabisolatoren (Abb. 6.20). Man sieht deutlich, wie der Isolator von seinen rein isolierenden Aufgaben zum konstruktiven und mechanisch wesentlich beanspruchten Bauelement geworden ist.

Einen ähnlichen Aufbau weist der Freistrahl- bzw. der Mehrfach-Freistrahl-Schalter der AEG auf, der ebenfalls mit Druckluft arbeitet, jedoch die Schaltstelle freiliegend hat. Man kann also äußerlich feststellen, ob der Schalter sich in Aus- oder Einschaltstellung befindet. Der die Schaltstelle bildende Schaltkopf

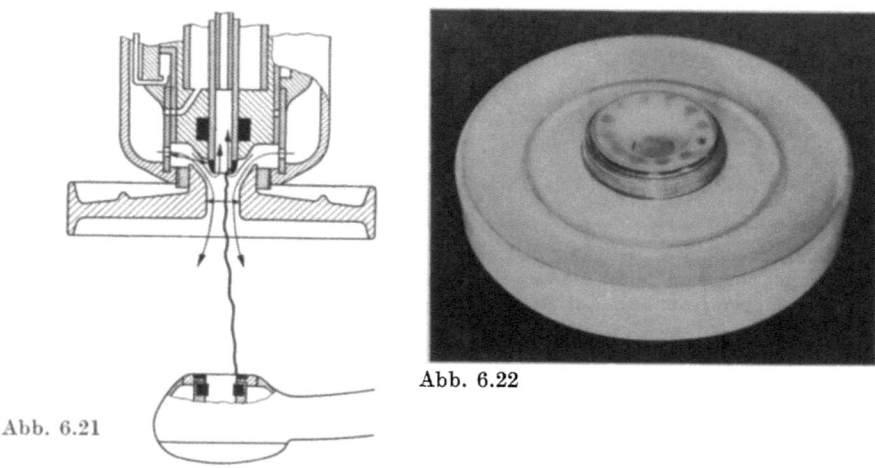

Abb. 6.22

Abb. 6.21

Abb. 6.21. Prinzip eines Schaltkopfes mit Luftführung, AEG-Hochleistungs-Freistrahlschalter (Werkfoto: AEG).

Abb. 6.22. Keramik-(Steatit)-Düse eines AEG-Leistungs-Freistrahlschalters (Werkfoto: AEG).

Abb. 6.23. Teilansicht eines Doppelschaltkopfes (Werkfoto: AEG).

(Abb. 6.21) trägt eine scheibenförmige Keramik-Düse (Abb. 6.22), deren mittlere Bohrung die Öffnung für den Luftstrahl und den Schaltstift bildet (Abb. 6.23).

Die Isolatoren, die hier besonders in Erscheinung treten, sind die Polsäulen, die für 110 kV aus einem Element, bei 220 kV aus zwei und bei 380 kV aus drei Elementen bestehen. Bei der Reihe 380 kV ist wegen der großen Höhe und den Biegebeanspruchungen infolge der Erschütterungen beim Schaltvorgang eine Verspannung des unteren Elementes durch Stabisolatoren angebracht. Diese Polsäulen sind also durch das Gewicht und die Erschütterungen beim Schaltvorgang beansprucht. Außerdem stehen sie nicht dauernd, aber während des Schaltvorganges unter Druck. In der Polsäule befindet sich ein keramisches Luftrohr kleineren Durchmessers, das ebenfalls als Isolator wirkt und durch das die Einschaltluft geleitet wird. Für die Ausschaltluft ist ein größerer Querschnitt erforderlich, da für die Löschung des Lichtbogens eine größere Luftmenge zur Verfügung stehen muß. Während des Ausschaltvorganges steht also die ganze Polsäule unter Druck. Am Kopf befinden sich Hohlporzellane, die die Metallklemme für die Gegenkontakte tragen und in denen gleichzeitig die Kapazitäten untergebracht sind, die die Spannung auf die verschiedenen Schaltstrecken gleichmäßig verteilen. Die Abb. 6.24 zeigt einen 380-kV-Mehrfach-Freistrahl-Schalter.

Einen AEG-Leistungstrennschalter mit einer Ausschaltleistung von 5 GVA, vertikaler Schaltrohranordnung, der unmittelbar mit der Sammelschiene verbunden wird und damit zu einer raumsparenden Innenraumschaltanlage führt, zeigt Bild 6.25.

Außer Druckluft [BBC (Abb. 6.19, 6.20), AEG (Abb. 6.24), Delle-Alstom (Abb. 6.26), ASEA, u. a.] werden als Löschmittel beim ölarmen Schalter und

Abb. 6.24. 380-kV-Leistungs-Freistrahlschalter (Werkfoto: AEG).

250   6. Anwendung keramischer Erzeugnisse

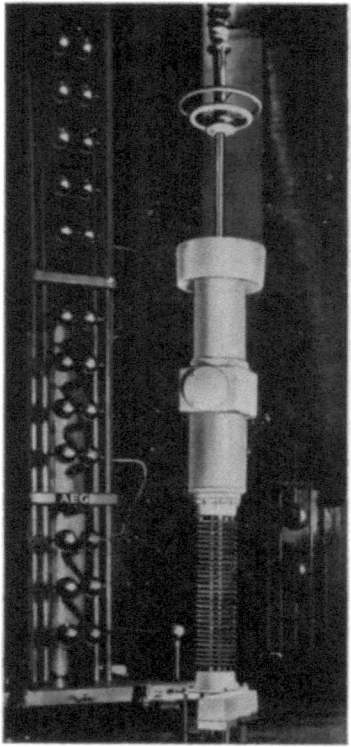

Abb. 6.25. Leistungstrennschalter, 5 GVA Ausschaltleistung.

Abb. 6.26. 500-kV-Leistungsschalter und Scherentrenner auf Dreibockstützern, Nennstrom 3000 A, Kurzschlußstrom 40000 A (Werkfoto: Delle Alsthom).

6.1 Hochspannungstechnik 251

Abb. 6.27. Ölstrahlschalter mit Mehrfachunterbrechung 220 kV, 10 GVA Kraftwerk Wallsee der Donaukraftwerke AG (Werkfoto: Sprecher & Schuh, Linz).

Abb. 6.28

Abb. 6.29

Abb. 6.28. Pol eines SF_6-Leistungsschalters, Nennspannung 380 kV, Nennstrom 2000 A, Nennausschaltleistung 35 GVA, Lösch- und Isoliermittel Schwefelhexafluorid (Werkfoto: Siemens AG).

Abb. 6.29. Stromwandler für das holländische 400-kV-Netz (Werkfoto: Meßwandlerbau, Bamberg).

Ölstrahlschalter [Sprecher & Schuh (Abb. 6.27)] Öl, beim Expansionsschalter (Siemens) Expansin, ein Gemisch aus Wasser und Glykol, und beim Schwefelhexafluoridschalter, mit dessen Entwicklung sich die meisten Schalter bauenden Firmen des In- und Auslandes beschäftigt haben und den einige davon [Siemens (Abb. 6.28), Westinghouse] liefern, SF_6-Gas verwendet. Bei SF_6-Schaltern entsteht Flußsäure nicht, so daß chemischer Angriff auf keramische Isolatoren nicht zu befürchten ist.

Bei Leistungsschaltern für niedrigere, also Mittelspannungen wird Druckluft meist nicht verwendet, weil der Aufwand der Drucklufterzeugung für kleinere Schalter zu groß ist und man günstige wirtschaftliche und Schalt-Ergebnisse mit Flüssigkeiten als Löschmittel erreicht.

Bei allen diesen Schaltern werden Isolatoren ähnlicher Formen in der beschriebenen Weise verwandt. Sie zeigen deutlich die Bedeutung der Keramik als Konstruktionselement.

Ein weiteres sehr wichtiges Anwendungsgebiet der Hochspannungsisolatoren im Gerätebau sind *Isolatoren für Meßwandler.*

Die heute meist verwendete Bauart des Höchstspannungsmeßwandlers, ist die mit einem vollkeramischen Gehäuse. Bei dieser wird der aktive Teil des Wandlers innerhalb des Isolators untergebracht, und der Aufbau im Inneren ist so, daß die Stelle hohen Potentials sich am oberen Ende des Wandlers befindet und ohne weitere Durchführung herausgeführt werden kann. Diese Isolatoren stellen Gehäuseisolatoren dar, die zuweilen auch als Überwürfe bezeichnet werden. Sie unterliegen meist keiner besonderen mechanischen Beanspruchung und dienen nur Isolationszwecken, wobei der Spannungsgradient im Werkstoff auch nicht besonders groß ist.

Diese Isolatoren machen in der Fabrikation keine besonderen Schwierigkeiten.

Bei diesen Wandlern spielt das Problem des Ölgewichts eine wichtige Rolle. Man würde in manchen Fällen vielleicht gern schlankere Isolatorenformen verwenden, die jedoch wegen des dann ungünstigen Schlankheitsverhältnisses fabrikatorisch Schwierigkeiten bereiten. Dadurch ist das Ölvolumen im Wandler manchmal etwas groß, und man sucht nach Mitteln, es nicht nur wegen des Gewichts, sondern auch wegen der brennbaren Menge zu verringern. Hier besteht die Möglichkeit, mit Füllkörpern zu arbeiten, zu denen auch manchmal Steatit- oder Porzellankugeln herangezogen werden. Dadurch wird das Volumen an brennbarer Flüssigkeit verringert.

Solche Wandler werden für Freiluftbetrieb als Strom- und Spannungswandler bis zu Betriebsspannungen von 765 kV hergestellt. Die Gehäuseisolatoren werden dabei bis 420 kV auch einteilig und sonst aus zwei Teilen zusammengesetzt verwendet. Ausgeführte Formen sind in Abb. 6.29, 6.30, 6.31, 6.32 und 6.33 abgebildet. Der Bau von Wandlern für noch höhere Betriebsspannungen, z. B. von 1500 kV, dürfte, wenn sie benötigt werden, grundsätzlich auf der gleichen Basis möglich sein.

Im Mittelspannungsgebiet haben die Porzellane ihre Bedeutung weitgehend verloren, da Meßwandler bis 45 kV ausschließlich im Innenraum verwendet werden und hier die Kunststoffe die keramischen Werkstoffe verdrängt haben.

Abb. 6.30. Induktiver 500-kV-Spannungswandler in einer Anlage der Tennessee Valey Authority (TVA) in USA (Werkfoto: Meßwandlerbau, Bamberg).

Weitere Anwendungsgebiete sind Überspannungsableiter, bei denen Widerstände, Kondensatoren und Funkenstrecken, und Kopplungskondensatoren für Hochfrequenztelefonie auf Energieversorgungsleitungen, bei denen Kondensatoren witterungs- und klimasicher in Gehäuseisolatoren untergebracht und für Hochspannungsanlagen geeignet isoliert werden. Die Forderungen an die mechanische Festigkeit und die elektrische Durchschlagfestigkeit sind nicht kritisch. Abb. 6.34, und 6.35 zeigen Überspannungsableiter bis zu 380 kV. Ein Kopplungskondensator ist in Abb. 6.36 dargestellt.

Für Kabelendverschlüsse oder Kabelausführungen kommen in der Mehrzahl nicht so große Abmessungen der Gehäuseisolatoren in Frage, da Kabelübertragungsleitungen für höchste Spannungen auf große Entfernungen gegenüber Freileitungen heute noch wesentlich teurer sind und wahrscheinlich auch noch größere Schwierigkeiten bei der Trassierung bereiten. Abb. 6.37, 6.38 und 6.39 zeigen Kabelendverschlüsse.

Als Gehäuse dient der Isolator auch bei vielen Freiluft-Hochspannungsdurchführungen für Transformatoren, Kondensatoren, Kabelendverschlüsse, Kabelausführungen und als Wanddurchführungen. Die elektrische Steuerung, die für Spannungen über 50 kV notwendig ist, ist durch Kondensatorwickel erreichbar, die in einer Tränkmasse oder Öl eingebettet sein müssen und ein dem Freiluftbetrieb gewachsenes Isoliergehäuse benötigen.

254   6. Anwendung keramischer Erzeugnisse

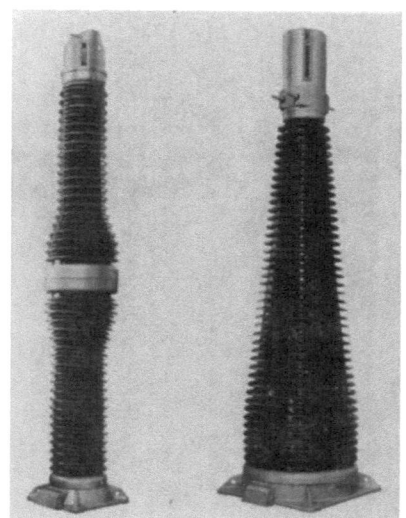

Abb. 6.31

Abb. 6.32

Abb. 6.31. 380-kV-Strom- (mit 4 Kernen, davon ein Kern linearisiert) und Spannungswandler (2-polig, induktiv) (Werkfoto: Dr.-Ing. Hans Ritz Meßwandlerwerk GmbH, Hamburg).

Abb. 6.32. Kopfstromwandler und Kapazitive Spannungswandler in einer 380-kV-Schaltanlage (Werkfoto: Siemens AG, Wernerwerk).

Die Gehäuseisolatoren von durch Kondensatorwickel gesteuerten Durchführungen bis etwa 4 m Länge können aus einem Stück hergestellt werden. Einheiten von über 2 m Länge setzt man manchmal aus Wirtschaftlichkeitsgründen und solche über 4 m Länge auf jeden Fall aus 2 oder auch aus 3 Einheiten zusammen. Als Klebemittel der als Edelfuge ausgebildeten Stoßstellen verwendet man Gießharz und auch manchmal Glasur und verspannt mit dem Durchführungsbolzen bei Horizontal- und Schräganordnung und auch bei Vertikalanordnung vor allem für Transport und Montage. Abb. 6.40 und 6.41

Abb. 6.33. Spannungswandler 735-kV/maximale Betriebsspannung (765 kV), maximale Gesamtleistung 600 VA (Grenzleistung 7500 VA), Genauigkeitsklassen 0,3/0,6/0,6%/(bei Leistungen 400/200/200 VA), Gesamthöhe 7475 ± 160 mm, Porzellandurchmesser 1010 mm (Werkfoto: Transformatoren Union AG, Stuttgart).

Abb. 6.34. Überspannungsableiter für 380 kV (Werkfoto: Siemens AG, Schaltwerk Berlin).

Abb. 6.35. Überspannungsableiter Typ AVT, Löschspannung 360 kV (Werkfoto: AEG).

Abb. 6.36. Kopplungskondensator 380 kV (Werkfoto: Dielektra, Porz).

6.1 Hochspannungstechnik

Abb. 6.34

Abb. 6.33

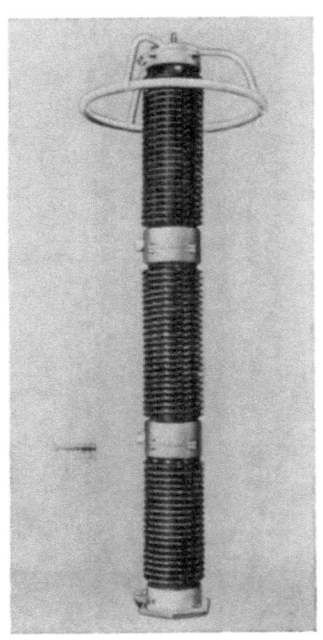

Abb. 6.35

Abb. 6.36

256   6. Anwendung keramischer Erzeugnisse

Abb. 6.37. Reihe von 110-kV-Druckkabelendverschlüssen (Werkfoto: Felten & Guillaume Kabelwerke AG).

Abb. 6.38   Abb. 6.39

Abb. 6.38. 220-kV-Ölkabelendverschlüsse in horizontaler Anordnung (Werkfoto: Felten & Guillaume Kabelwerke AG).

Abb. 6.39. 380-kV-Kabelendverschluß (Werkfoto: Felten & Guillaume Kabelwerke AG).

6.1 Hochspannungstechnik   257

Abb. 6.40. Wanddurchführung für 1 Million Volt Prüfspannung, Freiluft- und Innenraumteil gleich ausgebildet und je aus einem Stück hergestellt (Werkfoto: AEG-Kassel).

Abb. 6.41. Wanddurchführung für 1 Million Volt Prüfspannung eingebaut im Hochspannungsinstitut der AEG-Kassel (Werkfoto: AEG-Kassel).

zeigen die Wanddurchführung für 1 Million Volt Prüfspannung des Hochspannungsinstituts der AEG in Kassel, deren Freiluft- und Innenraumteil gleich ausgebildet und je aus einem Stück hergestellt sind. Abb. 6.42 zeigt die Durchführung für einen Leistungstransformator, von Emil Haefely & Cie AG, Basel/Schweiz hergestellt, und die Abb. 6.43 eine Prüf-Trafo-Durchführung von Felten & Guillaume Dielektra AG, Porz.

Ein breites Anwendungsgebiet hat die kondensatorgesteuerte Durchführung als Hochspannungs-Transformator-Durchführung. Sie wird für Leistungstransformatoren bei Spannungen über 60 kV bis heute 765 kV und für Prüftransformatoren bis zu 1200 kV gebaut. Abb. 6.44, 6.45, 6.46 und 6.47 zeigen Transformatoren mit solchen Durchführungen.

Die Durchführung ohne Potentialsteuerung kommt nur bis 45 kV in Betracht. Sie ist für Innenraum und Freiluft nach DIN 42530 bis 42534 und DIN 42539 von 1 kV bis 45 kV genormt. Für 60 kV und 110 kV bestehen nach DIN 42535 für 200 und 600 A Freiluft-Gehäuseisolatoren für Durchführungen und

258   6. Anwendung keramischer Erzeugnisse

Abb. 6.42   Abb. 6.43

Abb. 6.42. Ölpapier-Kondensator-Durchführung für Freiluft-Transformator, Nennspannung 765 kV, Prüfwechselspannung 850 kV, Nennstrom 800 A, Totaler Kriechweg 11000 mm (Werkfoto: Emil Haefely & Cie. AG, Basel).

Abb. 6.43. Prüftrafodurchführung für Dauerbetriebsspannung von 1200 kV. Gehäuseisolator aus 3 Teilen zusammengesetzt. Für senkrechte und waagerechte Betriebslage mit Verspannkraft von 100 t und zusätzliche außen angebrachte Transportverspannung von nochmals 100 t; freie Länge: 8300 mm (Werkfoto: Dielektra, Porz).

für Innenanlagen. Es sind Bolzen-Durchführungen als Wanddurchführungen von 3 kV bis 30 kV und kleinste Umbruchkraft von 375 kp in vereinheitlichter Form und für Spannungen von 1 kV bis 20 kV und kleinste Umbruchkraft von 750 kp nach DIN 48104 und Innenraum-Durchsteckdurchführungen für 10 kV, 20 kV und 30 kV nach DIN 43641 bis 43643 genormt.

Im Prinzip sind alle rein keramischen Durchführungen Rohre, wobei für höhere Spannungen mit einem einzelnen Rohr die Durchschlagfeldstärke nicht beherrscht werden kann. Die deshalb gebaute Mehrrohrdurchführung besteht nur aus festen keramischen Stoffen und unterliegt im fertigen Zustand keinen Veränderungen.

Da man aber Mehrrohrdurchführungen praktisch aus höchstens 3 konzentrischen Rohren herstellen kann, ergeben wegen der relativ großen Wanddicke der

6.1 Hochspannungstechnik 259

Abb. 6.44. 200-MVA-Einphasen-Transformator mit Ober- und Unterspannungs-Trafodurchführungen $\frac{700}{\sqrt{3}} \Big/ \frac{300}{\sqrt{3}} \Big/ 11{,}9$ kV (Werkfoto: Siemens AG, Transformatorenwerk, Nürnberg).

Abb. 6.45. 133 MVA-Einphasen-Maschinentransformator 420/10,5 kV mit horizontal eingebauter 400-kV-Trafodurchführung (Werkfoto: BBC-Mannheim).

260 6. Anwendung keramischer Erzeugnisse

Abb. 6.46. 400-MVA-Transformator mit stehenden Trafodurchführungen und Überspannungsableitern (Werkfoto: Trafo-Union AG, Stuttgart).

Abb. 6.47. Transformator-Durchführungen für eine Betriebsspannung von 750 kV auf Transformatoren der Quebec Hydro, Montreal (Werkfoto: Micafil AG, Zürich).

einzelnen Rohre dazwischen liegende Metallschichten keinen wirksamen Steuereffekt, und man kommt über Spannungen von 110 kV nicht wesentlich hinaus. Deshalb hat die Mehrrohrdurchführung die Kondensatorwickeldurchführung nicht verdrängen und keine weite Verbreitung finden können.

6.2 Niederspannungstechnik

Keramische Isolatoren finden vor allem auch für die Niederspannungsverteilung und Ortsnetze der Energieversorgung Verwendung. In Deutschland werden fast ausschließlich die genormten Stützenisolatortypen nach DIN 48150 mit den Bezeichnungen N 95 eingebaut. Zur Abspannung, vor allen Dingen in Häusern, in Ortsnetzen, aber auch sonst für besondere Abspannzwecke, wird der Schäkelisolator nach DIN 48154 verwendet. Er ist mit einem Befestigungsbügel versehen. Ferner sind für Fernmeldeleitungen die Reichsmodellisolatoren genormt. Sie tragen die Bezeichnungen RM I, RM II, RM III und RMK. Diese Isolatorentypen gehören zu der Gruppe der Stützenisolatoren. Sie sind auf Eisenstützen durch Aufhanfen oder Eingießen, neuerdings auch durch Zwischenlage einer Kunststoffbuchse meist mit Gewinde, befestigt. Für Niederspannungsleitungen, vor allem in Weitspannbauweise und häufig bei Verwendung von Betonmasten, werden auch bei Niederspannungshängeisolatoren spezielle Typen verwendet.

In ländlichen Gegenden mit weit auseinanderliegenden Gehöften ist der Hakenisolator mit Vorteil eingebaut worden. Er wird über eine Bohrung auf einen Eisenbügel gehängt, und das Seil wird in den hakenförmigen Teil des Isolators eingelegt und festgebunden. Diesen Isolator zeigt Abb. 6.48. Auch Hängeisolatoren haben als Niederspannungsfreileitungsisolatoren neben dem Hakenisolator Verwendung gefunden.

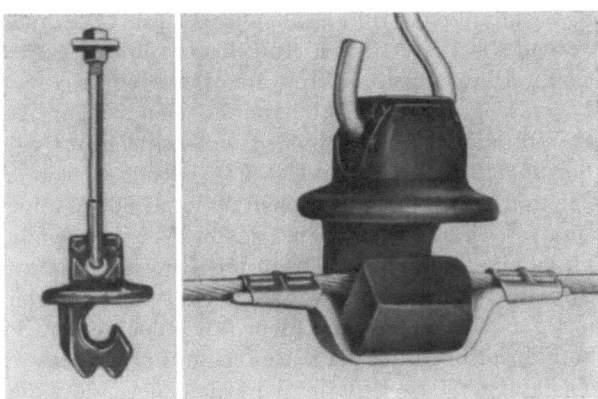

Abb. 6.48. Hakenisolator für Niederspannungs-Weitspann-Freileitungen.

Die andere große Gruppe der Niederspannungsisolatoren sind die Abspannisolatoren. Formen, ähnlich dem Kappenisolator bei Hochspannungsleitungen, sind bei Niederspannungsleitungen kaum in Verwendung. Dagegen hat der Vollstrunk- oder Stabisolator mit massivem Strunk und Rippen oder kleinen

Schirmen als Zugisolator Eingang gefunden, wobei teilweise eine Armierung mit Metallkappen erfolgt. Teilweise werden die Strünke auch mit Durchlässen für Seile oder Schellen versehen, vor allem bei nicht allzu hohen mechanischen Beanspruchungen, so daß besondere Metallarmaturen nicht erforderlich sind. Ein Teil dieser Isolatoren ist in DIN 48152 genormt (Zugisolatoren usw.). Eine andere Isolatorenform sind die wegen der Verkabelung der Verteilungsnetze an Boden verlierenden Dachständereinführungsisolatoren, die dazu dienen, die ankommenden Niederspannungsleitungen durch Dachständerrohre in die einzelnen Häuser einzuführen. Um eine gute Isolation bei den Einführungsdrähten und eine genügende Sicherung gegen Brandgefahr zu gewährleisten, werden die Leitungsdrähte häufig mit Isolierperlen, wegen der notwendigen mechanischen Festigkeit aus Steatit, überzogen (Abb. 6.49).

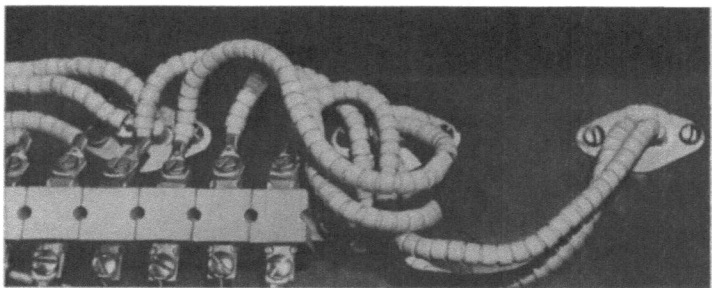

Abb. 6.49. Sigmaklemmen montiert mit Drähten, die mit keramischen Perlen überzogen sind.

Bei der seitlichen Einführung von Niederspannungsfreileitungen in die Häuser, bei der die Abspannung durch Schäkelisolatoren oder auch Stützenisolatoren erfolgt, werden die Leiter durch Einführungspfeifen geführt, die also als Niederspannungsdurchführungsisolatoren anzusehen sind.

Eine verhältnismäßig große Anzahl von Formen ist für Aufhängung und Abspannung von Straßenbahn- und Obusleitungen sowie für Grubenbahnen und auch für Kranleitungen ausgebildet. Die Fahrleitungen von Straßenbahnen, die normalerweise mit Spannungen zwischen 500 und 800 V, ausnahmsweise bis zu 1500 V, fahren, werden in verschiedenartigster Weise aufgehängt und isoliert.

Häufig üblich ist eine doppelte Isolation mit Rücksicht darauf, daß bei Ausfall eines Isolators das Netz in Betrieb bleiben soll. Besonders Verwendung findet ein helmartiger Isolator, der in einem Bolzenloch einen Schraubenbolzen trägt, an dem die Fahrleitung oder der Aufhängedraht befestigt wird und der mit einer Kappe versehen ist. Diese Isolatoren werden meist dort eingebaut, wo die Verspannung quer über die Straße sich mit der Fahrleitung kreuzt. Es sind verschiedene Formen entwickelt worden, die sich auch auf die Befestigung des Bolzens im Bolzenloch beziehen. Hier werden Eingieß- und auch reine Klemmbefestigungen verwendet, bei denen der Bolzen entweder eingeschraubt oder eingekittet wird.

Neben der durchschlagbaren Kappentype werden Massivisolatoren als Zug- und Abspannisolatoren verwendet, wie sie oben beschrieben sind. Sie sind zwar meist wegen des Armaturenaufwandes etwas teurer als andere Formen. Im Betrieb haben sie sich ausgezeichnet bewährt.

Weiter sei auf die Eier- und Sattelisolatoren in offener und geschlossener Ausführung hingewiesen. Sie werden auch für Fahrleitungen verwendet und haben sich gut bewährt. Sie finden auch Anwendung bei der Abspannung von Niederspannungsfreileitungsnetzen und in pardunenähnlichen Abspannungen von Holzmasten, bei denen man das Abspannseil isolieren will (Abb. 5.19 und Abb. 5.22).

Als Tragorgan der dritten (Strom-) Schiene für Stadt-, Schnell- und Untergrundbahnen die mit niedriger, meist Gleich-Spannung (600—800 Volt, maximal bis 1500 und 2000 Volt) betrieben werden, verwendet man Isolatoren, die aus 2 Klauen bestehend die Stromschiene beiderseitig umfassen. In anderen Fällen sind es zylindrische Isolatoren, an denen die Stromschienen, wie Abb. 6.50 zeigt, seitlich aufgehängt ist. Die Stromabnahme erfolgt aus Sicherheitsgründen meist von unten, möglicherweise auch seitlich.

Abb. 6.50. Isolator zur Aufhängung der Stromführungsschiene (3. Schiene) bei Untergrund- und Schnellbahnen.

Es sei noch auf eine Verwendung von Niederspannungs-Abspannisolatoren auf Hochspannungsleitungen hingewiesen. Die Erdseile sollen zu Meßzwecken, zur Kontrolle der Erdungswiderstände der Masten, elektrisch unterbrochen werden. Man schaltet deshalb im Zuge dieser Erdseile Isolatoren zu beiden Seiten der Mastspitzen ein und überbrückt sie im normalen Betrieb durch Seilbügel. Bei Messungen werden diese Erdleitungen aufgetrennt. Für diese Zwecke finden Erdseilisolatoren Verwendung, die einen kurzen massiven Strunk aus keramischem Werkstoff und beiderseitig konusförmig ausgebildete Enden mit Kappen haben. Neuerdings verwendet man, weil sie billiger sind, hierfür auch Sattelisolatoren.

Bei *Grubenbahnen* sind grundsätzlich keine anderen Isolatoren in Verwendung als bei Straßenbahnen. Lediglich verlangt die beschränkte Bauhöhe in den

Gruben meist eine sehr gedrängte Bauweise, die zu sehr kurz gebauten Isolatorenformen geführt hat. Für Kranleitungen gilt das gleiche.

Für Straßenbahnleitungen ist ein Isolator entwickelt worden, der den Schnallenisolator nachahmt. Ein Schnallenisolator besteht aus einem metallischen Bügel, der mit einem Isoliermantel, meist Kunststoff oder Gummi umpreßt ist und der zur Aufnahme der mechanischen Kräfte im wesentlichen Metall verwendet, während die Isolation durch die Dicke des Isoliermaterials gebildet wird. Diese Isolatoren haben den Nachteil, daß sie isolationstechnisch nicht besonders gut sind und betrieblich teilweise zu Beanstandungen geführt haben. Man hat diesem Nachteil dadurch zu begegnen versucht, daß man zwei Isolatoren in Reihe schaltete. Trotzdem sind nach langer Betriebsdauer auch hier Schäden eingetreten. Es tauchte deshalb der Gedanke auf, diesen Schnallenisolator aus keramischem Werkstoff höherer Festigkeit nachzubilden und damit auf Zug beanspruchtes keramisches Material einzusetzen. Solche Isolatoren weisen voll ausreichende Festigkeitswerte auf. Eine ähnliche Lösung liegt in der Form des *Rautenisolators* vor.

Für Niederspannungsgeräte führen die konstruktiven Forderungen des Apparatebaues mehr zu eckigen Formen mit Rippen und Vertiefungen und kleinen Abmessungen. Diese können im Trocken- oder Naßpreßverfahren mit Stahlmatrizen hergestellt werden. Diese Isolierteile werden hier als Installationsteile bezeichnet und im Abschnitt 6.4 behandelt.

Dagegen kommen *Durchführungen*, *Rillen*- und kleine *Stützerisolatoren* in umfangreicherem Maße vor. Sie sind den speziellen Erfordernissen des jeweiligen Gerätes angepaßt. Ihre Formen sind mannigfaltig. Sie weichen bei Stützern von der Form eines zylindrischen Stabes mit Vertiefungen für Befestigungen von Metallteilen wenig ab. Durchführungen haben meist rohrähnliche Formen, an die zur Außenbefestigung manchmal kleine Flansche angesetzt sind und bei denen die Oberfläche zur Verlängerung des Kriechweges mit Rillen versehen werden kann.

6.3 Hochfrequenztechnik

6.3.1 Keramische Isolierbauteile für Sende-, Empfangs-, Meß-Geräte und Leitungen innerhalb der Generator- und Empfangs-Anlagen

Während bei den Isolatoren für Sende-Antennenanlagen vor allem ihre Hochspannungs-Isoliereigenschaften im Freiluftbetrieb von Bedeutung sind, spielen bei den Isolierbauteilen innerhalb der Generator- und Empfangsanlagen zusätzlich die Formstarrheit und allgemein ihre Klima-, Wetter- und Umweltbeständigkeit die wesentliche Rolle. Für den Aufbau von Hochfrequenzgeneratoren, Empfängern und Meßgeräten werden eine Vielzahl von Isolierteilen benötigt. Bei Empfangsgeräten handelt es sich meist um große Stückzahlen kleinerer Teile, die in Massenfertigung hergestellt werden. Bei den Sendegeneratoren kommen auch größere Bauteile in Betracht, die häufig speziell entworfen und in kleinen Stückzahlen oder in Einzelfertigung hergestellt werden. Für Industriegeneratoren und medizinische Geräte werden solche Teile meist in mittleren Mengen benötigt. Als keramische Werkstoffe solcher Isolierbauteile kommen Sondersteatit (Bariumsteatit) und in gewissen Fällen bis etwa 1 MHz und besonders bei größeren Abmessungen Feldspat-Steatit in Betracht. Besondere Bedeutung haben die Oxide und unter ihnen das Aluminiumoxid erlangt, das in den Abschnitten 5.4 und 6.5 geschlossen behandelt wird.

Hochfrequenzteile sind aus einem Stück hergestellte, kleinere Spulenkörper, die in großem Umfange als Tragkörper für Spulen in Schwingkreisen und Filtern von Empfängern und Sendern (Abb. 6.51) benutzt werden. Für den Aufbau von Hochfrequenzgeneratoren und ihrer Schaltanlagen und von Hochfrequenz-Induktivitäten (z. B. Antennenspulen (Abb. 6.52)) verwendet man Rund- oder Flachstabisolatoren, in die Vertiefungen oder Nuten eingeschliffen sind und in

Abb. 6.51

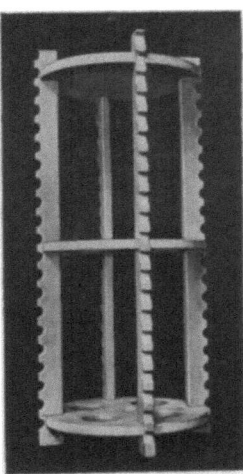

Abb. 6.52

Abb. 6.51. Eierschalenspulenkörper für Hochfrequenz.

Abb. 6.52. Tragkörper einer Induktivität (Antennenspule) aufgebaut aus Barium-Steatit-Flachstabisolatoren mit eingeschliffenen Nuten und keramischen Haltescheiben.

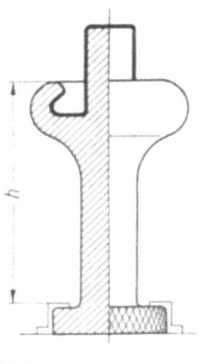   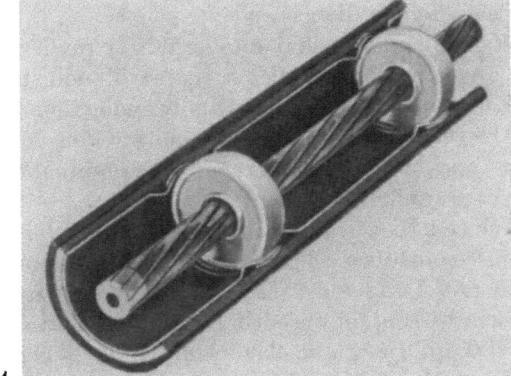

Abb. 6.53   Abb. 6.54

Abb. 6.53. Hochfrequenzstützer mit großem innen metallisierten Wulst am Kopf.

Abb. 6.54. Keramische Abstandscheiben und metallisierte Schutzrohre für Hochfrequenz-Hochleistungs- und Breitbandkabel.

die Spulenwindungen aus Messing- oder Kupferrohr eingelegt werden. In manchen Fällen bildet auch auf die keramischen Isolierkörper aufgebrachte Metallisierung den Leiter. Die Stützisolatoren für Trennschalter erhalten ausladende einseitig metallisierte Wulste zur Erhöhung der Überschlagspannung ebenso wie Stützer für Hochfrequenz-Meßgeräte (Abb. 6.53). Grundplatten, Abstandhalter in Form runder Stifte und Platten, zum Teil sehr genau geschliffene Achsen auch mit metallisierten Abschnitten, Schutzdeckel und Formteile dienen zum Aufbau von Drehkondensatoren, Trimmerkondensatoren, Variometern, Relais und Zerhackern. Grundplatten und Schaltnocken werden für den Aufbau von Wellenschaltern verwendet. Weitere Einzelteile aus keramischem Werkstoff sind Leisten, Durchführungsbuchsen, Stützpunkte zum Aufbau von Schaltungen, Isolierteile für Röhrenfassungen und Sockel und für die Innenisolierung z. B. im Vakuum von Bildröhren. Für Hochfrequenz-Hochleistungs- und Breitbandkabel werden keramische Abstandsscheiben (Abb. 6.54) und metallisierte Schutzrohre und Endverschlüsse gebraucht. Platten für gedruckte Schaltungen und Formteile für medizinische Hochfrequenzgeräte nutzen die besondere Eignung keramischer Oberflächen in sehr großer Feinheit oder auch in definierter, gleichmäßiger Rauhigkeit für Metallisierung und metallisierte Abdichtungen.

6.3.2 Isolatoren für HF-Sendeanlagen

In Sendeanlagen werden Hochfrequenz-Hochspannungs-Isolatoren benötigt, die zur Isolation der Tragwerke für die Antennenanlagen und der Antennenzuleitungen dienen.

Antennentragwerke sind Bauten für funktechnische Zwecke.

Man unterscheidet:

Masten, die durch unabhängig verankerte Pardunen abgespannte Stahlkonstruktionen sind und als Gitterwerk oder als Rohrmaste ausgeführt werden, wobei die Rohrmaste meist Innenbesteigung ermöglichen.

Gittertürme, die freistehende Gitterkonstruktionen und mit Fundamenten im Erdboden verankert sind.

Beide Typen dienen als
selbststrahlende Antennen oder Träger für Drahtantennen,
für Lang- und Mittelwellen meist als T- oder L-Antennen und
für Kurzwellen als Dipole, Dipolwände, Reusen- oder Rhombusantennen.

Als selbststrahlende Antennen finden Maste und Gittertürme meist im Lang- und Mittelwellenbereich Verwendung. Als Antennenträger dienen sie in allen Kurzwellenbereichen.

Türme haben gegenüber Masten den Vorteil, daß keine Abspannseile störende Einflüsse ausüben. Türme mit Dreieckquerschnitt werden meist für selbststrahlende Lang- oder Mittelwellenantennen verwendet. Türme mit Viereckquerschnitt sind im wesentlichen Antennenträger. Gittermaste sind bis zu Höhen von 600 m als z. Zt. höchster auf der Erde gebaut worden.

Wenn Antennen isoliert abgespannt werden, so braucht der Mast oder Turm mit Rücksicht auf die Betriebsspannungen des Senders nicht besonders isoliert zu werden. Da die Antennenträger infolge ihrer Höhe durch Zonen verschiedenen Potentials des luftelektrischen Feldes hindurchgehen, entstehen zum

Teil recht hohe Spannungen gegen Erde, auf die isolationstechnisch Rücksicht zu nehmen ist. Bei selbstschwingenden Masten, die in den Antennenkreis des Senders einbezogen sind, treten Betriebsspannungen bis zu 200 kV auf, für die die Isolation zu bemessen ist.

Die Forderungen, die die Hochfrequenztechnik an das Isoliermaterial stellt, sind

1. elektrische Durchschlagfestigkeit und Widerstandsfähigkeit der Oberfläche gegen gelegentliche Überschläge;
2. kleine dielektrische Verluste;
3. hohe mechanische Festigkeit;
4. Freiluftbeständigkeit.

Bei Isolatoren für Sendeanlagen findet bevorzugt Steatit Verwendung, das alle Bedingungen weitestgehend erfüllt.

Die dielektrischen Verluste betragen zwischen 1 und 10 MHz bei Feldspatsteatit (KER 220) höchstens $2,5 \cdot 10^{-3}$. Für die Verwendung in Hochfrequenzfeldern bis 1 MHz ergibt sich im allgemeinen genügend geringe Erwärmung, zumal die Feldstärke bei der üblichen Verwendungsweise nicht allzu hoch ist.

In besonderen Fällen und bei Frequenzen zwischen 5 MHz und bis zu 30 MHz steht Bariumsteatit (KER 221) (Frequenta, Calit) mit Verlustfaktoren von höchstens $1,2 \cdot 10^{-3}$ bei 1 bis 10 MHz zur Verfügung. Dabei ergeben sich Grenzen dadurch, daß größere Körper aus Bariumsteatit nicht herstellbar sind, so daß man versuchen sollte, mit Feldspatsteatit auszukommen. Es hat sich gezeigt, daß man bisher allen vorkommenden Fällen mit Feldspatsteatit genügen konnte.

Man hat auch Aluminiumoxid enthaltende Werkstoffe mit ihren höheren mechanischen Festigkeiten und niedrigen Verlustfaktoren eingesetzt. Aber auch hier zeigen sich größere Schwierigkeiten hinsichtlich der Verformbarkeit. Zugunsten der Verwendung von Steatit spricht seine hohe mechanische Festigkeit bei sehr guter Formgebungsmöglichkeit.

Bei Hochfrequenz können durch kapazitive Wirkung ungleichmäßige Feld- und Spannungsverteilungen, damit ungleichmäßige elektrische Belastung an Rippen oder Schirmrändern und an den Tropfkanten auftretenden Regentropfen auftreten, die auch infolge der Spitzenwirkung zu frühzeitigen Glimmerscheinungen, Sprühfunken und Überschlägen führen. Deshalb zieht man es im allgemeinen vor, bei Hochfrequenzisolatoren glatte Mantelflächen ohne Schirme vorzusehen.

Auch Gesichtspunkte der mechanischen Festigkeit lassen es nicht angezeigt erscheinen, Stellen starker Konzentration der mechanischen Spannungen zu schaffen, die an plötzlichen Querschnittsänderungen auftreten, so daß es dort zu vorzeitigem Bruch kommen kann.

Man verlagert deshalb die Verhinderung von zusammenhängenden Wasserfäden und allzu starker Benetzung und Verschmutzung der Oberfläche von Hochfrequenzisolatoren auf die Armaturen. Bei kleineren Isolatoren werden die Stahlarmaturen mit abgerundeten Tropfrändern versehen, die gleichzeitig der Vergleichmäßigung des elektrischen Feldes dienen. Bei großen Fußisolatoren und Durchführungen werden aus Kupfer- oder Aluminiumblech geformte, weit ausladende Abschirmungen mit Tropfkanten angebracht, die auch einen gewissen Regenschutz für die gesamte Länge der Isolatoren bilden.

Isolatoren in Hochfrequenz-Sendeanlagen finden Verwendung als Fußisolatoren und Zwischenisolationen für Masten und Türme, Pardunenabspannisolatoren, Antennen-Trag- und Abspann-Isolatoren, Durchführungen.

Fußisolatoren. Fußisolatoren für Masten und Türme sowie Zwischenisolatoren dienen dazu, die Tragwerke gegen Ende elektrisch zu isolieren. Für ihre Dimensionierung sind die elektrischen Spannungen und die mechanischen Kräfte maßgebend.

Abb. 6.55. Mastfußisolatoren in Tonnenform (massiv) aus KER 220 DIN 40 685.

Als Isolatoren mit Durchmessern bis etwa 250 mm bei Höhen bis etwa 500 mm verwendet man Vollkörper mit kreiszylindrischer oder besser leicht tonnenförmiger Mantelfläche. Die Stirnflächen sind plan geschliffen. Unter Beifügung eines Weichkupferbleches von 0,5 bis 0,7 mm Dicke werden nach europäischer Praxis die Druck-Stahlarmaturen aufgelegt und durch das Mastgewicht in ihrer Lage gehalten (Abb. 6.55). Nach in USA geübtem Verfahren gießt man die Isolatoren mit Zement in die Armaturen ein, wobei mit Rücksicht auf das undefinierte Verhalten im Hochfrequenzfeld der Zement elektrisch kurz geschlossen werden muß.

Als Fußisolatoren für höhere Belastungen und höhere Spannungen haben sich kegelförmige Hohlkörper bewährt (Abb. 6.56). Die Wanddicke ist gleichbleibend (30 bis 60 mm), und die Endflächen verlaufen senkrecht zur Richtung der Wandung. Die Drucklasten ergeben Drucklinien, die senkrecht zu den Auflageflächen eintreten und parallel zu den Wandungen verlaufen.

Die Beanspruchung der Isolatoren ist als Druckkraft durch das Gewicht der Antennentragwerke gegeben. Hinzu kommen horizontale Kraftkomponenten durch Winddruck und evtl. Abspannkräfte. Auch Drehmomente können auftreten, die sich den Vertikal- und Horizontalkräften überlagern. Im allgemeinen sind die Horizontalkräfte im Verhältnis zu den Vertikalkräften klein. Durch die schrägen Endflächen der Fußisolatoren wird die Vertikalkomponente zwischen Druckplatte und Isolator aufgenommen und der Reibungsschluß zwischen Kopfplatte und Druckplatte im allgemeinen durch eine in einer Kalottenpfanne der Druckplatte liegende Kalotte unter der Kopfplatte vergrößert, was zur Aufnahme der horizontalen Komponenten genügt. Die Auflageflächen des Isolierkörpers gestatten zur Vermeidung auch der geringsten Kerbwirkung und der Notwendigkeit, eine gleichmäßige Belastung aller Flächenelemente zu erreichen, eine Profilierung der geschliffenen Auflagefläche nicht, und das Torsionsmoment zwischen Armatur und Isolierkörper muß ausschließlich durch Reibung aufgenommen werden.

Abb. 6.56 a u. b. Mastfußisolator in Hohlkegelform aus KER 220 DIN 40 685
a) Schnittzeichnung; b) des 280 t schweren Antennenmastes des Senders Mühlacker (Prüflast 1200 t).

Um eine gleichmäßige Verteilung der Kräfte auf die Stirnflächen des Hohlkegels zu erreichen, werden die Druckarmaturen unter genau dem gleichen Winkel wie die aus elektrischen Gründen mit Spritzmetall belegten Stirnflächen der Isolierkörper geschliffen. Die Zwischenlage aus Kupferblech ist in diesem Falle als Ring ausgebildet.

Die Höhe des Fußisolators richtet sich nach den elektrischen Verhältnissen. Im allgemeinen kommt man gut mit einer auf die Bauhöhe bezogenen Überschlagbeanspruchung von 1,5 kV/cm und bei ganz besonders hohen Sicherheitsansprüchen bis zu 1,0 kV/cm aus. Aus Fertigungsgründen können zur Zeit Höhen von 1100 mm bis 1200 mm nicht überschritten werden.

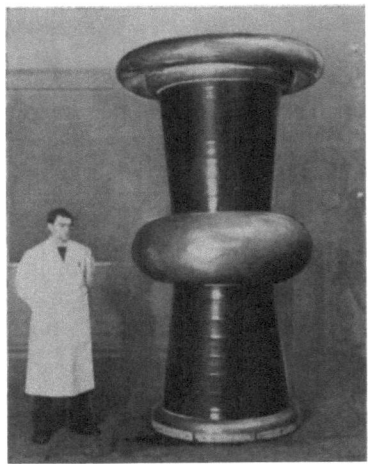
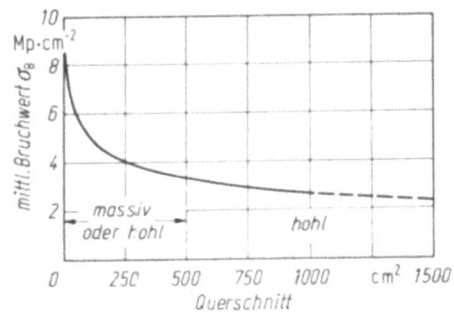

Abb. 6.58

Abb. 6.57. Mastfußdoppelisolator aus KER 220 DIN 40 685.

Abb. 6.58. Mittlere Bruchwerte der Druckfestigkeit von Steatit (KER 220 DIN 40 685) in Abhängigkeit vom Querschnitt.

Werden für höhere Spannungen und größere Überschlagwege Isolierungen mit größeren Höhen gebraucht, so stellt man unter Anordnung schwerer Stahlarmaturen zwei konische Isolierkörper so aufeinander, daß die kleineren Durchmesser gegeneinander kommen (Abb. 6.57).

Bei der mechanischen Bemessung der Fußisolatoren geht man von den mittleren Bruchwerten der Druckfestigkeit aus, bei der, wie in Abschnitt 4.2.3 bereits behandelt, eine erkennbare Abhängigkeit vom Querschnitt besteht, wie sie in Abb. 6.58 für glatte Zylinder und Hohlkegel dargestellt ist. Daraus geht hervor, daß man auch mit Rücksicht auf die Armaturengestaltung nicht allzu weit über Werte von 300 N/mm² [3 Mp/cm²] hinausgehen sollte. In optimalen Fällen und in denen die Umstände dazu zwingen und der Querschnitt unterhalb von Werten von 300 bis 500 cm² liegt, kann mit Werten bis zu 500 N/mm² gerechnet werden. Man bezieht sich dabei auf die obere, im Durchmesser kleinere Ringfläche des Hohlkegels. Dabei sind Isolierkörper hergestellt, die für eine obere Stirnfläche mit einem Außendurchmesser von $d_a = 860$ mm und einer Wanddicke von etwa 60 mm, also einem Innendurchmesser von 740 mm und entsprechend einem Querschnitt von etwa 1500 cm², und einer unteren Auflage-Stirnfläche mit einem Außendurchmesser von $d_a = 980$ mm und einer Wanddicke auch von etwa 60 mm, also einem Innendurchmesser von 860 mm und entsprechend einem Querschnitt von etwa 1500 cm², ausgelegt sind. Entsprechend solchen Querschnitten könnte man also eine mittlere Bruchlast von 3500 Mp erwarten. Der Schwankungsbereich der mittleren Bruchlast, der allgemein mit mindestens $\pm 20\%$ und bei Fußisolatoren aus Sicherheitsgründen mit etwa $\pm 33\%$ angesetzt werden sollte, bedingt eine Mindest-Bruchlast, bei der also kein Bruch mehr erfolgt, von 67% des mittleren Bruchwertes.

Nach DIN 4131 sollen Hohlkegel- und Tonnenisolatoren als Mast-, Fuß- und Zwischenisolation und Gurtband-, Ei- und Sattelisolatoren als Abspannisolation für eine vom Hersteller zu garantierende Mindestbruchlast ausgelegt werden, die das 4fache der Nutzlast (Betriebslast) beträgt. Dabei ist jeder der hoch beanspruchten Isolatoren einer Stückprüfung mit 2facher Nutzlast zu unterziehen, während bei den geringer beanspruchten (Ei-, Sattel-) Isolatoren auf eine Stückprüfung verzichtet wird. In Fällen, in denen eine besonders hohe Sicherheit verlangt wird, kann man eine 3fache (Stück-)Prüflast gegenüber der Nutz-(Betriebs-) Last vorsehen. Dabei ergibt sich eine Mindestbruchlast, die das 6fache der Nutzlast beträgt, und gegenüber einer 6fachen Sicherheit der Nutzlast gegenüber der mittleren Bruchlast nach DIN 4131 ergibt sich eine 12fache Sicherheit. Dabei sind alle Notwendigkeiten hinsichtlich der Sicherheit berücksichtigt.

Als Neigungswinkel bei Hohlkegel-Fußisolatoren kommen Werte zwischen etwa 5° und 18° vor, wobei der Bereich gewöhnlich enger zwischen 10° und 12° gewählt wird.

Da die Lasten überwiegend als Druckkomponenten auftreten und der Kraftschluß durch freie Auflage der Armatur auf dem Isolierkörper gegeben ist, so erfolgt die Kraftübertragung von Horizontal- und Torsionskomponenten nur durch Reibung. Zur Berechnung muß der Reibungskoeffizient bekannt sein, der für trockenen Stahl auf trockenem Stahl $\mu_0 = 0{,}15$ beträgt. Für die Anordnung Stahl auf Steatit mit 0,5 mm Kupferblech als Zwischenlage ergaben Versuche bei einer Flächenpressung von 600 kp/cm² und horizontaler Verschiebekraft einen Reibungskoeffizienten $\mu_0 = 0{,}22$ und bei einem Torsionsmoment von 35 Mpm einen solchen von $\mu_0 > 0{,}22$ zwischen geschliffener Stahlfläche und Kupferblech, so daß man bei der Berechnung einen Wert von $\mu_0 = 0{,}20$ ohne weiteres verwenden kann.

Für die für die Druckprüfung erforderlichen hohen Prüfkräfte müssen entsprechende Druckprüfeinrichtungen zur Verfügung stehen. Die Prüfung muß in gleicher Anordnung erfolgen, wie sie später im Betrieb auftritt. Auch muß dafür gesorgt werden, daß eine Veränderung der Auflage der Armatur auf dem Isolierkörper nicht erfolgt. Die Armatur wird deshalb bei der in Europa bevorzugten Praxis nach Durchführung der mechanischen Prüfung mittels vorher angebrachten und bei der Prüfung gelockerten Spannschlössern, die nach der Prüfung noch unter der Prüfpresse festgezogen werden, so verspannt, daß eine Verschiebung der Armatur nicht eintreten kann. Mit dieser Verspannung kommt auch der Fußisolator zur Montage unter dem Mast oder Turm, und die Verspannung wird erst abgenommen, wenn der Isolator die Betriebslast übernommen hat.

Bei Sendern, bei denen Mehrfacheinspeisung in den schwingenden Mast zur Steuerung der Strahlung erfolgt, wird die Höhe dieser Maste unterteilt, und die Abschnitte werden gegeneinander isoliert. Die Einspeisung erfolgt in die Mastab-

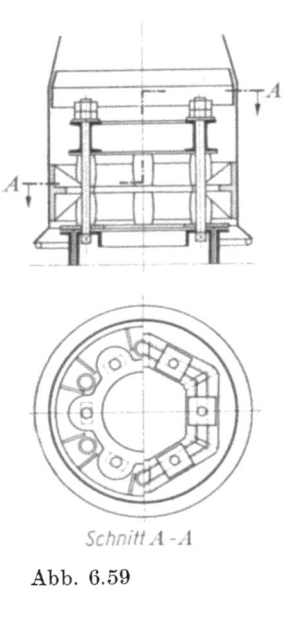

Abb. 6.59

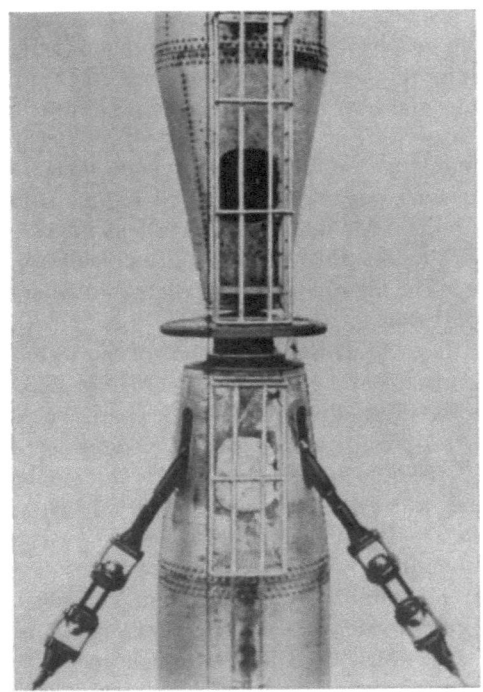

Abb. 6.60

Abb. 6.59. Massivdruckkörper in biegefreier Zwischenisolation bei Türmen oder abgespannten Masten (C. H. Jucho, Dortmund DBP 57 413).

Abb. 6.60. Zwischenisolation und Ansatzstelle der Pardunen mit Gurtbandisolatorengehänge am Rohrmast des Senders Mühlacker.

schnitte von der Trennstelle her. Die Zwischenisolation besteht aus keramischen Hohlkegeln, die man gelenkig oder starr zusammenfügt. Bei der gelenkigen Isolierung ruht der obere Mastabschnitt auf einem einzigen Hohlkegelisolator. Für die starre Isolierung werden mehrere parallel angeordnete gleich hoch geschliffene massive Isolatoren durch Stahlbolzen verspannt. Sie bilden ein gegen Druck und Zug starres Element (Abb. 6.59 und 6.60).

Bei freistehenden Türmen ohne Verspannung muß jeder Fußpunkt isoliert sein. Sie werden mit Anordnungen aus Hohlkegel- oder Vollisolatoren mit Erdfundamenten so verspannt, daß bei stärkster einseitiger Windbelastung die nach DIN 4131 geforderte Standsicherheit des 1,5fachen gegen Abheben, Kippen und Gleiten gewährleistet und die im Fundament auftretenden Druck- bzw. Zugkräfte unter ausschließlicher Druckbelastung der Keramik aufgenommen werden. Der Zwischenraum zwischen dem den Isolatorkegel durchdringenden Spannbolzen und den ringförmigen Stahldruckarmaturen entscheidet über die erreichbare elektrische Spannung. Die freistehenden Türme für die Langwellen-Antenne Luxemburg, Station Junglinster, sind durch gegeneinander verspannte Kegel- und Tonnenisolatoren aus Steatit in den Fußpunkten isoliert.

Pardunenisolatoren. Für auf einem Fuß ruhende Masten sind die Pardunenabspannungen, die meist mehrfach übereinander und nach drei um 120° versetzten Richtungen erfolgt, erforderlich. Sie müssen gegen die hohen Betriebsspannungen und die atmosphärischen Spannungen isoliert sein. Wegen der kapazitiven Kopplung mit der Erde verteilt sich die Spannung nicht gleichmäßig über eine Pardune, sondern mit zunehmender Gesamthöhe des Mastes ist der Spannungsanteil in der Nähe des Mastes größer. Die Verteilung der Isolatoren über die Pardunenlänge muß danach vorgenommen werden. Die einzelnen Seilabschnitte müssen kurz gegenüber der Wellenlänge sein. Dabei ergibt sich, daß bei über 200 m hohen Sendemasten vor allem die obersten Pardunen und in unmittelbarer Nähe des Mastes als Mehrfachisolation ausgebildet werden müssen.

Eine Fluchtlinientafel für die praktische Unterteilung von Pardunen stellt Abb. 6.61 dar.

Als Isolatoren für Pardunenisolation kommen grundsätzlich alle möglichen Abspannisolatoren in Frage. Nach DIN 4131 (März 1969) sind dies besonders geeignete, vorwiegend auf Druck beanspruchte Keramikisolatoren (Gurtband-, Ei-, Sattel-, Tonnen-, Zylinder-, Kegelisolatoren).

Es werden zuweilen Eierisolatoren eingebaut, die in Seilschlaufen eingebunden sind. Solche Eierisolatoren werden bis zu mehreren Tonnen Bruchlast hergestellt. Die Form des Eierisolators ist elektrisch nicht sehr günstig, aber oft ausreichend.

Durch Studium der elektrischen Verhältnisse ist bei Telefunken ein Isolator entwickelt worden, dessen Begrenzungsflächen mit den Feldlinien zusammenfallen und der besonders günstige elektrische Verhältnisse aufweist. (DRP 855.734, 21c vom 17. 11. 1952, patentiert ab 1. 10. 1938).

Dieser Isolator, der zwei gekreuzte geschliffene und metallisierte Halbkreisflächen zur Aufnahme hoher Druckkräfte hat, wird mit einem Gurtband versehen, das auf den Zylinderflächen des Isolators aufliegt. Es muß steif sein, damit Absplitterung an den Keramikkanten durch seitlichen Druck vermieden

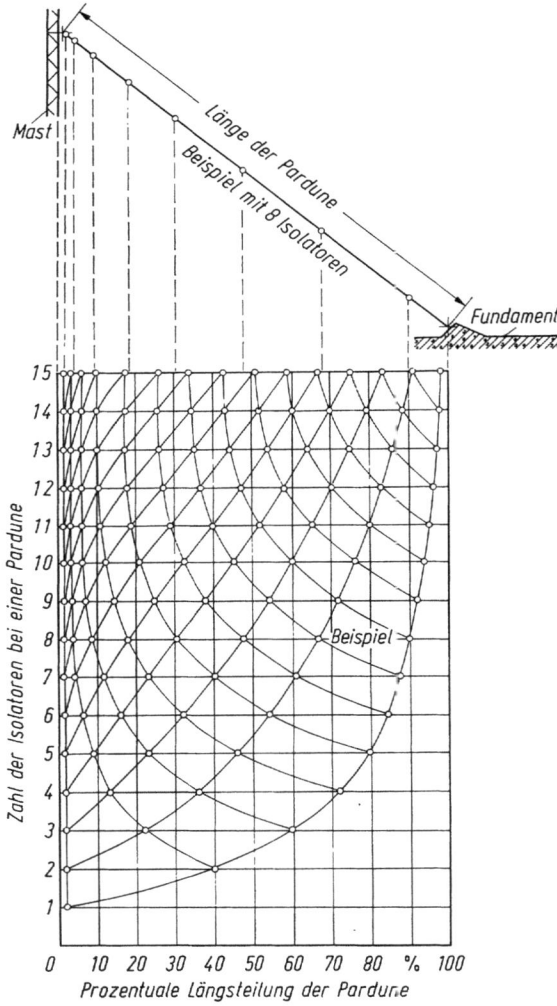

Abb. 6.61. Schaubild für praktische Anordnung der Gurtbandisolatoren zur Unterteilung der Pardunen (C. H. Jucho, Dortmund).

wird. Durch leichte Erweiterung des Kreisprofils der Gurtbänder nach den Enden der Auflagefläche wirkt man der Absplitterungsgefahr entgegen. Diese Konstruktion ergibt so günstige mechanische Verhältnisse, daß man mit einem solchen Isolator Gewichte bis zu 40 Mp und Spannungen bis zu 25 kV$_{eff}$ beherrschen kann. Größte Ausführungsformen gestatten heute Nutzlasten bis 100 t bei Regenüberschlagsspannungen bis 40 kV$_{eff}$.

Ein Gurtbandisolator als unarmierter Isolierkörper und armiert ist in Abb. 6.62 und 6.63 dargestellt. Ein 3fach-Gehänge für 100 t stellt die Abb. 6.64 und eine Antennenmast-Abspannung mit Gurtbandisolatoren Abb. 6.65 dar.

274   6. Anwendung keramischer Erzeugnisse

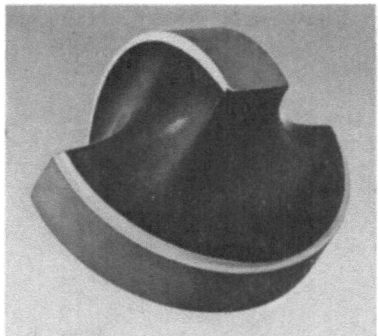

Abb. 6.62. Gurtbandisolator.

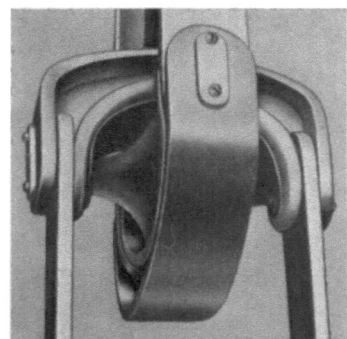

Abb. 6.63. Armierter Gurtbandisolator.

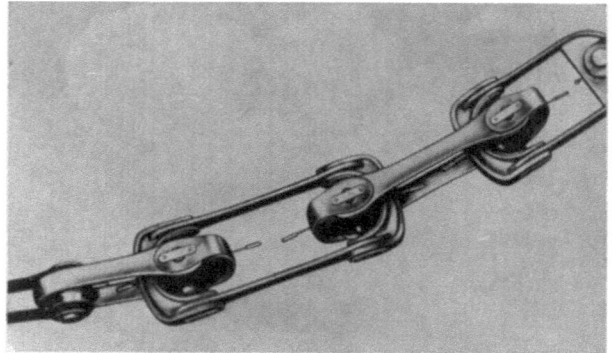

Abb. 6.64. Dreigliedriges Gurtbandgehänge für 100 t Nutzlast mit Stemag-Gurtbandisolatoren.

Aus Einzelisolatoren werden für Pardunen Gehänge gebildet, die aber im allgemeinen aus nicht mehr als 4 Einzelisolatoren bestehen, da der Spannungsanteil am ersten Isolator bereits in der Größe von etwa 40% der Gesamtspannung der Isolatorkette liegt und weitere Isolatoren die Isolation nicht merklich erhöhen würden.

Eine andere Bauart von Gurtbandgehängen aus Stahl mit den gleichen Steatit-Isolatoren zeigt Abb. 6.66. Auch Leichtmetallkonstruktionen als Gurtbandgehänge sind entwickelt worden.

Die Gurtbandisolatoren müssen einer Einzeldruckprüfung unterzogen werden. Da die Auflageflächen aber geometrisch genau definierte Kreiszylinderflächen sind, ist eine genügend gleichmäßige Auflage des Gurtbandes reproduzierbar gewährleistet. Man kann deshalb die Gurtbandisolatoren in speziellen brückenförmigen Druckstücken prüfen (Abb. 6.67).

Typenprüfungen bei Kurz- und Dauerlast werden in betriebsmäßigen Gehängen meist bei dreifacher Betriebslast durchgeführt. Stückprüfungen werden entsprechend DIN 4131 mit 2facher Nutzlast vorgenommen.

Bei Gurtbandgehängeketten als Träger oder Abspannungen von Antennen mit mehr als 4 Isolatoren werden zur gleichmäßigeren Gestaltung des elektri-

 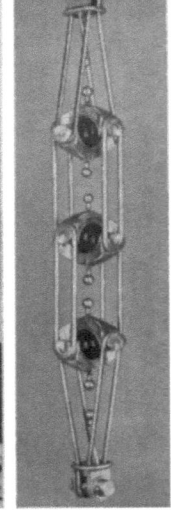 

Abb. 6.65.   Abb. 6.66.   Abb. 6.67.

Abb. 6.65. Verankerung einer 3fach-Pardunenabspannung mit Gurtbandisolatoren eines Sendemastes.

Abb. 6.66. Gurtbandisolatorgehänge der Firma BBC-Mannheim.

Abb. 6.67. Gurtbandisolator zwischen brückenförmigen Druckstücken unter der Prüf-Druckpresse.

schen Feldes und zur Vermeidung von Koronaerscheinungen Koronaringe aus Stahlrohr oder des geringeren Gewichtes wegen aus Aluminiumrohr verwendet, wobei der Rohrdurchmesser sich nach dem Durchmesser der Koronaringe richtet und der Durchmesser der Koronaringe nach der Spannung. Für Regenüberschlagsspannungen zwischen etwa 150 kV_{eff} und 600 kV_{eff} und Gurtbandisolatoren von 230 mm bis 325 mm Durchmesser werden Koronaringe mit 1,0 m, 2,5 m, 4,0 m bis 5,0 m Durchmesser eingesetzt (Abb. 6.68).

Antennen-Trag- und -Abspannisolatoren. Für abgespannte Drahtantennen, wie sie im Kurzwellen- bis Längstwellen-Bereich benötigt werden, stehen zahlreiche kapazitätsarme Stabisolatoren zur Verfügung. Es werden Stabisolatoren mit Durchmessern von 20 bis 100 mm ⌀ verwendet. Reicht der Isolationsweg eines einzelnen Isolators nicht aus, so werden mehrgliedrige Ketten in bekannter Weise gebildet.

Zum Abspannen der Sendeantennen können Vollkern- und Langstabisolatoren oder gleiche Stabisolatoren verwendet werden, sofern sie aus einem verlustarmen Material bestehen. Glatte Stäbe werden jedoch bevorzugt, da Schirme und Rippen Glimmeinsatz bei niedrigeren Spannungen herbeiführen. Bei Beregnung wirkt es sich günstig aus, daß die Wasserhaut durch Glimmentladungen, Gleitfunkenbildung und kurzzeitigen Überschlag beschleunigt abgetrocknet wird.

276 6. Anwendung keramischer Erzeugnisse

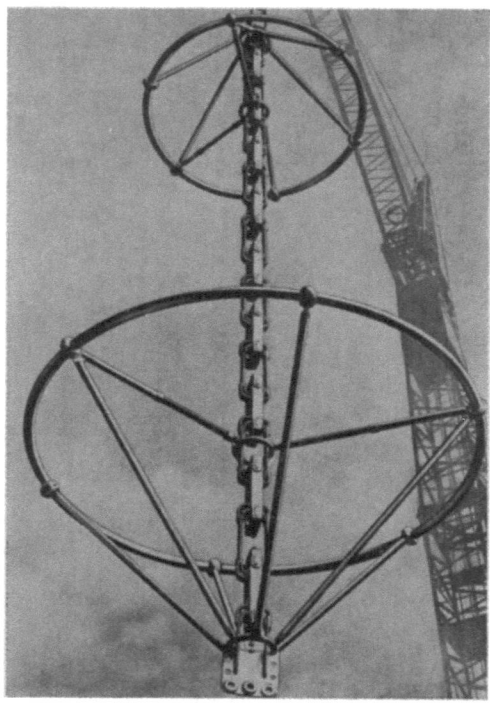

Abb. 6.68. Koronaringe an Gurtbandisolatoren-Gehängeketten (C. H. Jucho, Dortmund).

Für hohe Spannungen kommen evtl. 2 Stäbe in Reihe und für hohe mechanische Belastungen 2 Stäbe parallel zur Anwendung. Bei Steatit-Isolatoren mit entsprechend stark ausgebildeten Tempergußkappen können Bruchlasten bis über 30 Mp erreicht werden. Wegen der hohen Belastung, die oft über die Fließgrenze der Bleilegierung hinausgeht, werden die Kappen aufzementiert. Dazu werden die Konen der Isolatoren metallisiert und die Kittschichten durch induktionsarme angelötete Verbindungen elektrisch kurzgeschlossen.

Mit den Stabisolatoren können die verschiedensten Antennenbauarten isoliert werden; angefangen von der Einzeldrahtantenne bis zu den großen Dipolwänden für eine Rundfunkversorgung mit großen Leistungen über große Entfernungen. Solch eine Kurzwellen-Antennenanlage zeigt z. B. Abb. 6.69a in der Bauart von AEG-Telefunken.

Je nach den erforderlichen Bandbreiten der Sender und der Steuerung der Strahlungsdiagramme werden die verschiedensten Antennenbauarten angewendet [6]. Stets werden dabei zahlreiche keramische Isolatoren benötigt, wie in der logarithmisch-periodischen Kurzwellen-Antenne von AEG-Telefunken nach Abb. 6.69b und 6.70a.

Abb. 6.70b zeigt eine Parabolantenne mit Stabisolatoren aus Aluminiumoxid.

In Symmetrier- und Transformationsleitungen für Mittelwellenanlagen befinden sich ebenfalls zahlreiche Stabisolatoren, wie Abb. 6.71 erkennen läßt. (AEG-Telefunken).

6.3 Hochfrequenztechnik 277

Abb. 6.69a. Kurzwellen-Antennenanlage „Wavre" (Werkfoto: AEG-Telefunken).

Abb. 6.69b. Logarithmisch-periodische Kurzwellen-Antennen „Usingen" (Werkfoto: AEG-Telefunken).

278   6. Anwendung keramischer Erzeugnisse

Abb. 6.70a. Horizontale logarithmisch-periodische Antennen für Kurzwellensender mit einer Belastbarkeit von 500 kW Trägerleistung. Antennenstäbe aus Aluminiumoxid (Werkfoto: AEG-Telefunken-Ulm).

Abb. 6.70b. Parabolantenne mit Antennenstäben aus Aluminiumoxid.

6.3 Hochfrequenztechnik 279

Abb. 6.71. Symmetrier- und Transformationsleitung für Mittelwellen-Antennen-Anlage Mainflingen (Werkfoto: Telefunken).

Abb. 6.72. Antennenschalter und Feederleitung in der Kurzwellen-Antennenanlage Vatikan „Santa Maria de Galeria" (Werkfoto: Telefunken).

Mit keramischen Wellen sind die in Abb. 6.72 (AEG-Telefunken) erkennbaren Antennenschalter in der Feeder-Leitung der Kurzwellen-Antennenanlage „Vatikan" ausgerüstet worden.

Die Abspannisolatoren für Kurzwellen werden auch bei hohen Spannungen nicht mit großen Glimmschutzringen ausgeführt, da deren hohe Kapazität zu einem Abfließen von Hochfrequenzströmen führen würde.

Einen besonders schweren Gabelkappentyp für den Lang- und Mittelwellenbereich stellt ein Steatit-Isolator mit einer Mindestbruchlast von 30 Mp dar. Für die Wahl des Sicherheitsgrades und der höchstzulässigen mechanischen Belastung wird auf die für den Freileitungsbau geltenden Bestimmungen VDE 0446 bzw. VDE 0210 hingewiesen. Bei konstanten hohen Dauerlasten sowie möglichen starken Schwingungen infolge langer Antennenseile sind besondere Sicherheitsmaßnahmen empfehlenswert.

Eine für Großsenderbauten verwendete Doppelabspannung mit je drei Hochfrequenzstäben mit Schutzarmaturen zeigte bei der Prüfung mit 50 Hz in Abspannlage und bei Beregnung nach VDE 0446 bei 330 kV$_{eff}$ noch keinen Überschlag bei einer Gesamtschlagweite von 2595 mm. Bei größeren Schlagweiten und bei Beregnung kann die mittlere Überschlagfestigkeit bei Hochfrequenz je nach den Armaturenformen bis auf rund 1 kV/cm absinken.

Auch für die von Turmspitzen aus abgespannten Schirmantennen sind HF-Langstabisolatoren mit Erfolg verwendet worden.

Hochfrequenz-Durchführungen. Im Gegensatz zu den Durchführungen der Hochspannungstechnik für Netzfrequenz, bei denen Luftschichten aufs sorgfältigste vermieden werden, benutzt die Hochfrequenztechnik gerade die guten Isolationseigenschaften der Luft für die radiale Isolation. Die Sendeanlagen fordern von den Durchführungen eine möglichst kleine Kapazität, zugleich kleinste dielektrische Verluste und hohe Durchschlagsicherheit. Die trockene Luft mit der Dielektrizitätszahl $\varepsilon_r = 1$ ist frei von dielektrischen Verlusten, selbst bei höchsten Frequenzen.

Als Konstruktionsprinzip für Hochfrequenzdurchführungen kommen die Scheibenform, die Kegelform und die Zylinderform vor. Der innere Zylinder (Kupfer- oder Aluminiumrohre) führt Hochspannung und der äußere Metallzylinder Erdpotential. Die verschiedenen Formen unterscheiden sich dadurch, daß z. B. bei der Scheibendurchführung die kritische Durchschlagstrecke ausschließlich in der Grenzschicht zwischen festem Isolierstoff und Luft verläuft, während über die Kegelform zur Zylinderform zunehmend das keramische Isoliermaterial durch Reihenschaltung von Luft und Isoliermaterial an der Isolation beteiligt ist. Dabei ist die Ausbildung des Randfeldes wesentlich, das von der Scheibenform über die Kegelform zur Zylinderform abnehmend die Gesamt-Durchschlag- bzw. Überschlagfestigkeit der Durchführungsanordnung beeinflußt. Die Praxis wählt für Sendeanlagen, die mit hohen Spannungen arbeiten und bei denen die Durchführung Freiluftbedingungen und vor allem Beregnung ausgesetzt ist, fast ausschließlich die Zylinderdurchführung. Sie nähert sich dem idealen Zylinderfeld und verkleinert den Einfluß des Randfeldes mit zunehmender Zylinderlänge, so daß die Feldstärke an der Oberfläche des Spannung führenden Zylinders nahe an die Durchschlagfeldstärke der Luft herankommt und dadurch eine günstige Ausnutzung vorliegt. Der Isolierkörper muß also so bemessen sein, daß die äußere Überschlagspannung auch bei Beregnung mindestens in der gleichen Höhe liegt wie die Durchschlagspannung der Luftschicht zwischen den Zylinder-Elektroden. Aus baulichen Gründen muß aber die Zylinderlänge kurz gehalten werden. Die keinen allzu großen Raumaufwand erfordernden Abrundungen der Ränder des äußeren Zylinders und weitausladende, mit möglichst großen Radien abgerundete Kopfarmaturen, die das Randfeld auch am Kopf gleichmäßiger gestalten und die Isolatoroberfläche gegen direkte Beaufschlagung mit Regen schützen, ergeben Überschlagspannungen, die nur wenig unter dem Idealfall liegen.

Bei mehrteiligen, sehr hohen Durchführungen, die eine Zwischenarmatur aufweisen, ist es vorteilhaft, zur Vermeidung zusammenhängender Wasserfäden auf der Oberfläche des unteren Teiles die Zwischenarmatur mit einer Tropfkante zu versehen.

Bei der Form und Abmessungen darstellenden Zeichnung (Abb. 6.73) wurde eine Durchschlagspannung der Luftstrecke zwischen den Zylinder-Elektroden von 306 kV$_{eff}$ bei 50 Hz erreicht, woraus sich eine maximale Feldstärke an der Oberfläche des Spannung führenden Zylinders von 19,5 kV$_{eff}$/cm ergibt. Die Durchschlagfeldstärke der Luft im homogenen Feld beträgt (etwas abhängig von Luftdruck, Temperatur und Feuchtigkeit) etwa 21,5 kV$_{eff}$/cm. Es liegt also eine sehr hohe Ausnutzung der Durchschlagfestigkeit der Luft vor. Bei Hochfrequenz liegen Durchschlag- und Überschlagspannungen niedriger als bei 50 Hz. Aus Untersuchungen bis 100 kV geht hervor, daß im Frequenzbereich von etwa 150 kHz bis 6 MHz die Absenkung der Überschlagspannung bei Hochfrequenz gegenüber 50 Hz, statisch homogene Felder vorausgesetzt, zwischen 10% und 20% liegt.

Bei anderen vorkommenden Anordnungen mit weniger abgerundeten Elektroden treten Absenkungen bis zu 50% gegenüber den 50-Hz-Werten auf. Da bei Hochfrequenz die Überschlagspannung der Anordnung Spitze — geerdete Platte wesentlich niedriger liegt als die der Anordnung Platte — geerdete Spitze, ist es besonders nützlich, vor allem die Spannung führende Elektrode gut abzurunden.

Die Luftübergangsstellen zwischen dem zentralen Leiter und dem Kopf des Isolierkörpers werden zur Vermeidung störender Glimmentladungen infolge

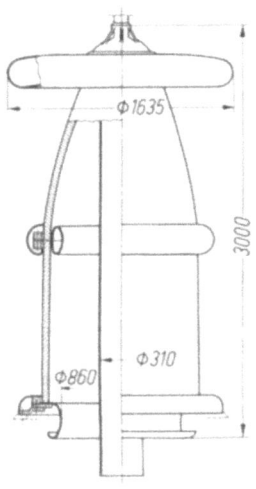

Abb. 6.73

Abb. 6.74

Abb. 6.73. Schnittzeichnung einer Großsender-HF-Durchführung für 100 kV$_{eff}$ Betriebsspannung.

Abb. 6.74. Dreiteilige Hochfrequenz-Durchführung mit weit ausladenden Regendächern.

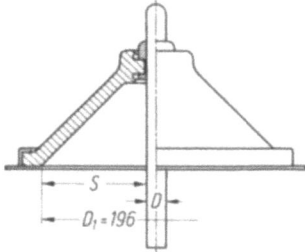

Abb. 6.75

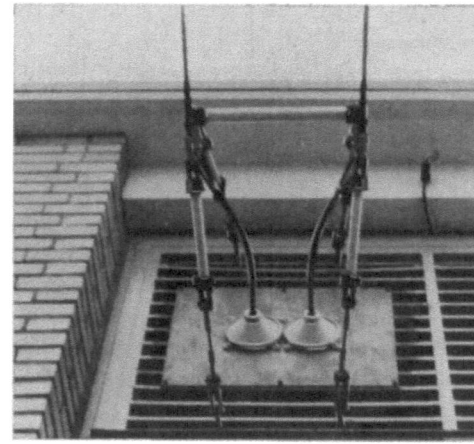

Abb. 6.76

Abb. 6.75. Antennen-Durchführungen in Hohlkegelform mit vereinfachter Erd-Elektrode und verschiedenen Rohrdurchmessern.

Abb. 6.76. HF-Durchführungen für die Isolierung der Energieleitung von Dipolantennen aus dem Schaltraum ins Freie.

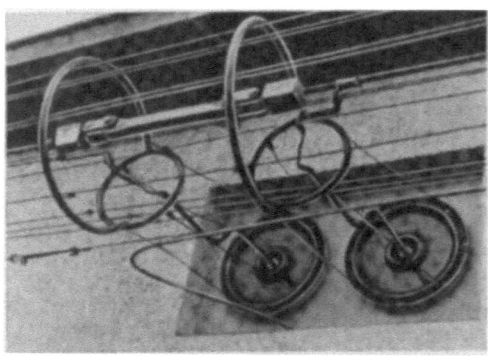

Abb. 6.77. Antennenleitungsisolation mit Scheibendurchführung in reusenähnlicher Ausführung.

eines Potentialsprunges bei der Reihenschaltung von dielektrischen Materialien verschiedener Dielektrizitätszahl durch auf der Keramik aufgebrachte und durch Spritzmetall verstärkte Metallbeläge leitend überbrückt. Bei hohen Frequenzen werden eingebrannte Silberbeläge mit Spritzmetall verstärkt verwendet, während bei Mittelwellen Spritzmetallisierungen aus Kupfer oder Zink genügen.

Bei der in Abb. 6.73 dargestellten Durchführung für 100 kV Betriebsspannung wurde der zweiteilige Isolierkörper in den keramisch größtmöglichen Abmessungen hergestellt. Der größte Durchmesser des Steatitkörpers beträgt 1150 mm und die äußere Schlagweite von der Kopfarmatur 2240 mm.

Eine große Antennendurchführung mit weit ausladenden Regendächern zeigt Abb. 6.74. Selbst bei Längstwellen mit etwa 16 kHz erfolgten bei 240 kV_{eff} noch keine inneren Durchschläge.

Für die Isolierung der Energieleitung von Dipol-Antennen aus dem Schaltraum ins Freie stehen keramische Durchführungen in Kegelform nach Abb. 6.75

und Abb. 6.76 je nach Spannungshöhe mit Innendurchmessern von 41 bis 330 mm und Höhen von 20 bis 170 mm für HF-Überschlagspannungen (bei 380 kHz) von 8 bis 45 kVs/$\sqrt{2}$ und Stehspannungen (bei 50 Hz trocken) von 12 bis 70 kV$_{eff}$ serienmäßig zur Verfügung. Noch größere Abmessungen sind herstellbar. Eine besonders interessante Antennenzuleitung mit 2 keramischen Scheiben-Durchführungen, die eine reusenähnliche Ausführung aufweist, zeigt Abb. 6.77.

6.4 Niederspannungs-Installations-, Geräte- und Elektrowärme-Technik

Die hohe mechanische und Verschleiß-Festigkeit, die gute Maßgenauigkeit besonders von trocken gepreßten Steatitteilen und das nicht vorhandene Ausbrennen bei Einwirkung von Schaltfunken haben den keramischen Werkstoffen in der Niederspannungs-Installationstechnik ein breites Feld gesichert.

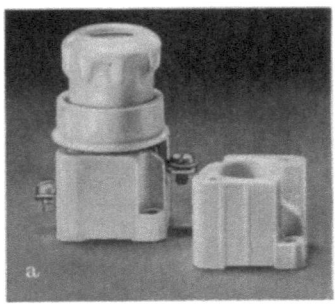

Abb. 6.78 a u. b. Sicherungselemente.
a) Sockel und Gesamtaufnahme mit Patronengehäuse; b) mit Paßschraube und Sicherungspatrone.

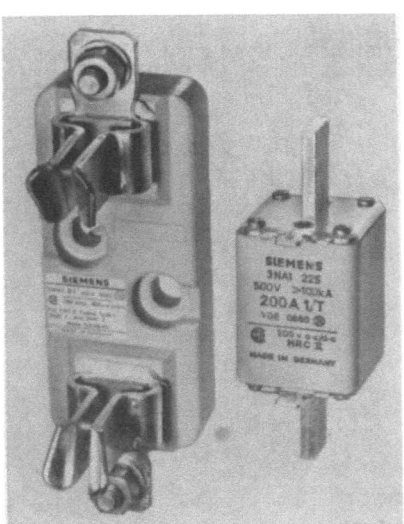

Abb. 6.79. Hochleistungssicherungselement mit Sockel und Patronenstein aus Steatit (Werkfoto: Siemens AG).

284   6. Anwendung keramischer Erzeugnisse

Aus der Vielzahl der Anwendungsmöglichkeiten seien nur einige der in der Niederspannungstechnik gebräuchlichen Teile genannt.

Im Sicherungsbau verarbeitet man Elementsockel, Stöpselköpfe, Patronensteine, auch für Hochleistungssicherungen, Paßschraubensteine, Einsätze und Sockel für Sicherungsautomaten usw. fast ausschließlich aus Porzellan und Steatit (Abb. 6.78a u. b und 6.79).

Im Schalterbau werden Schalträdchen, Schaltwalzen und Schaltwippen wegen der hohen mechanischen Beanspruchung fast nur aus Steatit hergestellt, während Sockel für Walzen-, Heiz- und Haushaltschalter in Steatit und Porzellan Verwendung finden (Abb. 6.80 bis 6.82).

Im Apparatebau verwendet man aus Steatit und Porzellan in der Hauptsache Grundplatten, Schaltstangen, Klemmleisten, Reihenklemmen, Reiter, Widerstandsspulen und dergleichen (Abb. 6.83 bis Abb. 6.87).

Funkenkammern und Trennwände werden bevorzugt aus den fünf Typen der Gruppe 500 hergestellt, da diese Stoffe lichtbogenfest sind und große mechani-

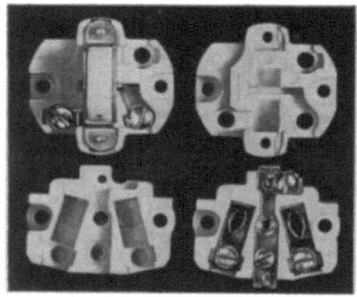

Abb. 6.80   Abb. 6.81

Abb. 6.80. Montierte und unmontierte Schalter- und Steckdosensockel.

Abb. 6.81. Keramische Formteile aus Steatit mit eingetauchten Metallteilen.

Abb. 6.82. Montierter Schalter, explosionssicher.

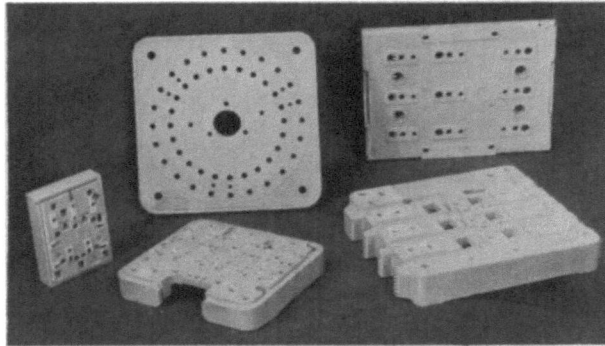

Abb. 6.83. Grundplatten für Schütze und Motorschutzschalter.

Abb. 6.84. Klemmleisten.

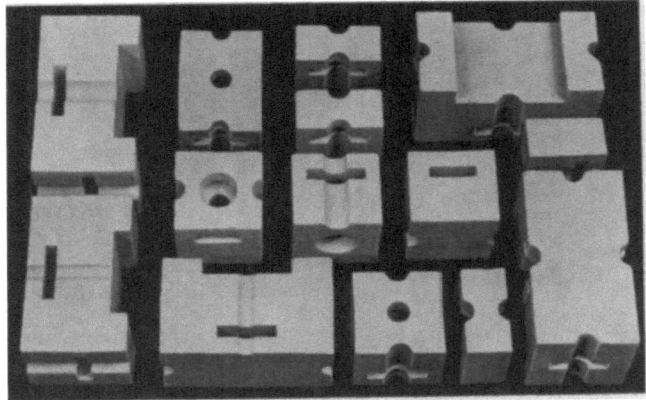

Abb. 6.85. Keramikkörper für Sigmaklemmen.

sche Festigkeit sowie hohe Widerstandsfähigkeit gegen plötzlichen Temperaturwechsel besitzen, wie er bei Entstehung von Schaltfunken auftritt (Abb. 6.88).

Ein weiteres Anwendungsgebiet haben Hartporzellan und Steatit in der Herstellung von Tragkörpern für *elektrische Widerstände* gefunden. Die hohe mechanische Festigkeit, die Wärmebeständigkeit, verbunden mit der guten Isolationsfähigkeit, machen beide zu einem idealen Werkstoff für Widerstandsträger. Für elektrische Widerstände werden stranggepreßte, dichtgebrannte Keramikkörper bevorzugt, jedoch finden auch oft für Heizzwecke poröse Trägerkörper Verwendung (Abb. 6.89).

286   6. Anwendung keramischer Erzeugnisse

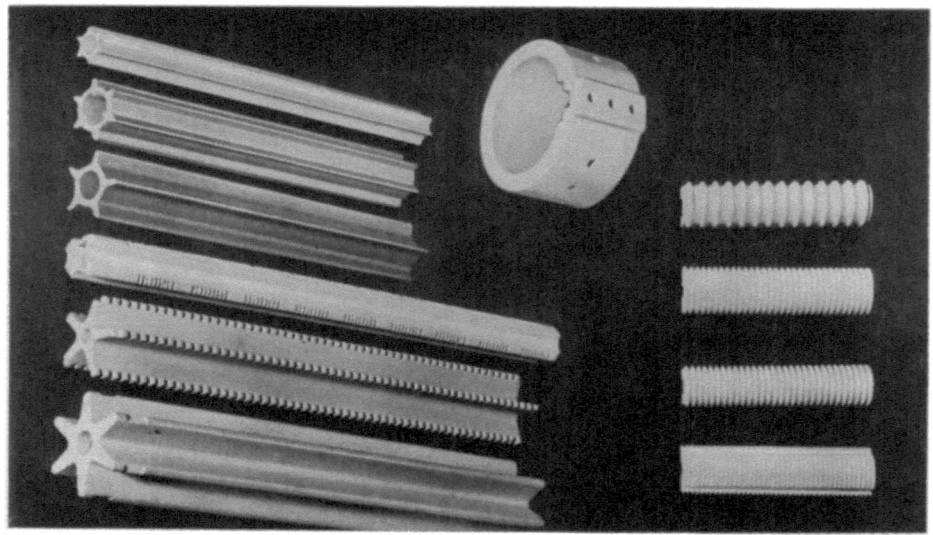

Abb. 6.86. Spulen und Reiter als Widerstandsträger.

Abb. 6.87. Montierter Kammersockel für Sicherungsautomaten (Stotz).

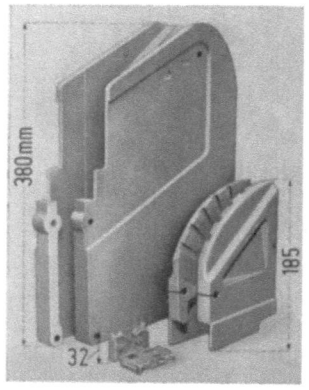

Abb. 6.88. Funkenschutzkammern.

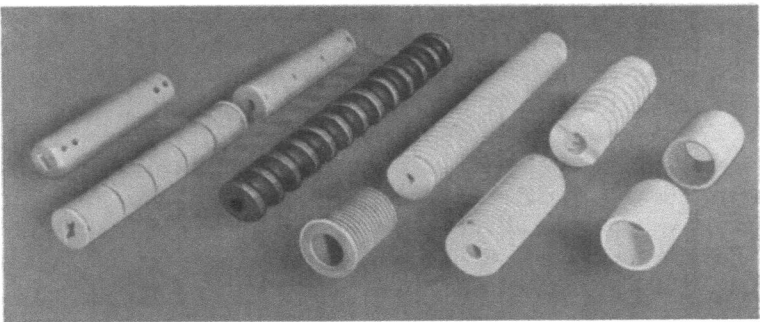

Abb. 6.89. Heizleiterträger in Rohrform.

Je nach Aufbau unterscheidet man drahtgewickelte Widerstände und Schichtwiderstände.

Drahtwiderstände, bei denen Widerstandsdraht oder -band auf den Keramikkörper aufgewickelt wird. Für die einfachsten Widerstände wird isolierend oxydierter Draht Windung an Windung gewickelt.

Diese Widerstände werden ohne Oberflächenschutz verwendet. Dabei handelt es sich meist um mittelstarke und dicke Drähte, während dünne Widerstandsdrähte mit einem Lacküberzug verwendet werden. Sowohl organische Lacke als auch Silikonlacke lassen jedoch nur bestimmte Oberflächentemperaturen als Dauerbetriebstemperatur zu.

Für höhere Oberflächentemperaturen, und auch für größeren mechanischen Schutz wird der auf den Porzellankörper gewickelte Widerstandsdraht mit einem Überzug aus einem Spezialzement versehen und in diesem jede einzelne Drahtwindung unverrückbar eingebettet.

Noch höhere Anforderungen erfüllen Drahtwiderstände mit einem Überzug aus Glasur. Die Glasur wird in mehreren Schichten aufgebracht und geschmolzen, bis die ganze Drahtwicklung gleichmäßig überzogen ist. Solche Widerstände sind tropenfest und hoch belastbar, so daß sie selbst bei Rotglut noch höchsten Anforderungen genügen. Dies erfordert wiederum, daß die Keramik in bezug auf gleichmäßige Struktur des Scherbens und hohe Temperaturwechselbeständigkeit den geforderten Ansprüchen genügt.

Schichtwiderstände besitzen eine Widerstandsschicht aus Kohlenstoff oder Metall. Bei den Kohle-Schichtwiderständen besteht die Schicht aus kristalliner Grauglanzkohle, welche durch Zerfall von Kohlenwasserstoff bei hoher Temperatur im Vakuum oder einem inerten Gas auf die Widerstandsträger aus Hartporzellan niedergeschlagen wird. Durch Einschleifen einer Wendel in die leitende Oberfläche lassen sich sehr genaue Widerstandswerte erreichen. Solche Widerstände werden als Massenartikel automatisch hergestellt. An die Maßhaltigkeit der Porzellankörper werden große Anforderungen gestellt, da die Kontaktierung durch aufgepreßte Metallkappen erfolgt, was nur bei kleinen Durchmessertoleranzen gleichmäßig gut möglich ist. Auch die Oberflächenbeschaffenheit ist von Bedeutung. Die keramischen Wicklungsträger können Rillen usw. für die Befestigung der Wicklungsenden bzw. Drehsicherungen an der Innenbohrung für die Montage erhalten.

288   6. Anwendung keramischer Erzeugnisse

Die in der *Elektrowärmetechnik* am meisten angewendeten keramischen Isolierstoffe sind die porösen, temperaturwechselbeständigen der Gruppe 500. Daneben kommen noch alle übrigen Gruppen mit Ausnahme von 300 (Kondensatorbaustoffe) in Betracht.

Die fünf Typen der Gruppe 500 dienen vor allem zur Herstellung der Heizleiterträger für Elektrowärmegeräte und Elektroöfen. Es handelt sich um Tragkörper verschiedener Form, z. B. Stäbe und Rohre mit und ohne Gewinde, zylindrische Nuten- und Mehrlochkörper, Profilrohre, Platten mit Nuten, Reiter, Kreuze und Tragsteine für den Heizleiter oder für die Tragrohre des Heizleiters in elektrischen Öfen (Abb. 6.90 bis 6.92).

Wo die thermische und chemische Beständigkeit der silikatkeramischen Isolierstoffe nicht ausreicht, wie bei Hochtemperaturöfen mit Molybdän- oder Wolfram-Heizleitern bis zu 2000 °C, finden die oxidkeramischen Werkstoffe der Gruppe 700 Verwendung, die dicht oder porös sind.

Die dichten, temperaturwechselbeständigen Stoffe der Gruppe 400 haben sich, z. B. der Typ 410 bei Elektrodampfkesseln für die Durchführungsisolatoren und die im Wasser eingebauten Verdrängungskörper wegen ihrer Temperaturwechselbeständigkeit und chemischen Widerstandsfähigkeit gegenüber Wasser bzw. Dampf,

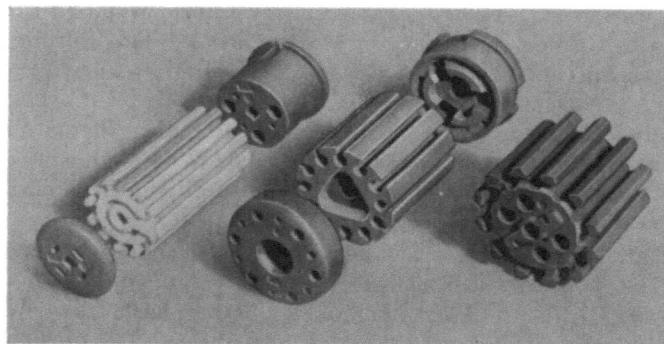

Abb. 6.90. Nutenkörper mit Anschlußstücken als Heizleiterträger.

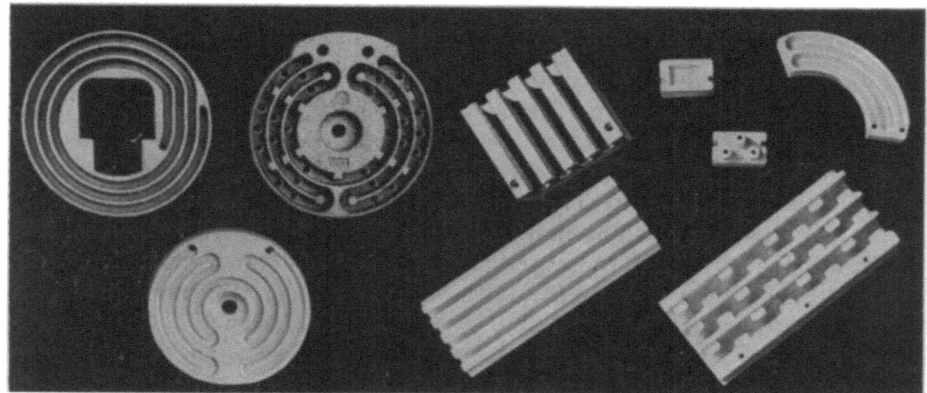

Abb. 6.91. Heizleiterträger als Rund- und Rechteckplatten.

6.4 Niederspannungs-Technik

Abb. 6.92. Isolierteile aus keramischen Isolierstoffen der Gruppe 500 DIN 40 685 für die Elektrowärmetechnik.

Abb. 6.93. Füße, Knöpfe für Elektroheizgeräte.

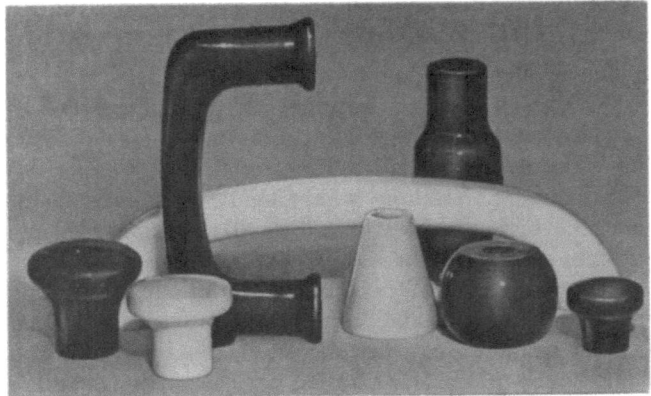

Abb. 6.94. Griffe und Kleinteile für Elektroheizgeräte.

290   6. Anwendung keramischer Erzeugnisse

bewährt. Auch liegen gute Erfahrungen bei Verwendung der dichten Sintertonerde (KER 710) für die Durchführungen bei Elektrodampfkesseln vor.

Für elektrische Rohr- und Tiegelöfen werden das dichte Hartporzellan (KER 110) bis etwa 1200 °C und für noch höhere Temperaturen die dichten Sonderporzellane des Typs 610 benutzt. Die Rohre und Tiegel sind Träger der Heizwicklung. Auch dienen die Rohre oft als gasdichte Einlegerohre für Elektroöfen, wenn mit einer besonderen Gasatmosphäre gearbeitet werden muß.

Isolierkleinteile der Elektrowärmegeräte, wie Buchsen, Klemmenleisten, Reihenklemmen, Vorsatzsteine für Gerätesteckdosen, Füße, Knöpfe und Griffe, werden im allgemeinen aus dem normalen dichten Steatit (KER 220) gefertigt, dessen Eigenschaften bei der normalerweise geringen Wärmebeanspruchung ausreichen (Abb. 6.93 und 6.94). Dagegen verwendet man für Heizleiter- und Zuleitungsperlen fast ausschließlich das dichte Sondersteatit (KER 221), das sich durch höhere Temperaturwechselbeständigkeit und besseren elektrischen Isolationswiderstand auszeichnet (Abb. 6.49 und 6.95).

Abb. 6.95. Isolierperlen für Zuleitungen und Heizwendeln.

6.5 Aluminiumoxid-Keramik [36, 37, 78, 80, 81, 90, 91]

Eines der ersten Gebiete, auf denen Aluminiumoxid als Werkstoff Eingang fand, war die Herstellung von Zündkerzen. Aufgrund der größeren thermischen Beständigkeit, Wärmeleitfähigkeit und mechanischen Festigkeit, die mit einer ausgezeichneten elektrischen Isolationsfähigkeit und Korrosionsbeständigkeit gepaart sind, hat Aluminiumoxid die vorher üblichen Werkstoffe auf Silikatbasis in der Zündkerzenherstellung weitgehend verdrängen können. Die Einführung rationeller Fertigungsverfahren, wie des automatischen isostatischen Pressens, trägt dem steigenden Bedarf an solchen Isolierteilen Rechnung.

Für Potentiometer und Widerstände fertigt man Grundplatten und Tragkörper in zunehmendem Maße aus Aluminiumoxid. Besonders gilt dies für hochbelastete Widerstände, da sich die Verlustwärme aufgrund der hohen Wärmeleitfähigkeit von Aluminiumoxid besonders wirkungsvoll abführen läßt. Hierdurch können die Bauelemente auch wesentlich kleiner ausgeführt werden.

Auch für größere Widerstände, beispielsweise Bremswiderstände im Bahnwesen, werden wegen der höheren mechanischen Festigkeit Tragkörper aus Aluminiumoxid eingesetzt. Gegenüber den früher üblichen Tragkörpern auf Cordierit- oder Magnesiumsilikat-Basis sind sie den mechanischen Beanspruchungen besser gewachsen und entsprechen dabei vollständig den Anforderungen an die Temperaturwechselbeständigkeit.

In der Energietechnik haben sich durch die Verwendung von Silizium-Hochleistungs-Gleichrichtern und Thyristoren vollkommen neue Wege eröffnet. Die Silizium-Bauteile müssen aber, um eine hohe Lebensdauer gewährleisten zu können, vollkommen vor Sauerstoff und Wasserdampf geschützt werden. Man baut das Halbleiterelement deshalb in ein hermetisch abgeschlossenes und mit Schutzgas gefülltes Gehäuse ein. Die gute mechanische Festigkeit des Aluminiumoxids legt dessen Verwendung für solche Gehäuse nahe, da diese bei der Montage und im Betrieb hohen Belastungen standhalten müssen. An die thermischen Eigenschaften werden geringere Ansprüche gestellt, da Halbleiterelemente nur bei Temperaturen bis maximal 200 °C betrieben werden. Doch ist auch hier die gute Wärmeleitfähigkeit zur Abführung der Verlustwärme erwünscht. Die Möglichkeit der vakuumdichten Metallisierung mit nachfolgender Hartlötung bietet einen Weg für einen dichten Abschluß der Gehäuse, der nur einen mäßigen technischen Aufwand erfordert, weil es sich hier meist nicht um sogenannte Stumpflötungen mit ihren unangenehmen Scherkräften, sondern um „Umfassungs"- oder Kappenlötungen handelt.

Eine Anwendung auf ganz anderem Gebiet ist beim Einsatz zur Herstellung von Pyrometerschutzrohren gegeben. Entscheidend für die Bevorzugung von Aluminiumoxid sind hier die extrem gute thermische Beständigkeit und die ausgezeichnete Widerstandsfähigkeit gegen chemischen Angriff.

In der Hochvakuumtechnik, speziell bei Kernforschungsanlagen und Simulatoren für Weltraumbedingungen, müssen völlig dichte Stromeinführungen durch die Metallwände der Apparaturen geschaffen werden. Die Isolierkörper dieser Durchführungen lassen sich meist als rohrförmige Körper aus Al_2O_3-Keramik ausbilden, die zumeist in kreisförmige auswechselbare Metallflansche hochvakuumdicht eingelötet werden müssen. Die Anforderungen an Leckrate und Dampfdruck der Hartlote sind oft sehr hoch, so daß mitunter nur Gold-Kupferlote verwendet werden können.

Für Hohlraumresonatoren in der Höchstfrequenztechnik, die häufig zugleich Hochvakuumgefäße sind, besteht die Aufgabe, sogenannte Auskoppelfenster für die HF-Leistung zu schaffen. Diese müssen aus einem mechanisch hochfesten, dielektrisch sehr guten und hochvakuumdichten Isolierstoff bestehen. Für die meisten Fälle genügen entsprechende Platten aus Al_2O_3-Keramik (in Extremfällen wird kristallisiertes Al_2O_3, also Saphir oder Rubin benutzt).

Ein weites Einsatzgebiet für Aluminiumoxid ist der Bau von Elektronenröhren. Röhren mit Keramikumhüllung haben sich heute weitgehend durchgesetzt. Gegenüber den früher üblichen Röhren mit Glaskolben mußte die Konstruktion grundlegend umgestaltet werden, als man Röhrengehäuse und -umhüllungen aus keramischen Werkstoffen einführte. Insbesondere konnte die bei Glasröhren übliche Ausführung der elektrischen Stromzuführungen in Form von Stiften nicht beibehalten werden. Dies führte zu Röhren aus Keramik-

Abb. 6.96. Gleichrichter-Röhrenkeramik Substrate, Potentiometerplättchen.

ringen mit eingefügten Metallscheiben, die auch die Stromzuführung übernehmen (Abb. 6.96).

Die Oxidkeramik-Teile und die Metallteile, die mit Rücksicht auf die mechanische Stabilität der Röhre aus Legierungen mit angepaßten Wärmedehnungsverhalten bestehen müssen, werden miteinander durch Hartlötung verbunden. Weichlötungen scheiden wegen der beim Ausheizen und im Betrieb auftretenden Temperaturen aus. Überdies ist auch der Dampfdruck von Weichloten zum Teil so hoch, daß Metall in das Hochvakuum verdampfen und sich auf den Isolierteilen niederschlagen würde.

Der Vorteil der Keramikröhren liegt nicht nur darin, daß sie mechanisch stabiler und unzerbrechlich sind. Die Stapelbauweise führte auch zu wesentlich kleineren Abmessungen bei gleicher Leistung. Gegenüber Glasröhren, deren Temperaturbelastbarkeit auf etwa 400 °C beschränkt ist, kann man Keramikröhren mit Temperaturen bis 600 °C beaufschlagen und daher schneller und vollständiger entgasen, was sich günstig auf die Lebensdauer auswirkt. Auch die Möglichkeit eines Betriebes bei höherer Temperatur ist vorteilhaft.

Die Begrenzung der Temperatur auf etwa 600 °C ist durch die Lötverbindung bedingt. Mit der zunehmenden Einführung von höher schmelzenden Loten kann auch die Anwendungstemperatur nach oben hin ausgeweitet werden.

Die elektrischen Anforderungen an die keramischen Isolierstoffe, besonders hinsichtlich eines niedrigen dielektrischen Verlustfaktors bei Höchstfrequenzen, schränken deren Auswahl ein.

Im wesentlichen haben sich neben Aluminiumoxid nur Forsterit und Berylliumoxid als Baustoffe für Röhrenteile behauptet. Alle drei entsprechen in ihren elektrischen Eigenschaften den gestellten Ansprüchen und lassen sich hochvakuumdicht mit Metallteilen verbinden. Hierbei ist der relativ hohe Ausdehnungskoeffizient dieser Stoffe günstig. Gegenüber Forsteritkeramik, die einen Glasphasenanteil enthält, hat Aluminiumoxid wegen seines kristallinen Aufbaues aus Korundteilchen den Vorteil einer höheren Temperaturbeständigkeit. Besonders aber hat Aluminiumoxid die wesentlich bessere Wärmeleitfähigkeit. Es wird deshalb dort eingesetzt, wo man eine Ausweitung des zulässigen Arbeitstemperaturbereiches der Röhre anstrebt. Die gute Wärmeabfuhr durch die Keramik und der geringe Verlustfaktor der Keramik gestatten hohe Leistungen auf kleinem Raum. Hinsichtlich der Wärmeleitfähigkeit bietet Berylliumoxid gegenüber Aluminiumoxid Vorteile, doch stehen seinem Einsatz die sehr viel höheren Fertigungskosten und seine Giftigkeit bei der Herstellung entgegen.

Die Eigenschaften von Aluminiumoxid, wie hohe Wärmeleitfähigkeit und niedriger dielektrischer Verlustfaktor, hängen stark von der Reinheit des Materials ab; bereits kleine Mengen an Nebenbestandteilen beeinträchtigen diese Eigenschaften deutlich. Trotzdem wird in der Mehrzahl der Fälle eine Korundkeramik mit einem Gehalt von 97 bis 98% Al_2O_3 im Röhrenbau bevorzugt, da sich Keramik, die eine Glasphase enthält, wesentlich besser metallisieren läßt, so daß man eine erheblich festere Verbindung von Metall und Keramikteilen erreichen kann. Der genannte Tonerdegehalt stellt für viele Zwecke einen optimalen Kompromiß bei der Herstellung von Elektronenröhren dar.

Auch für Isolierteile im Röhreninneren wird Aluminiumoxid eingesetzt (Abb. 6.97). Hier werden hohe Ansprüche an die mechanische Stabilität, das Wärmeleitvermögen, die Isolationsfähigkeit und an einen niedrigen dielektrischen Verlustfaktor gestellt. Typische Beispiele sind Halteteile in Hochleistungsröhren. Die Anforderungen hinsichtlich der Abmessungen lassen sich durch genaue Kontrolle der Fertigungsbedingungen erfüllen.

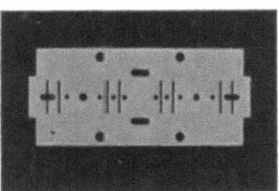

Abb. 6.97. Isolierteil aus Aluminiumoxid für den Innenaufbau von Elektronenröhren.

Die Möglichkeit der hochvakuumdichten Metallisierung und Lötung, die ausgezeichnete Isolationsfähigkeit und die mechanische Festigkeit machen Aluminiumoxid auch zu einem idealen Werkstoff für Hochleistungsdurchführungen in Elektronenröhren und anderen Hochvakuumgefäßen.

Besonders große Einsatzmöglichkeiten haben sich der Al_2O_3-Keramik durch die Miniaturisierung der elektronischen Geräte erschlossen.

Bei der Miniaturisierung sind zwei Entwicklungsrichtungen erkennbar.
1. Verkleinerung herkömmlicher Bauelemente;
2. neue technische Konzeptionen, wie Mikromodultechnik und integrierte Schaltungen (IS).

In beiden Fällen sind die Stromwärme erzeugenden Bauelemente so eng angeordnet, daß als Tragkörper nur ein Isolierstoff mit hoher Wärmeleitfähigkeit in Betracht kommt.

Die in Amerika entwickelte Mikromodultechnik (micromodule system) benutzt für die einzelnen Bauelemente keramische Bauelementeplättchen, meist aus Al_2O_3-Keramik, mitunter auch für Kondensatoren aus TiO_2- oder $BaTiO_3$-Keramik. Alle Trägerplatten sind gleich groß und haben an den Kanten drei mit Metallbelägen versehene Kerben für die „Steigleitungen". Diese Plättchen werden sowohl für die passiven als auch für die aktiven Bauelemente verwendet.

Mit dem Begriff „integrierte Schaltung" (integrated circuit, IC) bezeichnet man heute im wesentlichen die monolithischen integrierten Schaltungen und eventuell die Hybridschaltungen. Eine IC läßt sich als ein Netzwerk definieren, dessen Einzelelementen man schon bei der Herstellung Information sowohl über ihre zukünftige Lage als auch über ihre Verwendung in diesem Netzwerk mitgibt. Auf Patente von Dr. Robert Noyce und Jack Kilby zurückgehend werden bei dieser Technik die Einzelelemente durch selektive Diffusionen in einem gemeinsamen monokristallinen Halbleiterblock, der zugleich als materieller Träger der Schaltung dient, hergestellt. Die einzelnen Elemente werden durch eine Aluminiumverdrahtung miteinander verbunden und sind durch Oxidschichten voneinander isoliert. Bei monolithischen integrierten Schaltungen bilden Träger und Bauelemente einen monolithischen Block, der eine große Anzahl sowohl passiver als auch aktiver elektronischer Bauelemente vereint. Bei Hybridschaltungen unterscheidet man den Träger (Substrat) und die Bauelemente.

Über die Rohstoffe, die Formgebungsverfahren und die sonstige Herstellung von Substraten sowie Eigenschaften (Oberflächenbeschaffenheit) und Toleranzen gibt die spezielle Literatur [36, 37] Auskunft.

Verwendung. Al_2O_3-Substrate finden zur Zeit fast ausschließlich bei der Herstellung von hybriden Schaltkreisen Verwendung, wo sie als Trägermaterial und gleichzeitig zur Isolierung der elektrischen Elemente dienen.

Hybride Schaltkreise sind solche, bei denen mittels Dick- oder Dünn-Filmtechnik auf geeigneten Trägern, meist Al_2O_3-Substraten, passive elektronische Bauelemente und Leiterbahnen aufgebracht werden die dann anschließend mit den aktiven Elementen bestückt werden.

Davon unterscheiden sich die sogenannten monolithischen Schaltkreise, die in meist sehr winzigen Kriställchen eine große Anzahl sowohl passiver als auch aktiver elektronischer Bauelemente vereinen.

Metallisierung. Die Möglichkeit, auf Al_2O_3-Oxidkeramik festhaftende Metallschichten aufzubringen, ist also von größter Wichtigkeit. Dabei ist die Haftfestigkeit der Metallschicht auf der Keramik ausschlaggebend, besonders dort, wo Keramikteile (speziell auch Substrate) in Metallkonstruktionen meist vakuumdicht eingelötet werden. Beim Aufbringen von Leiterbahnen und Bauelementen auf Al_2O_3-Oxidkeramik-Trägern ist das Problem des Haftens in manchen Fällen nicht so kritisch, und oft kann sogar auf das Einbrennen der Metallschicht in der Keramikoberfläche verzichtet werden.

Zum Aufbringen der gewünschten Metallisierungen auf die Substrate haben sich zwei Techniken durchgesetzt, die Dickfilmtechnik und die Dünnfilmtechnik.

Einzelheiten über diese beiden Techniken sind z. B. von G. Heimke und H.-J. Windel [36, 37] beschrieben.

Die mit passiven Bauelementen versehen Substrate werden anschließend mit aktiven Bauelementen bestückt und mit Kontakten versehen. Die so entstandenen Hybrid-Schaltungen werden teilweise zum Schutz in Kunststoff eingebettet, oder sie werden mit einem passenden Al_2O_3-Oxidkeramikdeckel versehen, wodurch sogenannte Flat Packs entstehen.

Snapstrate. Um ein rationelles Arbeiten vor allem auch bei Verwendung von kleinen Substraten zu ermöglichen, wurden Snapstrate entwickelt. Dies sind gelochte oder ungelochte größere Al_2O_3-Keramikplatten, die in einem Arbeitsgang bedruckt beziehungsweise metallisiert werden und anschließend an vorgezeichneten Bruchstellen in kleinere Substrate zerteilt werden können.

Die eingangs erwähnten gestiegenen Anforderungen an Trägermaterialien für elektrische Schaltungen, die dem Al_2O_3 einen neuen Absatzmarkt erschlossen, gingen zunächst von der Computer-Entwicklung und dem Computer-Bau aus. Inzwischen hat sich die Verwendung von auf Al_2O_3-Keramikplättchen gefertigten elektrischen Schaltungen in vielen Zweigen der Elektrotechnik und der Elektronik durchgesetzt, und besonders auf dem Sektor der Unterhaltungselektronik steigt der Bedarf an Al_2O_3-Keramik-Substraten rapid an.

Auch bei der Herstellung von elektrischen Präzisionsbauteilen finden Al_2O_3-Substrate immer mehr Verwendung, so beispielsweise als Widerstandsträger für hochpräzise Potentiometer.

Oxidkeramische Gehäuse für Schaltungen. In ähnlicher Weise wird Aluminiumoxid auch als Material für die Fertigung der Gehäuse und Rahmen in der Monolith-Technik verwendet. Neben der mechanischen Stabilität ist hier die gute Metallisierbarkeit für den Einsatz des Aluminiumoxids von Bedeutung. Diese Technik erfaßt ein weites Feld für den Einsatz von Korundkeramik.

Diese Gehäuse werden meist aus vorgefertigten Al_2O_3-Keramikteilen hergestellt. Sie können von verschiedenster Form und Größe sein und wunschgemäß durch Al_2O_3-Keramikzwischenwände in einzelne Raumeinheiten aufgeteilt werden, um das Einbringen von gegeneinander isolierten Bauelementen oder Bauelementgruppen zu ermöglichen. Diese Gehäuse sind auch mit Deckeln zu versehen.

Diese Al_2O_3-Keramikgehäuse bleiben bei allen für die Elektrotechnik und insbesondere die Hochfrequenztechnik in Frage kommenden Temperaturen mechanisch völlig stabil und weisen einen fast temperaturunabhängigen, außerordentlich niedrigen dielektrischen Verlustfaktor auf. Eine völlige mechanische Stabilität ist bis zu Temperaturen von 1000 °C gegeben, und bis zu dieser Temperatur ändert sich der dielektrische Verlustfaktor tan δ nur sehr gering. Er kann in jedem Falle besser als $1 \cdot 10^{-3}$ gehalten werden und erreicht bei einer sehr reinen erdalkali- und alkalifreien Al_2O_3-Oxidkeramik Werte von 0,1 bis $0,3 \cdot 10^{-3}$.

Die Gehäuse können nach den bekannten Metallisierungsverfahren mit Leiterbahnen und passiven Bauelementen versehen werden. Durch flächenhafte Aufbringung von Metallisierungen können das gesamte Gehäuse oder auch nur einzelne Kammern des Gehäuses gegen von außen möglicherweise eindringende elekromagnetische Strahlungen abgeschirmt werden.

Die für digitale integrierte Schaltungen geprägte Terminologie entstammt englischsprachigen Benennungen und den daraus abgeleiteten Abkürzungen [22].

Über den Einsatz außerhalb der Elektrotechnik, z. B. im Maschinenbau, in der chemischen Technologie und in der industriellen Textilverarbeitung, wofür das Al_2O_3 der wichtigste oxidkeramische Werkstoff ist, kann im Rahmen dieses Buches nicht berichtet werden. Auch hierzu sei auf [36, 37] verwiesen.

6.6 Keramische Kondensatoren

Die guten elektrischen Eigenschaften mancher keramischer Werkstoffe hätten erwarten lassen, daß keramische Kondensatoren weitgehend Anwendung gefunden hätten. Wenn auch Porzellan einen für Hochfrequenz meist zu großen Verlustwinkel aufweist, so hätte die gute Isolierfähigkeit und Durchschlagfestigkeit von Porzellan geeignet sein können, es als Dielektrikum für Kondensatoren bei Netzfrequenz in der Hochspannungstechnik einzusetzen, zumal die keramische Technologie über zwei vorteilhafte Mittel verfügt, Glimmentladungen und vorzeitigen Glimmeinsatz weitgehend zu vermeiden. Im Randgebiet der Elektroden kann man die Dicke des Dielektrikums vergrößern und durch Einbrennen einer Metallschicht Luftschichten zwischen Elektroden und keramischem Dielektrikum ausschließen. Dem stehen aber als Nachteile gegenüber, daß durch die Fertigung bedingt die Mindestdicke der Körper stets in einem fast unveränderlichen Verhältnis zur Oberfläche steht. Dadurch wächst z. B. bei Zylinderkondensatoren die Mindestdicke etwa proportional dem Durchmesser, und die Kapazität je Länge bleibt unveränderlich. Die relativ niedrige Dielektrizitätszahl gestattet deshalb die Herstellung nur kleiner und auch nur in kleineren Bereichen veränderlicher Kapazitäten, die für die Niederfrequenztechnik in den meisten Fällen zu klein sind. Keramische Dielektriken mit höheren Dielektrizitätszahlen, und häufig günstigeren Verlustfaktoren, bereiten meist Schwierigkeiten in der Herstellung von Körpern größerer Abmessungen und weisen geringere Durchschlagfestigkeit auf. Damit beschränkt sich die Verwendung von Kondensatoren aus Porzellan und Steatit auf wenige Gebiete in der Hochspannungstechnik.

In großer Stückzahl sind Kondensatoren aus Porzellan zur Spannungssteuerung bei Vielfachunterbrechung von Hochleistungsschaltern eingesetzt. Es wurden Kapazitäten bis 60 pF hergestellt. Abb. 6.98 zeigt einen Hochspannungskondensator mit 60 pF, der mit 250 kV Stoßspannung geprüft wird und bei Reihenschaltung zweier Einheiten für 110 kV Wechselspannung Verwendung findet.

Bei höchsten Spannungen, für die Kapazitäten gleicher Größenordnung nur durch Reihenschaltung mehrerer Einheiten entsprechend größerer Kapazität

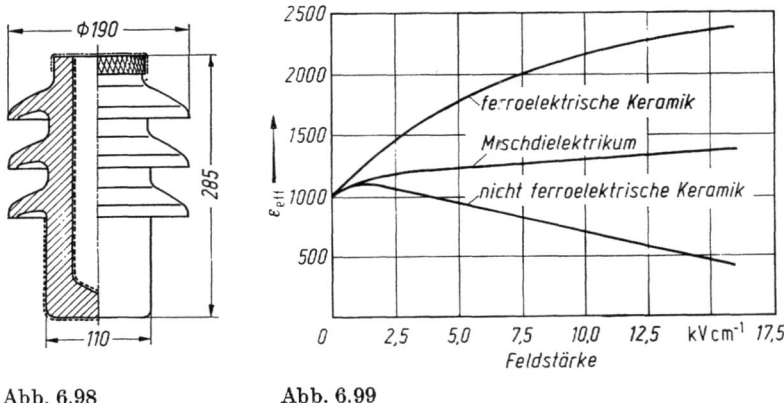

Abb. 6.98   Abb. 6.99

Abb. 6.98. Hochspannungskondensator aus Hartporzellan für 250 kV Stoßprüfspannung, Kapazität 60 pF.

Abb. 6.99. Effektive Dielektrizitätszahl verschiedener Stoffe hoher Anfangs-Dielektrizitätszahl in Abhängigkeit von der Feldstärke.

herstellbar sind, bei höheren Leistungen der Schalter und wo aus anderen Gründen größere Kapazitäten (250 pF bis 500 pF) gebraucht werden, haben keramische Kondensatoren die Ölkondensatoren nicht ersetzen können.

Man hat immer wieder versucht, Lösungen auf keramischer Basis zu finden. Die Dielektriken aus Bariumsteatit (Frequenta, $\varepsilon_r \approx 6$), Magnesiumtitanat ($\varepsilon_r \approx 15$) und titanoxidhaltigen Massen ($\varepsilon_r \approx 80$) mit Temperaturkoeffizienten $TK_\varepsilon = 470 \cdot 10^{-6} \, K^{-1}$ bzw. $750 \cdot 10^{-6} \, K^{-1}$, die sich in großen Abmessungen und geeigneten raumsparenden Formen nicht herstellen lassen und die aus mehreren einfacheren Formen zusammengesetzt werden müßten, kommen nicht für Hochspannung und Industrie-Frequenz in Betracht, weil sich keine wirtschaftlichen Konstruktionen mit genügend geringem Raumbedarf ergeben.

Durch Verwendung von ferroelektrischen Dielektriken, wie Bariumtitanat, gelang es, Dielektrizitätszahlen von $\varepsilon_r \approx 1000$ bis 15000 zu erreichen. Solche ferroelektrischen Stoffe enthalten auf Grund ihrer Kristallstruktur Dipole, deren permanente Polarisation durch äußere elektrische Felder umkehrbar ist. Bei der Curie-Temperatur findet eine Phasenumwandlung in eine nicht polare Struktur statt, die u. a. durch ein Maximum der Dielektrizitätszahl erkennbar ist. Die Dielektrizitätszahl solcher ferroelektrischer Dielektriken ist aber nicht nur temperatur-, sondern auch in hohem Maße feldstärke-abhängig. Außerdem ist die Beziehung zwischen Polarisation und Wechselfeldstärke nicht linear und mit Hysterese-Erscheinungen verbunden (Abb. 6.99). Dem Vorteil kleinen Raumbedarfs, bzw. größerer erreichbarer Kapazitäten infolge der hohen Dielektrizitätszahl stehen also Nachteile gegenüber, die bei der Miniaturisierung der Bauelemente für die Elektronik in Kauf genommen werden. In der Hochspannungstechnik haben wegen der Nichtlinearitäten und der hohen Wirkverluste bei hohen Feldstärken Kondensatoren aus Bariumtitanat keinen Eingang gefunden.

298   6. Anwendung keramischer Erzeugnisse

Durch Verwendung von polykristallinem Barium–Strontium–Titanat ($Ba_{0,5}Sr_{0,5}TiO_3$), dessen Curie-Temperatur bei -60 °C liegt, ist es gelungen, Dielektriken mit $\varepsilon_r \approx 2000$ herzustellen, die ausreichende Durchschlagfestigkeit und hinreichend geringe Verluste und geringen Raumbedarf haben. Abhängigkeit der Kapazität von der Temperatur und der Feldstärke ist vorhanden. Im Gegensatz zu den ferroelektrischen Stoffen nimmt hier die Dielektrizitätszahl mit steigender Temperatur und mit zunehmender Feldstärke ab. Ist ein fester Kapazitätswert notwendig, so dürfen sie nur in einem engen Temperatur- und Feldstärkenbereich eingesetzt werden. Zur Spannungssteuerung der Vielfachunterbrechung von Hochspannungs-Leistungsschaltern, bei denen mit Temperaturschwankungen zwischen -40 °C und $+60$ °C gerechnet werden muß, sind Kondensatoren aus solchen Werkstoffen nicht geeignet.

Da mit steigender Feldstärke bei ferroelektrischen Stoffen Zunahme und bei polykristallinem Barium–Strontium–Titanat Verringerung der effektiven Dielektrizitätszahl erfolgt, könnte man daran denken, durch Parallel- oder Reihenschaltung von Kondensatoren beider Werkstofftypen weitgehend Unabhängigkeit der Kapazität von Temperatur- und Spannungsänderungen zu erreichen. Da aber bei diskreter Anordnung dieser Elemente, insbesondere auch bei kurzzeitig verlaufenden Vorgängen unterschiedliche und vom Verlauf des elektrischen Vorganges abhängige Belastungen auftreten und die Forderung nach kleinem Raumbedarf nicht erfüllt werden kann, führt dieser Weg nicht zum Erfolg. Man hat deshalb versucht, keramische Mischdielektriken zu entwickeln,

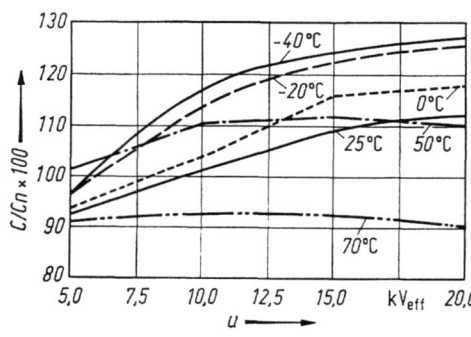

Abb. 6.100. Kondensator mit Mischdielektrikum. Spannungsabhängigkeit der Kapazität, bezogen auf den Wert bei 10 kV (50 Hz) und 25 °C.

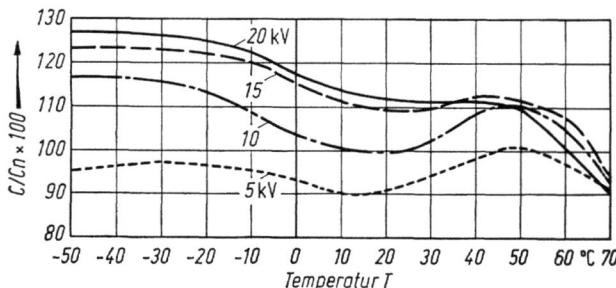

Abb. 6.101. Kondensator mit Mischdielektrikum. Temperaturabhängigkeit der Kapazität, bezogen auf den Wert bei 10 kV (50 Hz) und 25 °C.

die durch feinste Verwachsung der zwischen 0,5 und 5 μm liegenden Größe der Teilchen im keramischen Brand ein praktisch homogenes Dielektrikum bilden.

Auf diese Weise kann die Temperatur- und Feldstärkeabhängigkeit der aus Bariumtitanat bestehenden ferroelektrischen ($\varepsilon_r \approx 1400$) und der aus Calciumtitanat bestehenden nicht ferroelektrischen Komponente ($\varepsilon_r \approx 300$) verringert werden (Abb. 6.100 und 6.101).

Kondensatoren können aus diesem Mischdielektrikum als planparallele Platten hergestellt werden, auf die Elektroden aus Einbrennsilber aufgebracht und Gewindestutzen zur Kontaktierung und Halterung aufgelötet werden. Durch eine Siliconkautschukumhüllung werden die Randfelder homogenisiert und Schutz gegen mechanische Beschädigung und Korrosion gebildet (Abb. 6.102). Solche Elemente können für hohe Gleichspannung, Wechselspannung und Stoßspannung wegen des einigermaßen ausgeglichenen Temperaturganges in Freiluftgeräten, die extremen Temperaturen und größeren Temperaturschwankungen ausgesetzt sind, Verwendung finden. Für Hochfrequenz sind sie nicht und für Mittelfrequenzen wahrscheinlich nur bedingt geeignet.

Für höhere Betriebsspannungen, wie sie bei Spannungsteilern, zur Spannungssteuerung bei Gleichrichtern oder zur Spannungssteuerung der Vielfachunterbrechung von Leistungsschaltern benötigt werden, kann man durch Reihenschaltung von Elementen Einheiten aufbauen, die wirtschaftlich und hinsichtlich ihres Raumbedarfes zu tragbaren Lösungen führen. Man kann z.B. die mit Siliconkautschuk umhüllten, in Reihe geschalteten Elemente in einen keramischen Gehäuseisolator einbringen und den Zwischenraum mit Kunststoffschaum ausfüllen. Abb. 6.103 stellt einen Aufbau dar, der praktisch ausgeführt wurde. Kapazitäten von mehreren hundert Picofarad für Wechsel- und Stoßspannungen von mehreren hundert kV kann man so herstellen. Da die

Abb. 6.102

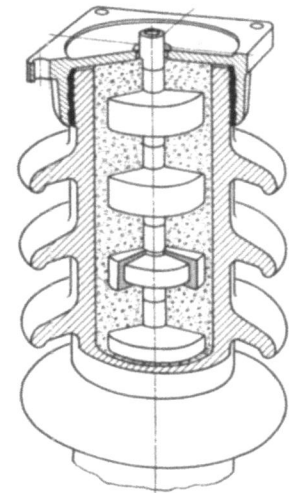

Abb. 6.103

Abb. 6.102. Siliconkautschuk-umhüllter Kondensator mit Mischdielektrikum.

Abb. 6.103. Reihenschaltung von Kondensatoren mit Mischdielektrikum und Siliconkautschukumhüllung (Schnitt durch Porzellangehäuse).

Spannungsverteilung, insbesondere bei schnell verlaufenden Spannungsvorgängen, infolge der räumlichen Ausdehnung der Gesamtkapazität nicht linear ist und Streuungen von Kapazität und Charakteristik in der Serienfertigung auftreten, macht die Durchschlagsicherheit bei Dauerbelastung in Energieübertragungsanlagen (Leistungsschaltern) noch Schwierigkeiten. Der Weg dürfte aber als interessant anzusehen sein.

Dagegen sind Bariumtitanat-Kondensatoren aus Mischdielektrikum im Betrieb mit stationärer Hochfrequenz, im Impulsbetrieb bei Steilstoß-Generatoren und als Spannungsteilerkondensatoren brauchbar.

Im Betrieb bei stationärer Hochfrequenz eignen sie sich als Anodenkoppelkondensatoren und als Gitterkoppelkondensatoren. Hierbei kommt es vor allem auf hohe Kapazität bei kleinem Volumen und gute Gleichspannungsbeständigkeit an, während die HF-Belastung relativ gering ist. Für die praktisch vorkommenden Fälle reicht z.B. ein Plattenkondensator ($\varepsilon_r \approx 2000$) mit einer Plattendicke von 17 mm (entsprechend 30 kV, 50 Hz Prüfspannung) und einer HF-Leistungsbelastbarkeit von 2 kVA je 1000 pF aus.

Beim Einsatz als Stoßkondensator in Steilstoßgeneratoren [44, 45, 97, 98, 99] kann ein in bestimmten Grenzen spannungs- und temperaturabhängiges Dielektrikum zugelassen werden. Entscheidend sind hier konstruktive und preisliche Gesichtspunkte, insbesondere kleine Abmessungen bei möglichst hoher Betriebsspannung, also hoher Energiedichte im Dielektrikum. Die relativ hohe Dielektrizitätszahl, hohe Spannungsfestigkeit und begrenzte Spannungs- und Temperaturabhängigkeit dieser Kondensatoren begründen ihre Eignung für diese Zwecke.

Bariumtitanat-Kondensatoren mit Mischdielektrikum können auch mit Vorteil als Spannungsteiler-Kondensatoren verwendet werden. Hierbei ist ein Einsatz auch bei „schnellen Teilern" (Teiler hoher Bandbreite) möglich, wenn der gesamte Teiler aus gleichen Elementen aufgebaut ist und die Meßspannung an einem dieser Kondensatoren abgegriffen und erforderlichenfalls durch einen nachgeschalteten Kreis aus hochkonstanten Bauelementen weiter verkleinert wird.

Bei der Anwendung für Impulsbetrieb ist zu beachten, daß solche Kondensatoren durch sehr steile Spannungsbeanspruchung mechanisch zerstört werden können. Zum Beispiel werden Kondensatoren, die koaxial angeordnet und auf kürzest möglichem Wege entladen werden, bei Spannungen über 30 kV nach wenigen 100 Stößen mit hoher Wahrscheinlichkeit mechanisch zerstört, während eine Impuls-Spannung 1,2/50 µS von mehr als 70 kV beliebig häufig ausgehalten wird.

Schon kurze Zeit nach ihrer Entwicklung im Jahre 1932 eroberten sich die keramischen Kondensatoren ein großes Anwendungsgebiet in der *Hochfrequenztechnik*. Diese breite Einführung wurde möglich durch ihre Formstarrheit und ihre dadurch bewirkten Unveränderlichkeit durch Zeit, Temperatur, mechanische und klimatische Einwirkungen, durch die Vielseitigkeit der möglichen Kombinationen ihrer Dielektrizitätszahl und deren Temperaturkoeffizienten, die in großen Bereichen abgewandelt werden können und den Wünschen der Gerätebauer auf gedrängte Bauweise und Kompensation des Temperaturganges anderer Bauelemente entgegenkamen. Kein anderes Dielektrikum bietet die Möglichkeit, die Dielektrizitätszahl von 6 bis 15000 und den Temperaturkoeffizienten von +150 bis −5600 · 10^{-6} K^{-1} abzustufen. Der besonders niedrige dielektrische Verlustwinkel der Kondensatoren für die frequenzbestimmenden Kreise begünstigte diese Entwicklung entscheidend.

So finden keramische Kleinkondensatoren als Bauelemente in der Nachrichtentechnik, der Hochfrequenz-Meßtechnik und der Elektronik Verwendung, insbesondere der Typ I auf Titandioxidbasis (vgl. Abschnitt 5.6), wenn es sich um hohe Kapazitätsstabilität, kleine Verluste, weitgehend lineare und reversible, definierte positive oder negative Abhängigkeit der Kapazität von der Temperatur, hohen Isolationswiderstand, enge Kapazitätstoleranzen, geringe Spannungsabhängigkeit bei der Anwendung zur Temperaturkompensation in Schwingkreisen und Filtern, wo kleine Verluste und enge Kapazitätstoleranzen erforderlich sind, und zur Kopplung und Entkopplung besonders in HF-Kreisen handelt. Der Typ II — Barium- und Barium-Strontium-Mischtitanate finden Verwendung für große Kapazitäten bei hohem Isolationswiderstand, geringerer Stabilität der Kapazität und größeren Verlusten, nichtlinearer Abhängigkeit der Kapazität von der Temperatur und Spannung, wenn Kondensatoren mit geringsten Abmessungen erforderlich sind. Zur Kopplung und Siebung, sofern etwas höhere Verluste keine Rolle spielen und keine große Stabilität der Kapazität notwendig ist. Kondensatoren des Typ II für sehr niedrige Spannungen mit extrem dünnem Dielektrikum (sog. Sperrschicht) kommen für Entkopplungszwecke und speziell für Transistorgeräte in Betracht.

Keramische Leistungskondensatoren haben in der Hochfrequenztechnik dort Einsatz gefunden, wo höhere Spannungen und größere Leistungen auftreten. In größerem Umfange werden sie beim Bau von Sendern, von Hochfrequenz-Industriegeneratoren und Impulsgeneratoren, bei denen sie vorwiegend einer hohen Gleichspannung unterworfen sind, verwendet. Selbst für nichtstationäre Hochfrequenzspannungen, z.B. bei Stoßspannungsteilern vor allem für Meßzwecke, bei denen die Dimensionierung wesentlich nach der Spannung zu erfolgen hat, werden keramische Hochleistungskondensatoren eingesetzt. Größere Kapazitäten, Leistungen und Spannungen werden durch Kondensatorbatterien beherrscht; und so findet man z.B. Plattenkondensatoren-, Topfkondensatoren- und Zylinderkondensatorenbatterien in Schwing- und Resonanzkreisen von

Abb. 6.104. Kondensatorenblock eines HF-Prüfsenders.

Nachrichtensendern größerer Leistung, bei denen niedrige Verluste und hohe Stabilität von Bedeutung sind, als Temperaturkompensationen, bei denen weitgehend definierte Temperaturkoeffizienten verlangt werden, und als Abblokkungs- und Koppelkondensatoren (Abb. 6.104). Kondensatoren sind den erforderlichen Eigenschaften entsprechend unter Berücksichtigung der nach VDE 0560 und DIN 41900—41905 genormten Typen auszuwählen. Bei höheren Leistungen sollte geprüft werden, ob wassergekühlte Kondensatoren vorteilhaft sind (Abb. 5.39).

7. Keramische Magnetika (Eisenoxid-Verbindungen)

7.1 Chemischer Aufbau und Anwendung

Die keramischen Magnetika, allgemein Ferrite genannt, sind vorwiegend Verbindungen zweiwertiger Oxide mit Eisen(III)-oxid. Allein in der kleineren Gruppe der sogenannten Eisengranate (englisch: garnet) finden sich dreiwertige Oxide, in erster Linie Yttriumoxid, als Reaktionspartner des Eisenoxids. Über Lithiumferrit, eine andere Ausnahme, wird in Zusammenhang mit den Rechteck- und Mikrowellen-Ferriten berichtet.

7.1.1 Die weichmagnetischen Ferrite

Ein magnetisches Material wird als weich bezeichnet, wenn es bereits durch schwache Felder magnetisierbar ist, nach Abschalten des erregenden Feldes aber spontan in einen entmagnetisierten oder nur wenig magnetisierten Zustand zurückfällt. Charakteristisch für ein weiches Material ist eine abgerundete S-förmige Hystereseschleife. Die Schleife ist eng oder, mit anderen Worten, die Koerzitivkraft ist klein: sie liegt für die Ferrite dieser Gruppe im Bereich von etwa 0,05 bis 0,5 Oersted (s. Abb. 7.1). Die Kristallform ist durchweg die des Spinells, so daß mit Recht auch der Name Ferrospinelle sich eingeführt hat.

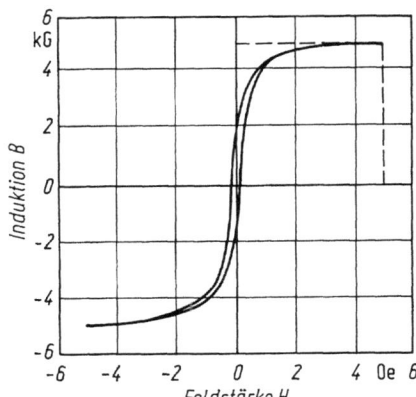

Abb. 7.1. Hystereseschleife eines „weichen" (Mn–Zn) Ferrites.

Als Modell kann trotz mancher Unterschiede des physikalischen Verhaltens der Magnetit, Fe_3O_4, herangezogen werden. Schreibt man die Formel $FeO \cdot Fe_2O_3$, so erkennt man die Zusammensetzung aus einem Mol Eisen(II)oxid und einem Mol Eisen(III)-oxid. In den hier zu besprechenden Ferriten ist das zweiwertige Eisenoxid durch andere zweiwertige Oxide ersetzt zu denken. Die Zahl der substituierenden Oxide ist nicht allzu groß. Es sind diejenigen mit einem Ionenradius zwischen etwa 0,7 und 0,9 Å. Die Bildung von Mischferriten mit zwei und mehr zweiwertigen Ionen eröffnet die Möglichkeit, eine reichhaltige Skala keramischer Magnetika zu schaffen.

Magnetische Spinelle bilden die Elemente Magnesium, Kupfer, Mangan, Nickel und Kobalt. Das unmagnetische Zinkferrit spielt, wie noch erläutert wird, als Mischungsbestandteil eine wichtige Rolle. Als seltenere Beigabe findet sich Cadmium, das gleichfalls ein unmagnetisches Ferrit bildet. Cadmium ist als Grenzfall zu betrachten.

Das Schema „Zweiwertiges Oxid-Fe_2O_3" erschöpft jedoch nicht die Möglichkeiten des Aufbaues aller Ferrite dieser Gruppe. Eine Formel von allgemeinerer Gültigkeit würde lauten:

$$x(M^{II}O)\ y(M_2^{III}O_3),$$

worin $M^{II}O$ ein einzelnes oder auch eine Vielzahl zweiwertiger Oxide, $M_2^{III}O_3$ ein einzelnes oder auch eine Vielzahl dreiwertiger Oxide darstellt. Unter den dreiwertigen Ionen wird Fe^{III}, sofern es sich um technische Magnetika handelt, immer eine dominierende Stellung einnehmen, doch finden sich andere dreiwertige Ionen gelegentlich als Substituenten des dreiwertigen Eisens. Ist $x = y$, so spricht man von einem stöchiometrischen Verhältnis; ist $x > y$, so ist ein Überschuß zweiwertiger Ionen, ist $x < y$, so ist ein Überschuß dreiwertiger Ionen, in der Regel des dreiwertigen Eisens vorhanden. Eine Nicht-Stöchiometrie im Rohversatz kann durch die Änderung des Sauerstoffgehaltes, d. h. der Wertigkeit einzelner Ionen ausgeglichen werden. Solche Änderungen vollziehen sich im Brande, und es geschieht nicht selten, daß die Einwaage ein nicht-stöchiometrisches, die gesinterte Substanz aber ein stöchiometrisches Verhältnis der Komponenten zeigt.

So kann Eisen durch Übergang in den zweiwertigen Zustand einen Fehlbetrag an zweiwertigen Ionen auffüllen, bei gleichzeitiger Verminderung des anfänglichen Fe^{III}-Überschusses. Ein Beispiel soll dies erläutern:

Wird ein Mangan-Zinkferrit von der molaren Versatzformel

30% MnO
17% ZnO
53% Fe_2O_3

in einer solchen Weise gebrannt, daß 4 Eisenatome zum zweiwertigen Zustand reduziert werden, so ergibt sich (von der Summe 100 nunmehr abweichend) ein molekulares Verhältnis von 30 MnO : 17 ZnO : 4 FeO : 51 Fe_2O_3. Auf 100 umgerechnet erhalten wir die neue molare Prozentformel

29,4% MnO
16,7% ZnO
3,9% FeO
50,0% Fe_2O_3,

oder als Indexformel geschrieben (Dezimalen abgerundet):

$$Mn_{0,59}\ Zn_{0,33}\ Fe^{II}_{0,08}\ Fe^{III}_2\ O_4$$

Beide Formeln lassen erkennen, daß sich ein stöchiometrisches Verhältnis eingestellt hat. Dies ist freilich ein Idealfall; die Wertigkeitskorrektur braucht nicht zu einem genauen 50:50-Verhältnis zu führen. Das Ergebnis hängt nicht nur von der Brandführung sondern auch von der Menge des eingewogenen Fe_2O_3 ab. — In den technisch gebräuchlichen Mangan-Zinkferriten wird ein kleiner Teil des Eisens zwangsläufig zum zweiwertigen Zustand reduziert. Um nämlich zu verhindern, daß das Mangan aufoxidiert wird, muß der Brand so geführt werden, daß während der Kühlung kein Sauerstoff zugegen ist. Da das Fe_2O_3 im Hochtemperaturbereich stets ein wenig Sauerstoff einbüßt, so bleibt eine kleine FeO-Komponente zurück; das Schutzgas verhindert die Wieder-Aufoxidierung.

In Analogie zu dem obigen Beispiel kann ein anfänglicher Eisen-Unterschuß dadurch ausgeglichen werden, daß das Mangan oder ein Teil desselben als dreiwertige Komponente auftritt. Dies ist bei manchen Rechteck-Ferriten des Oxidsystems Mg–Mn–Fe der Fall, die mit Eisen-Unterschuß eingewogen werden, nach dem Brande aber durch das Ionen-Verteilungsschema

$$x(Mg, Mn^{II})\, y(Fe^{III}, Mn^{III})_2\, O_4$$

veranschaulicht werden können. x kann hier gleich oder annähernd gleich y angenommen werden. (Das Magnetitbild tritt auch hier wiederum zutage.)

Findet ein Ausgleich der Wertigkeiten nicht statt, dann muß ein Ladungs-Überschuß oder -Defizit zu Gitter-Fehlstellen führen, oder aber es bildet sich eine zweite Kristallphase. In manchen Fällen ist eine solche Fremdphase an den Korngrenzen als Ausscheidung mikroskopisch nachweisbar.

Die Ferrite des Oxidsystems Mn–Zn–Fe, meist kurz *Mangan-Zinkferrite* genannt, sind in Wahrheit, wie schon das Beispiel gezeigt hat, als Mangan-Zink-Ferroferrite anzusehen. Da die Fe^{II}-Komponente aus einem Teil der Fe^{III}-Komponente entsteht, also bei der Fe_2O_3-Einwaage berücksichtigt werden muß, bezeichnet man diese Ferrite — in nicht ganz korrekter Weise — meist als eisenüberschüssig. Für die Darstellung der Versatzgrenzen bedient man sich der Dreieckskoordinaten MnO, ZnO und Fe_2O_3 (s. Abb. 7.2). Es gibt eine große

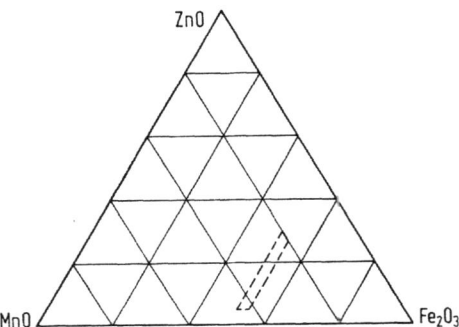

Abb. 7.2. Meistbenutztes Feld im Dreistoffsystem MnO–ZnO–Fe_2O_3 (Einwaage). Das gestrichelte Feld entspricht einem Fe_2O_3-Bereich von 51–54 mol %, einem minimalen ZnO-Gehalt von 5 mol % und einem minimalen MnO-Gehalt von 20 mol %. Das Wort „Einwaage" weist darauf hin, daß es sich bei diesen Zahlen um die eingewogenen Oxide handelt.

Anzahl von Patenten und Aufsätzen, in denen günstige Versatzbereiche in immer wechselnden Feldern angegeben werden. Tatsächlich ordnen sich die als technisch brauchbar erkannten Erzeugnisse in einen verhältnismäßig engen Streifen ein, der einem molaren Eisenoxid-Gehalt (alles als Fe_2^{III} gerechnet) von 51 bis 54% entspricht. Mit wachsendem Mangan-Anteil steigt die Sättigungs-Flußdichte, mit wachsendem Zink-Anteil steigen die Anfangspermeabilität (μ_0). Die Erreichung optimaler Eigenschaften hängt in jedem Falle von der Brennweise und der Steuerung des Sauerstoffgehaltes ab. Hierauf wird in Abschnitt 7.2 noch zurückzukommen sein.

Ein Wort sei hier darüber eingefügt, welches die Funktion des an sich unmagnetischen Zinkferrites ist. Die zweiwertigen und dreiwertigen Ionen streben danach, im Kristallgitter bestimmte Plätze zu besetzen, wobei die magnetischen Momente sich durch Antiparallelstellung größtenteils, aber nicht völlig auslöschen. Es verbleibt ein „Netto-Überschuß", und eben dieser ist es, der den Stoffen überhaupt magnetische Eigenschaften verleiht. Zink-Ionen haben nun die Tendenz, sich im Kristallgitter bestimmte „Lieblingsplätze" zu suchen, und zwingen dadurch einen Teil der Eisen-Ionen, sich anders einzugruppieren. Die hierdurch zustande kommende Ionen-Verteilung hat zur Folge, daß der „Netto-Überschuß" an Magnetisierbarkeit größer wird, als er sich ohne die Anwesenheit von Zink-Ionen ergeben hätte. Außerdem bewirkt die Gegenwart der Zink-Ionen eine Verminderung der Kristall-Anisotropie und, damit verbunden, eine leichtere Magnetisierbarkeit, d. h. Erhöhung der Anfangspermeabilität. So lassen sich oxidische Magnetika hoher Anfangspermeabilität ($\mu_0 > 500$) und kleiner Koerzitivkraft ($H_c < 1$ Oersted) nur mit zinkhaltigen Versätzen erzielen.

Unter allen weichmagnetischen Ferrit-Artikeln ist keiner so bekannt geworden, wie der aus Mn–Zn-Ferroferrit bestehende sogenannte U-Kern für die Zeilen-Kipptransformatoren der Fernseh-Geräte (englisch: flyback transformer) und der zugehörige kelchförmige Kern des Ablenkjoches (englisch: deflection yoke). Das am Hals der Bildröhre angeordnete Ablenkjoch erzeugt die für die Einstellung der Vertikal- und Horizontal-Ablenkung des Elektronenstrahls nötigen magnetischen Felder innerhalb der Röhre. Der Zeilen-Kipptransformator paßt die Impedanz der Zeilen-Ausgangsstufe den Zeilen-Ablenkspulen des Joches an („Sägezahnmuster"). Gleichzeitig liefert der Transformator die Hochspannung für die Beschleunigung des Elektronenstrahls, den Heizfadenstrom für den Hochspannungs-Gleichrichter und die Energie für die Ausgangsstufe der Vertikal-Ablenkung.

Die Betriebsfrequenz des Transformators beträgt (in Deutschland) 15 625 Hz mit einer überlagerten Frequenz von ca. 80 kHz. Die Sättigungs-Flußdichte des U-Kern-Materials liegt bei etwa 5000 Gauß, gemessen an einem Ringkern gleicher Substanz und vergleichbaren Gewichtes. Die U-Kerne erwärmen sich im Betrieb bis auf etwa 70 °C; an das Temperatur-Verhalten werden daher besondere Anforderungen gestellt. Die bei einer Feldstärke von rd. 3 Oersted ($\sim 2{,}4$ A/cm) gemessene Permeabilität soll möglichst temperatur-unabhängig sein. Die Verluste, in Milliwatt gemessen, sollen eine mit der Temperatur fallende oder eine anfangs fallende, später auf den Kaltwert zurückkehrende Charakteristik zeigen.

Ein weiteres Erzeugnis im gleichen Oxidsystem — in allen Ländern benutzt und international genormt — sind Topfkerne (englisch: cup cores) für Telefonie-Filter. Sie sind im Gegensatz zu den U-Kernen nur sehr schwachen Feldern ausgesetzt. Die wichtigsten Anforderungen sind: hohe Anfangspermeabilität, hoher Gütefaktor, eine geradlinige positive Temperatur-Abhängigkeit der Anfangspermeabilität im Bereich von —40 bis +60 °C und hohe zeitliche Konstanz (kleine Disakkommodation). Es ist schwierig, alle Eigenschaften gleichzeitig auf optimale Werte zu bringen; doch ist es im Laufe einer etwa zehnjährigen Entwicklung gelungen, ein befriedigendes Gesamtniveau zu erreichen, wobei vor allem Brennverlauf und Brennatmosphäre genauestens zu beobachten waren.

Eine andere Sonderqualität des Mn–Zn-Ferrits dient der Herstellung von Antennenstäben für Rundfunkgeräte. Hier wird eine vergleichsweise niedrigere Anfangspermeabilität gefordert, der Gütefaktor aber muß auf Höchstwerte gestellt werden. Notwendig ist ferner die Innehaltung kleiner Temperatur-Koeffizienten beider Eigenschaften[1]. Im Gebiet der Antennenstäbe freilich ist das Mn–Zn-Ferrit nicht alleinherrschend; wir betreten hier das Anwendungsfeld des Nickel–Zink-Ferrits, dem der Bereich der höheren und Höchstfrequenzen vorbehalten ist.

Nickel-Zinkferrit wird rein oxidierend gebrannt; zweiwertiges Eisen ist im gebrannten Körper nicht zugegen, obwohl in beträchtlichem Umfange mit Eisen-Überschuß gearbeitet wird. Es handelt sich hier um einen echten Überschuß an Fe_2O_3, der als unmagnetische Phase innerhalb des Magnetikums aufgefaßt werden kann. Diese „Verdünnung" der magnetischen Substanz ist für die Erzielung eines hohen Gütefaktors wichtig. Gleichzeitig wird, vornehmlich für den Gebrauch als Antennenstab, ein anderer gütesteigernder Effekt nutzbar gemacht: wird einem eisen-überschüssigen Nickel-Zinkferrit eine geringe Menge Kobaltoxid hinzugefügt, so tritt eine drastische Veränderung des Hysterese-Verhaltens ein. Die Schleife zeigt in der Nähe des Koordinaten-Mittelpunktes eine Einschnürung (Abb. 7.3). Wird ein solches Ferrit, wie es bei den Antennenstäben der Fall ist, nur ganz schwach ausgesteuert, so befindet sich das Magnetikum im Bereich kleinster Hysterese-Verluste. (Die Hystereseschleife fällt im Raleigh-Gebiet zur geraden Linie zusammen.) Die Anfangspermeabilität solcher Ferrite liegt etwas tiefer als die des kobaltfreien Materials, der Gütefaktor aber steigt auf etwa den doppelten Wert. Besonders wirksam wird der Kobaltzusatz, wenn gleichzeitig eine kleine Menge Mangan zugegen ist. Offenbar verhindert das Mangan die Bildung von Fe^{II}oxid und läßt den gütesteigernden Einfluß des Kobalts uneingeschränkt zur Geltung kommen.

Eine dritte Maßnahme zur Sicherung hoher Gütewerte besteht darin, daß das Ni–Zn–Co-Ferrit nicht bis zur völligen Dichte gebrannt wird. Die „innere

---

[1] Auf dem Gebiet der Mn-Zn-Ferrite erbrachten neuere Entwicklungen — etwa seit Mitte der sechziger Jahre — merkliche Verbesserungen der Eigenschaften: Erreicht wurden Anfangspermeabilitäten von 16000 (kommerziell) und bis zu 50000 (experimentell). Kernverluste (gemessen bei 16 kHz und einer Feldstärke von 1600 Gauss) ließen sich von etwa 80 Milliwatt/cm³ auf 30 mW/cm³ senken. Das $\mu_0 Q$ Produkt ließ sich von 350000 auf etwa 750000 (kommerziell) und bis 1250000 (experimentell) anheben.
Literatur hierzu: Röss, E. et al.: Ztschr. f. angew. Physik, Bd. 17, Heft 7, Okt. 1964
Akashi, T. et al.: Proceedings of the interntl. Conference on Ferrites, July 1970, Kyoto.

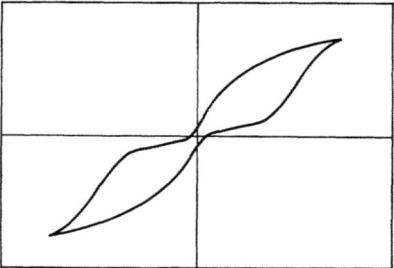

Abb. 7.3. Beispiel einer eingeschnürten Hystereseschleife (Co-haltiges Nickel-Zinkferrit).

Scherung" durch die an den Korngrenzen verbleibenden Hohlräume hat den gleichen Güte-verbessernden Effekt wie der Luftspalt in solchen Gebilden, die aus zwei Kernhälften zusammengesetzt sind. Der Typus des mit wenig Kobalt versetzten, schwach porösen, eisenüberschüssigen Nickel-Zinkferrits hat sich seit etwa 1952 vornehmlich in den USA als Antennenstab eingeführt und bildet seither ein Standard-Erzeugnis der Ferritindustrie. Entscheidend für den Erfolg war die Nutzbarmachung des auf einer deutschen Erfindung beruhenden Kobalt-Effektes.

Neben dem eisenüberschüssigen, kobalthaltigen Nickel-Zinkferrit sind auch einfacher aufgebaute kobaltfreie, stöchiometrische Varianten des Oxidsystems Ni–Zn–Fe in Gebrauch, so z. B. für die Herstellung der Leseköpfe von Magnetbandgeräten.

7.1.2 Ferrite mit eckiger Hystereseschleife

Diese Stoffgruppe, im Deutschen meist Rechteckferrite (im Englischen *square loop ferrites*) genannt, verdankt ihre Bedeutung der Tatsache, daß die Substanz ein magnetisches Gedächtnis hat und als Speicher-Element in Rechenmaschinen ein weites Anwendungsfeld findet. Um den zugrundeliegenden Effekt zu veranschaulichen, sei das Verhalten eines Ringkernes beschrieben, dessen Wicklung (im Minimalfalle ein durch den Ring hindurchgeführter gestreckter Draht) einen Stromimpuls empfängt. Ist dieser von positivem Vorzeichen und von hinreichender Größe, so wird der Kern bis in den Bereich des positiven horizontalen Zweiges der Hystereseschleife magnetisiert; nach seinem Abklingen bleibt der magnetisierte Zustand im wesentlichen bestehen, der Kern verharrt auf dem Remanenzpunkt $+B_r$. Wie das Hysteresebild (Abb. 7.4) erkennen läßt, ist dieser Zustand sehr stabil; der waagerechte Teil der Schleife reicht noch ein gutes Stück in den benachbarten Quadranten hinein. Wird der Kern durch einen negativen Impuls hinreichender Größe ummagnetisiert, so „klinkt" er wiederum ein und verbleibt auf dem entgegengesetzten Remanenzpunkt $-B_r$. Ein zusätzlicher Leiter, der gleichfalls durch den Ring hindurchgeführt ist, registriert bei der Ummagnetisierung einen Stromstoß, was einer Meldung der Zustandsänderung gleichkommt. Dies ist der Grundvorgang des Speicherns und Wiederaufrufens einer Information mittels einer magnetischen Speichermaterial-Substanz. Der Rechteck-Effekt in Ferriten wurde erstmalig im Oxidsystem Mg–Mn–Fe beobachtet. Wie in dem Beispiel auf Seite 305 schon gezeigt wurde, handelt es sich um solche Substanzen, die sowohl zweiwertiges als auch dreiwertiges Mangan

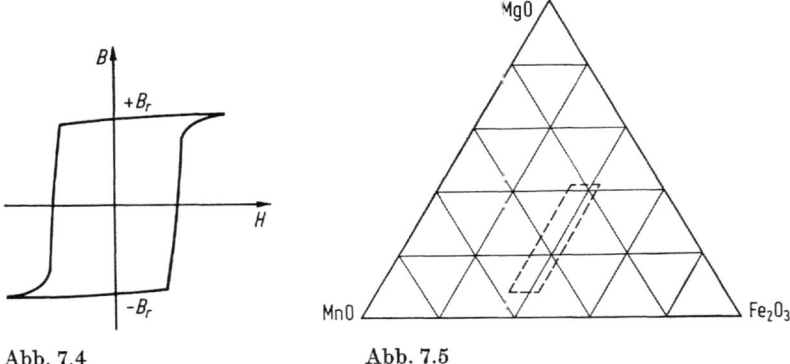

Abb. 7.4.   Abb. 7.5

Abb. 7.4. Beispiel einer „Rechteckschleife".

Abb. 7.5. Vorzugsweise benutztes Feld im Dreistoffsystem MnO–MgO–Fe_2O_3 (Einwaage). Das gezeichnete optimale Feld entspricht einem Fe_2O_3-Bereich von 35 bis 42 mol %, einem MgO-Bereich von 8 bis 42 mol %, und einem MnO-Bereich von 16 bis 57 mol %.

enthalten. Hierbei ist es gleichgültig, ob das Mangan als $MnCO_3$, MnO_2 oder Mn_2O_3 eingewogen wird; die Wertigkeiten und die Ionenverteilung werden durch die Brandführung bestimmt. Um die Zusammensetzung der Massen vom Versatz her zu kennzeichnen, bedient man sich wiederum einer triaxialen Darstellung, vorzugsweise in molaren Prozenten mit den Koordinaten MgO, MnO und Fe_2O_3. Wie das Diagramm (s. Abb. 7.5) zeigt, können alle drei Komponenten in verhältnismäßig weiten Grenzen variiert werden. Es versteht sich, daß die technisch wertvollsten Materialien in einem inneren, engeren Felde angetroffen werden. Ein Optimum des Rechteckverhaltens liegt bei etwa 38 bis 40 mol-% Fe_2O_3, wobei die Mg- und Mn-Komponenten starke Verschiebungen erlauben.

Eine Rechteckschleife läßt sich auch dann beobachten, wenn Magnesium weggelassen und das Mn/Fe_2-Verhältnis in die Nähe von 2:1 gelegt wird. Ein reines Manganferrit dieser Art ist in der Praxis allerdings nie benutzt worden, da es in seinen Gesamteigenschaften die Qualität eines Magnesium-Mangan-Ferrites mit reichlichem Mg-Gehalt nicht erreicht.

Schon im Beginn der Entwicklung dieser Magnetika wurde versucht, dem Oxid-Grundsystem Mg–Mn–Fe weitere Elemente hinzuzufügen. In dem vorigen Abschnitt über weichmagnetische Materialien mit ausgerundeter Hystereseschleife wurde dargelegt, daß der Zink-Komponente eine bedeutsame Wirkung zukommt. Das Gleiche gilt, wenn auch in abgeschwächtem Maße, für die Rechteckferrite. Ein Zinkanteil wirkt in Richtung einer verminderten Koerzitivkraft. Die Hystereseschleife wird schmäler und gewinnt an Flankensteilheit. Der Zinkanteil muß aber in mäßigen Grenzen gehalten werden, da sonst die Eckenschärfe beeinträchtigt wird. Magnetika des Vier-Oxidsystems Mg–Zn–Mn–Fe haben weitreichende technische Bedeutung erlangt.

Seit etwa 1952 sind zahlreiche Patente erschienen, in denen — neben Zink oder anstelle desselben — weitere Komponenten empfohlen werden, durch die die Eigenschaften des Magnesium-Mangan-Ferrits beeinflußt werden, u. a. Blei, Kupfer, Cadmium, Nickel, sowie auch das dreiwertige Chrom. Eine merkliche

Wirkung ruft Calcium hervor. Calcium gehört zwar nicht zu den Ferrospinellbildenden Elementen, in kleinen Mengen zugegeben löst es jedoch keine merkbaren Gitterstörungen aus. Hingegen erweist es sich als stark reaktionsfördernd und ermöglicht den Dichtbrand bei vergleichsweise niedriger Temperatur.

Von dem Oxid-Grundsystem Mn–Fe läßt sich ein weiteres Rechteckferrit ableiten, das Kupfer-Mangan-Ferrit, welches gleichfalls Eingang in die Rechenmaschinen-Technik gefunden hat. Kupferoxid wird bis zu einer Höchstmenge von 10 mol-% in den Rohversatz eingeführt. Auch hier lassen sich die Kerneigenschaften durch kleine Zugaben weiterer Komponenten, wie Zn und Ca beeinflussen.

Das Bedürfnis nach einem Rechteckferrit, das höhere Temperaturkonstanz als die vorgenannten Systeme hat, wurde durch Lithiumferrit befriedigt. Dies ist der einzige Fall, in dem ein einwertiges Element als Oxidkomponente eines keramischen Magnetikums auftritt. Der Aufbau dieses Ferrits ist so, daß ein einwertiges Li-Ion und ein dreiwertiges Fe-Ion die Stelle zweier zweiwertiger Ionen einnehmen, entsprechend der Indexformel

$$Li_{0,5} Fe^{III}_{0,5} Fe^{III}_{2} O_4$$

oder

$$Li_{0,5} Fe^{III}_{2,5} O_4 .$$

Dies entspricht einem molaren Prozentverhältnis von 16,67 Li_2O : 83,33 Fe_2O_3. Die Eigenschaften als Speicher-Element erreichen nicht ganz diejenigen der Magnesium-Mangan- oder Kupfer-Mangan-Ferrite. Zur Erzielung gleicher Schalteigenschaften müssen höhere Impulse aufgewendet werden. Der hohe Curie-Punkt des Lithiumferrits (670 °C) aber gewährleistet die gewünschte Temperaturkonstanz, so daß Speichersysteme mit Lithiumferrit-Kernen über ein Intervall von 100 °C arbeitsfähig bleiben.

Die bisher aufgezählten Rechteckferrite haben ein gemeinsames Merkmal: Die Rechteck-Charakteristik ist eine dem Material inherente, man könnte sagen: angeborene Eigenschaft. Man spricht daher auch von einem „spontanen" Rechteckverhalten. Daneben gibt es eine Klasse oxidischer Magnetika, die keinen Spontaneffekt aufweisen, denen aber ein Rechteck-Verhalten durch eine thermomagnetische Behandlung aufgeprägt werden kann. In Analogie zu den bekannten Metallegierungen von rechteckiger Schleifenform werden diese Magnetika Perminvar-Ferrite genannt. Auch haben sich die Bezeichnungen „induzierte" oder „anisotrope" Rechteckferrite eingebürgert. — Ein bekanntes Material dieser Art ist Nickel-Kobalt-Ferroferrit. Nach dem Dichtbrand, vor der Nachbehandlung, zeigt das Material eine eingeschnürte Hystereseschleife; tatsächlich besteht eine Verwandtschaft zu dem in Abb. 7.3 veranschaulichten Ni–Zn–Co-Ferrit. Durch Temperung im Magnetfeld läßt diese Schleife sich in eine Rechteckschleife verwandeln. Unter optimalen Temperungsbedingungen gewinnt man Kernmaterialien, deren impulsdynamisches Verhalten weniger temperaturabhängig ist als dasjenige der älteren Spontanferrite. Freilich liegen nicht alle Eigenschaften so günstig: die Schaltgeschwindigkeit der Perminvar-Ferritkerne erreicht nicht die der heute vorzugsweise gebrauchten Ringkerne aus Mg–Zn–Mn-Ferrit.

Zu Beginn der Entwicklung, um 1950, wurden Speicherkerne von etwa 3 mm Durchmesser benutzt. Sie sind fortschreitend miniaturisiert worden und werden z. Z. mit Außendurchmessern von 0,75 bis hinunter zu 0,3 mm hergestellt. Sehr viel kleiner wird man sie vermutlich nicht mehr machen, da dann Drähte von brauchbarem Durchmesser nicht mehr hindurchgefädelt werden können. Die Verkleinerung der Kerne dient nicht nur der Raumersparnis; mit kleineren Kernen lassen sich vergleichsweise höhere Schaltgeschwindigkeiten erzielen.

Aus der eingangs gegebenen Beschreibung des Magnetisierungs- und Ummagnetisierungs-Vorganges war zu erkennen, daß ein Ringkern zweierlei Information tragen kann; er ist entweder auf positive oder auf negative Remanenz gestellt. In logischen Schaltungen werden den beiden Zuständen die Antworten „ja" und „nein" zugeordnet, in Zahlenspeichern die Ziffern 0 und 1. Der dualistische Charakter dieser Art von Informations-Speicherung setzt voraus, daß die Rechengeräte sich des binären Zahlensystems bedienen. In der Regel werden große Mengen von Kernen in einem Rahmen vereinigt; sie hängen an den Kreuzungsstellen eines Netzgewebes von Drähten. Meist ist die Anordnung quadratisch, in Zahlen, die Potenzen von 2 sind. Die Rahmen werden zu dreidimensionalen Gebilden (stacks) zusammengefaßt. Größere Rechenanlagen enthalten einige Hunderttausend, die größten mehrere Millionen solcher Kerne.

Neben den Speicherkernen, d. h. einfachen Toroiden von sehr kleinen Abmessungen, gibt es eine Gruppe weiterer, wesentlich größerer Bauelemente, die vom Rechteckeffekt des magnetischen Trägermaterials Gebrauch machen. Meist handelt es sich um Mehrlochkörper von recht verwickelter Gestalt. Als Beispiel sei der Transfluxor genannt.

7.1.3 Ferrite für Mikrowellen-Geräte

Obwohl die Mikrowellen-Ferrite hinsichtlich ihrer Grundeigenschaften der weichmagnetischen Gruppe zugeordnet werden können, bietet ihre Anwendungs- und Wirkungsweise Veranlassung, sie gesondert zu behandeln.

Als Mikrowellen werden Wellen eines Frequenzbereiches von $3 \cdot 10^8$ bis $4 \cdot 10^{10}$ Hz bezeichnet. Wenn Wellen dieser Frequenzen auf ein Magnetikum

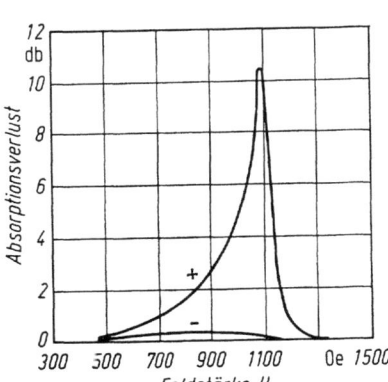

Abb. 7.6. Absorptionsverlust eines typischen Mikrowellen-Ferrites im Frequenzbereich (1550 bis 5200 MHz) für beide Richtungen zirkularer Polarisation.

treffen, so treten Kopplungseffekte mit den das magnetische Moment der Substanz bestimmenden Elektronen ein. Hierdurch ist die Möglichkeit einer selektiven Absorption gegeben. Ein einschlägiges Charakteristikum eines Mikrowellen-Ferrites bildet daher die Absorptionskurve (Abb. 7.6).

Eine schon klassisch gewordene Anwendung eines Ferrites in einer Mikrowellenschaltung beruht auf dem sogenannten Faraday-Effekt: ein magnetisch gesättigtes, d. h. magnetisch vollkommen ausgerichtetes Material ist befähigt, die Schwingungs-Ebene eines polarisierten Wellenstrahles zu drehen, in derselben Weise wie gewisse Kristalle die Ebene des polarisierten Lichtes drehen. Dieser Effekt wird nutzbar gemacht im Mikrowellen-Gyrator, dessen Wirkung darin besteht, daß ein Wellenstrahl ihn nur in einer Richtung durchlaufen kann. Entgegenlaufende Wellen, die in Sendegeräten als Störerscheinungen auftreten, werden „abgedreht" und durch Absorption zum Verschwinden gebracht. Das Drehvermögen eines Mikrowellen-Ferrites ist somit eine weitere charakterisierende Eigenschaft.

Die erste Substanz, die sich in einer Mikrowellenschaltung bewährte, war ein Magnesium-Mangan-Ferrit, das sich von den Rechteckferriten des gleichen Systems durch einen besonders hohen Magnesiumgehalt unterschied. Später ist Aluminiumoxid als vierte Komponente hinzugefügt worden. Was die Stoffauswahl betrifft, so ist das Gebiet der Mikrowellenferrite in einer ständigen Ausdehnung begriffen. Nickel- und Nickel-Zink-Ferrite sind diesem Gebrauch angepaßt worden. Lithiumhaltige Ferrite wurden in Frankreich für die gleichen Zwecke durchgebildet.

Die Form der Resonanzkurve ist besonders wichtig im niedrigeren Frequenzbereich unterhalb $2 \cdot 10^9$ Hz, wo ein enger und steiler Kurvenverlauf verlangt wird. Die Absorptionsbreite in polykristallinen kubischen Ferriten liegt jedoch im allgemeinen oberhalb 200 Oersted. Hier bietet der Yttrium-Eisengranat, $3 Y_2O_3 \cdot 5 Fe_2O_3$, Vorteile. Im polykristallinen Zustand lassen sich mit dieser Substanz Absorptionsbreiten erzielen, die nicht mehr als 50 Oersted betragen. Einkristalle des Granats zeigen Werte von nur wenigen Oersted. Verschiedene Autoren empfehlen Gadolinium als dritte Komponente des Granats.

Allgemein gesprochen, sind zwei Eigenschaften für die Beurteilung eines Mikrowellenferrites maßgebend: Form und Lage der Resonanzkurve und Isolations-Widerstand. Die letztgenannte Eigenschaft ist wichtig im Zusammenhang mit dielektrischen Verlusten, die möglichst klein gehalten werden müssen.

7.1.4 Permanent-magnetische (harte) Ferrite

Das erste Ferrit dieser Art, das in der Patentliteratur erscheint, ist das im Jahre 1930 von Y. Kato vorgeschlagene Kobaltferrit. (Genau genommen handelt es sich um eine Substanz aus gleichen molaren Mengen von Ferroferrit und Kobaltferrit.) Die Permanent-Magnetisierung erfolgte in Richtung des angelegten Feldes beim langsamen Kühlen von 300 °C abwärts. Kobaltferrit wird heute nicht mehr benutzt; es ist durch hexagonale Ferrite, in erster Linie Bariumferrit ersetzt worden. Neuerdings gewinnen Strontiumferrit und Barium-Strontium-Ferrit vermehrte Bedeutung für den Gebrauch in Dauermagnet-Motoren.

7.1 Chemischer Aufbau und Anwendung

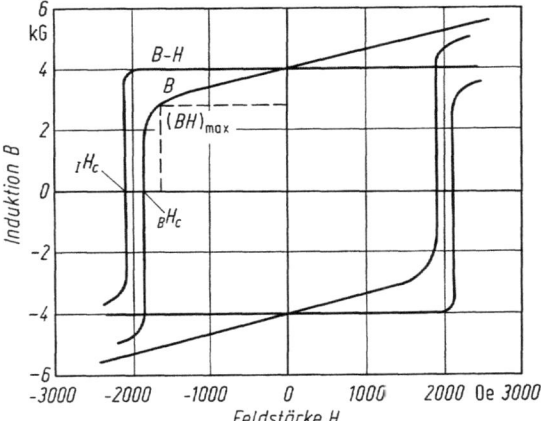

Abb. 7.7. Hysteresis-Charakteristik eines permanent-magnetischen Ferrits (schematische Darstellung).

Der wesentliche Unterschied zwischen einem „harten" und einem „weichen" Magnetikum liegt in der Koerzitivkraft: er beträgt drei bis vier Größenordnungen. Die Koerzitivkraft des technischen Bariumferrits liegt bei etwa 2000 Oersted. — Das Verhalten eines Permanent-Magneten kann auf zwei verschiedene Weisen dargestellt werden (Abb. 7.7). Die schräg liegende Schleife stellt die magnetische Induktion B in Abhängigkeit vom magnetisierenden Feld H dar. In der mit B—H gekennzeichneten Kurve ist die Magnetisierung allein als Ordinate aufgetragen. Beide Darstellungen sind in Gebrauch. Zur Qualifizierung von Dauermagneten für Elektromotore eignet sich die $(B-H)$-über-(H)Kurve, deren Schnittpunkt mit der Abszisse, $_IH_c$, (Magnetisierungs-Koerzitivkraft genannt) den Widerstand gegen Entmagnetisierung erkennen läßt. Die B- über -H Kurve wird bevorzugt für Anwendungen, bei welchen der Magnet keinem Gegenfelde ausgesetzt ist, wie im Falle der Lautsprecher- und Haftmagnete. Der Schnittpunkt dieser Kurve mit der Abszisse, $_BH_c$, wird Induktions-Koerzitivkraft genannt.

Eine weitere charakterisierende Eigenschaft eines permanent-magnetischen Materials ergibt sich aus der Gestalt der Entmagnetisierungs-Kurve, d. h. desjenigen Teils der Hystereseschleife, der in den zweiten Quadranten der graphischen Darstellung fällt. Das maximale Produkt aus B und H auf diesem Kurvenabschnitt wird Energieprodukt genannt und dient — neben den Koerzitivkräften und der Sättigungsflußdichte — als kennzeichnende Größe. Es ist zu beachten, daß $(BH)_{max}$ auf der B-Kurve ermittelt wird.

Die Bariumferrit-(auch die Strontiumferrit-) Synthese läßt sich durch den Herstellungsgang in einfachster Weise erläutern. Zunächst werden Barium- und/ oder Strontiumcarbonat und Eisenoxid etwa im molekularen Verhältnis 1:6 gemischt und calciniert. Das aus hexagonalen Kristallen bestehende Reaktionsprodukt wird nochmals durch Mahlung fein zerteilt, mit etwas Bindemittel versetzt und zu Formteilen verpreßt. Der zweite Brand ist so zu führen, daß eine möglichst hohe Verdichtung eintritt, Grobkristallisation aber vermieden wird. Der intakte Einzelkristall, wie er aus der Vorsinterung hervorgeht, erbringt ein

Optimum permanent-magnetischer Eigenschaften. Es ist nicht leicht, beide Forderungen zu erfüllen; eine gewisse Rekristallisation im Brande ist unvermeidlich, doch läßt sie sich in erträglichen Grenzen halten.

Das Bariumferrit, wie es zuerst um 1952 in den Handel gebracht wurde, bestand aus einem gesinterten Aggregat ungeordnet liegender Kristalle. Man war sich jedoch von vornherein darüber klar, daß vielfach stärkere Magnete hervorgebracht werden könnten, wenn sich das Material in einen Zustand gleichgerichteter Kristalle überführen ließe. Das Ziel ist auf zwei Wegen erreicht worden. Eine sehr wirksame Methode besteht darin, den flüssigen Masseschlicker der ausrichtenden Wirkung eines magnetischen Feldes zu unterwerfen und alsdann das Wasser langsam abzupressen. Der Vorgang vollzieht sich im Füllraum der Matrize. Das Wasser wird durch Einsenken des Preßstempels aus der Form verdrängt und abgesaugt. — Schon frühzeitig aber setzten Bemühungen ein, ein trockenes Verfahren neben oder anstelle des Schlickerverfahrens einzuführen. Auch trockenes Preßpulver kann im Magnetfelde ausgerichtet werden, wenn auch mit etwas geringerem Wirkungsgrad. Beschreibungen dieses Verfahrens finden sich in den US-Patentschriften 2,984,866 und 2,984,871. Das trockene Verfahren wird heute vornehmlich bei der Herstellung kleiner Preßteile angewendet, wo es auf rasche Preßfolge ankommt. Für größere Magnete wird das nasse Verfahren bevorzugt.

Das maximale Energieprodukt (in Gauss Oerstedt) des unorientierten Bariumferrits beträgt etwa $1 \cdot 10^5$ GOe, während das orientierte Material mit etwa $3,5 \cdot 10^6$ GOe in den Handel kommt. Bariumferrit als „hartes" Magnetikum erreicht nicht die Stärke der Metall-Legierungen vom Typus des Alnico. Es bietet jedoch die Vorteile eines hohen Widerstandes gegen Entmagnetisierung, des geringeren Gewichtes, der vielseitigen keramischen Formgebungstechnik und einer billigeren Rohstoffgrundlage.

Hinsichtlich der Brennatmosphäre stellen Bariumferrit und auch Strontiumferrit keine schwierwiegenden Probleme. Der Brand wird von Anfang bis Ende oxidierend geführt. Elektrische Tunnelöfen mit Belüftung haben sich gut bewährt. Keramische Permanentmagnete haben weite Verbreitung gefunden, insbesondere in Lautsprechern, ferner als Haftmagnete, als Feldmagnete in Kleinmotoren, in Haltevorrichtungen und Kupplungen.

7.2 Rohstoff-Grundlage und Arbeitsverfahren

7.2.1 Rohstoffe

Rund zwei Drittel des Versatzes der weichmagnetischen Massen und fünf Sechstel des Bariumferrits bildet das Eisenoxid Fe_2O_3. Als die Entwicklung der oxidischen Magnetika hinlänglich fortgeschritten war und man in die industrielle Produktion eintrat, bedurfte es keiner besonderen Anstrengungen, um einen geeigneten Eisenoxid-Rohstoff bereitzustellen. Ein solcher war in Gestalt der bekannten roten Farbpigmente auf dem Markt. (Es ergab sich eine eigenartige Parallele zur Technologie der keramischen Kondensator-Dielektriken: auch für das TiO_2 fand sich seinerzeit ein geeigneter Rohstoff in Gestalt eines Pigments, das als Malerfarbe dienende Titanweiß.)

Die Eisenoxid-Pigmente werden in vielen Farb-Abstufungen, vom hellsten Ziegelrot bis zum dunklen Violett, angeboten, alle von gleicher chemischer Substanz aber unterschiedlicher Größe und Gestalt der Elementarteilchen. Auch das gelbe Oxidhydrat und schwarzes Fe_3O_4 sind als Pigment erhältlich. Bei der Naß-Aufbereitung der Massen zeigt es sich, daß die hellroten Sorten des Fe_2O_3 sehr viel Wasser binden und zur Gelbildung neigen. Ein mittlerer Farbton, etwa Pompejanischrot, auch die dunkleren Sorten, sind angenehmer in der Verarbeitung. Im Laufe der vergangenen zwei Jahrzehnte der Ferritfertigung haben sich die Lieferfirmen erfolgreich bemüht, den Reinheitsgrad zu steigern. Heute kauft man ein gutes Eisenoxid mit einem Gehalt von weniger als 0,2% an nichtflüchtigen Beimengungen. Noch höhere Reinheitsgrade werden mit Eisenoxalat erreicht.

Auch alle übrigen Oxide werden von der chemischen Industrie in vielen Varianten zur Verfügung gestellt. Was das Manganoxid betrifft, so lassen sich zwei Schulen unterscheiden: eine Gruppe von Ferrit-Herstellern bevorzugt oxidische Rohstoffe wie Mn_2O_3, Mn_3O_4, MnO_2 und $MnCO_3$, während andere von metallischem, elektrolytisch gereinigtem Mangan ausgehen und dieses im Laufe der Aufbereitung durch Erhitzen an Luft in das Oxid verwandeln. — Zinkoxid, nach den bekannten klassischen Verfahren hergestellt, ist durchweg von ausgezeichneter Reinheit. — Hinsichtlich des Nickeloxids (meist wird die grüne Variante verwendet) ist einige Vorsicht am Platze, da fast immer auch etwas Kobalt im Präparat verbleibt. Die Lieferfirmen sind heute in der Lage, einen Kobaltgehalt von weniger als 0,2% einzuhalten. Unter Umständen ist ein höherer Kobaltgehalt zulässig, sofern er genau bestimmt ist. — Barium wird in Gestalt des bekannten Bariumcarbonates eingeführt, desselben Rohstoffes, dessen sich die Steatit- und Titanatfertigung bedient. Damit sind die Hauptrohstoffe beschrieben. Die in geringerer Menge benötigten Substanzen wie Magnesium-, Calcium-, Strontium-, Kupfer- und Kobaltoxid werden von zahlreichen Firmen der chemischen Industrie, z. T. als Carbonate, technisch-rein oder analysen-rein geliefert. Vielfach ist der Vorschlag gemacht worden, den ganzen Versatz oder einen Teil desselben als Misch-Oxalat auszufällen. Es ist jedoch schwer, den Nachweis zu führen, daß solche Massen reaktionsfähiger sind als Mischungen aus feinverteilten Oxiden oder Carbonaten. In der Praxis ist von Fällungen oder Zusammenfällungen selten Gebrauch gemacht worden.

7.2.2 Aufbereitung und Formung

Die Aufbereitung der Massen vollzieht sich nach dem Schema: Mahlung, Trocknung, Körnung, wobei die letzten beiden Vorgänge vorteilhaft in der Sprühtrocknung zusammengefaßt werden. Nur selten aber wird das primäre Rohstoffgemisch sogleich auf Preßkorn verarbeitet. Fast immer ist eine Vorglühung zwischengeschaltet. So ergibt sich das erweiterte Schema: erste Mahlung oder Mischung (bei Großaufbereitung auch Trockenmischung), Vorglühung, zweite Mahlung (naß), Sprühtrocknung und Körnung. Bereits beim Vorglühen vollzieht sich, wenn auch nicht quantitativ, die Oxidsynthese; das geglühte Pulver erweist sich bereits als magnetisch.

Die weitaus größte Menge aller Ferritteile wird trocken gepreßt. Die vom Sprühtrockner kommende Granulation eignet sich hierzu in vorzüglicher Weise.

Die Masseteilchen vom Sprühtrockner sind rund und infolgedessen gut rieselfähig. Gleichzeitig sind die Teilchen locker genug, um im Preßvorgang leicht zusammenzubrechen, so daß das Preßteil nur noch sehr geringe Kornstruktur aufweist. Allerdings erreicht ein aus angefeuchtetem Pulver gewonnenes Granulat eine etwas höhere Dichte.

Die Ferritindustrie bedient sich des Sprühtrockners in vielerlei Gestalt: kleine Tischgeräte sind in Benutzung für die Herstellung von Versuchsmassen, während Trockentürme von mehrfacher Stockwerkshöhe zur Bewältigung großer Massemengen in Gebrauch sind.

Ein kleiner Teil der Ferriterzeugnisse — im wesentlichen sind es die Antennenstäbe — wird nach dem Strangpreß-Verfahren geformt. Wird die Masse bei milder Temperatur vorgeglüht und mit organischen Bindemitteln plastisch gemacht, so läßt die Strangpreß-Fähigkeit nichts zu wünschen übrig, und der Vorgang verläuft in derselben Weise wie etwa die Herstellung von Steatitstäben. Strangpreßmasse kann durch Umarbeitung von Sprühkorn gewonnen werden, indem dieses auf eine Mischmaschine gegeben und mit Wasser und Bindemittel versetzt wird. Hierbei entsteht eine Masse von der für das Strangpress-Verfahren benötigten kompakten Konsistenz.

Die übrigen klassischen keramischen Formungsverfahren wie Einformen und Gießen kommen in der normalen Ferrit-Technik nicht vor. Andererseits gewinnt das Spritzguß-Verfahren mit plastisch formbarem Kunstharz als Bindemittel (englisch: injection molding) allmählich an Boden. Es gibt Formteile, die nach keinem anderen Verfahren als diesem zu bewältigen sind; auch sind solche Teile von sehr homogener Struktur. Das Ausbrennen des Kunstharzes ist allerdings ein Arbeitsgang, der große Sorgfalt erfordert. Isostatisches Pressen von Hubeln ist gleichfalls mit Erfolg eingeführt worden. — Über eine eigentümliche Art der Naßpressung aus Schlicker ist im Abschnitt über die permanentmagnetischen Ferrite schon berichtet worden.

7.2.3 Brand

Der Brand weist gegenüber den anderen keramischen Erzeugnissen wesentliche Unterschiede auf. Während einige Ferrite einer rein oxidierenden Behandlung bedürfen, ist es in anderen Fällen notwendig, den Sauerstoffanteil in der Brennatmosphäre weitgehend zu beschränken. Man bezeichnet diese Art des Brennens als Schutzgasbrand. Die folgenden Betrachtungen gelten für den Brand eines typischen Mangan-Zink-Ferroferrits.

Im allerersten Teil des Brennverlaufes muß stets oxidierend erhitzt werden, um die Bindemittel vollständig zu entfernen. Vielfach wird dieser Teil des Brandes in einem gesonderten Ofen vorgenommen, um den Schutzgasofen nicht mit Dämpfen zu beladen. In der dann folgenden Aufheizung darf Luft zugegen sein, denn bei Annäherung an die Höchsttemperatur und bei Erreichung derselben übersteigt der Dissoziationsdruck des in der Rohmasse zunächst noch im Überschuß vorhandenen Sauerstoffes den Partialdruck des Sauerstoffes der Luft. Der gesinterte Körper befindet sich in einem sauerstoffärmeren Zustand. Wäre im Kühltrakt des Ofens genügend Sauerstoff vorhanden, so würde ein rückläufiger Vorgang einsetzen, d. h. eine Wieder-Eindiffusion von Sauerstoff erfolgen. Die besondere Aufgabe besteht darin, diese entweder ganz zu verhindern oder auf einem erwünschten Niveau abzubrechen. Während der Abkühlung oder auf einem bestimmten Abschnitt derselben muß daher der Sauerstoffdruck des umgebenden Gases herabgesetzt werden.

Die Frage nach der richtigen Zuordnung von Temperatur und Sauerstoffgehalt im Gasgemisch wurde während vieler Jahre diskutiert. Eine Schule befürwortet den sogenannten Gleichgewichtsbrand. Hiernach soll der im Höchsttemperatur-Bereich sich einstellende Sauerstoffgehalt des Ferrits dadurch unverändert erhalten bleiben, daß der Sauerstoff-Partialdruck der Ofenatmosphäre während der Abkühlung kontinuierlich in dem Maße vermindert wird, wie der Dissoziations-Druck des im Ferrit gebundenen Sauerstoffes zurückgeht. Eine andere Schule bevorzugt den Atmosphärenwechsel in einer Stufe, derart, daß an einem bestimmten, empirisch als günstig erkannten Punkt der Abkühlkurve von Luft auf Stickstoff umgeschaltet wird.

Während solche Steuerungen der Brennatmosphäre in dicht schließenden Muffelöfen recht sauber durchgeführt werden können, stellt der Tunnelofenbrand ungleich schwierigere Aufgaben. Elektrisch beheizte Schutzgas-Tunnelöfen sind jedoch in mehreren Ländern in ständigem Gebrauch und haben sich bestens bewährt. Die größten Ausführungen stellen sich denjenigen der Steatit- und Porzellan-Industrie an die Seite. Stickstoff von hohem Reinheitsgrad wird in die Abkühlzone eingeblasen. Das Ausfahrtende wird als Schleuse ausgebildet.

Es würde zu weit führen, alle Bauformen oder möglichen Bauformen von Schutzgas-Tunnelöfen hier zu erörtern. Es mag genügen, zwei Vorschläge zu erwähnen, die etwa den beiden oben genannten Gedankenrichtungen entsprechen. In einem Falle wird in regelmäßigen Abständen, längs des Ofens und quer zur Fahrtrichtung, Gas eingeblasen, derart, daß das Brenngut auf seinem Wege durch die Kühlzone an jeder Stelle ein Gas von verschiedenem Sauerstoffgehalt vorfindet. Die Gas-Zusammensetzungen folgen der Gleichgewichtskurve. Die andere Konzeption ist die eines Ofens mit zwei Gasströmen, Luft und Stickstoff, die in der Längsrichtung fließen, sich an einer bestimmten Stelle begegnen und dort gemeinsam abgeleitet werden. Diese Anordnung entspricht einem einstufigen Atmosphären-Wechsel, wenngleich die Grenze nicht scharf ist, sondern an der Stelle des Zusammenpralls eine Mischzone entsteht.

Von diesen für die Großfabrikation entworfenen Öfen unterscheiden sich diejenigen für die Speicherkerne aus Rechteck-Ferriten vornehmlich durch ihr Format. Speicherkerne sind so klein, daß selbst Öfen im Laboratoriumsformat noch als zu groß erscheinen. Hierdurch vereinfachen sich die Vorgänge der Schutzgas-Einstellung und des Schutzgas-Wechsels. Andererseits bedarf es gerade hier einer Brenntechnik von äußerster Präzision. Fast jede Firma hat sich Kleinöfen eigenen Entwurfes für diesen Zweck geschaffen.

7.2.4 Schleifen

Die gebrannten Ferrit-Teile sind in vielen Fällen nachzuschleifen. Es muß immer dann geschehen, wenn zwei Teile paarweise zusammengebaut werden sollen, wie es z. B. bei den U-Kernen der Zeilen-Kipptransformatoren der Fall ist. Recht subtil sind die Schleifvorgänge, denen die Topfkerne zu unterziehen sind. Boden und Topfrand werden genau parallel geschliffen, da anders der zwischen den Topfrändern vorzusehende Luftspalt nicht genau genug bemessen werden könnte. Bei den Konstruktionsformen mit zentralem Zylinderkern muß dieser gegenüber dem Rande um einen sehr genau einzuhaltenden Betrag zurückgesetzt sein, was nur mit eigens hierfür geschaffenen Maschinen ausgeführt werden kann. — Ferrite lassen sich im allgemeinen gut schleifen, und die Methoden gleichen denen der Steatitbearbeitung.

7.2.5 Messen und Prüfen

Die Meßverfahren, die der Kontrolle der magnetischen Eigenschaften dienen, sind von Gruppe zu Gruppe verschieden. Für die sogenannten Linearferrite (weiche Magnetika der Mangan–Zink- und Nickel–Zink-Klasse) ist die Anfangspermeabilität eine wichtige Kenngröße. Sie wird zweckmäßig an entmagnetisierten Ringkernen bei möglichst kleiner Aussteuerung bestimmt. Die Temperaturabhängigkeit der Anfangspermeabilität ist oft von eminenter Bedeutung, so daß zumindest zwei Messungen vorzunehmen sind, vorzugsweise bei 25 und 75 °C. Bei höheren Feldstärken und Wechselfeldern ist die Amplitudenpermeabilität zu ermitteln. Sie ergibt sich aus dem Verhältnis der Spitzenwerte von Induktion und Feldstärke. Gütefaktor-Bestimmungen gehören zum Produktionsgang und dienen beispielsweise zur Kontrolle der Toleranzhaltigkeit von Antennenstäben. Die Gestalt der Hystereseschleife gibt in vielen Anwendungsfällen Aufschluß über die Leistungsfähigkeit eines Materials. Aus ihr sind Koerzitivkraft und Sättigungsflußdichte abzulesen. Die umschriebene Fläche ist ein Maß der Verluste. Automatisch arbeitende Geräte vereinfachen und beschleunigen die Aufzeichnung der Kurve.

Den größten Aufwand an Meßapparatur erfordern die Speicherkerne. Bei ihnen ist nicht nur eine Vielzahl von Eigenschaften zu kontrollieren; es müssen überdies sehr kleine Objekte in sehr großer Stückzahl bewältigt werden. Vollautomatische Meß- und Sortier-Einrichtungen sind geschaffen worden, die bis zu 25 Kernen in der Sekunde durchmessen und die außerhalb der Toleranz liegenden Stücke ausscheiden.

Zur Prüfung permanentmagnetischer Materialien sind folgende Größen von Interesse: Die wahre Remanenz (B_r), die Induktionskoerzitivkraft ($_BH_c$), die Magnetisierungskoerzitivkraft ($_IH_c$) und das maximale Energieprodukt $(BH)_{max}$. Alle genannten Werte können der Gleichstrom-Entmagnetisierungskurve entnommen werden. Während die Kurve früher durch Bestimmung einer Vielzahl zusammengehöriger B- und H-Werte ermittelt wurde, bürgern sich auch hier automatische Meßeinrichtungen mit direkter Kurvenaufzeichnung ein.

Für die Messung werden die planparallel geschliffenen Dauermagnetproben in den Luftspalt eines elektromagnetischen Joches eingesetzt. Durch Stromänderung wird das angelegte magnetische Feld reguliert. Die Verwendung von kompensierten Spulen für die Ermittlung von $(B-H)$ und H macht das Bewickeln der Magnetproben unnötig. — In betriebsmäßigen Meßanlagen finden Hall-Sonden anstelle der Meßspulen in steigendem Maße Verbreitung.

7.3 Historische Anmerkung und Literatur

Die Ferritliteratur ist zu beträchtlichem Umfange angewachsen. Im Rahmen eines zusammenfassenden Aufsatzes kann nur auf wenige Autoren und Veröffentlichungen hingewiesen werden. Es sei der Versuch unternommen, in

Kürze zu referieren, wo und durch wen die einzelnen Stoffgruppen zuerst und vornehmlich entwickelt wurden. Mehrere Länder sind daran beteiligt.

Die frühen Arbeiten von S. Hilpert[1] (Deutschland) über Mangan- und Kupferferrit von 1909 und aus den zwanziger Jahren bilden einen Ausgangspunkt, haben jedoch zunächst keine weitere Entwicklung eingeleitet. Hilperts Überlegungen aber waren grundsätzlich richtig: sein Ziel war die Verminderung der Wirbelstromverluste durch Einführung magnetischer Stoffe von geringer Leitfähigkeit. Aus der zweiten Hälfte der dreißiger Jahre stammen wertvolle Untersuchungen von T. Takei und seiner Schule[2] (Japan). Hier finden sich erste Hinweise auf die Wirksamkeit einer Zinkbeimischung. Infolge des Krieges blieben die japanischen Arbeiten in den westlichen Ländern längere Zeit unbekannt. J. L. Snoek (Holland, Philips)[3] stellte gegen Ende der vierziger Jahre die Bedeutung des Zinkeffektes klar heraus und beschrieb die Mischferrite der zweiwertigen Ionenpaare Mn–Zn, Cu–Zn, Ni–Zn und Mg–Zn. Die weitere Entwicklung der Mangan-Zinkferrite wurde insbesondere durch C. Guillaud und seine Schule (Frankreich)[4] gefördert. Eine physikalische Deutung des Zink-Effektes erfolgte durch L. Néel (Grenoble)[5] in seiner Theorie der Ionenverteilung im Spinellgitter. Eine frühe Arbeit von W. Soyck und E. Albers-Schönberg (Deutschland, Steatit-Magnesia)[6] beschäftigte sich mit hochisolierenden magnesiumreichen Ferriten, die später in den USA erfolgreich in Mikrowellengeräten angewendet wurden. R. Pauthenet, R. Aléonard und J. C. Barbier (Grenoble)[7] führten den Yttrium-Eisengranat in die Mikrowellen-Technik ein. 1948 wurde bei der General Ceramics Corp. (jetzt ein Werk der Indiana General Corp.), USA, durch E. Albers-Schönberg[8] der Rechteck-Effekt in Magnesium-Mangan-Ferriten gefunden, der ein weiteres Wirkungsfeld der Ferrite in den Speichersystemen der Rechenmaschinen erschloß. Von G. Zerbes[9] und O. Eckert[10] (Deutschland, Steatit-Magnesia) sowie M. Kornetzki[11] (Deutschland, Siemens) stammen die ersten Beobachtungen über den Einfluß kleiner Kobaltmengen in Mischferriten anderer Elemente (Perminvar-Effekt). Für Permanent-Magnete wurde 1930 durch Y. Kato (Japan)[12] das Kobalt-Ferroferrit vorgeschlagen. — 1952 veröffentlichten G. Rathenau, H. Smit und A. Stuyts (Holland, Philips)[13] ihre Arbeiten über Bariumferrit.

---

[1] Hilpert, S.: DRP 226, 347; 227, 787; 227, 788. — Hilpert, S., Wille, A.: Z. Phys. Chem. 18 (1932) 291–315.

[2] Takei, T.: J. Elec. Eng. Soc. (Japan) 59 (1939) 274–282.

[3] Snoel, J. L.: New Develoments in Ferromagnetic Materials, New York: Elsevier Publ. Comp. (1947).

[4] Guillaud, C.: Proc. Inst. Elec. Engrs. (London) Ferrites Suppl. 104 B (5) (1957) 165–173.

[5] Néel, L.: Ann. Phys. 25 (2) 3 (1948) 137–198.

[6] Soyck, W.; Albers-Schönberg, E.: DBP 973, 517 (1953).

[7] Aléonard, R.; Barbier, J. C.; Pauthenet, R.: Compt. Rend. 242 (1956) 2531–2533.

[8] Albers-Schönberg, E.: J. Appl. Phys. (USA) 25 (2) (1954) 152–154. US Patent 2,981, 689.

[9] Zerbes, G.: DAS 1,017,521 (1953); US Patente 3,036,009; 3,142,645.

[10] Eckert, O.: Stemag Nachrichten 21 (1957) 598–602.

[11] Kornetzki, M.; Brackmann, J.; Frey, J.: Siemens Z. 29 (1955) 434–440.

[12] Kato, Y.: US Patent 1,997,193 (1932).

[13] Rathenau, G.; Smit, H.; Stuyts, A.: Z. Physik 133 (1952) 250.

8. Piezoelektrische und piezomagnetische Keramik

Die piezoelektrischen und die piezomagnetischen keramischen Stoffe gehören zu denjenigen Stoffen, bei denen der Einfluß der Kristallstruktur auf die physikalischen Eigenschaften unverkennbar zum Ausdruck kommt. Die kennzeichnenden Eigenschaften dieser Stoffe — die Elektrostriktion bzw. die Magnetostriktion — lassen sich nicht aus anderen physikalischen Eigenschaften ableiten, wie im Folgenden noch dargelegt wird. Den polykristallinen piezoelektrischen keramischen Stoffen stehen die piezoelektrischen Einkristalle wie z. B. Quarz gegenüber, den polykristallinen piezomagnetischen keramischen Stoffen die magnetostriktiven Metalle. Die piezoelektrischen keramischen Stoffe bieten im Gegensatz zu den Einkristallen die Möglichkeit, auch Körper mit gekrümmten Begrenzungsflächen für die angestrebten elektromechanischen Wirkungen zu verwenden. Piezomagnetische keramischen Stoffe zeichnen sich vor den magnetostriktiven Metallen durch geringere Wirbelstromverluste aus.

Ferroelektrische und ferrimagnetische Stoffe weisen in mehr oder weniger hohem Grade Elastostriktion bzw. Magnetostriktion auf, das ist eine Dehnung oder Verkürzung des betreffenden Stoffes, wenn er in ein elektrisches bzw. magnetisches Feld gebracht wird. Zwar treten elastische Verformungen auch infolge der mechanischen Kräfte auf, die nach den Gesetzen von Coulomb und Faraday in elektrischen bzw. magnetischen Feldern wirksam werden. Die Dehnungen oder Verkürzungen bei den elektrostriktiven oder magnetostriktiven Stoffen entstehen jedoch durch Veränderungen des kristallinen Gefüges der betreffenden Stoffe und entsprechen daher nicht den elastischen Verformungen durch die erwähnten mechanischen Kräfte; sie sind vielmehr gewöhnlich sehr viel größer und in manchen Fällen sogar entgegengesetzt gerichtet. Zur Kennzeichnung dienen die Elektrostriktionskonstante bzw. die Magnetostriktionskonstante, die gewöhnlich in m^4/C^2 bzw. m^4/Wb^2 angegeben werden, da die elektrostriktive bzw. die magnetostriktive Dehnung oder Verkürzung proportional dem Quadrat der elektrischen Verschiebung bzw. der magnetischen Induktion sind. Es gilt $s_e = q_e D^2$ bzw. $S_m = q_m B^2$, worin q_e die Elektrostriktionskonstante, q_m die Magnetostriktionskonstante in den angegebenen Dimensionen und D die elektrische Verschiebung in As/m^2 und B die magnetische Induktion in Vs/m^2 bedeuten und S_e die elektrostriktive sowie S_m die magnetische striktive Dehnung bzw. Verkürzung (dimensionslos). Wegen der Abhängigkeit vom Quadrat der erregenden Feldstärke wird die Elektrostriktion oder die Magnetostriktion praktisch nur in Gleichfeldern angewendet, und zwar verhältnismäßig selten, da die erzielbare Verformung (z. B. Längenänderung) und damit die

Empfindlichkeit der betreffenden Anordnung meist recht gering ist. Bei Wechselfeldern führt wegen der erregenden Feldstärke $(F \sin \omega t)^2 = F^2(1 - \cos 2\omega t)$ der Zusammenhang zur Verdoppelung der Frequenz des erregten Feldes als Frequenz der erregten mechanischen Schwingung. Manche ferroelektrischen bzw. ferrimagnetischen Stoffe können nun durch eine sogenannte Vorpolarisation bzw. Vormagnetisierung mit einer dauernd verbleibenden dielektrischen Verschiebung oder magnetischen Induktion versehen werden, die verhältnismäßig groß im Vergleich zu den für praktische Anwendungen erforderlichen erregenden Feldstärken ist. Sie kann z. B. dadurch erzielt werden, daß der mit entsprechend angebrachten Elektroden versehene Stoff auf eine Temperatur unterhalb des Curiepunktes erhitzt und sodann in einem elektrischen oder magnetischen Gleichfeld auf Zimmertemperatur abgekühlt wird. Beispiele für solche Stoffe sind Bariumtitanat und Nickelferrit. Die vorpolarisierten bzw. vormagnetisierten Stoffe werden als piezoelektrische oder piezomagnetische Keramik bezeichnet.

Die Elektrostriktionskonstante für nicht vorpolarisiertes Bariumtitanat beträgt:

$$+ 33 \cdot 10^{-4} \frac{m^4}{(As)^2}$$

die Magnetostriktionskonstante für nicht vormagnetisiertes Nickelferrit

$$-2{,}75 \cdot 10^{-4} \frac{m^4}{(Vs)^2}.$$

Sofern nun die nach der Vorpolarisation oder Vormagnetisierung verbleibende elektrische Verschiebung oder magnetische Induktion F_0 groß gegen diejenige eines erregenden Wechselfeldes $(F \sin \omega t)$ ist, ergibt sich für das Quadrat $(F_0^2 + 2 F_0 F \sin \omega t + F^2 \sin^2 \omega z t)$, wobei F_0^2 als ein konstantes Glied ohne Einfluß auf den Schwingungsvorgang ist und das letzte Glied $(F^2 \sin^2 \omega t)$ vernachlässigbar klein bleibt. Die erregte Schwingung $(2 F_0 F \sin \omega t)$ hat dann die gleiche Frequenz wie die erregende. Bei den vorpolarisierten oder vormagnetisierten Stoffen sind die betrachteten Vorgänge umkehrbar in dem Sinne, daß eine gegebene elektrische Verschiebung oder magnetische Induktion eine bestimmte elastische Verformung hervorrufen und umgekehrt eine erzwungene elastische Verformung die entsprechende elektrische Verschiebung oder magnetische Induktion.

Die meisten Anwendungen der piezoelektrischen und piezomagnetischen Keramik liegen auf dem Gebiet der Ultraschalltechnik, indem entweder elektrische Schwingungen in mechanische umgewandelt werden oder umgekehrt (Abb. 8.1). Einen Sonderfall stellen die piezoelektrische Druckmessung oder die piezoelektrische Funkenerzeugung dar, wobei im ersten Fall der Druck vermittels der elektrischen Aufladung und dadurch erzeugten elektrischen Spannung gemessen wird, im zweiten Fall ein hinreichend großer Druck eine Funkenentladung herbeiführt (Abb. 8.2).

In der folgenden Tabelle 8.1 sind einige gebräuchliche Stoffe mit ihren Eigenschaften dargestellt. d bezeichnet die durch eine Zugspannung in der Polarisations- oder Magnetisierungsrichtung hervorgerufene elektrische Verschiebung

Abb. 8.1. Ultraschallschwinger mit zwei Zylindern aus piezoelektrischer Keramik in der Reinigungsflüssigkeit einer Reinigungsanlage im Betriebszustand.

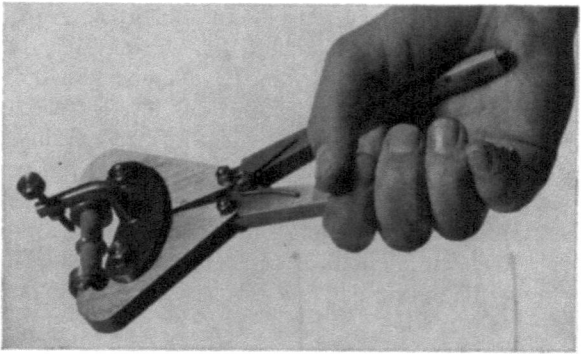

Abb. 8.2. Funkenzange mit zwei Zylindern aus piezoelektrischer Keramik.

bzw. magnetische Induktion, g die durch eine gleich gerichtete Druckspannung hervorgerufene elektrische bzw. magnetische Feldstärke.

Bleititanatzirkonat wird heutzutage bevorzugt vor dem älteren Bariumtitanat verwendet, da es infolge seiner Curie-Temperatur von etwa 350 °C im Vergleich zu der niedrigeren des Bariumtitanats von 125 °C in den gebräuchlichen Temperaturbereichen in seinen Eigenschaften weniger temperaturabhängig ist.

Tabelle 8.1. Vergleichende Übersicht über piezoelektrische und piezomagnetische Stoffe

	Bleititanat-zirkonat	BaTiO$_3$	Nickelkupfer-ferrit	Nickelferrit rein
Dielektrizitätszahl $\varepsilon_{33}/\varepsilon_0$	500	1700	—	—
Permeabilitätszahl μ_{33}/μ_0	—	—	30 bis 45	18
d_{33} in As/N	130	190	—	—
d_{33} in Vs/N	—	—	−2,3 bis 3,8	−2,3
g_{33} in Vm/N	26	12,6	—	—
g_{33} in Am/N	—	—	−0,06	−0,1
Elastizitätsmodul in N/m²	7,5	11	15,5	—

Literaturverzeichnis

Das Literaturverzeichnis, das ursprünglich einen weiten Bereich der in den letzten Jahren erschienenen Veröffentlichungen umfaßte, wurde aus Platzersparnisgründen auf die in diesem Buch erwähnte Literatur beschränkt.

1. Albers-Schönberg, E.: Hochfrequenzkeramik, Dresden: Steinkopff 1937.
2. Backhaus, K.: Ein Beitrag zur Korrosion bei Cr–Fe–Al-Heizleitern in Berührung mit keramischen Trägern. VDE-Fachber. 18 (1954) 2.
3. Barthelt, H.; Böhme, W.: Die zerstörungsfreie Prüfung der armierten Enden von Langstabisolatoren nach dem Ultraschall-Echo-Verfahren. Siemens-Z. 29 (1955) 206.
4. Barthelt, H.; Lutsch, A.: Zerstörungsfreie Prüfung von keramischen Isolatoren mit Ultraschall. Siemens-Z. 26 (1952) 114.
5. Bay; Schliesing; Suiter: Stützisolatoren in Hochspannungs-Freiluftanlagen. ETZ 22 (1970) 120–123.
6. Becker, R.: Telefunken-Z. 40 (1967) 348–360.
7. Bergmann, L.: Der Ultraschall und seine Anwendung in Wissenschaft und Technik, Stuttgart: Hirzel 1954.
8. Biermanns, J.: Hochspannung und Hochleistung, München 1949, S. 119.
9. Böcker, H.: Vorschlag für einen Gleichspannungsisolator. ETZ-A 90 (1969) 690.
10. —; Härer, H.: Probleme des Gleichspannungsisolators. ETZ-A 90 (1969) 687–689.
11. —: Berechnung der Überschlagsfestigkeit von Isolatoren für hohe Gleichspannung unter Fremdschichteinfluß. ETZ-A 93 (1972) 157–161.
12. Buessem, W. R.: Thermal shock testing. J. Amer. Ceram. Soc. 38 (1955) 15–17.
13. Buessem, W. R.; Bush, E. A.: Thermal fracture of Ceramic materials under quasistatic thermal stresses (Ring test). J. Amer. Ceram. Soc. 38 (1955) 27–32.
14. Büssem, W.; Schusterius; Ungewiss, A: Berichte der DKG 18 (1937) 433; Wiss. Veröff. Siemens-Werke 17 (1938) 59.
15. Bunting, E. G. R.; Shelton, A.; Creamer, S.: J. Amer. Ceram. Soc. 30 (1947) 114.
16. Coughonour, L. W.; Roth, A. S.; de Prosse: J. Res. Nat. Bur. Stand., (Jan. 1954) 37.
17. Crandall, W. B.; Ging, J.: Thermal Shock Analysis of Spherical Shapes. J. Amer. Ceram. Soc. (Jan. 1955) 44–54.
18. Daeves-Beckel: Großzahl-Forschung und Häufigkeits-Analyse, Weinheim u. Berlin: Verlag Chemie 1948.
19. Diehl, E.: Beanspruchung der Freiluftisolierungen nach den Bemessungs- und Prüfbestimmungen. ETZ-A 91 (1970) 377–382.
20. Dorsch, H; Rabus, W.: Allgemeine Gesichtspunkte für die Isolationsbemessung von Drehstrom-Höchst-Spannungsanlagen. ETZ-A 91 (1970) 193–201.
21. Dreßler, M.: Keramische Hochfrequenzisolierstoffe und ihre Bedeutung für die Röhrentechnik. Stemag-Nachr. (Dez. 1962), H. 35, S. 955–960.
22. ETZ, 23 (1971) Hefte 5, 6, 7.
23. Fekerz, F.; Ranachowski, J.: Beurteilung der mechanischen Festigkeit von elektrotechnischem Porzellan durch Ultraschall. Hermsdorfer Techn. Mitt. 4 (August 1963) H. 9, S. 233–234.
24. Frielinghaus: Grundlagen der zerstörungsfreien Prüfung mit Ultraschall. Keram. Z. (1958) Handbuchbeilage.
25. Gänger, B.: Elektrische Festigkeit von Luftisolationen bei hohen Schaltspannungen. ETZ-A 87 (1966) 745–754.
26. Gänger, B.; Hosemann, G.: Untersuchungen über das Isoliervermögen bei Schaltüberspannungen. BBC-Mitt. 46 (1959) 279–287.

27. Gmelin Handbuch der anorganischen Chemie, 8. Aufl. Bd. 41, Titan, Berlin, Heidelberg, New York: Springer 1971 (Nachdruck d. Ausg. 1951), S. 459.
28. Goldschmidt, V. M.: Naturwiss. 14 (1926) 481.
29. Haase, Th.: Keramik, 1. Aufl., Berlin: VEB Deutscher Verlag der Wissenschaften 1961, S. 131—132.
30. Handrek, H.: Hescho-Mitt. (1929) H. 46.
31. Härer, H.: Isolatoren für hohe Gleichspannung unter Verschmutzungsbedingungen. Diss. Universität Stuttgart 1972.
32. Haro, L.; Hyyryläinen, S.: Betriebserfahrungen mit Vollkernisolatoren und deren Prüfung mit Ultraschall in Finnland. Bull. SEV 59 (25. Mai 1968) 486—490.
33. Hart; Hudson: Am. Cer. Soc. Bull. 43 (1964) H. 1.
34. Hecht, A.: Ultraschallprüfung keramischer Isolatoren. Stemag-Nachr. (Dezember 1963) H. 37, S. 1002—1012.
35. Hecht, A.: Große Gehäuse-Isolatoren. Stemag-Nachr. (April 1967) H. 40, S. 1075—1079.
36. Heimke, G.: Al_2O_3-Oxidkeramik in der chemischen Industrie und im Maschinenbau. Sprechsaal 103 (1970) 492—507.
37. Heimke, G.; Windel, H.-J.: Al_2O_3-Oxidkeramik-Trägermaterial für elektrische Schaltungen. Radio Mentor Electronic 36 (1970) 240—245.
38. Helke, G.; Stellenberger, K.: Kondensatorwerkstoff mit hoher Temperaturstabilität. Hermsdorfer Tech. Mitt. (1967) H. 20, S. 630—633.
39. Hescho: Heft 13 der Schriftreihe Keramische Sondermassen der Hescho (Febr. 1937) S. 18.
40. Hippel, A. V.; Breckenridge, R. G.; Chesley, F. G.; Tisza, L.: Ind. Engg. Chem. 38 (1946) 1097—1109.
41. Joksch, Chr.: Sperrschichtkondensatoren. Stemag-Nachr. (Dez. 1962) 947—951.
42. Jonker, G. H.; Noorlander, W.: Grain size of sintered Barium Titanate. In: Science of Ceramics, Vol. 1, London/New York: Academic Press 1962, S. 255—264.
43. Jonker, G. J.; van Santen, J. H.: aus W. Rath, Berichte der DKG, Band 28 (1951) 184, Abb. 7 u. 8. Philipssche Rundschau 11 (1949) 176, Gmelin Handbuch der anorganischen Chemie, 8. Aufl., Bd. 41, Titan, Berlin, Heidelberg, New York: Springer 1971 (Nachdruck d. Ausg. 1951), S. 446, Fig. 79.
44. Kärner, H.: Die Erzeugung steilster Stoßspannungen hoher Amplitude. Diss. TH München 1967.
45. Kärner, H.; Wiesinger, I.: Kritische Bemerkungen zur Ermittlung der charakteristischen Größen von abgeschnittenen Stoßspannungen. ETZ-A 88 (1967) 339—343.
46. Kniekamp, H.; Heywang, W.: Über Depolarisationseffekte in polykristallinen $BaTiO_3$. Z. f. angew. Physik 6 (1954) 385—390.
47. Krautkrämer, J.; Krautkrämer, H.: Werkstoffprüfung mit Ultraschall, 1. Aufl., Berlin, Göttingen, Heidelberg: Springer 1961; 2. neubearbeitete Aufl. 1966.
48. Langguth, A.: Mitteilungen a. d. Zentrallaboratorium d. Steatit-Magnesia AG, Lauf/Pegnitz; Funk-Technik 8 (1961) 239.
49. Lehfeldt: Ultraschallprüfung. Das Industrieblatt (1958) H. 10.
50. —: Ultraschallprüfung im Bereich tiefer Frequenzen, Dresden: KDT Verlag.
51. —: Automatische Prüfung von mit Hilfe von Ultraschall. Deutscher Maschinenmarkt (1967) H. 3.
52. Lehnhäuser, W.: Ultraschall-Prüfung im keramischen Bereich. Sprechsaal 103 (1970) 1090—1092.
53. Lutsch, A.: Eine einfache Methode zur Messung der elastischen Konstanten mit Hilfe von Ultraschall-Impulsen. Z. angew. Physik 4 (1952) 166.
54. Lutsch, A.: Möglichkeiten und Grenzen einer zerstörungsfreien Prüfung von Freileitungsporzellan mittels Ultraschall. Ber. d. DKG 30 (1953) 89.
55. Mandel, H.: Schallgeschwindigkeit und Elastizitätskonstanten von Mischkörpern. Acustica 4 (1954) 333.
56. Meier, H.: Der Einfluß der Isolatorenform und des Steuerrings auf das Verhalten von Freiluftstützern. Elektrie 20 (1966) 263—268.

57. Merz, H.: Zerstörungsfreie Prüfung auf Porosität mit Ultraschall von Fahrleitungs-Vollkernisolatoren der Schweizerischen Bundesbahn. Bull SEV 52 (1961) 345—349.
58. Oshry, K. I.: US Pat. 2, 695,239, US Pat. 2,695,240 und US Pat. 2, 803,553.
59. Pfestorf, G.; Richter, E. F.: Phys. Z. 39 (1938) 141.
60. Pickel, H.: Hochvakuumdichte Keramik-Metall-Verbindungen. Stemag-Nachr. (April 1969) H. 42, S. 1155—1158.
61. Pischtiak, C.: Oberflächenrauheit keramischer Stoffe. Stemag-Nachr. (April 1967) H. 40, S. 1109—1113.
62. Powles, I. C.: Nature 162 (1948) 614.
63. Rath, W. E.: Fiat Review. Anorganische Chemie, Teil 4, S. 157, 159 u. 161.
64. Richter, E. F.: Phys. Z. 40 (1939) 597; 41 (1940) 229; 42 (1941) 117.
65. Rohde, L.: ETZ (1933) H. 24.
66. Roth, A.; Imhof, A.: Hochspannungstechnik, 2. Aufl., Wien: Springer 1950.
67. Rückert, A.: Funktechnik (1961) 263—256.
68. Salmang, H.; Scholz, H.: Die physikalischen und chemischen Grundlagen der Keramik, 5. Aufl., Berlin, Heidelberg, New York: Springer 1968.
69. Salmang, H.: Die Keramik. Physikalische und chemische Grundlagen, 4. Aufl., Berlin, Göttingen, Heidelberg: Springer 1958
70. Schabbeck, Th.: Dichte Keramik-Metall-Verbindungen. Stemag-Nachr. (Dez. 1958) H. 24, S. 675—678.
71. Schuepp, P.; Gion, L.: Contribution a l'étude des efforts mécaniques subies par les isolateurs de ligne en service. RGE 62 (1953) 479.
72. —; —: Etude des surcharges mécaniques subies par les isolateurs de lignes électriques dans les conditions normales d'exploitation. RGE 64 (1955) 83 u. 129.
73. —; —: Les contraintes mécaniques internes d'origine thermique dans les isolateurs en porcelaine soumis à des variations de température. RGE 63 (1954) 172.
74. —; —: Thermische Untersuchungen an Isolatoren großer Abmessungen. RGE 58 (1949) 398; 60 (1951) 217; Auszug ETZ 72 (1951) 122; 73 (1952) 376.
75. Schüller, K. H.: Elektronenmikroskopische Gefügeuntersuchungen an keramischen Werkstoffen der Elektrotechnik. Stemag-Nachr. (1960) H. 28, S. 755—761.
76. —: Untersuchungen über die Gefügeausbildung im Porzellan, Teil III. Der Einfluß der Korngröße auf das licht- und elektronenmikroskopische Gefügebild. Ber. d. DKG 38 (1961) 208—211.
77. —: Elektronenmikroskopische Untersuchungen im System Kaolin-Quarz-Feldspat. Stemag-Nachr. (Sept. 1961) H. 32, S. 859—864.
78. —: Aluminiumoxid-Keramik und ihre Metallisierung. Elektro-A. (1967) H. 15.
79. —: Untersuchungen an einem 40 Jahre alten Steatit-Isolator. Stemag-Nachr. (April 1968) H. 41, S. 1115—1118.
80. —: Handbuch der Keramik, Freiburg i. Brg.: Schmid 1968.
Gruppe II A Porzellan; Gruppe II I1 Elektro-Porzellan; Gruppe II I2 Steatit; Gruppe II I3 Keramische Werkstoffe für die Elektrowärmetechnik; Gruppe II I4a Aluminiumoxid.
81. —: Oberflächenqualität von bearbeitetem Aluminiumoxid. Stemag-Nachr. (April 1971) H. 44, S. 1236—1242.
82. Schwartz, R.: Thermal Stress Failure of Pure Refractory Oxides. A. C. S. Journal 35 (Dec. 1952) 325—333.
83. Seibold, W.: Das Schleifen keramischer Werkstücke. Stemag-Nachr. (April 1960) H. 28, S. 783—786.
84. Semperowitsch, D.: Statistische Qualitätskontrolle im Bereich der keramischen Fertigung. Stemag-Nachr. (April 1971) H. 44, S. 1254—1260.
85. Smekal, S.: Bruchtheorie spröder Körper. Z. Physik 103 (1936) 495.
86. —: Die Festigkeitseigenschaften spröder Körper. Ergebn. exakt. Naturw. 15 (1936) 106.
87. —: Technische Festigkeit und molekulare Festigkeit. Naturwiss. 10 (1922) 799.
88. —: Zur Theorie der Realkristalle. Z. Kristallogr. 89 (1934) 386.
89. Stäger, H.: Werkstoffkunde der elektrotechnischen Isolierstoffe. S. 111, Berlin-Nikolassee: Gebr. Borntraeger.

90. Stoll, H.: Ein dichter oxidkeramischer Werkstoff aus Al_2O_3. Stemag-Nachr. (April 1965) H. 38, S. 1026—1032.
91. Stoll, H.: Aluminiumoxidkeramik — Spitzenwerkstoff der Technik. Keram. Z. 22 (1970) 741—743.
92. Strobel, F.: Vakuumdichte Metall-Keramik-Verbindungen. Stemag-Nachr. (Mai 1966) H. 39, S. 1066—1069.
93. Verma, M. P.: Isolierverhalten von Hochspannungs-Langstabisolatoren verschiedener Bauform unter natürlichen Fremdschichtbedingungen. ETZ-A 92 (1971) 407—413.
94. Vul, B. M.: Nature 156 (1945) 480.
95. Vul, B. M.; Goldmann, I. M.: C. R. Arad. URSS (2), 46 (1945) 139—142.
96. Wainer, E.: Trans. Electrochem. Soc. 89 (1946) 331—356.
97. Zaengl, W.: Das Messen hoher, rasch veränderlicher Stoßspannungen. Diss. T. H. München 1964.
98. —: Ein neuer Teiler für steile Stoßspannungen. Bull. SEV 56 (1965) 232—240.
99. —: Zur Ermittlung der vollständigen Übertragungseigenschaften eines Stoßspannungs-Meßkreises. ETZ-A 90 (1969) 457—462.
100. Zeibig, A.: Beitrag zur Bemessung von Hochspannungsstützern. ETZ-A 85 (1964) 610—614.; Die Entwicklung von Hochspannungsisolatoren hoher mechanischer Festigkeit. Techn. Mitt. AEG-Telefunken 62(1972) 328—334.
101. Zincke, A.; March, B.: Technologie der Glasverschmelzungen, Leipzig: Geest & Portig 1961.
102. Zirkler, W.; Löbl, H.: Siemens-Z. (1962) 476—482.

Sachverzeichnis

Abdrehen 29
Abkühlungsvorgang 52
Abkühlzeit 53, 55
Abmessungen, Prüfung 134
Absanden 8
Abspann-Isolatoren 235—237, 239
Abspann-Isolatoren (für Niederspannung) 261, 263
Abstandscheiben 265
Alkalien 7, 111
Alterung 89, 112
Aluminiumoxid 5, 14
— -anteil 6
— -Keramik 290 ff.
— -porzellan 5
— -teile 212 ff.
Aluminiumsilikat 14
Anatas 9
Anfälligkeit gegen Verschmutzungseinwirkung 1
Anodenkoppelkondensatoren 300
Antennen, Anlage 277, 278
—, Durchführung 282
—, Abspann- (Trag-) Isolatoren 275
— -leitungsisolation 282
— -schalter 279
Araldit 44
Armaturen 167, 171
Armaturenbefestigung (Innen-) 177
Armierung 163, 167
Aufbauzeit 78
Aufbereitung 18 ff.
—, Naß- 19
—, Trocken- 19
Aufbereitungsfehler 25
Aufbereitungsgänge 21
Aufbereitungsmaschinenarten 21
Aufdrehen 28
Aufhanfen 64, 261
Aufmaß 68
Aufrauhen 61
Auswertungsverfahren, statistische 114, 115

Barium-karbonat 9
— -metatitanat 11
— -oxid 7
— -steatit 7, 73
— -titanat 8, 13
Bauhöhe 155, 184
Bearbeitung 59 ff.
Begießverfahren 49
Behandlungsvorschriften 144
Bemessung 180
Beregnung 153, 157
Berylliumoxid 16
Beständigkeit, chemische 111
Betätigungsisolatoren 246
Biegebeanspruchung 96
Biegefestigkeit, Prüfung 125
Bildsamkeit, Verlust 125
Bleiglasur 111
Bleiglätte 171
Bleiglätte-Glycerin-Kitt 63
Bohren 60
Bomsen 58
Bottichprüfung 116
Brennen 49—59
Brennschwindung 45
Brenntemperatur 25
Brookit 9
Bruchlast 90
Buchsen 290

Calciumtitanat 8, 11
Cap and Pin Type Insulator 157
Chemische Eigenschaften 111, 112
Chemische Prüfung 143
Cordierit 7, 13, 73
Cristobalit 51
Christobalitporzellan 5
Curiepunkt 15

Dachständereinführungsisolatoren 262
Deformation 102
Dehnung 102

Delta-Isolatoren 156
Diaboloisolatoren 239
Diamantschleifscheiben 60
Dichtheit 13, 73, 142
Dielektrikum 74, 80
Dielektrizitätszahl 79
Drahtwiderstände 287
Drehen 23
Drehmasse 44
Drehtrennschalter 245
Drehverfahren 26—31
Dreibockstützer 161, 241, 242, 250
Druck-beanspruchung 94
— -festigkeit, Prüfung 94
— -luftschalter 246
Durchführungen 162, 253—261
Durchführungen für Antennenzuleitungen 280—283
Durchführungsisolatoren für Elektro-Dampfkessel 288, 290
Durchgangswiderstand 74, 114
Durchgangswiderstand, elektrischer 118, 221
Durchschlagbarkeit 155, 156, 159
Durchschlagfeldstärke 75
Durchschlagfestigkeit, auch Prüfung 75
Durchschlagspannung 75

Eckrandkondensatoren 225, 227
Eierisolatoren 174, 263
Eigenschaften, chemische 111
—, elektrische 74ff.
— der keramischen Werkstoffe u. Erzeugnisse 1
—, mechanische 86ff.
—, physikalische 110
—, thermische 105
Eigenschaftstafel 6, 73, 113
Eindrehen (s. auch Einformen) 26, 149
Einführungspfeifen 262
Eingußmittel 168
Elastische Zwischenlage 95
Elastizität 86, 174
Elastizitätsmodul 126
Elektrische Eigenschaften 74ff.
Elektrodampfkessel 111, 288
Elektrokeramik 1
Elektrowärmegeräte 288
Elektrowärmeteile 194ff.
Enstatit 9
Erdalkalien 7, 9, 10, 11
Erdseilisolatoren 263
Ermüdung, Ermüdungserscheinungen 89, 112
Etagenofen 52
Expansin 252

Expansionsschalter 252
Export 2

Fadenmaß 86, 191
Fahrleitungsisolatoren 238
Farbspiel (Steatit) 52
Fassungsende 172
Feinkeramik 2, 3
Feintoleranzen 72
Feldspat 4
— -anteil 5
— -steatit 7
Feldstärkeabhängigkeit 297, 299
Ferrite
— mit eckiger Hystereseschleife 303
— für Mikrowellengeräte 311
—, permanent-magnetische (harte) 312
—, weichmagnetische 303
Festigkeit 86
Festigkeitsbegriffe 89
Festigkeitszahlen (-werte) 91, 92
Feuchtpressen (Naßpressen) 33
Feuerfeste Keramik 3
Filterkuchen (Massekuchen) 23
Fischer—Hinnen—Formel 75
Fischhaut (Riffelung) 173
Flächenschliff (Planschliff) 61
Fließbereich 88
Flußmittel 4, 10
Flußsäure 111
Formbarkeit (Verformbarkeit) 1, 4, 5
Formbarkeit, Verlust 1
Formen, Ein- 26
Formen, Über- 29
Formgebung keramischer Bauteile 145
Formgebungsgenauigkeit 67
Formgebungsverfahren 24, 42
Forsterit 7
Forsteritmassen 73
Freileitungsisolatoren 1, 156ff., 231ff.
Freiluftkondensatoren 227
Freiluftstützer 180
Fremdschicht 83, 121
Frequenzabhängigkeit (Dielektrizitätszahl und Verlustwinkel) 79
Fritte 48
Frittenglasur 48
Fuchsinprüfung 133, 142
Funkenschutzkammern 286
Füße 289
Fußisolatoren für Sendemasten 268

Garbrennraum (Glattbrennraum) 52
Garnieren 42—44
Garnierfugen 149
Garnierschlicker 43

Sachverzeichnis

Garnierspindel 43
Garnierstelle 150
Gasdichtigkeit, Prüfung 142, 143
Gaskammerringofen 57
Gedruckte Schaltungen 294, 295
Gefügefehler 137
Gehäuse für Schaltungen 295
Gehäuseisolatoren 161, 165, 166, 252, 253, 254
Geräteindustrie, elektrotechnische 1
Geräteisolatoren 160, 240
Geschichtliches 3, 319
Gewährleistungsbedingungen 144
Gießen 23, 41—42
Gießschlicker 42, 44
Gipsformen 41, 42
Gitter-koppelkondensator 300
— -mast 237
— -turm 266
— -werk 266
Glasierautomaten (Glasiermaschinen) 49
Glasieren 47—49, 211
Glasur 47
— -farbe 7, 48, 110
— -muffel 7
— -scharfbrand 7
— -schlicker 47
— -verschmelzungen 67
—, Roh- 48
Glattbrennraum 52
Gleichrichter-Spannungssteuerungskondensator 301
Gleichstromisolatoren 187
Gleichstromübertragung (HGÜ) 187
Gleitflächenbildung 162
Gleitfunkenbildung 162
Glimmentladungen 169
Glimmwulst 162
Glühbrand 50
Glühbrennraum 52
Glühkammer 53
Granulation 19
Greifertrenner 244
Griffe 289
Grobkeramik 2, 3
Grobtoleranz 72
Großisolatoren (Hohlisolierkörper nach IEC-Publ. 233) 70
Grubenbahnisolatoren 263
Grundplatten 285
Gurtband-(Abspann)isolatoren 175, 273—275

Hakenisolatoren 261
Handmuster 59
Hängeisolatoren 235—237
Hartblei 63

Harte Ferrite 312
Härte 103
Härte der keramischen Werkstoffe und Erzeugnisse 1
Härteprüfung 123
Hartlötung 292
Hartporzellan 4
Haubenofen 54
Heizleiterträger 288
Herdwagenofen 53
Hewlett-Isolatoren 164, 174
Hitzebeständigkeit 105
Hochfeuerfeste Keramik 3
Hochfrequenz-Durchführungen 280, 281
— -Isolatoren 192
— -Isolierteile 192
— -kondensatoren 218—230, 296ff.
— -Sendeanlagen 266
— -Steatit 73
Hochleistungsschalter 246ff.
Hochspannungsisolatoren, Formgebung bei 145ff.
Hochspannungsmeßwandler 252ff.
Hochspannungstechnik 231ff.
Hochtemperaturöfen 216
Hohlguß 42
Hubel 26, 27
Hubelgröße 149

Impulsbetriebskondensator 300
Innenarmatur 177
Innendruckbeanspruchung 98
Innendruckprüfung 124
Innenraumstützer 180
Innenschliff 61
Installationsteile 194, 283
Irdenware 47
Isolationsminderung 83
Isolationswiderstand 118
Isolatoren für Sendeanlagen 266
Isolierperlen 262, 290
Isolierteile für Elektrowärmegeräte 194
Isostatisch Pressen 38—41

Kabelendverschlüsse 256
Kalzinieren 22
Kammerofen 53
Kammerringofen 57
Kaolin 4
Kaolinanteil (Gehalt) 5
Kappenisolatoren 157
Kappenstützenisolatoren 156
Kaskadenlichtbogen 160
Keramik 1
Keramikkondensatoren 227
Kerbschlagbeanspruchung 102
Kerbstellendichte 88

Kerbzahl 88
KER-Gruppen 73ff.
Kernguß 42
Kitten 62—67, 151, 168
Klauenisolatoren 263
Kleben 151
Kleinteile für Elektrowärmegeräte 290
Klemmarmaturen 176
Klemmbefestigung 176
Klemmleisten 285
Klinoenstatit 7, 9
Knacken 177
Knickbeanspruchung 96
Knöpfe 289
Kohäsion 87
Kohäsionskomponente 87
Kondensatorbaustoffe 8—13, 297, 298
Kondensatoren 218—230, 296—302
Korund 5, 213
Kranleitungsisolatoren 262, 264
Kriechstromfestigkeit, Verhalten gegen 80, 109
Kriechweg 154, 155
Kristallbaufehler 86, 88

Längen-Ausdehnungskoeffizient 105
Langstabisolatoren 158—160, 233—237
Lanthanoxid 11
Laugen 111
Lebensdauer der keramischen Werkstoffe und Erzeugnisse 1
Lederhärte 27, 70
Lichtbogenfestigkeit 109
Lieferungsbedingungen 144
Literaturverzeichnis 324
Lohnkosten 1, 2
Löten 217, 218, 292f.
Luftgekühlte Kondensatoren 228
Luftgelb 52

Magnesiakitte 63
Magnesium-metazirkonat 10
— -oxid 16
— -silikat 7
— -titanat 11
Mahlen 22
Marmorzement 63
Maschinenabdrehverfahren 148
Massekuchen (Filterkuchen) 23
Mast 237, 266
Mastfußisolatoren 268
Maßtoleranzen (genauigkeit) 25, 67
Mechanische Anforderungen 86—104
Mehrrohrdurchführungen 163, 258
Messung der Stoßspannung 122
Messung der Überschlagspannung 121
Meßwandler 252

Metallisieren 61
Mindestbruchlast 90
Mitteltoleranzen 72
Modellanfertigung 42
Mohsche Härteskala 104, 127
Motorisolatoren 158
Muffelglasur 7
Mullit 5, 15, 50
Musterherstellung 59

Nachrichtenkondensatoren 222
Naßpressen 33—35
Naßpreßmassen 44
Naßschliff 60
Naßsiebung 19
Naturspeckstein 6
Niederspannungsinstallationstechnik 194, 283
Niederspannungsisolatoren 178, 261—264
Niederspannungstechnik 261—264
Nierenisolatoren 175

Oberflächen-beschaffenheit (-güte) 25
— -energie 87
— -verschmutzung 83, 185
— -widerstand 80, 118
Obusleitungsisolatoren 262
Ofen-atmosphäre 25, 51, 52
—, Etagen- 52ff.
—, Hauben- 53, 54
—, Herdwagen- 53
—, Kammer- 53, 54, 55
—, Kammerring- 57
—, Rund- 52ff.
—, Tunnel- 55ff.
Öl bei Durchschlagprüfungen 115
Olivin 17
Oxidkeramik 15ff.

Pardunen
— -Abspannisolatoren 272
— -abspannung 275
— -Isolatoren 272
— -Nierenisolatoren 175
— -Nierenisolatorgehänge 175
—, Gurtbandisolatoren 270—275
—, Verankerung 275
—, Unterteilung 273
Periklas 16
Perlen 262, 290
Perowskit 11, 12
Phosphorsäure 111
Physikalische Eigenschaften 110—111
Physikalische Prüfungen 133ff.
Piezoelektrische Keramik 322ff.
Piezomagnetische Keramik 322ff.
Planparrallelschliff 61

Sachverzeichnis

Plastische Zwischenlage 95
Plastizität 87, 88, 174
Plattenkondensatoren 226
Porosität 68
Porosität beim Brennen 50
Portlandzement 63
Porzellane, Hart- 4, 6
Porzellane, Weich- 4
Preisbildung 1
Pressen, Naß- 23
Pressen, Trocken 24
Preßverfahren 32—35
Profilierte Rillen 173
Protoenstatit 9, 51, 73
Prüfspannungen 121
Prüfung der Abmessungen 134
— der Biegefestigkeit 125
—, chemische 143—144
— der Druckfestigkeit 125
—, elektromechanische 116
— auf Gasdichtigkeit 142
— auf Gefügefehler 137
— der Härte 126
— des Innendrucks 124
—, mechanische 122—128
—, physikalische 133—144
— auf Porosität 142
— auf Schlagbiegefestigkeit 126
— mit Stoßspannung 122
—, thermische 128—133
— des Torsionswiderstandes 126
— durch Ultraschall 137
— der Zugfestigkeit 124
Prüfungen, elektrische 115—122
Pulverisieren 21
Pulvermetallurgie 1, 4

Qualitätskontrolle, statistische 114, 115
Quarzgehalt (anteil) 5
Quarzporzellan 5
Querdurchgang (Querloch-) -Meßwandler 163

Rautenisolator 264
Regenüberschlagspannung 84
Reichsmodellisolatoren 261
Reinigen (von Isolatoren) 83
Reißfestigkeit 87
Resonanzkreise 223
Richtlinien für Formgebung 195
Riefen, Schleif- 173
Riffelung 173
Rillen, profilierte 173
Ringkondensatoren 227
Ritzprobe 126, 127
Rohbearbeitung 59
Röhrenkeramik 291ff.
Rohrkondensatoren 227

Rohrmast 266
Rohstoffe 18, 212, 314
Röntgenprüfung 141
Rundöfen 52
Rundschliff 60
Rutil 9

Sandstrahlen 61
Sattelisolatoren 174, 175, 263
Säuren 111
Schäkelisolatoren 179
Schalter 241ff.
— -bauteile 284
—, Druckgas- 246
—, Druckluft- 246, 247—250
—, Expansions- 246
—, Freistrahl- 248, 249
—, Ölstrahl (Ölarmer)- 246, 251
—, SF_6- 246, 251
Schaltkreise 223
Schaltspannung 81, 121, 181
Schaltstange 243, 244
Schaltungen (gedruckte) 294, 295
Schamotte 47
Scharfbrand 50
Scharfrandglasur 7
Scheibchenbildung 141
Scheibenkondensatoren (Platten-) 226
Scherbeanspruchung 101
Scherentrenner 244
Scherfestigkeit 101
Schichtleitfähigkeit 184, 185
Schichtwiderstände 287
Schirm-ausladung 153, 157
— -dicke 154
— -form 155
— -größe 153
— -neigung 154
— -profil 155
— -teilung 149, 153, 154, 155
— -zahl 153
Schlagbiegebeanspruchung 102
Schlagbiegefestigkeit, Prüfung 126
Schlag-(kreuz)-mühle 21
Schlagweite 181, 184
Schleifen 60
—, Außenrund- 60
—, Flach- 60
—, Naß- 60
—, Trocken- 60
Schleifriefen 173
Schleifriefen, feine 173
Schleifwerkzeuge 60
Schlicker 24, 41, 42, 43, 47
Schmelzglasur 111
Schmelzzement 63
Schnallenisolatoren 264

Sachverzeichnis

Schrühbrand 50
Schwenktrennmesser 244
Schwindmaß 68
Schwindprozeß 25
Schwindung 68
Schwingkreise 401, 223
Segerkegel 58—59
Sendeanlagen, Isolatoren für 266
Sicherungselemente 283
Sigmaklemme 285
Siliciumcarbid-Schleifscheiben 60
Sillimanit 15
Sinter-Korund 15
— -oxide (hochfeuerfeste) 16
— -Tonerde 15, 216
Sockel 283, 284, 286
Sondersteatit 73
Sonnenaufgangs-Überschläge 156
Spannung (elektrische), Betriebs- 81
—, betriebsfrequente 81
—, Durchschlag- 82
—, Prüf- 121
—, Schalt- 81
—, Steh- 82
—, Stoß- 81
—, Überschlag- 82
Spannungsteilerkondensatoren 300
Speckstein 6, 7
Spinell 10
Splittung 173
Spritzglasieren 49
Spritzverfahren 49
Sprödigkeit 87, 102
Spulenkörper 265
Spulenwindungen 266
Stabisolatoren 232, 239, 261, 275, 276
Standfestigkeit 4
Stannate 12
Stationsisolatoren 160
Statistische Auswertungsverfahren 114, 115
Statistische Qualitätskontrolle 114, 115
Statistische Überlegungen und Begriffe 182, 183
Stauchen von Metallteilen 64
Steatite 6
Stehstoßspannung 189, 191
Stehstoßspannung, Prüfung 119
Stehwechselspannung 186, 191
Steilstoßkondensator 300
Steingut 47
Steuerarmaturen 187
Steuerungskondensatoren für Gleichrichter 301
Steuerungskondensatoren für Vielfachunterbrechung bei Leistungsschaltern 296, 297, 301

Stichmaß 186, 189
Stichprobenprüfung 114, 115
Stirndauer 78
Stirnform 78
Strangpressen 31
Strangpressmasse 44
Straßenbahnleitungsisolatoren 262
Streckbereich 88, 102
Streckentrenner 239
Strontiummetatitanat 11, 12
Strontiumtitanat 8
Struktur 86
Stückprüfung 114
Stützenisolatoren 156, 261
Stützenisolatoren für Niederspannung 261
Stützer 161, 240ff.
—, Freiluft- 180
—, Innenraum- 180

Talkum 9
Tauchglasieren 48
Technologie 147
Temperatur-abhängigkeit 297, 299
— -beständigkeit 1, 105
— -koeffizient (s. Längen-Ausdehnungskoeffizient)
— -leitfähigkeit 107
— -leitzahl 106
— -sturzempfindlichkeit 108
— -wechselbeständigkeit 108
— -wechselprüfung 130
Textur 86
Thermische Beanspruchung 108
Thermische Eigenschaften 105—109
Thermische Prüfungen 128
Thoriumoxid 11
Titanat 10
Titandioxid 73
Toleranzen 67ff.
Tonerde 5, 213
Tonerdeporzellan 5, 6
Tonnenisolatoren 268
Tonsubstanz 4
Tonwaren 4
Topfkondensatoren 227
Torsionsbeanspruchung 100
Tragisolatoren 240
Tragisolatoren, Antennen- 275
Trennstrecke 184
Tridemit 51
Trimmerkondensatoren 221
Trockenbiegefestigkeit 19
Trockenmasse 44
Trockenpressen 35—38
Trockenschliff 60
Trockenschwindung 45

Trocknen 44—47
Tunnelöfen 55
Typenprüfung 114

Überschlagspannung 82, 119
Überschlagspannnung bei Beregnung 84
Überschlagspannungen von Spitzen 186
Überspannung (elektrische), Gewitter- 81, 82
—, äußere 81
—, innere 81
Überspannungsableiter 255
Ultraschallprüfung 137, 138, 142

Vakuumisolierteile 217
Verdrehungssicherung 173
Verglühtbearbeitung 59
Verkrümmung 149
Verlust der Bildsamkeit 1
— der Formbarkeit 1
— -faktor, dielektrischer 116, 117
— -winkel 79
Verzinkung, Feuer- 172
Verzinkung, Spritz- 172
Verzug 149
Vielfachunterbrechungs-Steuerungskondensator 301
Vollguß 42
Vollkernisolatoren 156, 158, 232
Vollkernstützenisolatoren 156, 232
Vollstrunkisolator 261

Wanddurchführung 162, 257
Wandler, Durchführungs-Meßwandler mit Querdurchgang 163
—, Kopfstrom- 254
—, Meß- 252
—, Spannungs- 253, 254, 255
—, Strom- 251, 254

Wärme, spezifische 106
— -fluß 106
— -flußdichte 107
— -kapazität 106
— -leitfähigkeit 106
— -leitung, Grundgleichung 107
— -leitzahl 106
— -strom, -strömung 106
Wartungsvorschriften 144
Wasser-aufnahmevermögen 142
— -dampf, hochgespannter 111
— -gekühlter Kondensator 229
— -glaskitt 63
—, Anmach- 44
—, Poren- 45
Weichlötung 292
Wellen 173
Werkstoffe 3ff.
Werkstoffeigenschaften 145
Widerstände mit keramischen Tragkörpern 287
Wulstrandkondensatoren 226
Wulstrohrkondensatoren 226

Zähigkeit 87, 89, 102
Zerreißmaschinen (Zugprüfmaschinen) 124
Zirkonate 12
Zirkonoxid 7, 17, 74
Zirkonsilikat 7
Zugbeanspruchung 92
Zugfestigkeit, Prüfung 124
Zug-Isolatoren für Niederspannung 262
Zusammenglasieren 44, 150
Zwischenisolatoren in Sendemasten 272
Zwischenlage, elastische 95
Zwischenlage, plastische 95
Zylinderkondensatoren 226

If you have any concerns about our products,
you can contact us on
ProductSafety@springernature.com

In case Publisher is established outside the EU,
the EU authorized representative is:
**Springer Nature Customer Service Center GmbH
Europaplatz 3, 69115 Heidelberg, Germany**

Printed by Libri Plureos GmbH
in Hamburg, Germany